高职高专生物类专业教材系列

生物工程设备

（修订版）

徐清华　主编

科学出版社

北京

内 容 简 介

本书的编写内容和生物技术类专业的培养目标保持一致，突出职业技能培养和生产应用性，充分体现高职教育的思想，较系统地介绍了生物工程典型设备的构造与工作原理和应用与管理。

本书可用作高职高专生物类专业的教材与参考书，也可供从事生物工程技术及相关领域的科技工作者和工程技术人员参考使用。

图书在版编目（CIP）数据

生物工程设备/徐清华主编. —北京：科学出版社，2010
(高职高专生物类专业教材系列)
ISBN 978-7-03-026880-8

Ⅰ.①生… Ⅱ.①徐… Ⅲ.①生物工程-设备-高等学校：技术学校-教材 Ⅳ.①Q81

中国版本图书馆 CIP 数据核字（2010）第 034241 号

责任编辑：沈力匀 / 责任校对：耿 耘
责任印制：吕春珉 / 封面设计：李 亮

科学出版社 出版
北京东黄城根北街 16 号
邮政编码：100717
http：//www.sciencep.com
北京九州迅驰传媒文化有限公司 印刷
科学出版社发行 各地新华书店经销
*
2010 年 3 月第 一 版 开本：787×1092 1/16
2019 年 7 月修 订 版 印张：19 1/2
2021 年 2 月第八次印刷 字数：470 000

定价：48.00 元

（如有印装质量问题，我社负责调换〈九州迅驰〉）
销售部电话 010-62136131 编辑部电话 010-62130750

前 言

为认真贯彻落实教育部《关于全面提高高等职业教育教学质量的若干意见》中提出“加大课程建设与改革的力度，增强学生的职业能力”的要求，适应我国职业教育课程改革的趋势，我们根据生物工程行业各技术领域和职业岗位（群）的任职要求，以“工学结合”为切入点，以真实生产任务或/（和）工作过程为导向，以相关职业资格标准基本工作要求为依据，重新构建了职业技术/（技能）和职业素质基础知识培养两个课程体系。在不断总结近年来课程建设与改革经验的基础上，组织开发、编写了高等职业教育生物类专业教材系列，以满足各院校生物类专业建设和相关课程改革的需要，提高课程教学质量。

本书所编写的内容和生物类专业的培养目标保持一致，突出职业技能培养和生产应用性，充分体现高职教育的思想。本书按照生物产品生产加工过程所要求的能力编排内容，较系统地介绍了原料处理、培养基制备、空气净化、生物反应器、生物产品分离提纯、产品包装、公共工程等过程所用典型设备的构造与工作原理。每章前面以知识目标和能力目标为引导；章末有思考题供学生自学、复习参考之用。本书可用作高职高专生物类专业的教材与参考书，也可供从事生物工程技术及相关领域的科技工作者和工程技术人员参考使用。

全书共17章，山西轻工职业技术学院王以强编写第1、2、8、9章；广东轻工职业技术学院徐清华编写第3～7章；承德石油高等专科学校温守东编写第10～14章；陕西科技大学职业技术学院孙宏民编写第15～17章。徐清华负责全书的统稿，广州甘蔗糖业研究所张远平负责全书审稿。

本书经教育部高职高专食品类专业教学指导委员会组织审定。在编写过程中，得到教育部高职高专食品类专业教学指导委员会、中国轻工职业技能鉴定指导中心的悉心指导，得到科学出版社的大力支持，谨此表示感谢。在编写过程中，参考了许多文献、资料，包括大量网上资料，难以一一鸣谢，在此一并感谢。

由于我们的水平和经验有限，书中难免存在错漏和不足之处，敬请广大读者和同行专家提出宝贵意见。

目　　录

第一章　培养基制备设备

知识目标

1. 了解培养基的灭菌机理；熟悉培养基灭菌设备的种类、主要部件、工作过程及工作原理。

2. 掌握常见生物产品生产中原料处理与培养基制备设备的工作原理和构造机理；熟悉其主要部件和结构计算、工作过程及工作原理。

3. 掌握培养基制造设备选用与计算方法。

能力目标

1. 能应用学习的知识，分析原料处理与培养基制备设备的工作原理和构造机理。

2. 正确理解操作规程的含义，并能根据操作规程操作与管理原料处理与培养基制备的设备。

3. 能应用所学的知识简单地分析原料处理与培养基制备的设备在运行过程中出现的问题，并提出解决问题的办法。

4. 具备根据实际生产要求选择设备的能力。

5. 具备对原料处理与培养基制备设备进行技术改造的初步能力。

在生物工程中，如工业微生物发酵、细胞培养，都需制备培养基。要求培养基不仅含有一定浓度的营养成分，还要不含杂菌。所以在培养基的制备过程中必须首先对原料进行粉碎、稀释、蒸煮（糊化、糖化）和灭菌处理。培养基中的杂菌多来自于原料、水、空气和设备中。对于空气的除菌，在生物工程中一般单独进行，我们将在后面的章节中讨论。而原料、水和设备的灭菌，生物工程中有的分别进行，有的一起进行。灭菌方法虽然很多，但生产上多采用高压水蒸气灭菌法。这种方法既简便，又效果好。有些类型的发酵，要求原料的蒸煮温度高，时间长，在这种热处理过程中，原料既得到蒸煮，同时也得到彻底灭菌，所以蒸煮和灭菌同是一个热处理过程，不过各自的重点不同，要求不一。前者偏重于原料的蒸煮，后者偏重于培养基的灭菌。因此，蒸煮和灭菌的设备有很多相同之处，只是操作有所不同。下面我们先讨论灭菌设备，然后以味精、酒精、啤酒生产为例，介绍原料处理和培养基制备的设备。

第一节　培养基的灭菌设备

一、培养基热灭菌动力学

在生物工程中，不同的系统对培养基灭菌程度的要求不同。绝对的无菌是不可能的，也是不合理的。对于液体培养基的热灭菌，工程上要解决的问题是：将培养基的活菌总数 N_0 杀灭到可以接受的总数 N 时，需要多高的温度、多长的时间呢？这就与活菌孢子的热灭死动力学有着密切的关系。

（一）对数残留公式与理论灭菌时间

实验证明，微生物细胞的均相热灭死动力学符合化学反应的一级反应动力学，即

$$-\frac{\mathrm{d}N}{\mathrm{d}\tau}=kN$$

式中　k——反应速度常数，s^{-1}或 min^{-1}；

N——任一时刻的活菌浓度，个/L；

τ——时间，s 或 min。

在恒定温度下，将上式积分，取边界条件 $t_0=0$，$N=N_0$，

得
$$\ln\frac{N_S}{N_0}=-k\cdot\tau \tag{1-1}$$

$$\tau=\frac{1}{k}\ln\frac{N_0}{N_S} \tag{1-2}$$

式中　τ——灭菌时间，s；

N_0——灭菌开始时，培养基中菌体浓度，个/mL；

N_S——经灭菌时间 τ 后，培养基中残存活菌浓度，个/mL。

若要求灭菌后绝对无菌，即 $N_S=0$，则从上面公式可以看出灭菌时间将等于无穷大，这是不可能的，所以培养液灭菌时间等都是以在培养液中还残留一定活菌数来进行计算的。工程上，通常以 $N_S=10^{-3}$个/罐为准。

式（1-2）是理论灭菌时间的对数残存规律公式。但实际上蒸汽加热灭菌时间则以工厂的经验数据来确定，通常高温灭菌时间为 15～30s，然后根据发酵类型不同在维持罐维持 8～25min。对谷氨酸发酵，其培养基黏度低，营养丰富，维持时间可采用 8～10min。

当培养基中的活菌浓度为开始灭菌时的 1/10 时，即 $N_S/N_0=1/10$，我们把这时培养基所需要的灭菌时间叫做 1/10 衰减时间，也叫 90%死灭时间，用 $\tau_{0.9}$ 表示。由公式（1-2)得

$$\tau_{0.9}=\frac{1}{k}\ln\frac{10}{1}=\frac{1}{k}\ln10=\frac{2.303}{k} \tag{1-3}$$

反应物速度常数 k 是判断微生物受热死亡难易程度的基本依据。k 值越小，灭菌时间 τ 值就越大，则该微生物就越耐热。人们发现，细菌孢子的 k 值要比营养细胞和霉菌

孢子小得多，因此湿热灭菌的程度要以杀死细菌的芽孢为准。

（二）灭菌温度与菌死亡反应速度常数的关系

如前所述，微生物受热被杀死属单分子反应，所以灭菌温度与菌死亡的反应速度常数关系可用阿累尼乌斯（Arrhenius）方程式表示如下：

$$\frac{\mathrm{d}\ln k}{\mathrm{d}T}=\frac{E}{RT^2} \tag{1-4}$$

式中　k——菌死亡的速度常数，1/s；

R——气体常数，其值为 1.987×4.187J/(K·mol)；

T——绝对温度，K；

E——细胞孢子的活化能，其值为 4.187J/mol。

当 E 为常数时积分此式，经转化得

$$k=e^{a-\frac{E}{RT}}$$

式中　a——积分常数。

取　$$e^a=A$$

则　$$k=Ae^{-\frac{E}{RT}} \tag{1-5}$$

式中　A——阿累尼乌斯常数，s^{-1}；

e——2.718。

温度与菌死亡速度常数的关系，可用图 1-1（细菌芽孢）作为例子说明。在图中 k 和 $1/T$ 之间基本上互呈直线关系。图 1-2 为不同灭菌温度 t 时的反应速度常数 k 的数值。

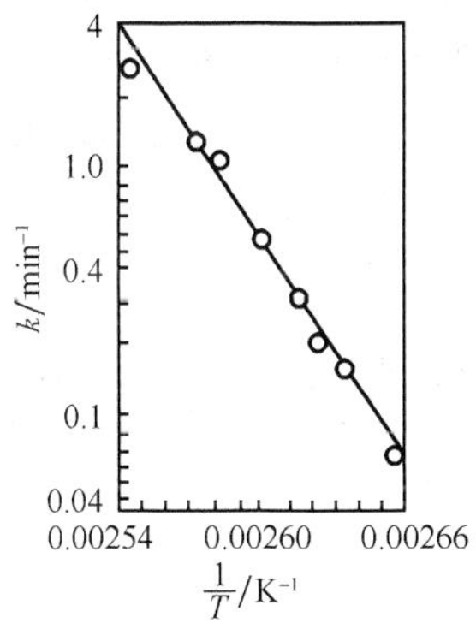

图 1-1　菌死亡速度常数 k 与温度的关系

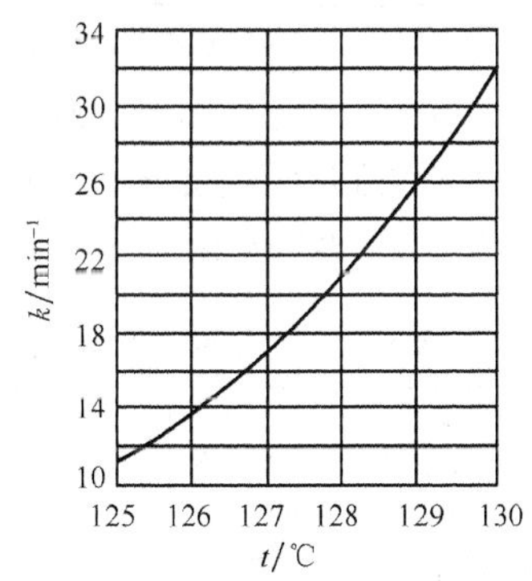

图 1-2　按计算示例求出的不同灭菌温度 t 时的反应速度常数（k）的数值

将 $k=A\bar{e}^{\frac{E}{RT}}$ 代入 $\tau=\frac{1}{k}\ln\frac{N_0}{N_S}$ 中

得　$$\tau=\frac{1}{A}e^{\frac{E}{RT}}\ln\frac{N_0}{N_S} \tag{1-6}$$

这就是加热灭菌的时间和温度之间的理论关系。实际上，湿热灭菌的时间和温度还受培养基的质量、活菌浓度、活菌种类、培养基的 pH 等因素的影响。从式（1-6）可知，灭菌时间 τ 和灭菌温度 T 与活化能也有一定的关系。

（三）活化能

化学反应动力学指出：分子的碰撞，只有某些分子的碰撞才是有效的碰撞，这些分子在碰撞时所具有的内能比在该温度下其他分子所具有的平均内能要大。正是这种过剩的能量，才是分子在所指定的条件下进行反应所必须具备的能量，这就是活化能（即阿累尼乌斯方程式中的 E）。

由式（1-5）可导出

$$\ln k=\ln Ae^{-\frac{E}{RT}}$$

得

$$\ln k=\ln A-\frac{E}{RT} \tag{1-7}$$

由式（1-7）知，若能通过实验求得 k 的对数与 $1/T$ 的关系图，就可由直线求出 E。

研究表明，营养细胞和孢子死灭的活化能，大致在 4.187×（50～100）kJ/mol 的范围内，它大大高于培养基中酶、蛋白质或维生素破坏的活化能（一般约为 8.4～84kJ/mol），以及葡萄糖破坏的活化能 4.187×24kJ/mol。由反应动力学知，在活化能大的反应中，反应速度常数及反应速度随温度的变化也大。反之，则相反。所以当提高反应温度时，活菌死亡速度的增加要比营养成分破坏速度的增加要大得多。图 1-3 表示了温度与细菌孢子死亡速度常数与酶或维生素破坏的速度常数之间的关系。所以培养基的灭菌应采用高温短时间的方法，以减少营养成分的破坏，这样我们既保护了培养基内的营养成分，又达到了灭菌的目的。表 1-1 中列出了达到完全灭菌的温度、时间时，营养成分（以维生素 B_1 为准）破坏量的比较，可以很清楚地说明这个问题。

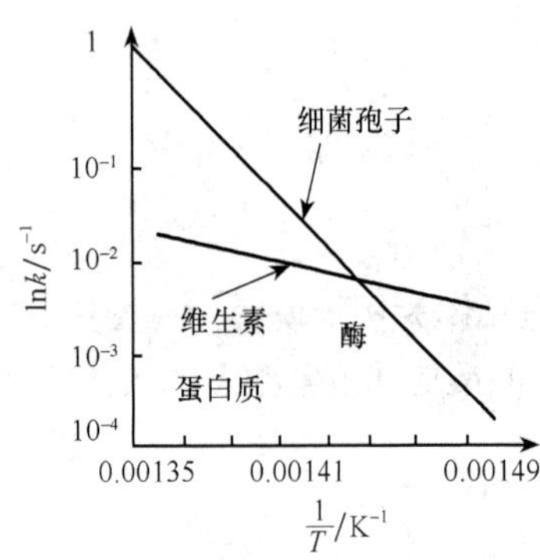

图 1-3 温度对细菌孢子、维生素或酶破坏速度常数的关系

表 1-1 培养基达到完全灭菌时，灭菌温度和灭菌时间对培养基养分破坏的比较（以维生素 B_1 为准）

灭菌温度/℃	灭菌时间/min	营养成分破坏率/%
100	400	99.3
110	36	67
115	15	50
120	4	27
130	0.5	8
145	0.08	2
150	0.01	＜1

二、培养基制备中的常用灭菌设备

在培养基制备及灭菌中只有加压蒸汽灭菌的设备比较复杂，在其他方法中大部分设备都非常简单，有的甚至不用什么设备。所以这里只对间歇式常规加压蒸汽灭菌法和连

续加压蒸汽灭菌法中的设备进行介绍。

（一）间歇式灭菌法中的常用杀菌设备

在间歇式灭菌法中，生物工程中最常用的是常规加压蒸汽灭菌法。该法中比较复杂的设备就是高压蒸汽灭菌锅（图 1-4）。它是一个密闭的系统，通常具有夹层，夹层和锅中可以充满饱和蒸汽，并可在一定时间内使之维持一定的温度和压力。使用时要完全排出锅内的空气而代之以饱和蒸汽。如有空气存在，则锅内温度将低于同样压力下由纯饱和蒸汽产生的温度。

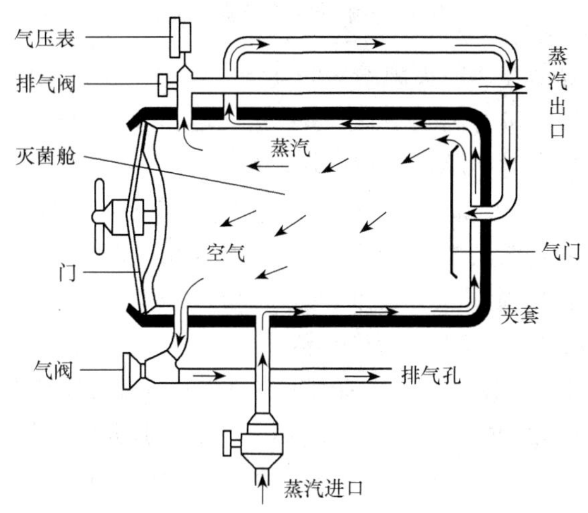

图 1-4　高压蒸汽灭菌装置

（二）连续灭菌法中的常用设备

1. 连续灭菌流程

在大型生物工程中，常采用连续式灭菌设备，使用连续灭菌具有如下的优点：生产效率高，便于实行机械化和自动控制，便于质量控制，同时还节约了能源消耗，降低了工人的劳动强度。与分批灭菌相比还有培养基受热时间短，发酵罐的使用周期短和培养基成分破坏较少等特点。

培养液连续灭菌流程如图 1-5 所示，培养液由料液罐 1 放出，加入约 0.01％消泡剂后，用连消泵 2 送入汽液混合器或连消塔 3 底端，培养液在流经这里时被直接蒸汽加热到灭菌温度 110～130℃，由顶部流出。然后培养液进入维持罐 4，维持 8～25min，由维持罐上部侧面流出，维持罐内最后的培养液可从其底部排出，经喷淋冷却器 5 冷却到发酵温度，送去发酵罐。

喷射加热连续灭菌流程如图 1-6 所示。这里是在待灭菌的培养液中直接喷入蒸汽，使培养液温度急速上升到预定的灭菌温度。培养液在维持段管中流过的时间要大于等于培养液在该灭菌温度下要求的停留时间。灭过菌的培养液通过膨胀阀进入真空冷却器而急速冷却。此流程的优点是能保证培养液先进先出，避免了先进来的培养液与后进来的

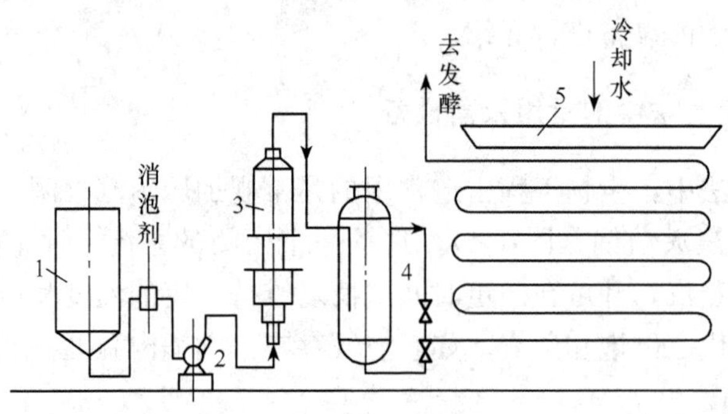

图 1-5 培养液连续灭菌流程

混合，而造成部分培养液过热或灭菌不透的现象；同时由于该法中培养液受热均一、受热时间短，因而灭菌温度可升高到 140℃而不引起培养液中营养的严重破坏。操作时需要注意的是真空系统的密封问题，严防重新污染。

薄板换热器连续灭菌流程如图 1-7 所示。培养液在设备中可同时完成预热、灭菌及冷却过程。生物培养液首先进入薄板换热器 2，经灭菌后的培养液预热。然后进入薄板换热器 3，被加热蒸汽加热到预定的灭菌温度。进入维持段后，在该温度下保持一段时间，然后依次进入薄板换热器 2 和 3。在薄板换热器 2 处培养液被初步冷却，在薄板换热器 3 处被冷却水最后冷却到要求的温度。虽然利用板式热交换器进行连续灭菌时，加热和冷却培养液所需要的时间比采用喷射式连续灭菌稍长，但灭菌周期则较间歇灭菌小得多。由于待灭菌培养液的预热过程同时为灭菌培养液的冷却过程，所以节约了蒸汽及冷却水的用量。

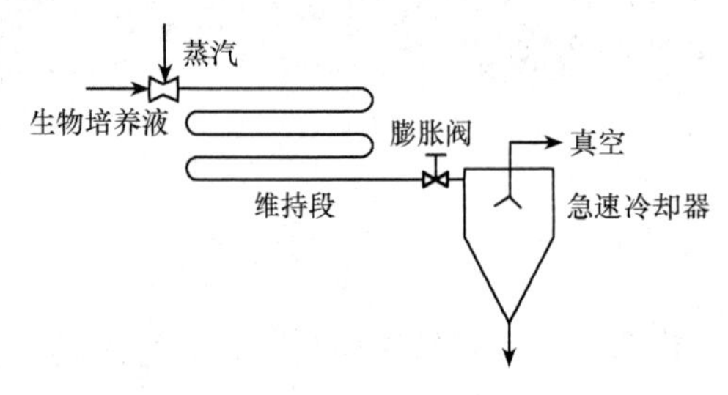

图 1-6 喷射加热连续灭菌流程

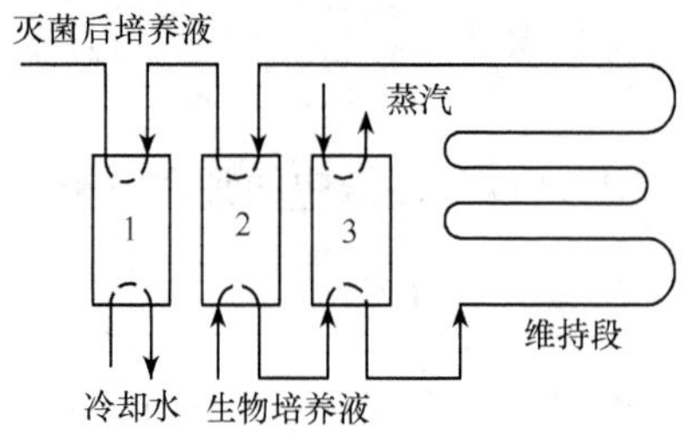

图 1-7 薄板换热器连续灭菌流程

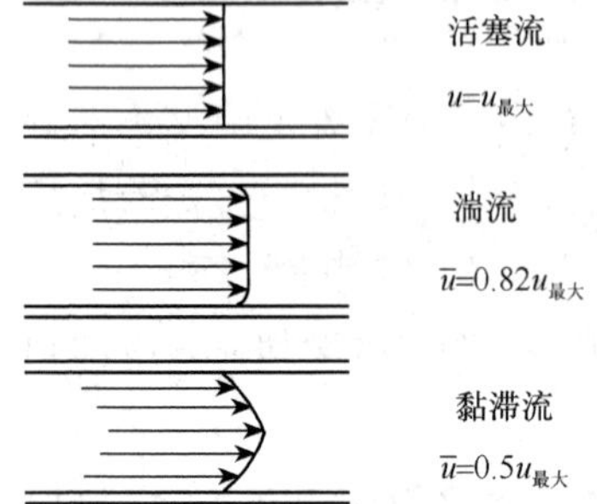

图 1-8 圆管内不同流动形式流体的速度分布情况

2. 常用连续灭菌设备介绍

在设计管式连续灭菌器时，要使料液在管道中的流动形式尽量接近活塞流，即培养液在管式灭菌器内停留时间恰好和培养液所有部分的受热时间相等；这样就比较容易计算出达到一定无菌度所需的维持段管道的长度。

图 1-8 是活塞流、湍流、黏滞流三种流体的示意图。

黏滞流体流过圆形管道做黏滞流（层流）流动时的平均速度为管道轴线处最高流速的一半；湍流的平均速

度则为其最高速度的 82%；活塞流的平均速度等于最高速度，即管内截面各点速度相等；因而培养液在维持段逗留时间恰好和培养液的所有部分的受热时间相等；故比较容易计算维持段管道的长度。活塞流是最理想的，它能防止培养液过热和加热不足，但实际上只能做到接近活塞流的流动形式。所以在设计发酵培养液的连续灭菌系统时，须采用停留时间分布的概念，而不能采用单纯的停留时间。

逗留时间的分布很难事前预测，所以必须通过实验加以测定。这里我们将灭菌程度 N_S/N_0 对应与反应准数 $N_r(=kL/\bar{u})$ 并以波特里特数 $PeB=(\bar{u}L/E_z)$ 为参数做图，得图 1-9。

式中　k——活菌死亡速率常数，s^{-1}；

L——反应器的长度，m；

$\bar{u}$——反应器中的平均流速，m/s；

E_z——轴线分布系数，m^2/s。

由图 1-9 可以看出，当 $PeB=\infty$时，即理想活塞流时，是设计连续灭菌设备的最有利条件，因为这可以使一定量的培养液达到一定灭菌程度时，其时间分布最短，所以需要的设备也最短。但是，实际上很少有理想活塞流情况，因此图 1-9 中的数据将有助于连续灭菌设备的设计和评断其效率。

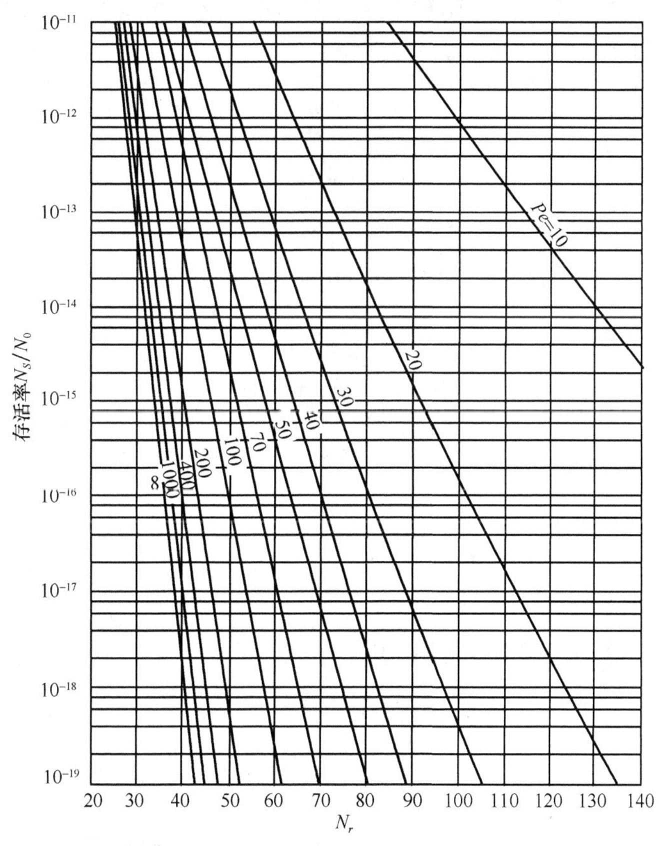

图 1-9　连续灭菌器中轴向扩散对灭菌的影响

下面我们就介绍一些连续灭菌设备。

1）连消塔

连消塔是一种培养液高温短时间连续灭菌设备，它与维持罐一起使用。连消塔分套管式和汽液混合式两类，汽液混合式有立式和卧式两种。

套管式连消塔如图 1-10 所示，待灭菌培养液由外管下部的侧面进入，经内外两管间向上流动，并被内管小孔中喷出的蒸汽加热到 110～130℃，从外管上部侧面流出。培养液在管间保持 15～20s 的高温灭菌时间，流动线速度要求＜0.1m/s。内管开有向下倾 45°的能喷蒸汽的小孔，为了加工方便，也有水平方向开孔的，而且在靠近蒸汽入口处的孔距要大一些，往后依次递减，从而能使蒸汽均匀加热。为防止蒸汽喷孔堵塞，喷蒸汽的小孔径不宜太小，一般为 6mm。

汽液混合式连消塔如图 1-11 所示，它主要由两个圆筒组成，在每个圆筒的下端依次伸入一个套管式喷嘴，与底盖连接，并通过它将两个圆筒连成塔形。喷嘴上方有圆形挡板，当待灭菌的培养液由下端进入，加热蒸汽由侧面进入后呈环形加热料液，蒸汽喷出口的高度适宜是防止噪声的因素。上升的培养液被圆形挡板阻挡，折转向四周后上升，随后又被蒸汽第二次加热后由筒顶排出。

汽液混合式连消器如图 1-12 所示，它与汽液混合式连消塔的结构基本相同，只是培养液仅仅经过一次加热。这种混合式连消器结构简单，外形较小，使用效果较好。该混合式连消器也可做成卧式的混合式连消器。

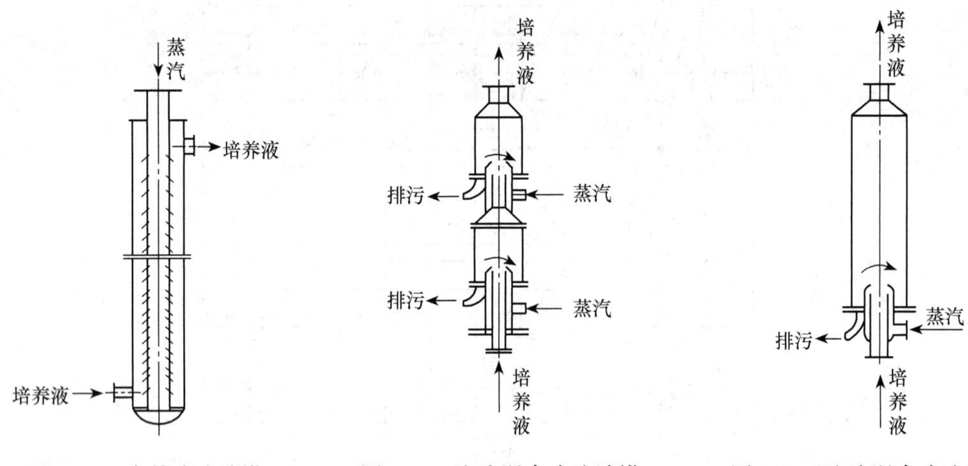

图 1-10　套管式连消塔　　图 1-11　汽液混合式连消塔　　图 1-12　汽液混合式连消器

套管式连消塔计算：

培养液在管间流动，线速度为 ω，则

$$\omega=\frac{G}{3600\times\frac{\pi}{4}(D^2-d^2)} \tag{1-8}$$

式中　ω——培养液流速，m/s；

G——培养液流量，m^3/h，蒸汽冷凝量使培养液量增加，但对灭菌设备中有关因素的影响是很小的，可以略而不计；

D——外管直径，m；

d——内管径直，m。

则塔高

$$H = \tau\omega \tag{1-9}$$

式中　H——连消塔高，m；

τ——灭菌时间，s。

内管蒸汽喷孔总面积和孔数计算。

根据蒸汽消耗量（m^3/h）等于从小孔喷出的蒸汽量（m^3/h）得

$$F\omega = \frac{V}{3600}$$

则

$$F = \frac{V}{3600\omega} \tag{1-10}$$

式中　F——蒸汽喷孔的总面积，m^2；

ω——蒸汽喷孔的速度，m/s，通常采用 25～40m/s；

V——加热蒸汽消耗量，m^3/h。

加热蒸汽喷孔数 n 为

$$n = \frac{F}{0.785d_1^2} \tag{1-11}$$

式中　n——喷孔数，个；

d_1——喷孔直径，m。

2）喷射加热器

如图 1-13 所示，当料液压入渐缩喷嘴 1 后，高速喷出时，由于其静压力较低，将蒸汽由吸入口经吸入室 3 吸进混合喷嘴 4 中混合，混合段 5 较长，以便汽液充分混合。料液在扩大管 6 中动能转变为静压能，将料液送入与扩大管 6 相连接的管道中。

3）维持罐

如图 1-14 所示，维持罐为长圆筒形，高为直径的 2～4 倍，上下封头为球形。罐顶

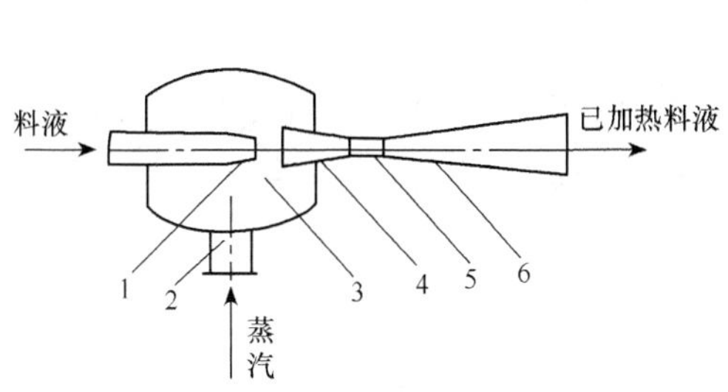

图 1-13　喷射加热器示意图

1. 喷嘴；2. 吸入口；3. 吸入室；4. 混合喷嘴；5. 混合段；6. 扩大管

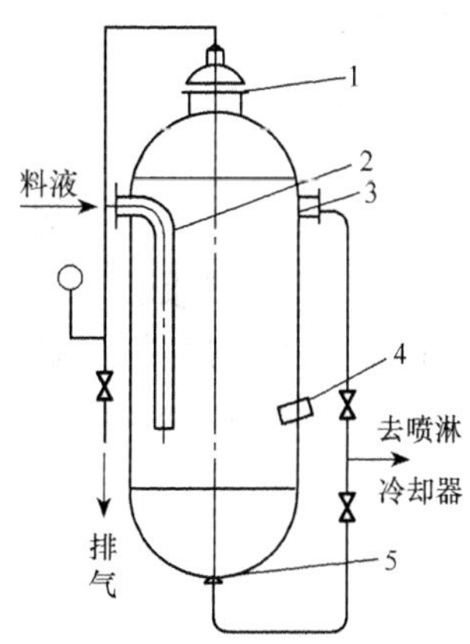

图 1-14　维持罐

1. 人孔；2. 进料管；3. 出料管；4. 温度计测温口；5. 排尽管

部设有人孔1，进料管2由圆筒上部侧面伸入后在罐内通至下部，使料液自下向上流动，最后从上部侧面接管3流出。使用时要注意防止进料管2上部弯头处长时间受料液磨损而漏液，造成料液短路，从而导致料液灭菌时间不够而染菌。罐上部要留有空间，以便安装压力表和排汽管。压力表管安装成向下弯，以免管内冷凝污水落入维持管内而污染料液，同时便于观察压力。圆筒中部有温度计测温孔4。罐的有效容积应能满足料液维持8～25min的需要。停止操作时，料液由管5排出。维持罐容积由式（1-12）计算：

$$V = \frac{v\tau}{60\phi} \tag{1-12}$$

式中 V——维持罐容积，m^3；

v——料液的容积流速，m^3/h；

ϕ——充填系数，取0.85～0.9；

τ——维持时间（min），因为维持罐不易保证培养液先进先出，若采用计算所得的维持时间进行设计，很可能造成局部培养液未达到所要求的灭菌度而过早排出。为了安全起见，一般取经验数据为8～25min。

4）管式连消器

管式连消器是高温短时间连续灭菌设备，培养液流经一段管子受到高温短时间灭菌后即进行冷却。管式连消器可做成水平式，也可做成立式。

第二节 味精生产原料的处理与培养基制备设备

一、原料的除铁与粉碎

（一）磁力除铁器

味精生产使用的原料多为农副产品，如玉米，在收获时常混杂有磁性金属杂质，这些杂质如不清除，随着原料进入粉碎机，将会对机器造成损害，所以在对原料进行处理时首先必须用磁铁分离器分离出夹杂在原料中的这些金属杂质。

磁铁分离器可用永久磁铁或电磁铁。永久磁铁具有结构简单、使用维护简便和不耗电能等优点，但磁力较弱，磁性会退化。电磁铁磁力稳定，性能可靠，但必须保证一定的电流强度，且结构稍复杂。

用磁铁分离器除铁时，当原料以薄层通过其磁铁部分时，铁块便被吸住而除去，原料则继续自由通过，从而达到除铁的目的。常用的磁铁分离器有平板式和旋转式两种。

1. 平板式磁铁分离器

平板式磁铁分离器是由若干块磁铁并排镶嵌在木槽中，磁极露在物料通过的倾斜平面上，呈30°～40°倾角，如图1-15所示。磁铁可安装一排或多排。被磁极吸住的铁块需用人工取下。停止使用时，可用铁板将两个磁极盖住，以保存磁性。

2. 旋转式磁铁分离器

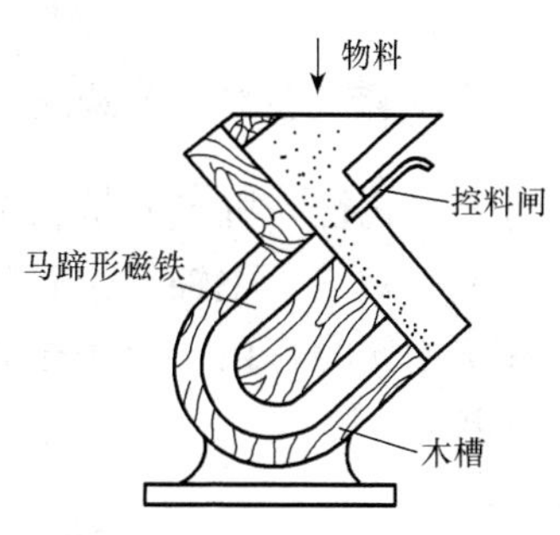

图 1-15　平板式磁分离器

我国生产的 CXY-25 型永磁滚筒就是旋转式磁铁分离器，如图 1-16 所示，它是由上机体 1、磁铁滚筒 2、下机体 3、涡轮减速器 4 及电动机 5 等部分组成。上机体有进料口、淌板、压力门及观察窗等装置。磁铁滚筒由转动的外筒和固定不动的磁铁芯两部分组成。磁铁芯子固定在中心轴上，用永久磁钢、铁隔板及铝质鼓轮组成一个 170°的半圆芯子。永久磁钢采用锶钙铁氧体共 48 块，分 8 组排列，形成多极头开放磁路，如图 1-17所示。外筒用非导磁材料（磷青铜或不锈钢）制成，直径 300mm。外筒表面涂无毒耐磨材料——聚胺，以延长滚筒的寿命。电动机通过涡轮减速器带动外筒旋转，其转速为 38r/min。下机体一端设有出料斗，连接出料管道，另一侧安装盛铁盒，存放分离出来的磁性金属杂质。

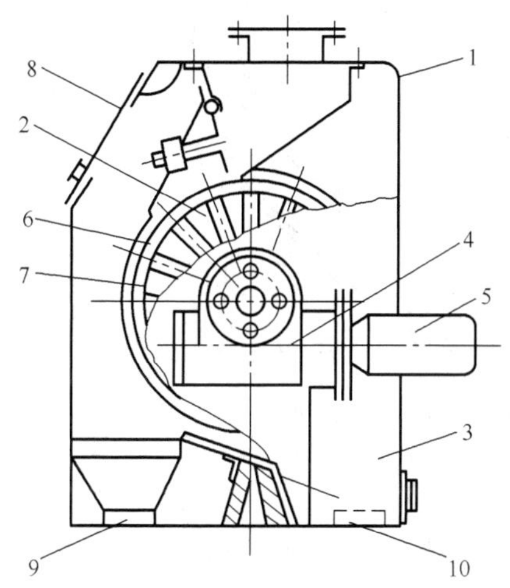

图 1-16　CXY-25 型永磁滚筒的结构

1. 上机体；2. 磁铁滚筒；3. 下机体；4. 涡轮减速器；
5. 电动机；6. 铁隔板；7. 拨齿；8. 观察窗；
9. 大麦出口；10. 盛铁盒

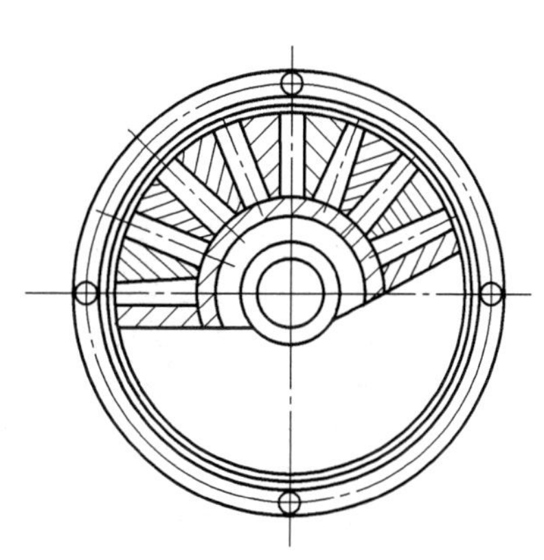
图 1-17　磁钢的排列

当含有金属杂质的物料，经压力门呈薄层均匀地落到滚筒上磁铁的磁场区时，谷物可以继续自由下落，并从出料口排出。而磁性金属杂质被磁芯磁化，吸在外筒表面，并被外筒上的拨齿带着随外筒一同转动至磁场作用区外，在磁力消失后，自动落入盛铁盒内，从而达到磁性金属杂质与谷物分离的目的。

（二）原料的粉碎

生物工程中，常用的粉碎机械有锤式粉碎机和辊式粉碎机。以玉米为原料的味精厂常采用锤式粉碎机，所以这里只介绍锤式粉碎机，辊式粉碎机将在本章 1.4 中介绍。

1. 锤式粉碎机的构造

锤式粉碎机主要是利用冲击力将物料粉碎的，如图 1-18 所示。在主轴带动的转子上，对称于主轴的位置装有 4～6 根小轴，每个小轴上都悬挂着一个可摆动的锤刀。在不运转时，由于重力的作用锤刀向下垂；运转时，在离心力的作用下，锤刀呈辐射状。

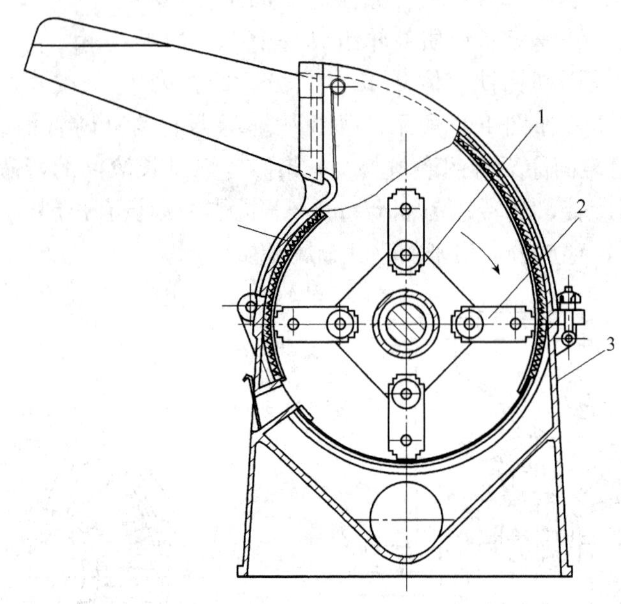

图 1-18　锤式粉碎机

1. 转子；2. 锤刀；3. 机壳

当物料从料斗进入锤式粉碎机，在高速旋转的锤刀的强大冲击力作用下被击碎；小于弧形筛面筛孔直径的微粒，逐步被筛面筛分，落进出料口；大于筛孔直径的颗粒，在受锤刀冲击后，在惯性的作用下，向各个方向以很高的速度散落。有的撞击到锯齿形冲击板上被撞成碎块，有的再次被高速旋转的下排锤刀冲击而破碎。这样没有撞击到棘板上的颗粒，也定会遇到后排锤刀的冲击。如此反复，直至将大块物料撞碎成细小颗粒，最后透过筛孔，落入出料口。

常用的锤刀有矩形、带角矩形（增加冲击物料的冲击点，加大冲击力）和斧形，如图 1-19 所示。锤刀末端的圆周速度一般设计为 25～55m/s，速度越高，冲击力越大，产品粒度就越小。因锤刀头部的打击面磨损很快，多采用耐磨的高碳钢和锰钢材料制作。锤刀与筛网的径向间隙一般控制在 5～10mm。由于磨损，锤刀逐渐变短，故需要经常更换。根据受力和磨损状况，矩形刀片和带角矩形刀片两端各打一轴孔，即一个刀片两头、反正可调换 4 次使用。锤刀片应严格准确对称安装，保证主轴在转动时受力平衡，

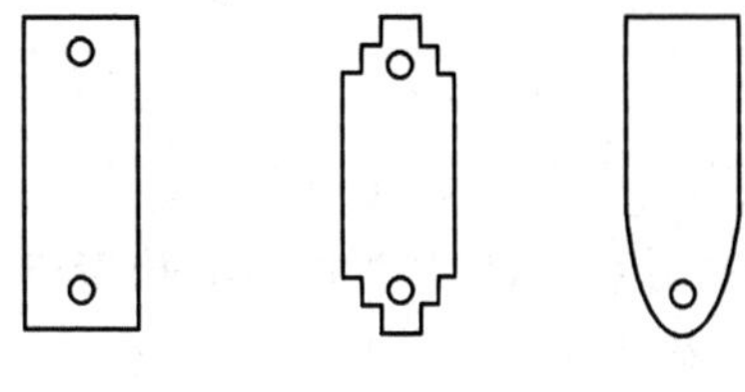

图 1-19　锤刀形状

避免产生附加惯性力损伤机器和出现其他意外。

锤式粉碎机具有构造简单、紧凑，物料适应性强，粉碎度范围大，生产能力高，运转可靠等优点；其缺点是机械磨损比较大。我国许多厂家皆有定型产品生产。

2. 锤式粉碎机的生产能力

对于圆孔筛，设一个圆筛孔排出的产品容量 V_0（m^3）

$$V_0 = \frac{\pi}{4}D_0^2 d\mu \tag{1-13}$$

式中　D_0——筛孔直径，m；

d——产品粒度，m；

μ——排料的不均匀系数，一般取 0.7。

对于长方形孔筛：

每个孔排出的产品容量 V_0（m^3）：

$$V_0 = L_1 cd\mu \tag{1-14}$$

式中　L_1——筛孔的长度，m；

c——筛孔的宽度，m。

我们一般认为，只有锤刀扫过筛孔时，才有产品排出。若转子上有 k 排锤刀，则转子转一周，锤刀就扫过 k 次。若转子转速为 n（r/min），筛孔总数为 Z 个，则每小时排出的产品量 V（m^3）为

$$V = 60V_0 Zkn \tag{1-15}$$

3. 功率消耗 N 的计算

锤式粉碎机的功率从理论上推导是困难的，一般按经验公式估算：

$$N = kD_1^2 Ln \tag{1-16}$$

式中　D_1——转子的工作直径，m；

L——转子的轴向长度，m；

n——转子的转数，r/min；

k——系数，与原料的性质及粉碎度有关。其参考数据、k 约为 0.1～0.2，当粉碎比大时，k 可取大值。

从式（1-16）中可以看出，锤式粉碎机的功率消耗与转子直径的平方（两次方）成正比，与转子直径及转子转数成正比。为节省动力，应尽可能使用小直径的转子。所以国内各生物工厂多采用小型锤式粉碎机，每台生产能力为 2.1～2.9t/h，功率消耗最低为 7kW/t。

4. 粉碎机的正确使用

无论重锤式粉碎机，还是辊式粉碎机，我们都应该遵循以下的方法。

(1) 粉碎机长期作业，应固定在水泥基础上。如果经常变动工作地点，粉碎机与电

动机要安装在用角铁制作的机座上，如果粉碎机用柴油作动力，应使两者功率匹配，即柴油机功率略大于粉碎机功率，并使两者的皮带轮槽一致，皮带轮外端面在同一平面上。

（2）粉碎机安装完后要检查各部分紧固件的紧固情况，若有松动须予以拧紧。

（3）要检查皮带松紧度是否合适，电动机轴和粉碎机轴是否平行。

（4）粉碎机启动前，先用手转动转子，检查一下齿爪、锤片及转子运转是否灵活可靠，壳内有无碰撞现象，转子的旋向是否与机上箭头所指方向一致，电机与粉碎机润滑是否良好。

（5）不要随便更换皮带轮，以防转速过高使粉碎室产生爆炸，或转速太低影响工作效率。

（6）粉碎机启动后，先空转 2～3min，没有异常现象后再投料工作。

（7）工作中要随时注意粉碎机的运转情况，送料要均匀，以防阻塞，不要长时间超负荷运转。若发现有振动、杂音、轴承与机体温度过高、向外喷料等现象，应立即停车检查，排除故障后方可继续工作。

（8）粉碎的物料应仔细检查，以免铜、铁、石块等硬物进入粉碎室造成事故。

（9）操作人员不要戴手套，送料时应站在粉碎机侧面，以防反弹杂物打伤面部。

（10）机器发生堵塞时，严禁用手、木棍强行喂入或拖出物料。

二、糖化设备

我国味精厂淀粉糖化有三种方法即酸解法、酶酸法和酶解法（双酶法），将淀粉降解为葡萄糖进行生产。味精厂常采用的酸解法和双酶法制糖水解设备流程如图 1-20和图 1-21 所示。糖化过程中主要用到的设备有水解锅、连续液化喷射器、糖化罐等。

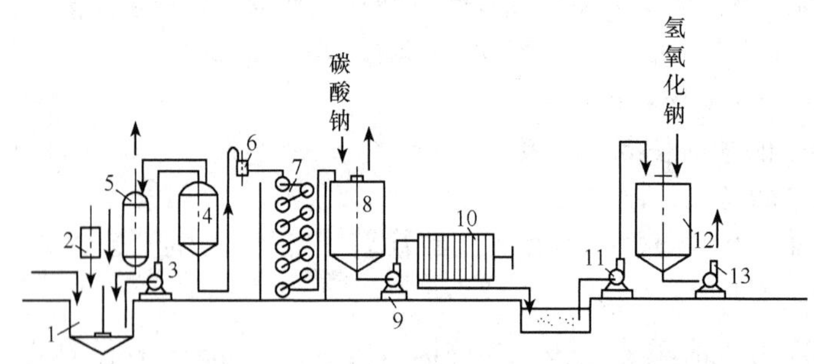

图 1-20 酸解法制味精设备流程

1. 调浆罐；2. 盐酸计量罐；3. 耐酸粉浆泵；4. 水解锅；5. 料液回收罐；6. 过滤器；7. 沉浸式换热器；8. 一次中和罐；9. 糖液泵；10. 板框式压滤机；11. 糖液泵；12. 二次中和罐；13. 糖液泵

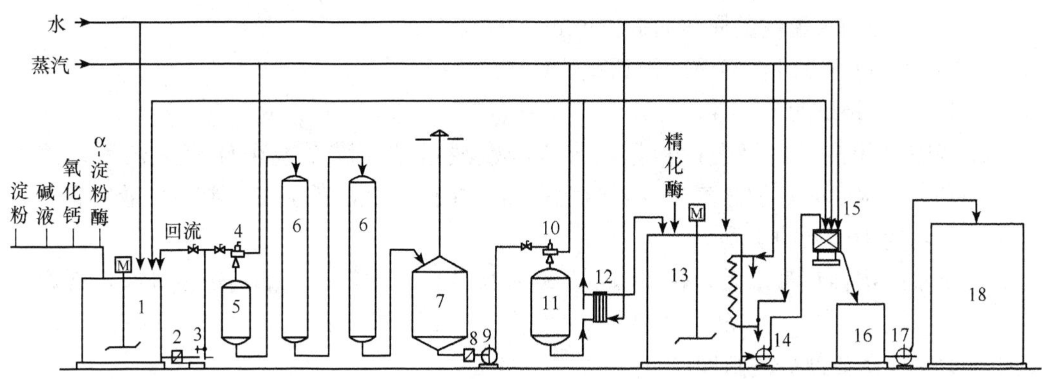

图 1-21　双酶法制糖设备流程

1. 调浆罐；2、8. 过滤器；3、9、14、17. 泵；4、10. 连续液化喷射器；5. 缓冲器；6. 液化层流罐；7. 液化液贮槽；11. 灭酶罐；12. 板式换热器；13. 糖化罐；15. 压滤机；16. 糖化暂贮槽；18. 贮糖槽

（一）水解锅

1. 水解锅的构造

因为淀粉水解的条件是 pH 为 1.5 左右，压力为 0.25～0.26MPa（表压），所以水解锅锅体材料一般用不锈钢板材料制成。

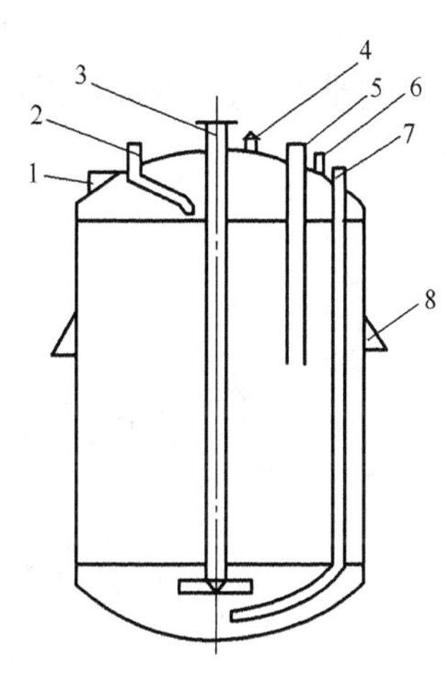

图 1-22　不锈钢水解锅

1. 人孔；2. 粉浆入口管；3. 加热蒸汽管；4. 不凝性气体排出管；5. 取样管；6. 压力表接口；7. 排液管；8. 锅耳

图 1-21 所示为不锈钢板制造的水解锅。锅体为圆筒形，上下封头均为碟形，上封头开有人孔 1，淀粉浆由锅顶管 2 进入，加热蒸汽由管 3 从锅下部通入。为使加热蒸汽均匀地通过淀粉浆，该垂直管下端有十字形加热管，管下开小孔，使加热蒸汽向下吹出。压入粉浆之前需先用蒸汽把锅内不凝性气体由管 4 排出。锅顶设有取样管 5 和压力表接口 6，排液管 7 直通到锅底中心位置，以使料液排尽。壁上有四个支架的锅耳 8。

2. 水解锅的计算

确定淀粉水解锅的数目可采用下列公式，

$$n = \frac{V/V_1}{480/\tau} = \frac{V\tau}{480V_1} \tag{1-17}$$

式中　n——淀粉水解锅的数目；

V——每班处理淀粉浆或淀粉量，t；

τ——淀粉水解锅的周转时间，min；

V_1——每锅处理淀粉浆或淀粉量，t；

480——每班的分钟数。

水解锅体积，根据每锅投料量，蒸汽冷凝液量及充满系数来计算，充满系数为55%～70%。水解时，加热蒸汽主要消耗在加热淀粉浆上，至于在周围的热散失和其他热量的消耗约为前项的10%。

每个水解锅体积算出后，就可确定其基本尺寸，当进行水解锅构造设计时可选取：

$$H = 1.2D \qquad h = 0.25D$$

式中 H——圆筒部分的高度，m；

D——圆筒部分的直径，m；

h——包括直边在内的上部或下部球形部分高度，m。

（二）连续液化喷射器

在双酶法制糖时，喷射器可直接将加酶的淀粉乳，在90℃条件下达到连续液化的目的。其结构如图1-23所示，主要部件是喷嘴和针阀。在喷嘴上开有多环蒸汽喷孔。工作时，淀粉乳通过喷嘴时在针阀与喷嘴之间形成薄膜状，被从蒸汽喷孔进来的高温蒸汽加热糊化。

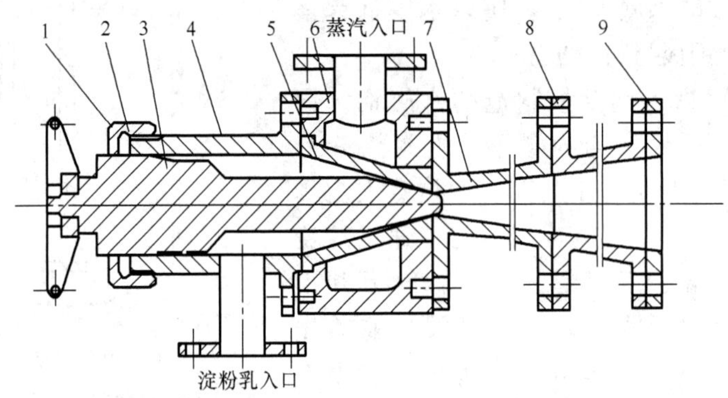

图1-23 连续液化喷射器

1. 压紧螺母；2. 填料；3. 针阀；4. 喷射器体；5. 喷嘴；6. 汽套；7. 扩散管；8. 法兰；9. 连接法兰

（三）糖化锅

淀粉乳经喷射液化、灭酶、冷却后送入糖化罐，加酶糖化后即生成糖化液。糖化罐主要由罐体、搅拌器以及换热蛇管等组成，如图1-24所示。

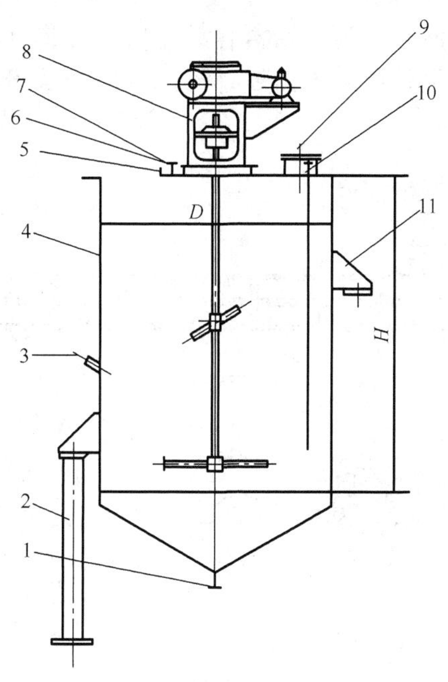

图 1-24　糖化锅

1. 排料口；2. 支腿；3. 温度计接口；4. 槽体；5. 槽盖；6. 进水口；
7. 进碱口；8. 传动装置；9. 排气口；10. 蒸汽入口；11. 悬挂式支座

第三节　酒精生产原料的处理与培养基制备设备

酒精生产多采用淀粉和糖蜜，淀粉酒精发酵时，由于酵母菌不能直接利用淀粉，所以发酵前淀粉质原料必须经过糖化。在连续糖化中糊化醪、曲液和水要充分混合，并在要求的温度下在流动中维持一定时间，以便于在酶的作用下糖化。目前大、中型酒精厂淀粉质原料都已实现连续蒸煮糖化。连续蒸煮糖化有低温长时间的罐式连续蒸煮设备和高温短时间的管式连续蒸煮设备两类。目前，我国酒精工厂多采用罐式连续蒸煮。

糖蜜酒精发酵时，由于原糖蜜的浓度一般都在 80°Bx 以上，酵母菌不能直接利用，所以在发酵前首先需对原糖蜜进行稀释、酸化、灭菌、添加营养盐等处理过程，完成这一工艺过程的设备叫糖蜜稀释器。

一、糖蜜稀释器

糖蜜稀释器可分为间歇与连续两种：间歇式稀释器为一稀释罐，内部有搅拌器。目前中国糖蜜酒精工厂多采用连续稀释法，使用的稀释器构造很多，现只介绍其中两种类型。

（一）水平式糖蜜连续稀释器

图 1-25 所示为水平式糖蜜连续稀释器，该稀释器为圆筒形水平管子。沿管轴线上装有若干隔板和筛板，将其分成若干部分。为了使糖蜜与水很好地混合，隔板上的孔上下交错配置，而且隔板上的孔径要保证液体在稀释器内湍流流动。隔板固定在两根水平

杆上，能与杆一起装卸、清理。为使糖蜜容易流出，安装时，通常出口的一端向下倾斜。这种稀释器的混合效果较好，不需搅拌器。该稀释器还可同时进行稀释、加营养盐、冷水和酒精等操作。

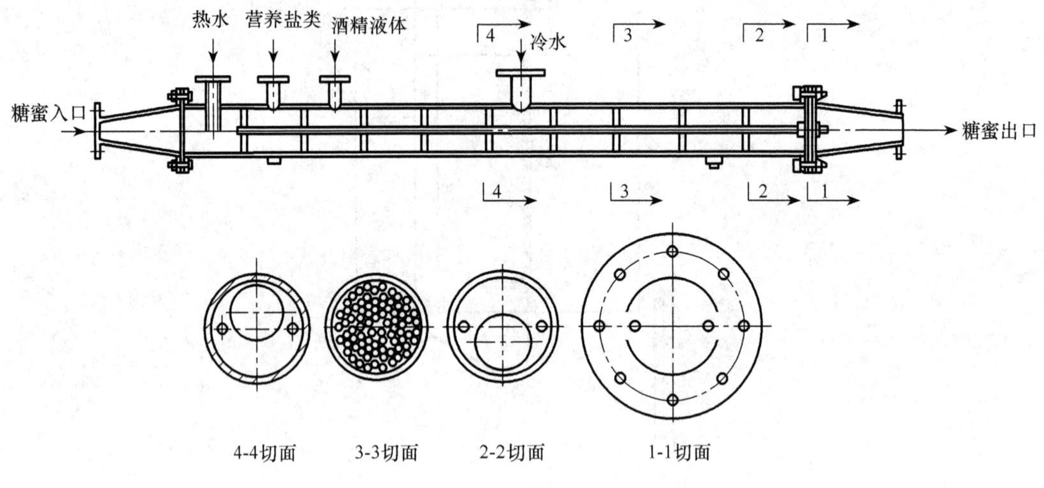

图 1-25 水平式糖蜜连续稀释器

(二) 立式糖蜜连续稀释器

立式糖蜜连续稀释器为圆筒形器身。上、下封头为锥形。如图 1-26 所示，稀释器总高度为 1.5m，用 4～5mm 钢板制成，酒母醪稀释器最好用铜或不锈钢制成。该器的下部有三个连接管，最下方的两个分别为糖蜜和热水进口。糖蜜和热水进入后流过最下边的一个中心有圆形孔的隔板又与刚进入的冷水与糖液混合。里面有 7～8 块具有半圆形缺口的隔板交错配置，即一个半圆形缺口在左，另一个半圆形缺口在右，这样液体交错呈湍流流动，使糖蜜和水更好地混合。隔板之间距离为 125mm，糖液允许流动速度为 0.08～0.11m/s。

我国一些工厂在实践中又开发出错板式连续稀释器如图 1-27 所示、膨胀式连续稀释器如图 1-28 所示和变径式连续稀释器如图 1-29 所示，它们的工作原理都大同小异。

二、罐式连续蒸煮糖化设备

(一) 蒸煮罐和后熟器

酒精工厂原料连续蒸煮设备有罐式、管式和柱式三种形式。因为罐式连续蒸煮设备具有设备简单，操作容易，蒸煮温度可高可低，节约能源等优点，所以，目前我国各酒精厂多采用此设备。

图 1-30 所示为罐式连续蒸煮糖化流程，蒸煮罐 3、后熟器 4 和最后一个后熟器 5（也叫汽液分离器）内的温度都比较高，是蒸煮的三个不同阶段。蒸煮罐 3 起加热作用，实际上应叫加热罐。后熟器 4 不再进入蒸汽，在这里醪液在一定温度下维持一段时间完成后熟作用。后熟器 5 主要起汽液分离作用，通过汽液分离使醪液温度降低。

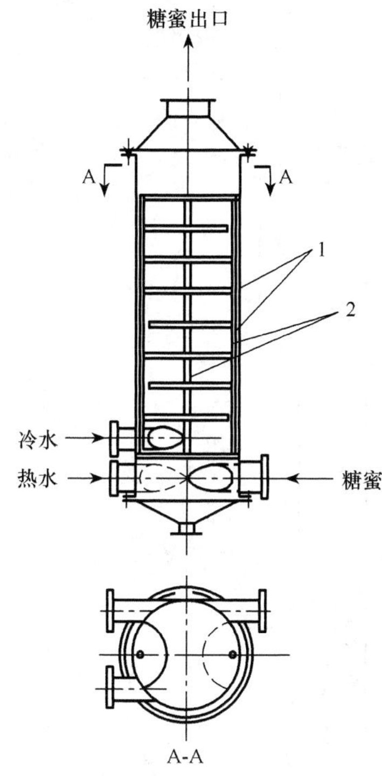

图 1-26 立式糖蜜连续稀释器

1. 隔板；2. 固定杆

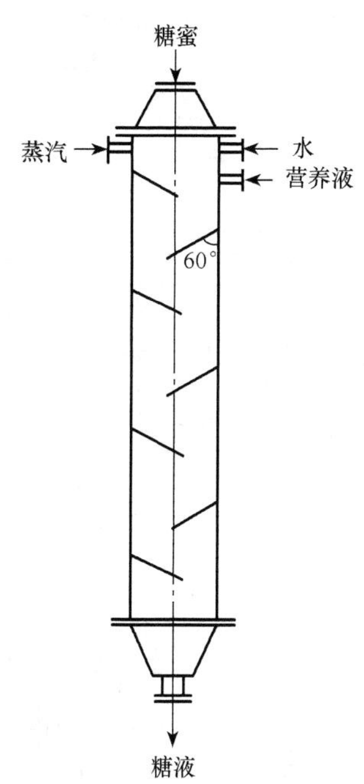

图 1-27 错板式连续稀释器

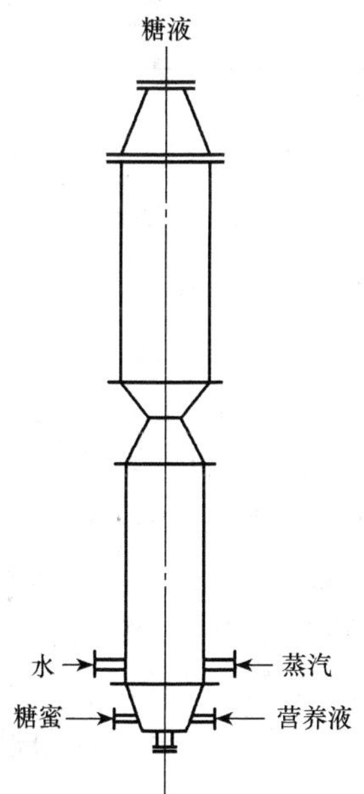

图 1-28 膨胀式连续稀释器

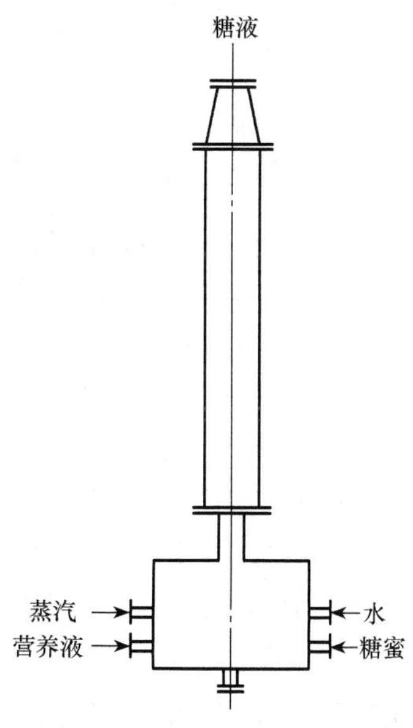

图 1-29 变径式连续稀释器

图 1-31 所示为长圆筒形罐式连续蒸煮罐。它是由长圆筒和球形或碟形封头焊接而成，粉浆用往复泵由下端中心进料口 1 压入蒸煮罐中，被加热蒸汽管 2 喷出的蒸汽迅速加热到蒸煮温度，加热蒸汽管与粉浆管两入口之间的距离约为 200mm，蒸煮罐下封头

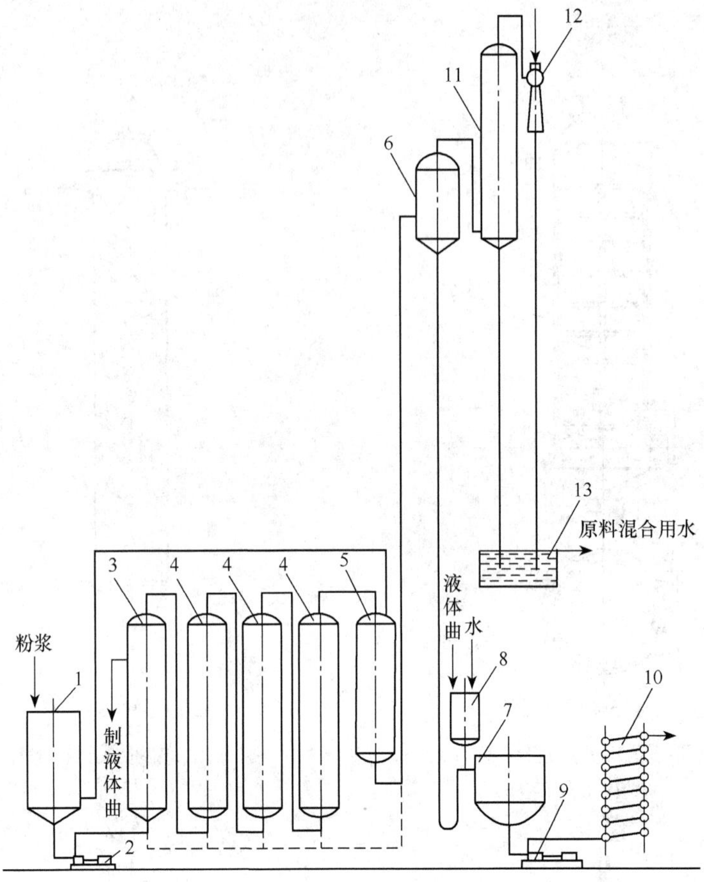

图 1-30　罐式连续蒸煮糖化流程

1. 粉浆罐；2. 粉浆泵；3. 蒸煮罐；4. 后熟罐；5. 最后一个后熟器（气液分离器）；6. 真空冷却器；7. 连续糖化罐；8. 液体曲贮罐；9. 糖化醪泵；10. 喷淋冷却器；11. 混合冷凝器；12. 蒸汽喷射器；13. 热水箱

为球形。此装置目的是尽量减少噪声和震动，减少对下封头的磨损。蒸煮罐保持压力约为 0.3～0.35MPa（表压），糊化醪从管 3 流出。为安装安全阀 4 和压力表 5，顶部中心的糊化醪出口管应伸入罐内 300～400mm，使罐顶部留有一定的自由空间。为了防止压力表管被醪液堵塞，可将压力表管垂直安装。从罐中部侧面的管 6 可引出部分糊化醪液，去制备液体曲。蒸煮罐最易磨损的是下封头。由于该处有加热蒸汽喷入，在其作用下，粉浆高速度的转动而与下封头内壁产生了摩擦，故下封头一般做成球形。长圆筒中下部侧面焊有四个罐耳 7，供安装使用。在靠近加热位置上方有温度计测温口 8。蒸煮时依据该温度控制加热蒸汽量。罐下侧有人孔 9。加热蒸汽入口处须装有止逆阀，以防蒸汽管路压力降低时醪液流失，甚至造成管路上其他装置堵塞。为了避免过多的热量散失，蒸煮罐壁须装置良好的保温层。

罐式连续蒸煮罐或后熟器的直径不宜太大，否则罐中醪液返混现象严重，不能保证醪液先进先出，致使醪液受热时间不均匀，甚至出现部分醪液蒸煮不透就过早排出，而另有部分醪液过热而焦化。这样罐式连续蒸煮罐数就不可能太少，宜采用 3～6 个。

糊化醪随着流动，压力下降，产生的二次蒸汽，由最后一个后熟器分离出来，故最后一个后熟器也为汽液分离器。如图 1-32 所示。罐式连续蒸煮罐和各后熟器几乎是充满醪液的，唯最后一个后熟器上部须留有足够的自由空间，以分离二次蒸汽。汽液分离器内的液位在 50%左右的位置上。当蒸煮罐和各后熟器采用相同容积时，每个后熟器所需体积计算为

$$V_1\tau = V_2(N-1)V_2\varphi$$
$$= V_2(N-1+\varphi)$$

故

$$V_2 = \frac{V_1\tau}{N+\varphi-1} \tag{1-18}$$

式中 V_1——包括加热蒸汽冷凝水的糊化醪量，m^3/h；

τ——整个蒸煮时间，h（2h 或更长一些时间）；

V_2——蒸煮罐或每个后熟器的体积，m^3；

N——蒸煮罐和后熟器的数目；

φ——最后一个后熟器的充满系数，约为 0.5。

在一般情况下，长圆筒形后熟器圆筒部分的直径和高之比约为（1∶3）～（1∶5）。

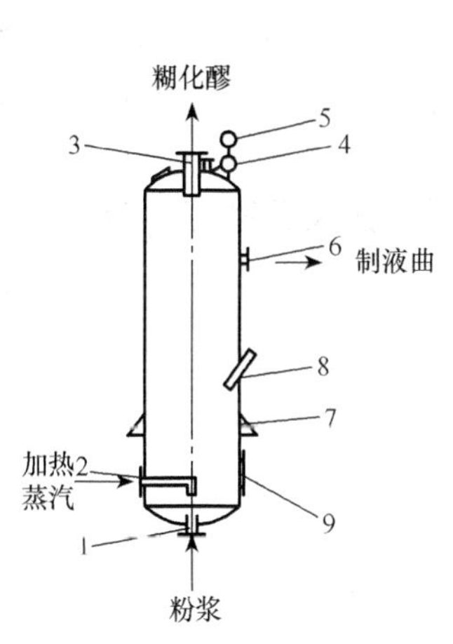

图 1-31　长圆筒形罐式连续蒸煮罐

1. 粉浆入口；2. 加热蒸汽管；3. 糊化醪出口；4. 安全阀接口；5. 压力表；6. 液体曲醪出口；7. 罐耳；8. 温度计测温口；9. 人孔

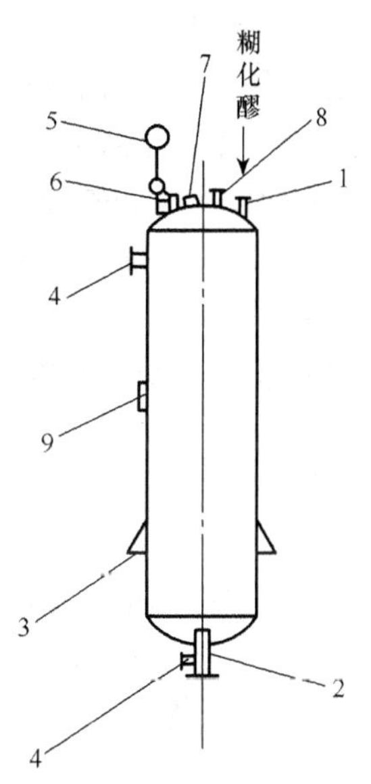

图 1-32　最后一个后熟器（气液分离器）

1. 糊化醪入口；2. 糊化醪出口；3. 耳架；4. 自控液位仪表接口；5. 压力表 6. 二次蒸汽出口；7. 人孔；8. 安全阀；9. 液位指示器

（二）糖化罐

1. 连续糖化罐

连续糖化罐的作用是连续地把已降温至要求的糊化醪用水稀释，并与液体曲或麸曲

乳或糖化酶（酶制剂）混合，在一定温度下维持一定时间，并保持流动状态，以利于酶的活动。

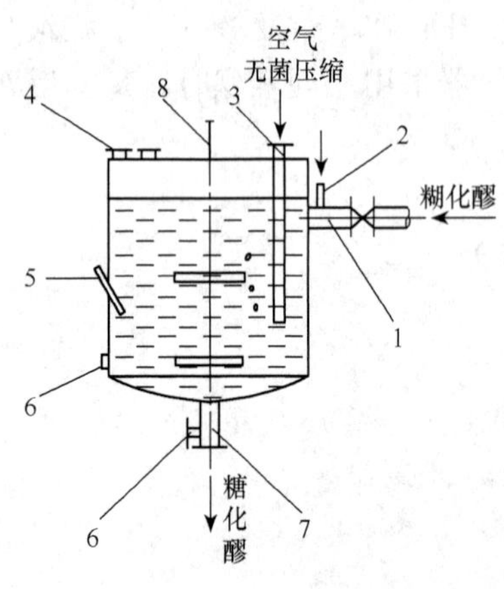

图 1-33 连续糖化罐

1. 糊化醪进管；2. 水和液体曲或糖化酶进入管；3. 无菌压缩空气管；4. 人孔；5. 温度计测温口；6. 杀菌蒸汽进口；7. 糖化醪出口管；8. 搅拌器

连续糖化罐具有圆筒形外壳，球形或锥形底的容器。若进入的糊化醪未冷却至要求温度，则糖化罐内需设有冷却管；如果糊化醪已经冷却到了要求的温度，则糖化罐内可不设冷却管。无冷却管的连续糖化罐，如图 1-33 所示，糊化醪由管 1 进入，管 1 上安有阀门，开工时将该阀门关闭，以避免破坏真空冷却器的真空。为使曲液和糊化醪均匀混合，液体曲和经冷却的糊化醪在管中靠近入口处混合后一起进入糖化罐；若糊化醪未经冷却，直接进入糖化罐时，应先进到气囱，然后落入糖化罐。为保证醪液有一定的糖化时间，应保证糖化罐中的糊化醪液量不变。无菌压缩空气由管 3 连续送入，罐盖有人孔 4，罐侧中部有温度计测温口 5。糖化罐每天杀菌一次，在罐侧和整个罐底有杀菌蒸汽进管 6。罐内装有搅拌器 1～2 组，搅拌器有用涡轮式的，也有用旋桨式或平桨式的。搅拌器采用减速器或 V 带传动，转速为 45～90r/min。罐内如设有冷却蛇管，则其转动方向应与冷却管中水流动方向相反。糖化醪由罐底管 7 连续排出，用往复泵送去冷却。连续糖化罐一般在常压下操作，为减少染菌，可做成密闭式。

糖化罐的体积 V 取决于醪液流量和在罐中的停留时间以及装满程度，可按下式计算：

$$V=\frac{V'\tau}{60\eta} \tag{1-19}$$

式中 V'——糖化醪液量（包括曲的量），m^3/h；

τ——醪液在罐内的停留时间，min；

η——装填系数，η=0.75～0.85。

连续糖化罐的直径、圆筒部分高度、球形底（或罐底）高度和球形底曲率半径之间的比例关系为

$$H=(0.5\sim1.0)D$$
$$h=(0.11\sim0.25)D$$
$$r=\frac{D^2+4.h^2}{8h}$$

2. 真空糖化罐

蒸煮醪的真空糖化装置如图 1-34 所示，依靠压力差，蒸煮醪液由汽液分离器Ⅰ与计量暂存桶Ⅱ中的糖化曲液，同时进入到真空糖化罐Ⅲ。输送曲液（包括糖化醪稀释水）到喷射-蒸汽的湍流中，是依靠发生引射的混合效果，使曲液与蒸煮醪液充分接触。

蒸煮醪液在真空糖化罐内被冷却。尽管引入口处，曲液和蒸煮醪温度为 64～66℃，但由于被冷却时湍流程度高，流动速度快（30～40m/s），所以曲液不会发生过热。糖化醪从真空糖化罐流出后，依次进入三级真空冷却器Ⅴ的一、二、三室和三级真空冷凝器的一、二、三室。能满足糖化要求的真空糖化罐的最小体积是能使糖化醪在真空糖化罐内平均停留时间为 20min（连续糖化采用 40～45min 或更长的时间）。真空糖化器的优点是：既是蒸发冷却器，又是糖化器，简化了设备。

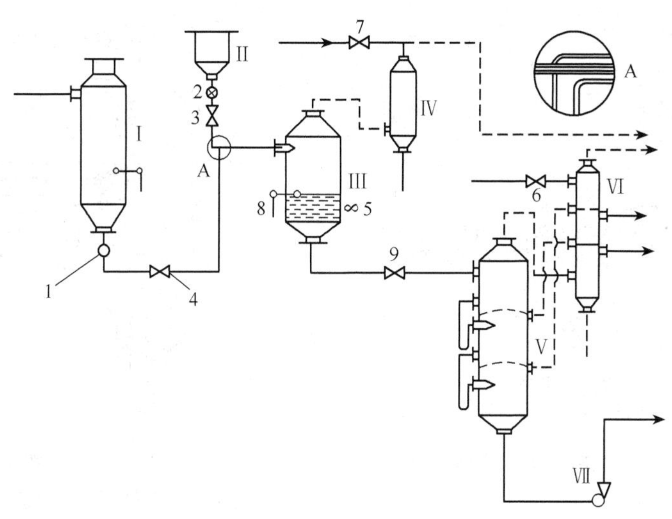

图 1-34 真空糖化装置

Ⅰ. 汽液分离器（最后一个后熟器）；Ⅱ. 糖化曲液计量暂存罐；Ⅲ. 真空糖化罐；Ⅳ. 冷凝器；Ⅴ. 三级真空冷却器；Ⅵ. 三级冷凝器；Ⅶ. 糖化醪泵；1、2、8. 阀；3、4、6、7、9. 控制阀及管；5. 测温管

第四节 啤酒生产原料的处理与麦芽汁制备设备

一、麦芽粉碎设备

辊式粉碎机广泛用于粒状物料的中碎及细碎。啤酒厂粉碎麦芽和大米都是用辊式粉碎机，常用的有两辊式、四辊式、五辊式和六辊式等。

（一）两辊式粉碎机

如图 1-35 所示，该机由两个直径相同，以相对方向转动的圆柱形辊筒组成。辊筒的圆周速度一般在 2.5～6m/s 之间，速度太大，物料在辊筒面上会跳动，而不易被辊筒带入压碎。两辊速度相同时，辊筒对物料只有挤压作用，若使两辊存在 15%～20% 的转速差，则可同时产生挤压与剪切作用，从而增加粉碎度。两辊筒中，一个是固定的，一个是可移动的，这样可调节辊筒的间隙。另外在可移动辊筒的轴承后方，还装有推力弹簧，当过硬或大块物料通过时，辊筒可稍微移开，而不致损坏机器。辊筒按其表面状况分为光辊及丝辊两种。在啤酒厂中，用两辊式粉碎机粉碎麦芽时，粉碎度不易控制，一般用于粉碎大米。

（二）四辊式粉碎机

如图 1-36 所示，四辊式粉碎机由两对辊筒和一组筛子所组成。麦芽经第一对辊筒粉碎后，由筛选装置分离出皮壳排出，粉粒再进入第二对辊筒粉碎。

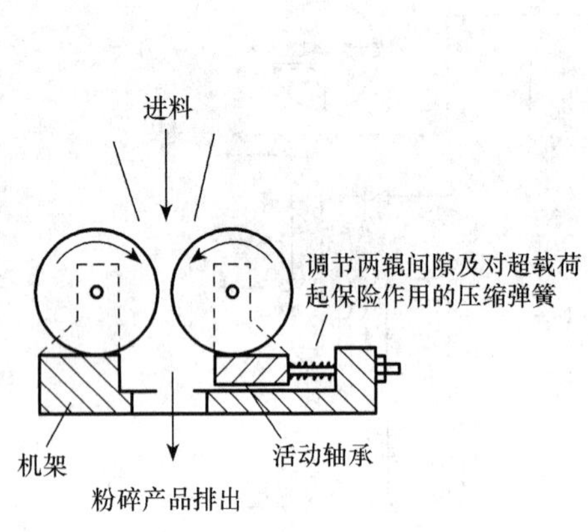

图 1-35 辊式破碎机示意图

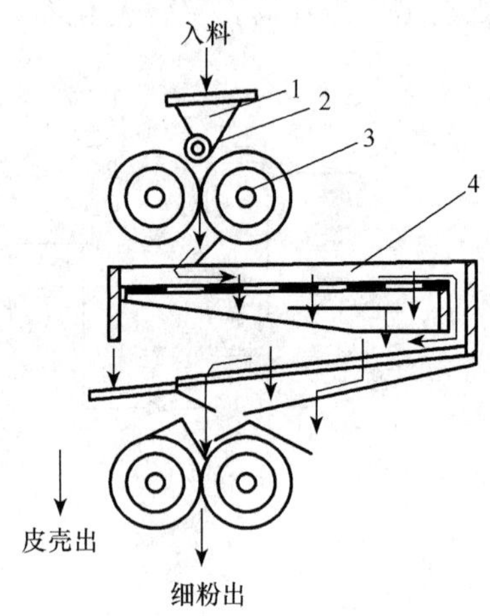

图 1-36 四辊式粉碎机

1. 入料斗；2. 下料辊；3. 辊子；4. 筛选装置

（三）五辊式粉碎机

如图 1-37 所示，该机前三个辊筒是光辊，组成两个磨碎单元，后两个辊筒是丝辊，单独成一磨碎单元。通过筛选装置的配合，可以分离出细粉、细粒和皮壳。该机性能很好，各种麦芽都可调节使用。

（四）六辊式粉碎机

如图 1-38 所示，该机性能与五辊式相同。它由三对辊筒组成，前两对用光辊，以便皮壳不致粉碎得太细而影响麦芽汁的过滤操作。第三对辊筒用丝辊，将筛出的粗粒粉碎成细粉和细粒，以利于糖化时充分浸出有用物质。

二、麦芽汁制备设备

（一）糊化锅

1. 糊化锅的构造

糊化锅是用来糊化辅助原料（一般为大米粉）和部分麦芽粉醪液的设备，如图 1-39所示。糊化锅锅身是圆柱形，锅底为球形蒸汽夹套，盖顶也需做成球形，以便煮沸产生的水蒸气排出室外，盖中心有升气筒，升气筒的截面积一般为糊化锅内径的 1/50～1/30。辅助原料（大米粉）和热水分别由下粉筒 3 及热水进口进入，在旋桨式搅

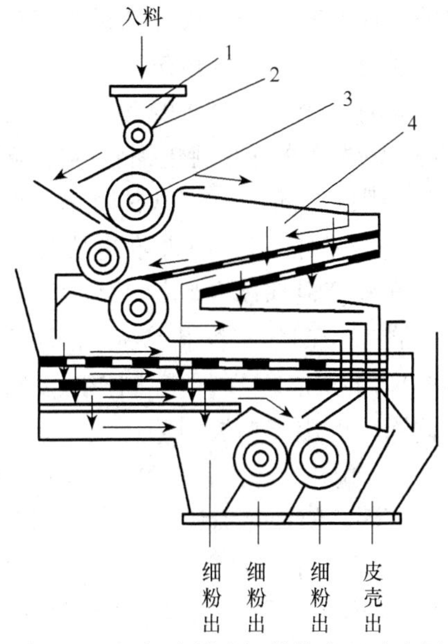

图 1-37　五辊式粉碎机结构流程示意图

1. 入料斗；2. 下料辊；3. 辊子；4. 筛选装置

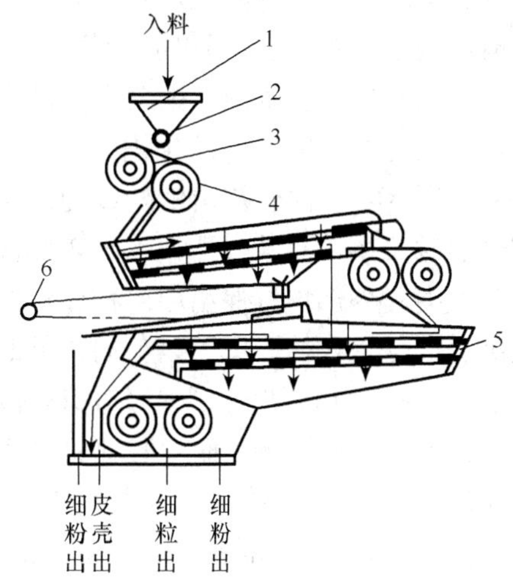

图 1-38　六辊式粉碎机

1. 入料斗；2. 下料辊；3. 下料斗；4. 辊子；5. 筛选装置；6. 偏心振子

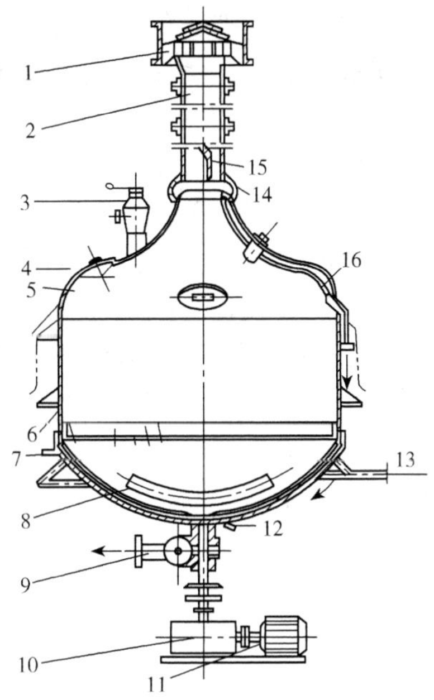

图 1-39　糊化锅

1. 筒形风帽；2. 升气管；3. 下粉筒；4. 人孔双拉门；5. 锅盖；6. 锅体；7. 不凝气管；8. 旋桨式搅拌器；9. 出料阀；10. 减速箱；11. 电机；12. 冷凝水管；13. 蒸汽入口；14. 污水槽；15. 风门；16. 环形洗水管

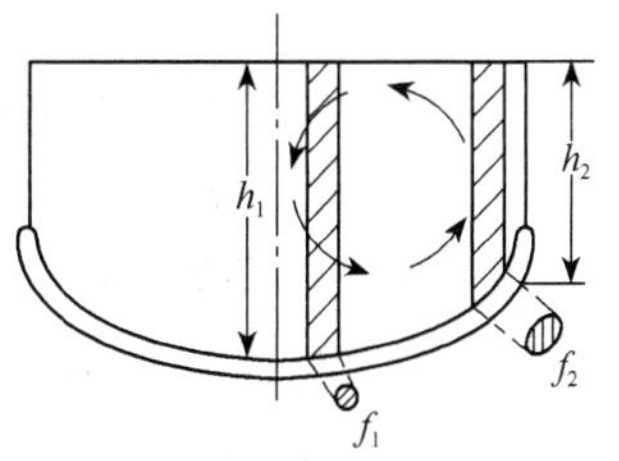

图 1-40　球形锅中麦芽汁的循环图

拌器 8 搅拌的作用下，在糖化锅中混合。在锅壁上还装有 3 个挡板，通过改变流型，使醪液浓度和温度均匀，并保证醪液中较重颗粒的悬浮，防止靠近传热面处醪液的局部过热。为了均匀分布加热蒸汽，在锅底蒸汽夹套上设有四个均匀分布的环形蒸汽管，加热蒸汽有蒸汽入口 13 进入糊化锅。蒸汽冷凝水由几个均匀分布在糊化锅底的冷凝水管 12 排出，不凝性气体从其蒸汽夹套上方的导出管 7，用旋塞间歇地放出。糊化结束后，糊化醪由其底部的泵输送到糖化锅。升气管的下部有环形槽 14，用来收集从升气管壁流下来的冷凝水，并由管排出锅外以免污染醪液。升气管根部还有风门 15，可根据需要，在醪升温时关小，煮沸时开大。顶盖侧面有两个带有拉门的观察孔（人孔）。糊化锅圆筒和蒸汽夹套外部均有保温层。糊化锅的材料多采用不锈钢板制作，制作时要特别注意蒸汽夹套部分钢板的厚度，以免向内鼓起。糊化锅也可用紫铜板制造。

从图 1-40 可以看出球形锅底对流体传热循环的影响。在靠近锅壁处有较浅的液柱 h_2，但有较大的加热面积 f_2，而中心部位虽然液柱 h_1 较深，但加热面积 f_1 较小。因此在锅底周围靠外的部分，升温较快，液体向上运动，从而形成了中心的液体向下外围的液体向上的自然循环，避免了机械搅拌，节约了能源。而且球形锅底有便于清洗和排液的优点。

2. 糊化锅容积的确定

糊化锅容积为糖化锅容积的 1/2～2/3（四器组合），糊化锅的容积决定于加入的原料量，对于辅助原料大米粉加得多的地区，应加大糊化锅容积，以便提高产量。当每 100kg 投料（包括大米粉和麦芽粉）加水 420～450kg 时，则锅的有效容积为 0.5～0.55m^3。如兼作麦芽汁煮沸锅，则其体积应大于糖化锅容积。为了有利于液体的循环和有更大的加热面积，糊化锅的直径与圆筒高度之比为 2∶1。

3. 加热面积的计算

蒸汽在垂直壁上冷凝时，冷凝液靠重力作用向下流动，假定为层流流动，热量以导热的方式穿过液膜传向壁面。显然，这里的传热属于液膜控制，给热系数的大小取决于冷凝液膜的厚度和导热系数。根据理论推导，得垂直壁上蒸汽冷凝的给热系数为

$$K_1 = 0.943\sqrt[4]{\frac{\rho^2 g\lambda^3\gamma}{\mu L(T_n - T_{cm})}} = 1.67\sqrt[4]{\frac{\rho^2\lambda^3\gamma}{\mu L(T_n - T_{cm})}} \tag{1-20}$$

式中 K_1——垂直壁上蒸汽冷凝的给热系数，$W/(m^2 \cdot K)$；

ρ——冷凝液密度，kg/m^3；

g——重力加速度，m/s^2；

λ——冷凝液导热系数，$W/(m \cdot K)$；

μ——冷凝液黏度，$Pa \cdot s$；

γ——汽化热，kJ/kg；

T_n——蒸汽的温度，K；

T_{cm}——壁的温度，K；

L——长度即糊化锅蒸汽夹套高度，m。

其中：ρ、λ、μ 取冷凝液平均温度时的值。γ 取温度在 T_n 时的值，冷凝液平均温度为

$$T_{cp} = 0.5(T_n + T_{cm})$$

蒸汽夹套应考虑由于器壁倾斜，膜厚增加，K_1 值降低的因素。设倾斜角为 ϕ，同理可以从理论推导得蒸汽在斜壁上冷凝时的给热系数为

$$K_{倾} = 0.943\sqrt[4]{\frac{\rho^2 g\lambda^3\gamma\sin\phi}{\mu L(T_n - T_{cm})}} \tag{1-21}$$

式中 $K_{倾}$——斜壁上蒸汽冷凝的给热系数，W/(m² · K)；

ϕ——倾斜角，取 45°。

由于实际上液膜表面有波纹，实验得到的给热系数为

$$K_1 = 1.13\sqrt[4]{\frac{\rho^2 g\lambda^3\gamma\sin\phi}{\mu L(T_n - T_{cm})}} \tag{1-22}$$

实验得到的 K_1 比理论推导的值大 20%。

当具有搅拌器的强烈对流传热的情况下，蒸汽夹套加热面至糊化料液的给热系数 K_2，可根据下列方程式计算：

$$K_2 = 0.36\frac{\lambda}{D}\left(\frac{D_1^2 n\rho}{\mu}\right)^{0.67}\left(\frac{\mu c_P}{\lambda}\right)^{0.33}\left(\frac{\mu}{\mu_P}\right)^{0.14} \tag{1-23}$$

式中 D——容器直径，m；

n——搅拌桨叶转数，r/s；

D_1——搅拌桨叶直径，m；

λ——醪液的导热系数，W/(m · K)；

μ——醪液平均温度时的黏度，kg/(m · s)；

μ_P——液体给热面壁温时的黏度，kg/(m · s)；

c_P——醪液的比热容，kJ/(kg · K)。

求得蒸汽冷凝的给热系数 K_1 和加热面到糊化醪液的给热系数 K_2 后，就可算出总传热系数 K 和传热面积 A。

4. 搅拌功率的计算

所谓搅拌功率就是搅拌器输入被搅拌液体的功率，是指搅拌器以既定的速度旋转时，用以克服介质阻力所需要的功率，简称轴功率。在糊化锅和糖化锅中多使用二折叶旋桨式搅拌器，它的搅拌功率可利用功率准数，采用永田进治公式进行计算。

功率准数 $N_P = \dfrac{P_{轴}}{\rho n^3 d^5}$

而又有：
$$N_P = \frac{A}{Re} + B\left(\frac{10^3 + 1.2Re^{0.66}}{10^3 + 3.2Re^{0.66}}\right)^P\left(\frac{H_{液}}{D}\right)^{\left(0.35+\frac{b}{D}\right)} \times (\sin\theta)^{1.2} \tag{1-24}$$

式中 $A = 14 + \left(\dfrac{b}{D}\right)\left[670\left(\dfrac{d}{D} - 0.6\right)^{0.6} + 185\right]$

$B = 10^{\left[1.3 - 4\left(\frac{b}{D} - 0.5\right)^2 - 1.14\frac{b}{D}\right]}$

$P = 1.1 + 4\left(\dfrac{b}{D}\right) - 2.5\left(\dfrac{d}{D} - 0.5\right)^2 - 7\left(\dfrac{b}{D}\right)^4$

搅拌雷诺数 $Re=\rho n D_1^2/\mu$

式中 D_1——搅拌桨叶长度，m；

n——搅拌桨叶转数，r/s；

ρ——流体密度，kg/m^3；

μ——流体黏度，Pa·s；

D——糊化锅直径，m；

b——搅拌桨叶宽度，m；

$H_{液}$——醪液高度，m；

θ——搅拌桨叶折叶角，一般为45°或60°。

（二）糖化锅

1. 糖化锅的结构

糖化锅是用来将麦芽粉、糊化醪与水混合，并维持一定温度，进行蛋白质分解和淀粉糖化的场所。现在糖化锅大都采用不锈钢板制作，也有用铜板制造的。其外形和构造与糊化锅大致相同（图1-41）。糖化锅的有效体积与加水量有关，一般糖化锅体积比糊化锅大1倍左右。为保持糖化醪在一定温度下的浸渍和糖化，一般在锅底周围设置一二圈通蒸汽的蛇管或设置蒸汽夹套。为保持醪液浓度和温度均匀，避免固形物下沉，便于酶的作用，锅内装有螺旋桨搅拌器。现在还有在锅内壁装挡板的，来改变醪液流型，提高搅拌效果。锅底可做成平的，也有做成球形蒸汽夹套的。锅圆柱体直径与高之比为2∶1，升气管截面积为锅圆筒截面积的1/50～1/30。

2. 糖化锅操作

（1）保护设备考虑，搅拌电机应在自动控制系统中配变频调速器，以实现低速启动。

（2）使用该设备前应先空机和带虚拟载荷试机，待减速机运转达到12h后，应重换减速机润滑油。

（3）在糖化锅进料、兑醪前，先开启糖化锅搅拌，再开进料阀。

（4）蛋白质休眠结束后先开启糖化锅搅拌，再开出料阀。

（5）为使投料量灵活，在投料量减小时不至于造成煳锅现象，应将筒体的加热段分开控制（加阀门），在加热效果不理想时，相应控制加热段。

（6）设备正常运行时应关闭人孔门。

（7）减速机的保养见厂家提供的减速机保养说明书。

（8）当需要进行设备清洗时，开启清洗系统。

（三）麦芽汁煮沸锅

麦芽汁煮沸锅又称煮沸锅，或浓缩锅，用于麦芽汁的煮沸和浓缩，利用它把麦芽汁中的水分蒸发掉，使麦芽汁达到要求的浓度，并加入酒花，浸出酒花中的苦味和香味物质。还有加热凝固蛋白质、灭菌和停止酶的作用的功能。如图 1-42 所示为夹套式圆形煮沸锅，其结构和糊化锅相同，因其需要容纳包括滤清液在内的全部麦芽汁，体积较大，锅内设有搅拌装置。

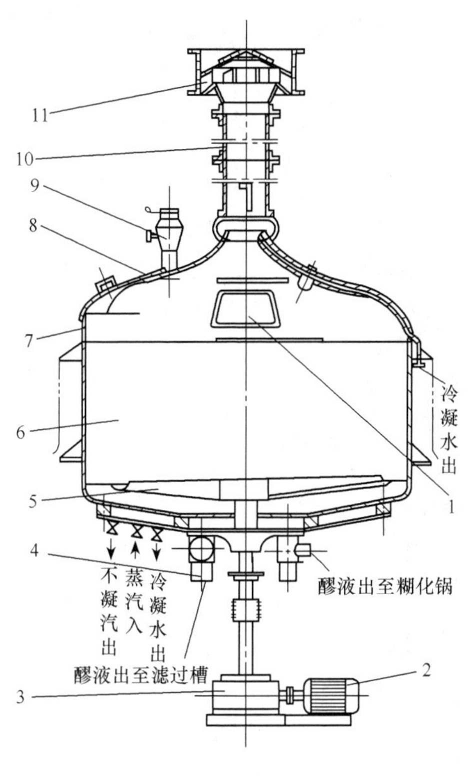

图 1-41　糖化锅

1. 人孔单拉门；2. 电动机；3. 减速箱；4. 出料阀；5. 搅拌器；6. 锅身；7. 锅盖；8. 人孔双拉门；9. 下粉筒；10. 排气管；11. 筒形风帽

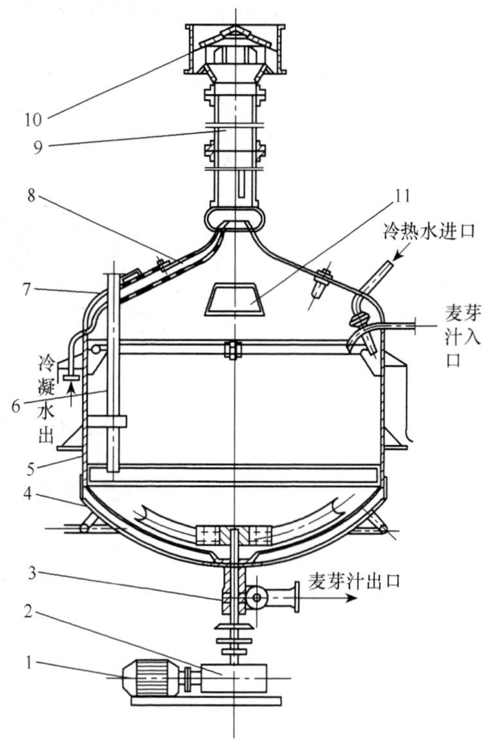

图 1-42　夹套式圆形煮沸锅

1. 电动机；2. 减速箱；3. 出料阀；4. 搅拌装置；5. 锅体；6. 液量标尺；7. 人孔双拉门；8. 锅盖；9. 排气管；10. 筒形风帽；11. 人孔单拉门

为了增加单位体积麦芽汁的加热面积，改善麦芽汁的煮沸效果，煮沸锅内可另加加热装置。也可采用外加热器煮沸锅。外加热煮沸系统具有以下优点：首先，因麦芽汁的煮沸温度可达 106～108℃，所以每次的煮沸时间可缩短到 60～70min。其次，由于它采用密闭煮沸，可使麦芽汁色度降低，提高 α-苦味酸的异构化，提高酒花利用率。再者，它可使蛋白质凝固物易于分离，从而使麦芽汁发酵良好，改善了啤酒的过滤性能。最后，我们可以通过选择适当的管径和液体流速，获得较好的自身清洁度，故每周可只清洗一次。

采用内外加热器煮沸锅，酒花需使用粉碎后的颗粒酒花、酒花浸膏或酒花油，以免堵塞热交换器。

（四）糖化醪过滤槽

糖化醪过滤槽是啤酒厂获得澄清麦芽汁的一个主要设备。主要有平底筛过滤槽、板框过滤机和近年来使用的快速过滤器。

如图 1-43 所示，该过滤槽是一常压过滤设备，具有圆柱形槽身，弧形顶盖，平底上有带滤板的夹层。它的上半部与糊化锅、糖化锅相同。过滤槽平底的上方 8～12cm 处水平铺设过滤板，槽中设耕糟机，用于疏松麦糟和排出麦糟。一般麦糟层厚 0.3～0.4m，每 100kg 干麦芽所需过滤面积为 0.5m^2。

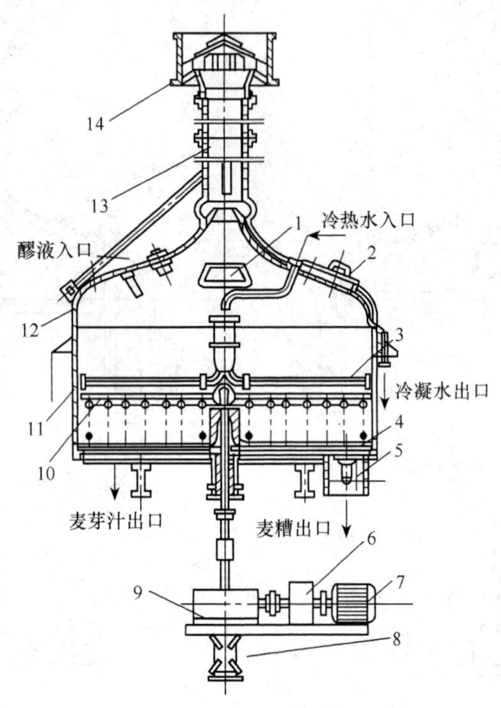

图 1-43　过滤槽

1. 人孔单拉门；2. 人孔双拉门；3. 喷水管；4. 滤板；5. 出糟门；6. 变速箱；7. 电动机；8. 油压缸；9. 减速箱；10. 耕糟装置；11. 槽体；12. 槽盖；13. 排气管；14. 筒形风帽；过滤板 t=6.5mm；L=40mm；d=2.7mm；b=0.7mm；b'=1mm

图 1-44 所示是一种快速过滤槽。它是一种在低真空下操作的新型糖化醪过滤设备。该过滤槽的器身有圆柱形和长方形，底部为锥形。在槽身的下部装有 5～7 层呈网状且相互沟通的过滤管，过滤管上有条形滤孔，每层滤管为一独立的过滤单元。开始过滤操作时，先把糖化醪用泵送到已用热水预热过的过滤槽中，滤液通过两个分配器均匀地分布在槽内，在滤管上形成滤层。当滤液没过过滤管后，开始用泵抽滤。开始流出的滤液比较浑浊，用泵返回过滤槽，待麦芽汁清亮后就可送入麦芽汁煮沸锅。一般抽滤时间为 15～20min。麦糟洗涤采用自动控制，洗涤时间一般为 20min。利用压缩空气和螺杆泵将麦糟排出。

快速过滤槽比传统的麦芽汁过滤槽的过滤面积大 3 倍左右，因为还使用了离心泵抽滤，增加了过滤压力差，过滤速度快，因此每昼夜周转次数可达 10～20 次。缺点是麦芽汁透明度不及传统过滤槽好。

（五）麦芽汁冷却设备

经过过滤后的热麦芽汁，在进行发酵前需冷却至前发酵温度（6～7℃）。工业上一般分两段进行。第一阶段冷却至55～60℃，并沉降热凝固物和沉淀，一般可在澄清槽中进行。第二段冷却至6～7℃，过去一般在喷淋式冷却器中进行，现广泛采用薄板换热器。

开放式麦芽汁冷却，无论如何也不可能杜绝麦芽汁被微生物污染的危险性。为了减少冷却时麦芽汁的污染机会，可向装有冷却盘及喷淋冷却器的厂房内通入无菌空气。就是这样，保证可靠的无菌也是很困难的。薄板换热器可保证麦芽汁在一个相对封闭的环境中进行冷却，基本上解决了这个问题。

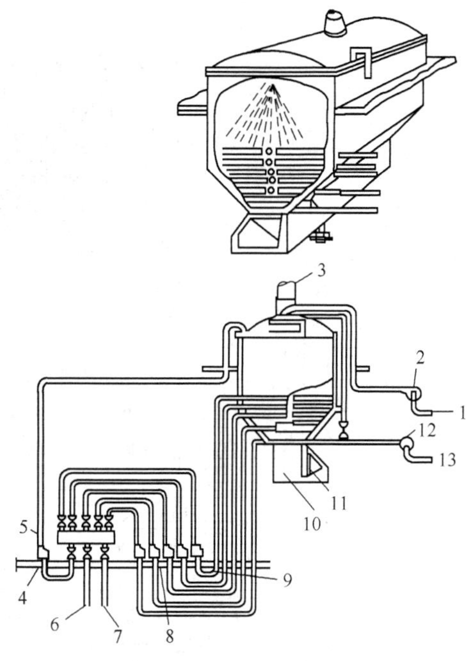

图 1-44　快速过滤槽

1. 麦芽汁醪管；2. 麦芽汁醪泵；3. 升气管；4. 麦芽汁回流泵；5. 麦芽汁受皿；6. 到煮沸麦芽汁管；7. 排污水灌；8. 麦芽汁泵；9. 麦芽汁滤出管；10. 麦糟排送到麦糟槽；11. 排麦糟阀门；12. 洗水泵；13. 水管

薄板换热器的原理是：薄板（一般为不锈钢板）冲压成特殊形状，板与板的间隙很窄。因此，流体流速虽然很低，但在狭窄弯曲的通道中流动时，经过多次在方向和速度上的突然改变，所以在较低的流速下也能发生强烈湍流。从而提高了传热系数，强化了传热过程。

传热板波纹的形状很多，有水平平直波纹、人字形波纹、半球形波纹等。波纹的形状对传热效果的提高具有决定性的影响。

薄板换热器的构造如图 1-45 所示，换热板波纹的结构如图 1-46 所示，换热板9～11悬挂在上下轴上，前端有固定板 1，旋紧后撑架 5 的压紧螺杆 6，可使端面板 4 将各换热板叠合在一起，并使板与板之间压紧。每片波纹之间的四周借橡胶圈 8 达到密封。两板之间的间隙就是流体流过并换热通道，而所有板的角孔又构成流体进入的管道。设备还有中间板、活动板等构件组成。中间板把换热板分成冷水冷却、冰水冷却两段，中间板和活动板能前后自由滑动，并能把换热板压紧至需要尺寸，待冷却麦芽汁通过固定板的角孔接头进入，见图 1-47，先经冷水冷却段冷却后，穿过中间板进入冰水冷却段，最后通过活动板角孔流出。

薄板换热器的组合流程图可根据工艺要求确定，但在装配时应严格按照组合顺序排列。薄板可用多种材料冲压组成，如不锈钢、铝合金、钛、铜、碳钢等。

薄板换热器的优点：首先是在阻力很小的情况下，可以有较大的传热系数，总传热系数一般为2000～4500W/(m^2·K)，而一般工厂常用的列管式换热仅为350～1000W/(m^2·K)，相差很多倍。其次是设备结构紧凑，占地面积小，单位体积中的换热面积很大，啤酒厂麦芽汁冷却采用薄板换热器后，占地面积仅为原来喷淋冷却器占地面积的1/4。再

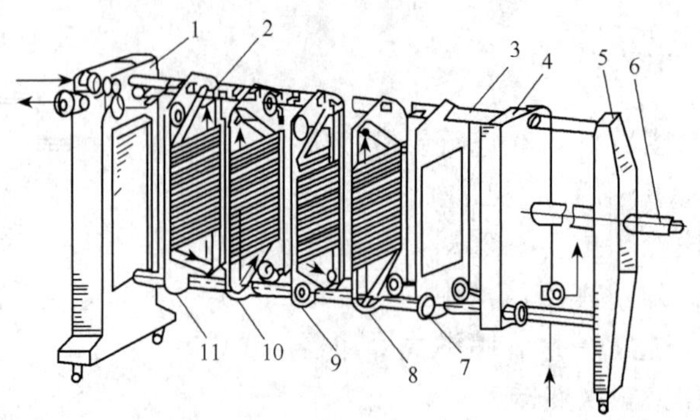

图 1-45　薄板换热器的构造图

1. 固定板；2. 上角孔；3. 上轴；4. 端面板；5. 后撑架；
6. 压紧螺杆；7. 限位板口；8. 紧风填圈；9～11. 换热板

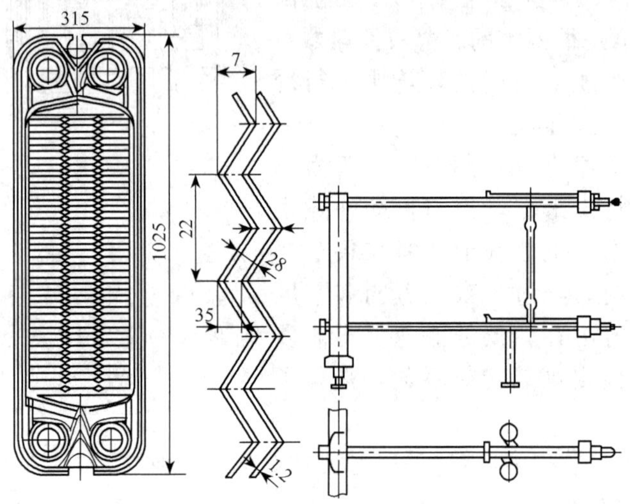

图 1-46　换热板波纹的结构

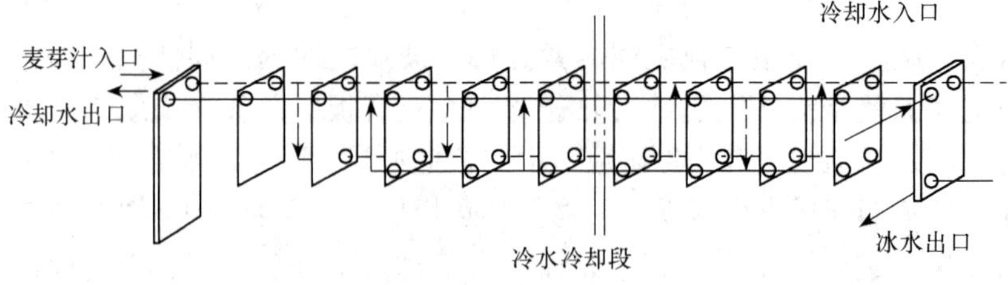

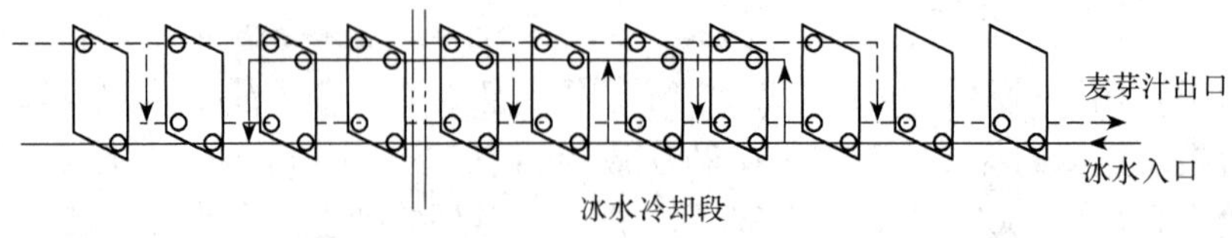

图 1-47　啤酒厂薄板换热器冷却麦芽汁流程

次是薄板换热器的操作、维修、拆装、清洗和检查都很方便，卫生条件好。最后是薄板换热器的适应性和灵活性很大，可根据需要增减传热面积，还可将加热、杀菌、热回收和冷却等几个过程在同一设备中进行。薄板换热器的缺点是：密封周边长，薄板整个周边及角孔周围均需设置垫圈。

薄板流程组合：为了使设备在最佳的条件下工作，获得较高的传热效率而压力降又不大，薄板可以做成并联、串联和混联等流路。组合流程可通过在设备板束中适当的位置，安放若干带有盲孔的薄板，以改变流体的流动方向。图 1-48 所示为三种典型的流路结构。其中 a 图是并联流程，有 15 块板，单程，流体分别流入平行的流道，然后又汇聚成一股，流至出口。b 图为串联流程，有 15 块板，为 7 程，流体在经过每一垂直流道后，接着就改变方向，冷热两种流体的主体流向是逆流，但两种流体在相邻板隙中一边是逆流，而另一边却是并流。c 图是混联流程，有 13 块，为双程，是串联流动和并联流动的组合。冷热流体的主体流向是逆流，流体在同组的并联板隙中流过，然后再流入另一组并联板隙。它既有组内板隙间的并联又有组间的串联。薄板的流程设计应根据热力学计算确定。

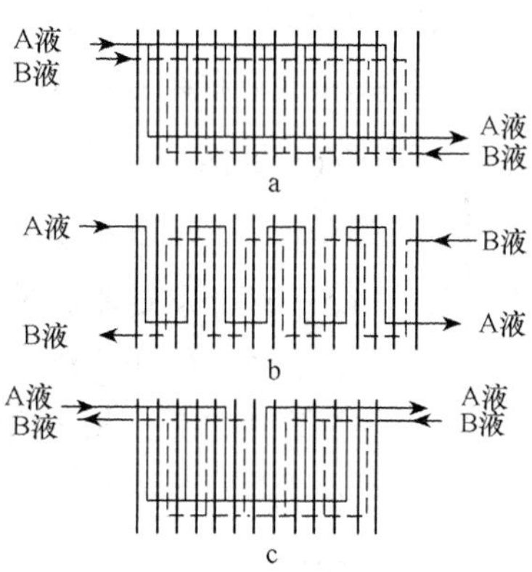

图 1-48　典型的流路结构

a. 并联；b. 串联；c. 混联

思考与练习

1. 简述理论灭菌时间的对数残存规律。
2. 列出培养基制备中常用的杀菌设备，简述一下各自的杀菌过程。
3. 常用的原料除铁设备有哪些？简述各自的工作过程。
4. 简述锤式粉碎机的构造及工作过程。
5. 简述连续液化喷射器的结构和简述其工作原理。
6. 味精厂糖化设备有哪些？简述各设备在糖化过程中所起的作用。
7. 糖蜜稀释器有哪几种类型？简述各自的工作过程。
8. 淀粉的罐式连续蒸煮糖化设备包括哪些类型？简述各自的工作过程。
9. 辊式粉碎机有哪几类？简述两辊式粉碎机的工作过程。
10. 啤酒厂中麦芽制备设备主要包括哪些类型？简述各设备的结构和特点。
11. 简述薄板冷却器的优缺点。

第二章　空气净化除菌

☞ **知识目标**

1. 了解空气净化除菌的方法与一般工艺流程。
2. 了解介质过滤除菌机理和各种过滤介质的特性。
3. 了解空气净化设备一般构造原理和工作机理。
4. 了解配套空气净化设备的方法和各种成套空气净化设备的适用性。
5. 掌握空气净化设备结构计算、过滤效果计算的方法。

☞ **能力目标**

1. 能根据生产工艺要求正确选择配套空气净化设备。
2. 能读懂空气净化设备图与设备流程图。
3. 能对空气净化设备的结构特征进行分析与相关计算。
4. 具备一定空气净化设备的操作与管理能力。
5. 具有对空气净化设备进行技术改造的基本能力。

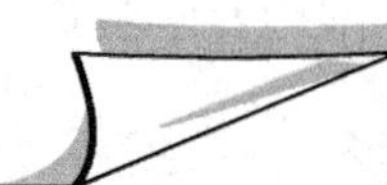

现代生物工程中许多是利用好气性微生物进行纯种培养，从而获得目的产物的。发酵液中的溶解氧是这些微生物生长和代谢必不可少的条件。工业上通常以空气作为氧源。但空气中含有各种各样的微生物，它们一旦随空气进入培养液，在适宜的条件下，就会迅速大量繁殖，干扰甚至破坏预定发酵的正常进行，造成发酵彻底失败等严重事故。因此，通风发酵需要的空气必须是洁净无菌，并有一定的温度和压力的空气，也就是说，进入发酵液的空气必须进行净化除菌和调节的处理。

第一节　空气净化除菌的方法与原理

一、生物工业生产对空气质量的要求

（一）空气中微生物的分布

空气中经常可检查到一些细菌及其芽孢、酵母、霉菌和病毒。它们在空气中的含量随环境的不同而有很大的差异。一般北方干燥、寒冷的空气中含菌量较少，而南方潮湿、温暖的空气中含菌量较多；人口稠密的城市比人口稀疏的农村含菌量多；地平面又比高空的空气含菌量多。虽然各地空气中微生物的分布是随机的，但它们的数量级可以

认为是 10^3～10^4个/m^3。

（二）生物工业生产中对空气质量的要求

生物工业生产中对所用的空气质量有各种要求，其中“无菌空气”是指通过除菌处理而使空气中含菌量降低到零或极低，从而使污染的可能性降至极小。一般按染菌概率为 10^{-3}来计算，即 1000 次发酵周期所用的无菌空气只允许 1 次染菌。

对不同的生物发酵生产和同一工厂的不同生产区域（环节）应有不同的空气无菌度的要求。我国 GMP（1998 年修订）规定的洁净室（区）空气洁净度的级别分为四个级别，如表 2-1 所示。

表 2-1　环境空气洁净度等级

洁净度级别	尘粒（≥0.5μm）最大允许数		微生物最大允许数	
	个/m^3	个/ft^3	浮游菌/(cfu/m^3)	沉降菌/[cfu/(皿·min)]
100 级	3500	0	5	1
10000 级	350000	2000	100	3
100000 级	3500000	20000	500	10
300000 级	10500000	60000	—	15

注：①表中数值为平均值；

②沉降菌用直径 90mm 的培养皿取样，暴露时间不低于 30min；

③$1ft^2$＝28.3L＝0.283m^3；

④cfu 为菌落形成的单元数，即细菌培养时，由一个或几个细菌繁殖而成的一细菌团。

生物工业生产除对空气的无菌程度有要求外，还根据具体情况对空气的温度、湿度和压力有一定的要求。

二、空气除菌方法

空气除菌就是除去或杀灭空气中的微生物。常用的除菌方法有介质过滤、辐射、化学药品、加热、静电吸附等。其中辐射杀菌、化学药品杀菌、干热杀菌等都是通过将有机体蛋白质变性而破坏其活力，从而杀灭空气中的微生物。而介质过滤和静电吸附方法则是利用分离方法将微生物粒子除去。

1. 热杀菌

热杀菌是一种有效的、可靠的杀菌办法，例如，细菌孢子虽然耐热能力很强，但悬浮在空气中的细菌孢子在 218℃保温 24s 就被杀死。但是如果采用蒸汽或通电来加热大量的空气，以达到杀菌目的，则需要消耗大量的能源和增设许多换热设备。这在工业生产上是很不经济的。

2. 辐射杀菌

X 射线、β 射线、紫外线、超声波、γ 射线等从理论上都能破坏蛋白质活性而起杀菌作用。但应用较广泛使用的还是紫外线，它的波长在 253.7～265nm 时杀菌效力最强，它的杀菌力与紫外线的强度成正比，与距离的平方成反比。紫外线通常用于无菌室和医院手术室等空气对流不大的环境下消毒杀菌。但杀菌效率低，杀菌时间长，一般要结合甲醛蒸气或苯酚喷雾等来保证无菌室的高度无菌。

3. 静电除菌

近年来一些工厂已采用静电除尘法除去空气中的水雾、油雾、尘埃和微生物等，在最佳条件下对 1μm 的微粒去除率高达 99%，消耗能量小，每处理 1000m^3空气每小时只耗电 0.2～0.8kW，空气压力损失小，一般仅为 30～150Pa，设备也不大，但对设备维护和安全技术措施要求较高。常用于洁净工作台、洁净工作室所需无菌空气的预处理，再配合高效过滤器使用。

静电除尘是利用静电引力吸附带电粒子而达到除菌除尘目的。悬浮于空气中的微生物，其孢子大多带有不同的电荷，没有带电荷的微粒在进入高压静电场时都会被电离变成带电微粒，但对于一些直径很小的微粒，它所带的电荷很小，当产生的引力等于或小于气流对微粒的拖带力或微粒布朗扩散运动的动量时，则微粒就不能被吸附而沉降，所以静电除尘对很小的微粒效率较高。

用静电除菌进行空气净化，由于极板间距小、电压高，要求极板很平直，安装间距均匀，才能保证电场电势均匀，从而达到好的除菌效果及耗电少的特点。但使用该方法一次性投资费用较大。

4. 过滤除菌法

过滤除菌是目前生物技术工业生产中使用的最常用的空气除菌方法，它采用定期灭菌的干燥介质来阻截流过的空气所含的微生物，从而获得无菌空气。常用的过滤介质按孔隙的大小分为两大类，一类是介质间孔隙大于微生物，故必须有一定厚度的介质滤层才能达到过滤除菌目的；而另一类介质的孔隙小于细菌，含细菌等微生物的空气通过介质，微生物就被截留于介质上而实现过滤除菌，称之为绝对过滤。前者有棉花、活性炭、玻璃纤维、有机合成纤维、烧结材料（烧结金属、烧结陶瓷、烧结塑料）和微孔超滤膜等。绝对过滤在生物工业生产上的应用逐渐增多，它可以除去 0.2μm 左右的粒子，故可把细菌等微生物全部过滤除去。此外还有可除去 0.01μm 的微粒的高效绝对过滤器。

由于被过滤的空气中微生物的粒子很小，通常只有 0.5～2μm，而一般过滤介质的材料孔隙直径都比微粒直径大几倍到几十倍，因此过滤除菌机理比较复杂，下面将专门讨论。

三、介质过滤除菌机理

空气的过滤除菌原理与通常的过滤原理不一样，一方面是由于空气中气体引力较小，且微粒很小，常见悬浮于空气中的微生物粒子大小在 0.5～2μm 之间，而深层过滤常用的过滤介质如棉花，它的纤维直径一般为 16～20μm，当充填系数为 8%时，棉花纤维所形成网格的孔隙为 20～50μm。微粒随空气流通过过滤层时，滤层纤维所形成的网格阻碍气流前进，使气流无数次改变运动速度和运动方向而绕过纤维前进，这些改变可引起微粒对滤层纤维产生惯性冲击、重力沉降、拦截、布朗扩散、静电吸引等作用，从而把微粒滞留在纤维表面。

1. 惯性冲击滞留作用机理

惯性冲击滞留作用是空气过滤器除菌的重要作用。当微粒随气流以一定的速度垂直向纤维方向运动时，空气受阻即改变运动方向，绕过纤维前进。而微粒由于它的运动惯性较大，未能及时改变运动方向，直冲到纤维表面，由于摩擦黏附，微粒就滞留在纤维表面上，这称为惯性冲击滞留作用。

2. 拦截滞留作用机理

速度下降到临界速度以下时，微粒就不能因惯性碰撞而滞留在纤维上，捕集效率显著下降。但实践证明，随着气流速度的继续下降，纤维对微粒的捕集效率不再下降，反而有所回升，这说明有另一种机理在起作用，这就是拦截滞留作用机理。

当微生物等微粒随低速气流慢慢靠近纤维时，微粒所在的主导气流流线受纤维所阻而改变流动方向，绕过纤维前进，并在纤维的周边形成一层边界滞流区。滞留区的气流速度更慢，进到滞留区的微粒慢慢靠近和接触纤维而被黏附滞留，称为拦截滞留作用。

3. 布朗扩散作用机理

在很小的气流速度和较小的纤维间隙中，还有一种布朗扩散在起作用。在流速很小的气流中直径很小的微粒在做一种不规则的直线热运动，称为布朗扩散。布朗扩散的运动距离很短。布朗扩散除菌作用在较大的气速或较大的纤维间隙中是不起作用的；但在很小的气流速度和较小的纤维间隙中却大大增加了微粒与纤维的接触滞留机会。布朗扩散作用与微粒和纤维直径有关，并与流速成反比。

4. 重力沉降作用机理

微粒虽小，但仍具有质量。重力沉降是一个稳定的分离作用，当微粒所受的重力大于气流对它的拖带力时，微粒就沉降。就单一的重力沉降作用而言，大颗粒比小颗粒作用显著，对于小颗粒只有在气流速度很低时才起作用。重力沉降作用一般与拦截作用配合，在纤维的边界滞留区内，微粒的沉降作用可提高拦截的捕集效率。

5. 静电吸附作用机理

干空气从非导体的物质表面流过时，由于摩擦作用，会使非导体的物质产生诱导电荷，特别是用树脂处理过的纤维，尤其是一些合成纤维更为显著。悬浮在空气中的微生物微粒大多带有不同的电荷，如枯草杆菌孢子20%带正电荷，15%带负电荷，15%中性，这些带电的微粒会受带异性电荷的物体所吸引而沉降。此外，表面吸附也归属这个范畴，如活性炭的大部分过滤效能应是表面吸附的作用。

当空气流过介质时，惯性冲击、拦截滞留、布朗扩散、重力沉降和静电吸附这五种机理同时在起作用。不过气流速度不同，起主要作用的机理也就不同。当气流速度较大时，除菌效率随空气流速的增加而增加，这是由于惯性冲击起主要作用；当气流速度较小时，除菌效率随气流速度的增加而降低，这是由于扩散起主要作用；当气流速度中等时，可能是截留起主要作用。如果空气流速很大，除菌效率却下降，则是由于已被捕集的微粒又被湍动的气流夹带返回到空气中。图 2-1 表示了气流速度与单纤维除菌效率的关系。其中虚线段表示空气流速高时会引起除菌效率的急速下降。

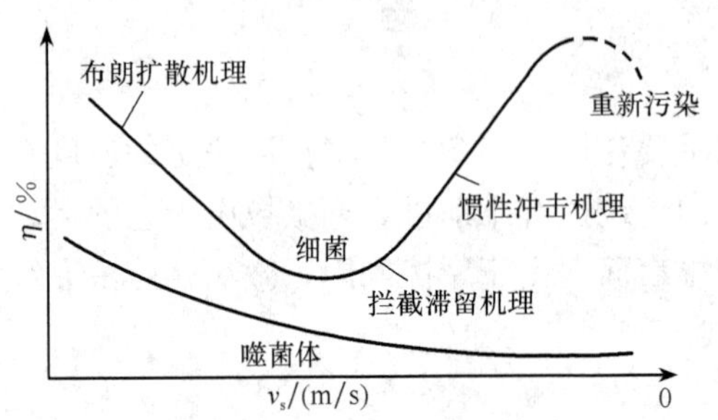

图 2-1 过滤除菌效率（η）与气速（v_s）的关系

第二节 空气介质过滤除菌设备及计算

一、介质过滤除菌流程

（一）空气除菌流程的要求

空气除菌流程是根据生物工程中对无菌空气的无菌程度、空气压力、温度和湿度等，并结合采气环境的空气条件和所用除菌设备的特性而制定的。

对于空气压力要求低、输送距离短、无菌度要求也不很高的场合，由于空气的压缩比很小，压缩后空气温度升高不大，相对湿度变化也不大，不会形成水雾和夹带机器润滑油雾，所以空气过滤效率比较高，经一、二级过滤后就能符合要求。这样的除菌流程很简单，关键在于离心式鼓风机的增压与空气过滤的阻力损失要相配，以保证过滤后的空气有足够的压强在管道和无菌空间内流动。

要制备无菌程度较高且具有较高压强的空气，情况就比较复杂一些，需根据实际的地理、气候和设备条件综合考虑。如在空气压缩过滤前；对环境污染比较严重的地方，可改变吸风的条件，以吸取相对洁净的空气；在温暖潮湿的南方，可加强除水设施；空气被压缩后温度升高，压缩机的润滑油很易进入压缩空气中形成油雾，这就需要冷却和除油；冷却后又会析出大量的冷凝水，在压缩空气中形成水雾，这也须除去。所有这些措施都是为了减轻过滤器的负荷，保证它的最大除菌效率，同时还可延长它和压缩机的使用寿命。冷却与除水、除油措施，可根据各地环境气候条件而改变，通常压缩空气的相对湿度为 50％～60％时通过过滤器为好。

总之，生物工业生产中所使用的空气除菌流程要根据生产的具体要求和各地的气候条件来制定，以保证过滤器有比较高的过滤效率，维持一定的气流速度和不受油、水干扰的条件，从而满足工业生产的需要。下面将介绍几个典型的空气除菌流程。

(二) 空气除菌流程

1. 空气压缩冷却过滤流程

这是一个设备较简单的空气除菌流程，由压缩机、贮罐、空气冷却器和过滤器等组成。它只能适用于气候寒冷、相对湿度较低的地区。这里的空气，经压缩后它的温度也不会升到很高，而且经压缩并冷却到培养要求温度的空气，最后的相对湿度还能保持在60%以下，从而保证了过滤设备的过滤除菌效率，满足微生物培养对无菌空气要求。但是室外温度低到什么程度和空气的相对湿度低到多少才能采用这个流程，需通过空气中相对湿度的计算来确定。

在此流程中，使用涡轮式空气压缩机或无油润滑空压机时效果较好；采用普通空气压缩机时，可能会引起油雾污染过滤器，这时应加装丝网分离器，将油雾除去。

2. 两级冷却、分离、加热的空气除菌流程

图 2-2 是一个比较完善的空气除菌流程。它采取了二次冷却、二次分离和适当加热的工艺流程。所谓二次冷却、二次分离是指压缩空气经过第一次冷却后，大部分的水、油结成颗粒较大、浓度较高的雾粒，我们可用旋风分离器分离；然后压缩空气经过第二次冷却，使空气进一步析出其中的水和油，此时的雾粒颗粒较小，可采用丝网分离器分离。因此该流程可以适应各种气候条件，能充分地分离空气中含有的水分和油雾，使空气在低的相对湿度下进入过滤器，提高过滤除菌效率。

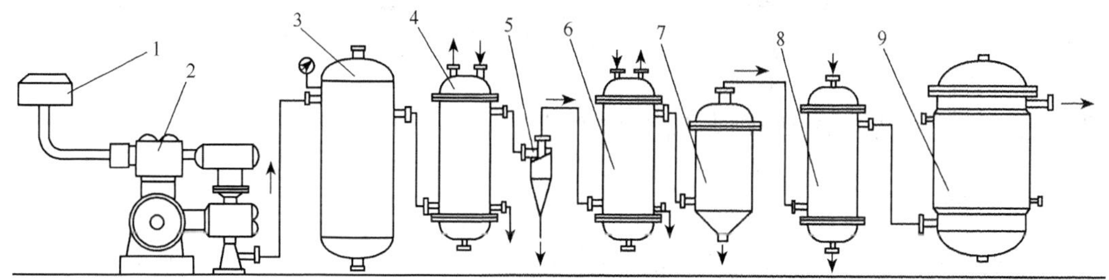

图 2-2　两极冷却、分离、加热除菌流程

1. 粗过滤器；2. 空压机；3. 贮罐；4、6. 冷却器；5. 旋风过滤器；7. 丝网分离器；8. 加热器；9. 过滤器

3. 前置高效过滤除菌流程

前置高效过滤除菌流程如图 2-3 所示。该流程使空气先经中效、高效过滤后，然后进入空气压缩机。经前置高效过滤器后，空气的无菌程度已达 99.99%，再经冷却、分离和主过滤器过滤后，空气的无菌程度就更高。它的特点是无菌程度高。前置高效过滤器采用泡沫塑料（静电除菌）和超细纤维纸串联使用作过滤介质。

以上讨论的几个除菌流程都是目前使用的介质过滤除菌流程，它们都是根据过滤介质的过滤性能，结合环境条件，从提高过滤效率和使用寿命上来设计的。目前味精厂等发酵工厂常用的空气过滤除菌流程如图 2-4 所示。

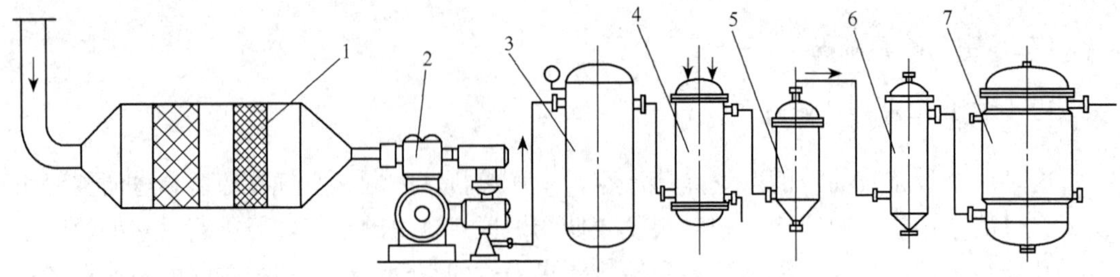

图 2-3　前置高效过滤空气除菌流程

1. 高效过滤器；2. 空压机；3. 贮罐；4. 冷却器；5. 丝网分离器；6. 加热器；7. 过滤器

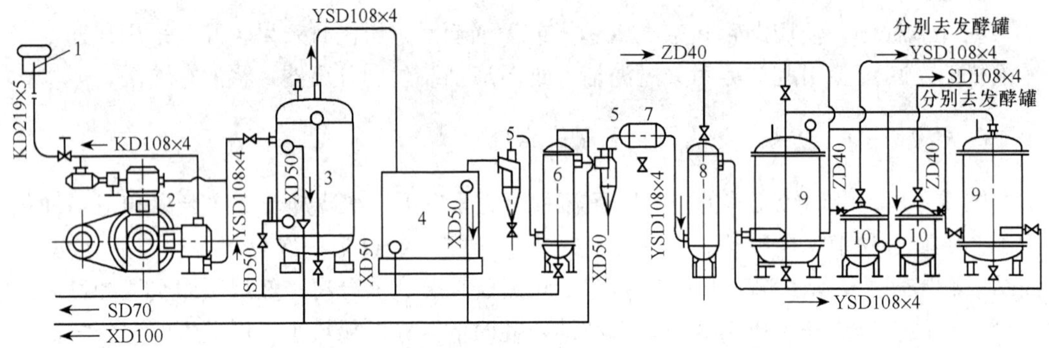

图 2-4　空气过滤除菌实用化流程

1. 粗滤器；2. 空压机；3. 空气贮罐；4. 沉浸式空气冷却器；5. 油水分离器；6. 二级空气冷却管；7. 除雾器；8. 空气加热器；9. 空气过滤器；10. 金属微孔管过滤器（或上接纤维纸过滤器）；K. 空气进气管；YS. 压缩空气管；Z. 蒸汽管；S. 上水管；X. 排水管；D. 管径

二、空气介质过滤除菌设备及设计计算

（一）粗过滤器

粗过滤器是安装在空气压缩机前对空气进行初步过滤的装置，主要起捕集较大的灰尘颗粒，防止压缩机受磨损，减轻总过滤器负荷的作用。粗过滤器的过滤效率要高，阻力要小，否则会增加空气压缩机的吸入负荷、降低空气压缩机的排气量。常用的粗过滤器有：布袋过滤器、填料式过滤器、油浴洗涤器和水雾除尘器等。

布袋过滤器结构最简单，它是将滤布缝制成与骨架形状相同的布袋，紧套在骨架上，并缝紧所有会造成短路的缝隙。它的过滤效率和阻力损失要视所选用的滤布特性和过滤面积和气流速度而定。布质结实细致，则过滤效率高，但阻力大；而气流速度越大，则阻力越大，过滤效率越低，所以气流速度一般为 2～2.5$m^3/(m^2 \cdot min)$，空气阻力为 600～1200Pa。另外滤布要定期清洗，以减少阻力损失和提高过滤效率。

填料式粗过滤器是用油浸铁丝、玻璃纤维或其他合成纤维等作填料而制成的过滤器。它的过滤效果稍比布袋过滤好，阻力损失也较小，但结构较复杂，占地面积也较大，内部填料经常洗换才能保持一定的过滤作用，操作比较麻烦。

油浴洗涤器的结构如图 2-5 所示。空气进入装置后鼓泡通过油箱中的油层，空气中的微粒被油黏附而逐渐沉降于油箱底部而除去。经过油浴的空气会带有油雾，需要经过百叶窗式的圆盘分离较大粒油雾，再经过滤网分离小颗粒油雾后进入压缩机。

水雾除尘器结构如图 2-6 所示。空气从设备底部进入，与上部喷下的水雾逆流接触，将空气中的灰尘、微生物微粒黏附于水中而沉降，在底部与水一起排出。带有微细水雾的洁净空气经上部过滤网过滤后排出，进入压缩机。经该设备处理后的空气可除去大部分的微粒和小部分微小粒子，一般对 0.5μm 粒子的过滤效率为 50%～70%，对 1.0μm 粒子的除去效率为 55%～88%，对 5μm 以上粒子的除去效率为 90%～99%。洗涤室内空气流速不能太大，一般在 1～2m/s 的范围，否则空气中夹带的水雾太多，从而影响压缩机，降低排汽量。

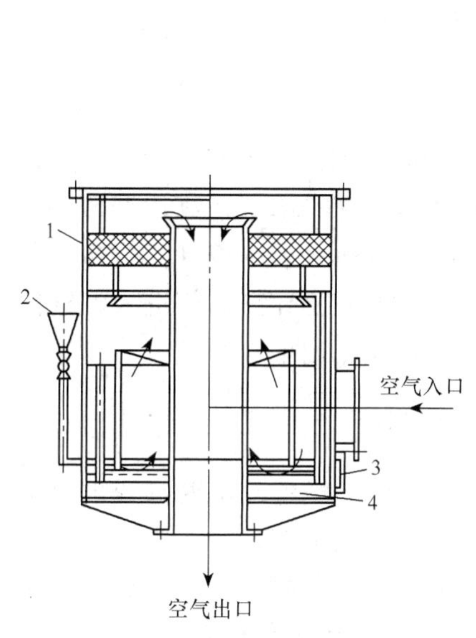

图 2-5　油浴洗涤空气装置

1. 滤网；2. 加油斗；3. 油镜；4. 油层

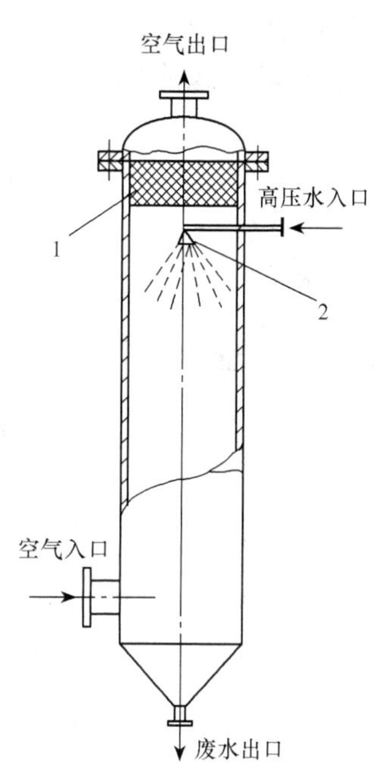

图 2-6　水雾除尘装置

1. 滤网；2. 喷雾器

（二）空气压缩机

涡轮式空气压缩机和往复式压缩机是两种常用的压缩机，但目前在生物工程中广泛使用的是往复式压缩机。

涡轮式空气压缩机的工作原理为：电机直接带动涡轮旋转，在其中心处产生“空穴”现象，吸入空气，同时被吸入的空气在旋转涡轮的带动下获得较高的离心力，然后通过固定的导轮和涡轮形机壳，使其部分动能转变为静压后输出。涡轮式空气压缩机具有输气量大，输出空气压力稳定，效率高，设备紧凑，占地面积小，无易损部件，获得的空气不带油雾等优点。因此，是很理想的生物工业生产的供气设备。

往复式空气压缩机是靠活塞在汽缸内的往复运动而将空气抽吸和压出的，因此出口压力不够稳定，且气缸内要加润滑油，易使空气中带进油雾，导致传热系数降低，给空气冷却带来困难。如果油雾冷却分离时分离不干净，进入过滤器后又会堵塞过滤介质的纤维间隙，增大空气压力损失。它黏附在纤维表面，可能成为微生物微粒穿透滤层的途径，降低过滤效率，严重时还会浸润介质而破坏过滤效果。因此改善油雾的污染是一个重要问题。有些工厂将现有的L形往复式空气压缩机拆除气缸供油管道，改装由二硫化钼氟塑料制成的自润滑活塞环，也可大大减少耗油，消除油雾污染。

（三）空气贮罐

空气贮罐的作用是消除压缩机排出空气量的脉冲，维持稳定的空气压力，同时也可以利用重力沉降作用分离部分油雾。大多数情况下，贮罐紧接着压缩机之后安装。虽然由于空气温度较高，容器要求稍大，但这对设备防腐和冷却器热交换都有好处。贮罐大小可按下面的经验公式计算：

$$V = 0.1 \sim 0.2V_c \tag{2-1}$$

式中 V——贮罐体积，m^3；

V_c——压缩机的排气量，m^3/min。

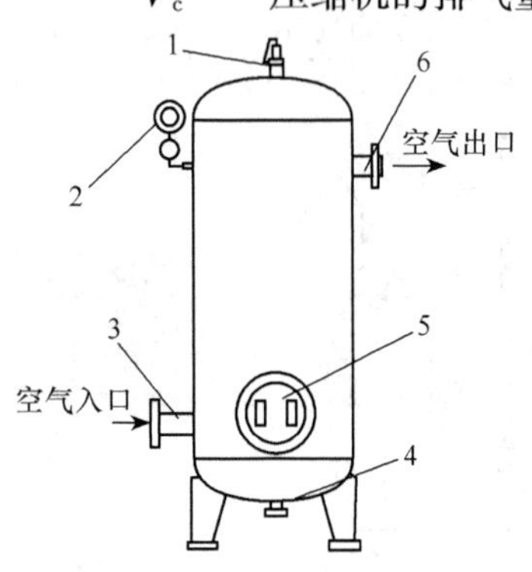

图 2-7 空气贮罐

1. 安全阀；2. 压力表；3. 进气管；4. 排污口；5. 人孔；6. 排汽管

贮罐结构简单，如图2-7所示，是一个装有安全阀、压力表的空罐壳体。有些单位在罐内装冷却蛇管，利用空气冷却器排出的冷却水进行冷却，提高冷却水的利用率。也有的在贮罐内加装导筒，使进入贮罐的热空气沿一定路线经过，增加热杀菌效果。

（四）汽液分离器

汽液分离器是将空气中冷却时形成的水雾和油雾颗粒除去的设备。其形式很多，一般常用的有旋风式和填料式。旋风式称作旋风分离器，是利用气流从切线方向进入大容器时在容器内形成旋转运动，产生的离心力，来分离较重的微粒。填料式分离器是利用填料的惯性拦截作用，将空气中的水雾和油雾分离出来。

旋风分离器的优点是结构简单，制造方便。随着它的广泛应用，它的结构种类越来越多，如涡壳式、螺旋顶盖式、扩散式、旁移式、平面旋流式、第二次风旋风式等。总的要求是：首先，旋风分离器的直径不要太大。因为气流旋转运动所产生的离心力与分离器半径成反比，若半径大，分离效率就低。要分离的空气量大时，可采用多个分离器并联。旋风分离器的直径 D 可以用下式估算：

$$D = 0.1\sqrt{q_V} \tag{2-2}$$

式中 D——旋风分离器直径，m；

q_V——通过旋风分离器的空气流量，m^3/min。

其次，进口的气流速度要适当。旋转气流所产生的离心力与气流速度的平方成正比，故气流速度小，分离效果差；但气流速度过大，则能量损失加大（压降增大），同时也会产生涡流而降低效率。一般采用进口气流速度为15～25m/s，排汽口气流速度为4～8m/s。

旋风分离器对于分离 10μm 以上的微粒效率较高，但对 10μm 以下的微粒分离就比较困难，一般冷凝水颗粒的大小为 10～200μm，可选用旋风分离器进行分离。旋风分离器的压头损失通常是 500～2000Pa。常用的旋风分离器的结构和部分尺寸关系如图 2-8所示。

填料分离器是利用各种填料如焦炭、活性炭、瓷环、金属丝网、塑料丝网等的惯性拦截作用分离空气中水雾或油雾。其结构如图 2-9 所示。瓷环比表面积为 87.5～204m^2/m^3，而 0.1～0.4mm 直径丝网的比表面积高达 1000～2000m^2/m^3。因此。要达到一定的分离效果，采用瓷环作填料的分离设备体积比较庞大而采用丝网的体积较小。另外，丝网表面间隙小，可除去小至 5μm 的雾状微粒，分离效率可达 98%～99%，且阻力损失不大，但对于雾沫浓度很大的场合，会堵塞孔隙而增大阻力损失。

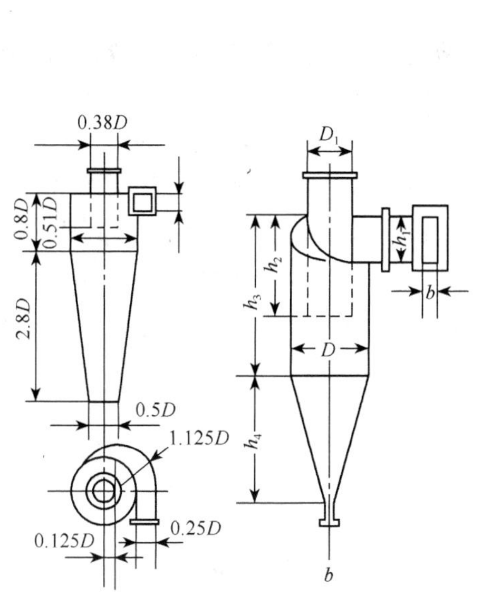

图 2-8　旋风分离器

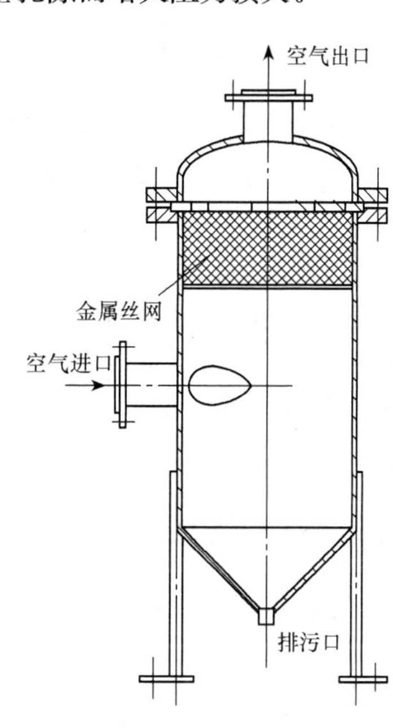

图 2-9　丝网分离器

丝网规格很多，常用的丝网由不锈钢、镍、铝、铜、聚乙烯、聚丙烯、涤纶、锦纶等材料制成。丝的直径一般为 0.25mm 左右，也可为 0.1～0.4mm 的扁丝。一般将丝织成宽为 100～150mm 的网带，丝网孔径 20～80 目，丝网介质层高度最少为 100mm，常用 150mm，分离细雾时可用 200～300mm。分离器圆筒直径按容器的空截面气速进行计算：

$$D = \sqrt{\frac{4V_g}{\pi v_s}} \tag{2-3}$$

式中　V_g——通过分离器的空气体积流量，m^3/s；

v_s——空截面气速，m/s；

D——分离器圆筒直径，m。

空截面气速约为丝网间隙中空气的实际流速的 75%。空气的实际流速，可由下面的经验公式计算出允许的最大值，称为允许气速，其值为

$$v = K\sqrt{\frac{\rho_L - \rho_g}{\rho_g}} \quad (\text{m/s}) \tag{2-4}$$

式中 K——经验系数；

ρ_L——雾沫液体的密度，kg/m^3；

ρ_g——通过空气的密度，kg/m^3。

K 值与空气中雾沫微粒的浓度、液体的表面张力、黏度和丝网的比表面积等因素有关。选大了会增加空气的阻力损失，一般选 $K=0.067$ 进行设计计算。

通过分离器后空气的阻力损失，可由下面经验公式进行计算：

$$\Delta p = 33.44 v_s \rho_g \quad (\text{Pa}) \tag{2-5}$$

（五）空气冷却器

空气冷却用的热交换器种类很多，常用的类型有立式列管式热交换器、沉浸式热交换器、喷淋式热交换器等。由于空气的给热系数很低，一般只有 420kJ/(m^2·h·℃)，设计时应采用恰当的措施来提高它的给热系数，否则传热面积将会特别大。

提高空气给热系数的最好办法是增加空气的流速，当选择列管式热交换器时，若水质条件许可（杂质少，不容易形成积垢），可安排空气走管内，做成多管程流动，提高空气流速。若水质条件不允许，空气走管外时，也要用多加隔板的办法使其在壳内做多壳程流动，提高空气流速。对于喷淋式和浸沉式，在设计时应保证一定的空气流速。一般选择的空气流速为 5～10m/s。

（六）空气过滤器

1. 空气过滤除菌的对数穿透定律

过滤除菌效率就是滤层所滤去的微粒数与原空气所含微粒数的比值，它是衡量过滤设备的过滤效能的指标，即

$$\eta = (N_1 - N_2)/N_1 = 1 - N_2/N_1 \tag{2-6}$$

式中 N_1——过滤前空气中微粒含量，个/m^3；

N_2——过滤后空气中微粒含量，个/m^3。

我们把过滤前后空气中微粒浓度的比值，即穿透滤层的微粒浓度 N_2 与原微粒浓度 N_1 的比值，称为穿透率。

实践证明，空气过滤器的过滤除菌效率主要与微粒的大小、过滤介质的种类和纤维直径、介质的填充密度、滤层厚度以及通过的气流速度等因素有关。如我们假定：

（1）流经过滤介质的每一纤维的空气流态并不因其他邻近纤维的存在而不受影响。

（2）空气中的微粒与纤维表面接触后即被吸附。不再被气流卷起带走。

（3）过滤器的过滤效率与空气中微粒的浓度无关。

（4）空气中微粒在滤层中的递减均匀，即每一纤维薄层除去同样百分率的微粒数。

那么就可得出

$$-\frac{dN}{dL} = KN \tag{2-7a}$$

根据滤层的入口和出口边界条件对式（2-7a）进行积分，可得出

$$\ln(N_2/N_1) = -KL \tag{2-7b}$$

式中　N——滤层中空气的微粒浓度，个/m^3

L——过滤介质层厚度，m；

dN/dL——单位滤层除去的微粒数，个/m。

K——过滤常数，1/m。

式（2-7a）、式（2-7b）即为深层介质过滤除菌的对数穿透定律，它表示进入滤层的空气微粒浓度与穿透滤层的微粒浓度比值的对数是滤层厚度的函数。常数 K 与多个因素有关，如纤维的种类、纤维直径、填充密度、空气流速、空气中微粒的直径等有关。

K 可通过实验测定，也可根据前面介绍的单纤维捕集效率，通过参数关系来计算出 K。

2. 过滤介质

生物工程中空气过滤除菌对介质的要求是吸附性强、阻力小、空气流量大、能耐干热。常用的过滤介质有棉花（未脱脂）、活性炭、玻璃纤维、超细玻璃纤维纸、化学纤维等。

要评价一种过滤介质是否优越，最重要是看它的过滤效率，而过滤效率是过滤常数 K 和滤层厚度 L 的函数，K 越大，滤层厚 L 可越小；同时阻力降 Δp 越小越好，因此可把 $KL/\Delta p$ 的值作过滤介质综合评价指标。过滤器的总过滤效率可表示为

$$\bar{\eta} = 1 - e^{-KL} \tag{2-8}$$

我们可以用式（2-8）对各种过滤器的效率进行比较。下面介绍几种常用的过滤介质。

1）棉花

棉花是传统的过滤介质，工业生产和实验室均有使用。其质量随品种和种植条件不同差别较大。作为过滤介质时，最好选用纤维细长疏松的新鲜产品。贮藏过久，其纤维发脆甚至断裂，这将增大了压强降。脱脂纤维会因易吸湿而降低过滤效果。棉花纤维直径一般为 16～21μm，装填时要分层均匀铺砌，最后要压紧，装填密度达到 150～200kg/m^3 为好。如果压不紧或是装填不均匀，会造成空气短路，甚至介质翻动而丧失过滤效果。

2）玻璃纤维

作为散装充填过滤器过滤介质的普通玻璃纤维，一般直径为 8～19μm 不等。其直径越小越好，但由于纤维越细，其强度越低，很容易断碎而造成堵塞，增大阻力，故其直径不能太细，充填系数不宜太大，一般采用 6%～10%时，它的阻力损失比棉花小。如果采用硅硼玻璃纤维，则可获得较细直径（0.3～0.5μm）的高强度纤维，并可用其制成 2～3mm 厚的滤材，制成过滤器后可除去 0.01μm 的微粒，所以它可除去噬菌体和所有的微生物。

3）活性炭

活性炭有非常大的比表面积，主要通过表面吸附作用而吸附截留微生物。一般采用直径 3mm、长 5～10mm 的圆柱状活性炭。其粒子间隙大，故对空气的阻力较小，仅为

棉花的 1/12，但它的过滤效率比棉花要低得多。目前，工厂都是将其夹装在两层棉花中间使用，以降低滤层阻力，它的用量约为总过滤层的 1/3～1/2。活性炭的好坏决定于它的强度和比表面积，比表面积小，则吸附性能差，过滤效率低；强度不足，则易破碎，堵塞孔隙，增大气流阻力。

4）超细玻璃纤维纸

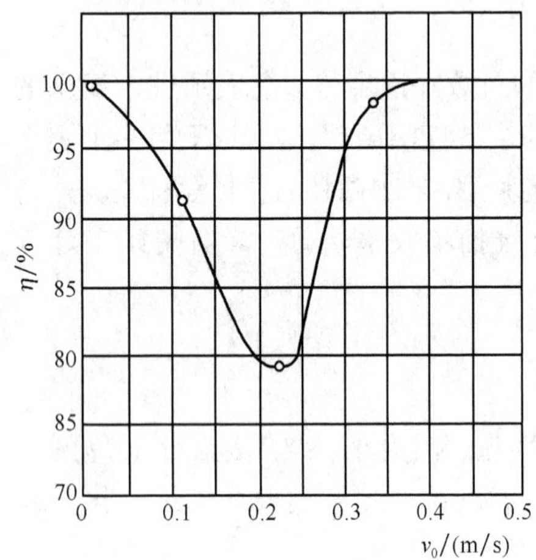

图 2-10　超细玻璃纤维纸的效率曲线图

超细玻璃纤维是利用质量较好的无碱玻璃，采用喷吹法制成的直径很小的纤维（直径为 1～1.5μm）。由于纤维特别细小，故不宜散装充填，而采用造纸的方法做成0.25～1mm 厚的纤维纸，这种纤维纸的密度为 380kg/m^3（当厚度为 0.25mm 时，每 1kg 纸有 20m^2），它所形成的网格的孔隙约为 0.5～5μm，比棉花小 10～15 倍，故它有较高的过滤效率。当空气流速为 0.02m/s 时，一层 0.25mm 的超细玻璃纤维纸用油雾测试，对 0.3μm 的微粒过滤效率为 99.99%，通过后空气的压力损失为 30Pa 左右。当采用国产 Y_{09-1}型粒子计数器测量过滤空气所含微粒时，它对 0.3μm 微粒的过滤效率如图 2-10 所示。

超细玻璃纤维纸属于高速过滤介质。在低速过滤时，它的过滤机理以拦截扩散作用机理为主。当气流速度超过临界速度时，以惯性冲击机理为主，气流速度越高，效率越高。生产上操作的气流速度应避开效率最低的临界速度。

超细玻璃纤维滤纸虽然有较高的过滤效率，但强度很差，特别是受湿以后，为增加强度可用树脂处理。目前，国内多数都是多层复合使用超细纤维滤纸，目的是增加强度，对过滤效果并无显著提高。

由于超细纤维滤纸的抗湿性能差，后又研制出 JU 型除菌滤纸，它在抄纸过程中加入适量的疏水剂的处理，可以使它耐受油、水和蒸汽的反复加热杀菌，具有坚韧、不怕折叠、湿强度高等特点。同时具有更高的过滤效率（0.3μm 油雾测定达 99.999%）和较低的过滤阻力（<450Pa）。

5）石棉滤板

石棉滤板是采用 20 片纤维小而直的蓝石棉和 8%纸浆纤维混合打浆抄制而成。由于纤维比较粗，直径大，纤维间隙比较大，虽然滤板较厚（3～5mm），但过滤效率还是比较低，只适宜用于分过滤器。其特点是在它变湿后，强度也很大，受潮时也不易穿孔或折断，能耐受蒸汽反复杀菌，使用时间较长。

6）烧结材料过滤介质

烧结材料过滤介质种类很多，有烧结金属（蒙乃尔合金、青铜等）、烧结陶瓷、烧结塑料等。制造时用这些材料微粒粉末加压成型后，处于熔点温度下黏结固定，但只是粉末表面熔融黏结而保持粒子的空间和间隙，形成了微孔通道，具有微孔过滤的作用。某些可熔于有机溶剂的塑料，也可采用溶剂黏结法制得。这种过滤介质，加工比较困难，滤板孔隙也不可能做得很小。孔径大小决定于烧结粉末的大小，太小则烧结温度、时间难以掌握，容易全部熔融而堵塞微孔。一般孔隙都在 10～30μm 之间。

7）新型过滤介质及过滤器简介

随着科学技术的发展和严格发酵条件的需求，生物工程中出现了一些新的过滤介质，它的微孔直径只有 0.1～0.22μm，小于细菌直径，故菌体粒子不能通过，称之为绝对过滤。绝对过滤器有两大类，一类是能除去全部微生物，但不能除去噬菌体。另一类可除去直径 0.01μm 以上的微粒，故可滤除包括噬菌体在内的全部微生物。

我国的空气绝对过滤技术也获得长足进步，如核工业净化过滤工程技术中心研制成功 JPF 型聚偏二氟乙烯膜折叠式空气过滤器，具有国际先进水平。此外，该中心研制生产且已广泛应用的 JLS 型微孔烧结金属过滤器，以金属镍为材质，采用特殊粉末冶金技术制成，具有压降小（初始压降≤0.01MPa）、过滤效率高、耐蒸汽加热杀菌、使用寿命长等特点。JLS 型过滤器有 D、Y 型和 W 型之分，其中 JLS-D 型金属过滤器滤除 0.3μm 以上微粒的过滤效率高达 99.9999%。

理论和实践均证明，使用微孔膜等绝对过滤器必须安装空气预过滤器，以滤除铁锈、尘埃等微粒，从而延长主过滤器的使用寿命。对无菌程度要求高的发酵系统，需装设阻力小的绝对空气过滤器。

上面我们介绍了各种过滤器，现在我们用表 2-2 介绍一种常用过滤器的习惯分类方法。

表 2-2　常用过滤器的习惯分类

性能指标	额定风量下的效率 E/%		额定风量下的初阻力/Pa
初效 G3（EU3）	粒径≥5.0μm	80>E≥20	≤50
中效 F5（EU5）	粒径≥1.0μm	70>E≥20	≤80
高中效 F7（EU10）	粒径≥1.0μm	99>E≥70	≤100
亚高效 H10（EU10）	粒径≥0.5μm	99.9>E≥95	≤120
高效 H13（EU13）	粒径≥0.3μm	A 级≥99.9 B 级≥99.99	≤190 ≤220

注：表中 G3 为欧洲新规格，EU3 为欧洲旧规格。

总之，目前的过滤介质的性能还很不完善，有待进一步研究改进，创造出更多新的、效率更高的过滤介质。要评价一种过滤介质是否优越，最主要是看它的过滤效率，而 η 是 K 和 L 的函数，K 越大，L 可以变得越小，同时 Δp 越小越好，因而把 $KL/\Delta p$ 值作为综合性能指标来评价。现将几种介质性能进行比较，如图 2-11 所示。

3. 过滤器的结构

1）深层纤维介质空气过滤器

深层纤维介质空气过滤器结构如图 2-12 所示。通常是立式圆筒形，内部充填过滤介质，空气由下向上通过过滤介质，以达到除菌目的。纤维介质主要有棉花、玻璃纤维、

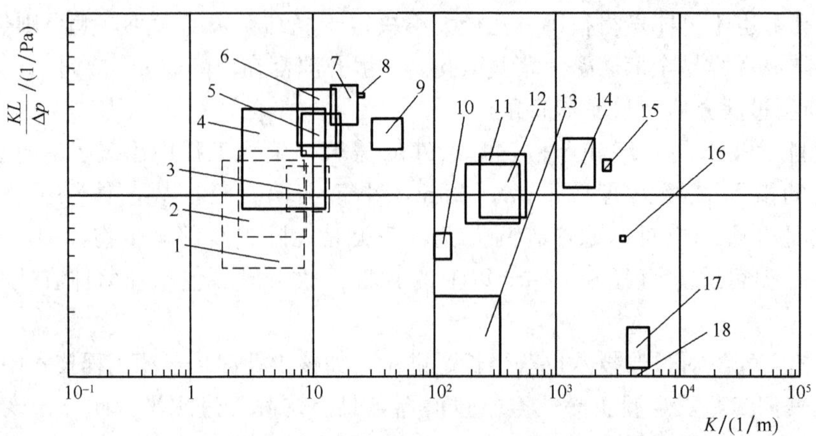

图 2-11　常见过滤介质特性比较

1、2. 圆柱状活性炭；3. 碎活性炭；4. 尼龙纤维；5. 聚四氟乙烯（$d_f=19\mu m$）；6. 维尼龙；7. 聚四氟乙烯（$d_f=20\mu m$）；8. 玻璃棉；9. 棉花；13. 金属滤板；10～12、14～18. 不同间隙孔径的 PVA 滤板

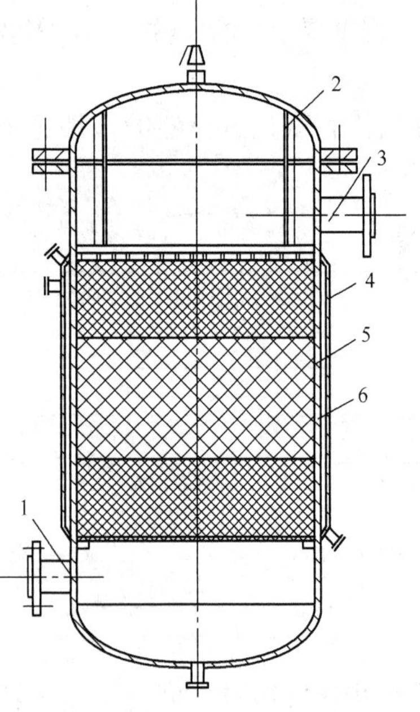

图 2-12　深层纤维介质空气过滤器

1. 进气口；2. 压紧板；3. 出气口；4. 纤维介质；5. 换热夹套；6. 活性炭

超细玻璃纤维等。空气过滤器的尺寸主要包括直径 D 和有效滤层高度 L_0。其中，D 可由下式求出：

$$D=\sqrt{\frac{4q_V}{\pi v_s}}\quad (m) \tag{2-9}$$

式中　q_V——空气流经过滤器时的体积流量，m^3/s；

v_s——空截面空气速度，m/s。

空截面气速一般可取 0.1～0.3m/s，按操作工艺而定，原则是应该使过滤器在较高过滤效率的气流速度区运行。

过滤器的有效过滤介质高度 L 的决定，通常在实验数据的基础上，按对数穿透定律进行计算。但由于需要滤层厚，耗用棉花多，安装较困难，阻力损失很大，故工厂常用活性炭作为中间层，以改善这些因素。这本来是不符合计算要求的。通常总的高度中，上下棉花层厚度各为总过滤层的 1/4～1/3，中间活性炭层占 1/3～1/2。在铺棉花层之前，先在下孔板铺一层 30～40 目的金属丝网和织物（如麻布等），有助于空气均匀进入棉花过滤层。填充物按下面顺序安装：

孔板→铁丝网→麻布→棉花→麻布→活性炭→麻布→棉花→铁丝网→孔板。

安装介质时要求紧密均匀，压紧一致。压紧装置有多种形式，可以在周边固定螺栓压紧，也可以用中央螺栓压紧，也可以利用顶盖的密封螺栓压紧，其中顶盖压紧比较简便。有些工厂为了防止棉花受潮下沉后松动，在压紧装置上加装缓冲弹簧，弹簧的作用是在一定的位移范围内保持对孔板的一定压力，其结构如图 2-13 所示。

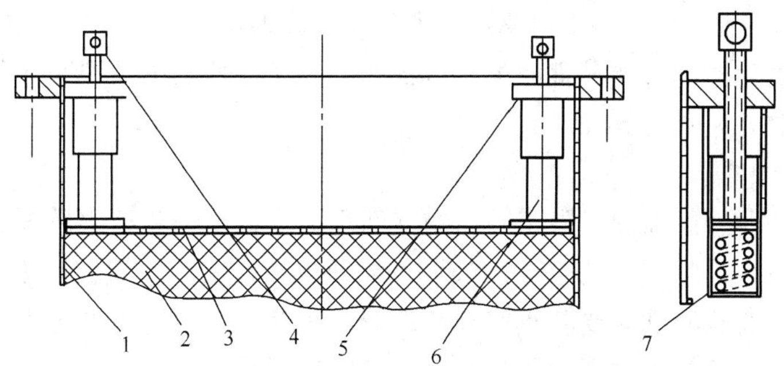

图 2-13　过滤介质的弹簧压紧装置

1. 壳体；2. 过滤介质；3. 压紧花板；4. 压紧螺杆；5. 压紧支座；6. 弹簧套；7. 弹簧

在充填介质区间的过滤器圆筒外部通常装设夹套，其作用是在消毒时对过滤介质间接加热，但要十分小心控制，若温度过高，则容易使棉花局部焦化而丧失过滤效能，甚至有烧焦着火的危险。

通常空气从圆筒下部切线方向通入，从上部排出，出口不宜安装在顶盖上，以免检修时拆装管道困难。

过滤器上方应装有安全阀、压力表，罐底装有排污孔。要经常检查空气冷却是否安全，过滤介质是否湿等情况。

对过滤器进行加热灭菌时，一般是自上而下通入 0.2～0.4MPa（表压）的干燥蒸汽，维持 45min，然后用压缩空气吹干备用。总过滤器约每月灭菌一次，而分过滤器则每批发酵前均进行灭菌。为了使总过滤器不间断地工作，对大规模生产应设一个备用的，可在灭菌时交替使用。

2）平板式纤维纸过滤器

这种过滤器适合充填薄层的过滤板或过滤纸，其结构如图 2-14 所示。它由罐体、顶盖、滤层、夹板和缓冲层构成，空气从罐体中部切线方向进入，空气中的水雾沉于底部，由排污管排出；空气经缓冲层通过下孔板经薄层介质过滤后，从上孔板进入顶盖排气孔排出。

缓冲液层可装填棉花、玻璃纤维或金属丝网等。用顶盖法兰压紧过滤孔板并用垫片密封，上下孔板用螺栓连接，从而夹紧滤纸并与周边密封。为了使气流均匀进入和通过过滤介质，上下孔板应先铺 30～40 目的金属丝网和织物（麻布）。过滤孔板的开孔大小一般为 5～10mm，孔的中心距为 10～20mm。

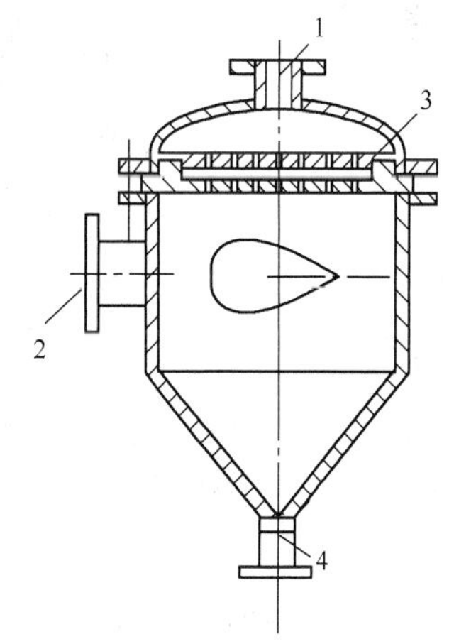

图 2-14　平板式纤维纸过滤器

1. 空气出口；2. 过滤介质；3. 空气进口；4. 排污口

过滤器的直径可由过滤面积决定。过滤面积按通过过滤器时的空气体积流量 V（m^3/s）和空气流过该介质时的视过滤速度 v_s（m/s）计算：

$$D_{滤层}=\sqrt{\frac{4V}{\pi v_s}}\quad (m) \tag{2-10}$$

$$D_{过滤器}=1.1\sim1.3D_{滤层}$$

v_s 也就是通过过滤介质截面时的空气流速，对于高速超细纤维纸可取 1.0～1.5m/s，对石棉过滤板取 0.8～1.0m/s。

3）管式过滤器

平板式过滤器过滤面积局限于圆筒的截面积，当过滤面积要求较大时，则设备直径很大。若将过滤介质卷装在孔管上，如图 2-15 所示，这样，单位体积的过滤面积比平板式大得多，但卷装滤纸时要防止空气从纸缝走短路。这种过滤器的安装和检查比较困难。为了防止孔管密封的底部死角积水，封管底盖紧靠滤孔。

4）接叠式低速过滤器

在一些要求过滤阻力很小而过滤效率比较高的场合，如洁净工作台、洁净工作室或自吸式发酵罐等，都需要低速过滤器以满足其低阻力损失的要求。超细玻璃纤维纸的过滤特性是气流速度越低、过滤效率越高，所以我们可设计一种过滤面滤积很大的过滤器，其滤框（滤芯）和过滤器结构如图 2-16 所示。为了能在较小的设备内装设很大的过滤面积，可将长长的滤纸折叠成瓦楞状，安装在楞条支撑的滤框内，滤纸的周边用环氧树脂与滤框黏结密封。滤框有木制和铝制两种，需要反复杀菌的应采用铝制滤框。使用时把滤框用螺栓固定压紧在过滤器内，全部用垫片密封。

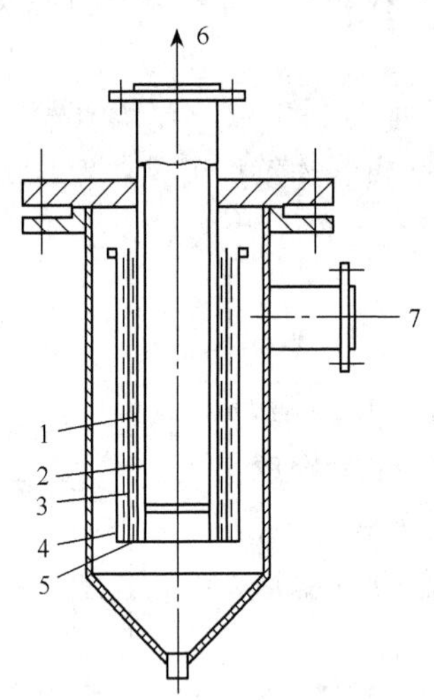

图 2-15 管式过滤器

1. 铜丝网；2. 麻布；3. 滤纸；4. 扎紧带；5. 滤筒；6. 空气出口；7. 空气进口

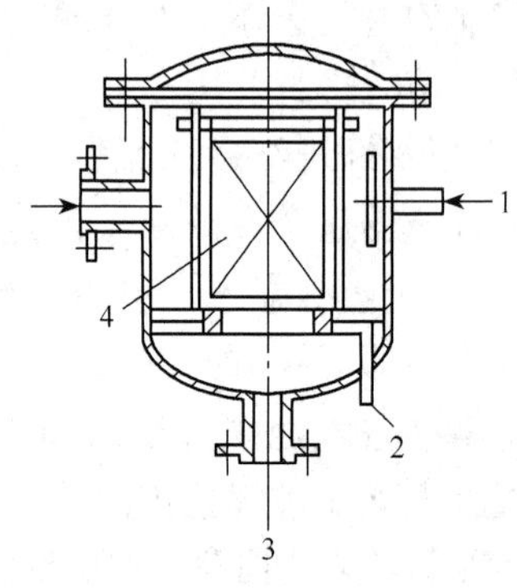

图 2-16 接叠式低速过滤器

1. 蒸汽进口；2. 排废水；3. 空气出口；4. 滤心

在选择过滤器时，应根据需处理空气的体积流量和流速进行计算。一般选择流速在 0.025m/s 以下，这时空气通过的压力损失约为 200Pa。超细纤维的直径很小，间隙窄，容易被微粒堵塞孔隙而使压力损失升高。为了提高过滤器的过滤效率和延长其使用寿命，一般都加设预过滤设备，或采用静电除尘配合使用，或使用玻璃纤维或泡沫塑料的中效过滤器配合。这样，较大的微粒和部分小微粒被预过滤器除去，以减少高效过滤器表面微粒的堆积和堵塞滤网格现象。当使用时间较长，网格被堵塞到一定程度，阻力损失增加到 400Pa 时，就应更换新的滤芯。

这种过滤器的周边黏结部分，常会因黏结松脱而产生漏气，丧失过滤除菌效能，故要定期用烟雾法检查。

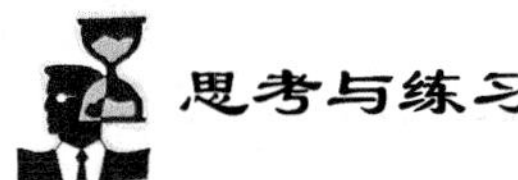

思考与练习

1. 我国 GMP 规定的洁净室（区）空气洁净度分为哪几级？各有什么要求？
2. 空气除菌方法有哪些？简述介质除菌的机理。
3. 在空气介质除菌中，常用的气液分离器有哪几类？简述各自的工作机理。
4. 简述空气介质除菌中深层介质除菌的对数穿透定律。
5. 在空气介质除菌中，对过滤介质的要求有哪些？常用的过滤介质有哪些？
6. 在空气介质除菌中，常用的过滤器有哪些？
7. 试为你所在城市的一生物工厂发酵罐选择空气除菌系统并指出理由。

第三章　生物反应器概述

知识目标

1. 了解生物反应器设计和操作的主要原则及发展方向。
2. 掌握生物反应器的分类方法。
3. 了解生物反应速度的规律及其影响因素。
4. 了解生物反应器通风与溶氧传质的的过程及影响因素。

能力目标

1. 能根据生产工艺要求确定生物反应器的设计原则。
2. 能正确判断生物反应器类型并能指出其特性。
3. 能根据具体生产过程强化生物反应器的通风与溶氧传质过程。

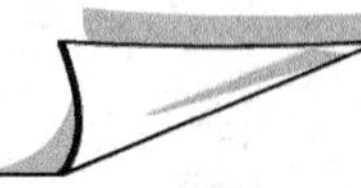

第一节　生物反应器

在生物工程中，生物反应器具有中心的作用（图 3-1），它是连接原料和产物的桥梁。在反应器中，通过产物的合成，廉价的原料升了值。因此，生物反应器的设计和操作，就是生物工程中一个极其重要的问题，它对产品的成本和质量有着很大影响。

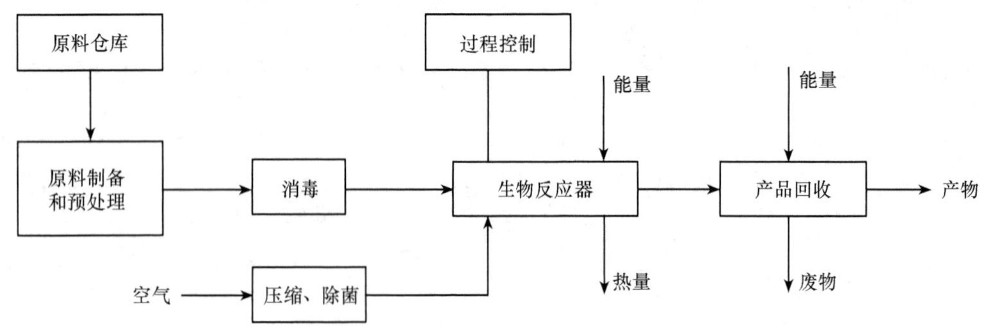

图 3-1　生物反应器在生物过程中处于中心地位

尽管生物反应器这个术语较新，但它的利用却有着悠久的历史。我国酒类生产始于周商时期，制酒用的密闭容器就是一种早期的反应器。巴斯德发现氧对面包酵母的生产有很大作用，从而促进了面包酵母工业的发展，这是生物工程过程控制的萌芽。生物反应器的重大革新发生在20世纪40年代。人们用深层发酵法生产青霉素，而在此之前，发酵在固体底物上进行，生产难以控制，保持无菌条件也比较困难。

据对世界上145家公司的统计，利用生物化工技术生产的产品有250个，年产值达几十亿美元，涉及医药工业、化学工业、农产品加工工业等。生物反应器要适应这众多的生产过程，在形状、大小和操作方式上就会千变万化。可是生物反应器设计和操作的目标却始终是使生产成本最小，评价生物反应器主要看它生产能力的大小，看它产品质量的高低。生物反应器设计和操作的重要方面包括改善生物催化剂，更好的过程控制（特别是计算机的应用），更好的无菌条件以及克服速度限制因素（特别是热量、质量传递）的方法。

一、生物反应器设计和操作的目标

生物反应器设计和操作的主要目标是使产品的质量高，成本低。生物反应器处于生物工程过程的中心，它常是影响整个过程的经济效益的一个重要方面。以酒精和青霉素生产两个过程为例。在酒精生产中，原料成本约占62%，操作成本约占26%，投资成本约占12%；在青霉素生产中，原料成本约占35%，操作成本约占38%，投资成本约占22%。可见原料成本总是占据重要地位。在操作成本中，能量消耗是一个主要方面。在有些过程中，能量成本甚至高达1/3，因此在生物反应器设计和操作中节能是一个颇为重要的问题。在投资成本方面，旧设备成本虽然较低，但维修费较高。还要考虑到筹资方式和利率问题。

在生物反应器中，通过各种生物转化过程，生产出了许多产品。根据这些过程中生产成本的主要方面，可以分为三类：

（1）转化成本和原料成本为主，如面包酵母、酒精等的生产。

（2）回收成本为主，如氨基酸、抗生素的生产。

（3）以底物的转化成本为主，如废水处理。

在三类过程中，第三类的关键是要求生物反应器具有高生产能力；第二类则主要要求产物的浓度高、杂质少；第一类则要求有高生产能力和高回收率。根据不同的类型，可以采用不同的反应器类型和反应器的不同操作方式。

二、生物反应器设计和操作的限制因素

酶或微生物是在生物反应器中进行的生物转化过程的一种生物催化剂。为达到非常高的生产速率，我们可以设想在反应器中装有足够的生物催化剂（酶或微生物）。可是实际上，并不可能使生产速率很高，这是因为反应器还要受到其他因素的限制。若生物催化剂的浓度和比活力都很高，传质和传热就成为提高反应器生产能力的限制因素。

由图3-2可见，在生物催化剂浓度较低或比活力也较低时，生物催化剂的因素是生物反应器生产能力的限制因素。但在生物催化剂的浓度较高且比活力也较高时，反应器的操作因素却成为限制因素。这些操作因素主要是传质和传热方面的问题。

传质问题在底物不溶的过程中是显而易见的，而在高耗氧的生物反应过程中则非常突出。因而，人们设计了许多生物反应器结构，以提高传质效率。一般为了保持溶氧水平在生

物临界溶氧水平之上，常输入更多的气体或设法更好地分散气体，从而消耗大量的能量。

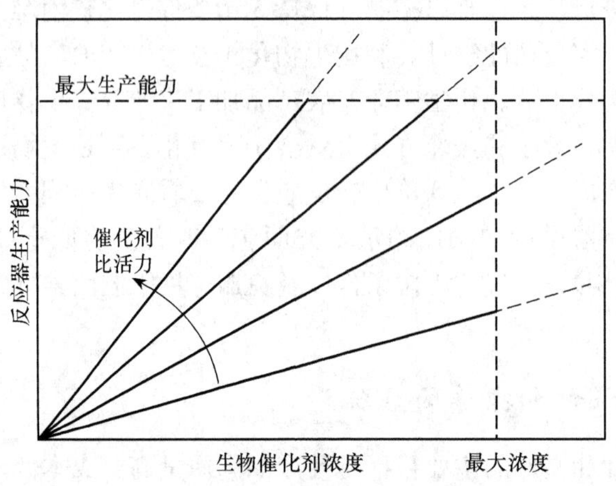

图 3-2　生物反应器生产能力的限制因素

生物反应通常在常温下进行，多数在 20～65℃之间。和环境的温度很接近，使得从生物反应器移出热量发生困难，这在大型反应器中更加突出。产生的热量随反应器体积线性增加，可是几何放大中表面积与体积之比却依 2/3 次幂增加。由于热量交换能力正比于表面积，因此在无冷冻条件下，存在一个可以冷却的最大反应器体积。反应器的放大常受热量交换的限制。

三、生物反应器开发的趋势和未来发展方向

生物反应器的性能常极大地受到热量、质量传递能力的限制，改进生物反应器中热量、质量传递的方法和装置就成为生物反应器开发的趋势。随着生物催化剂比活力的提高，对改进生物反应器传递性能的要求将更加强烈。

生物反应器正向大型化和自动化方向发展。西德单细胞蛋白生产反应器最大体积达 2300m^3（高 60m，直径 7m），输入功率 7MW。英国废水处理反应器最大体积达 27000m^3。反应器体积的放大降低了操作成本，但大型反应器的设计还存在一定的技术问题。反应器的自动检测和控制系统使反应器在最佳条件下操作成为可能，近年来获得广泛重视。随着生物工程的日渐成熟和迅速发展，自动检测和控制系统将会在生物过程中发挥越来越重要的作用。

一些特殊用途的和具有特殊性能的生物反应器得到了较快地应用和开发。例如，动物和植物细胞培养反应器、固体发酵反应器、边发酵边分离的特殊反应器等都得到了不同程度的发展。

在降低设备投资方面，近年对连续过程更加重视，连续生物反应器的主要问题是产物浓度低。随着生物催化剂比活力的提高，这个问题将得到弥补。为了克服发酵中的这个限制，固定化细胞系统提供了一种达到高生产能力、高产品浓度的方法。生物过程中的单元操作是相互联系的，上游过程必然影响到下游过程。因此，把生物反应器和后面的产物回收过程联系起来，考虑整个过程的合理性才显得有意义。

四、生物反应器的类型

生物反应的目的可归纳为几种：一是生产细胞，二是收集细胞的代谢产物，三是直接用酶催化得到所需产物。生物反应器最初主要是用于微生物的培养或发酵，随着生物技术的不断深入和发展，它已被广泛用于动植物细胞培养、组织培养、酶反应等场合。因此，实际应用的生物反应器根据细胞或组织生长代谢要求、生物反应的目的等的不同可以有很多变化，总的来说可归纳为以下几种：

（1）厌氧生物反应器。发酵过程不需要通入氧气或空气，有时可能通入二氧化碳或氮气等惰性气体以保持罐内正压，防止染菌，并提高厌氧控制水平。此类反应器有酒精发酵罐、啤酒发酵罐、沼气发酵罐（池）、双歧杆菌厌氧反应器等。

（2）通气生物反应器。又可分为搅拌式、气升式、自吸式等；前两者需要在反应过程中通入氧气或空气，后者则可自行吸入空气满足反应要求。搅拌式反应器靠搅拌器提供动力使物料循环、混合，气升式则以通入的空气上升产生动力，自吸式反应器是利用特殊搅拌叶轮在搅拌过程中产生真空而将空气吸入反应器内，无须另外供气动力。

（3）光照生物反应器。反应器壳体部分或全部采用透明材料，以便光可照射到反应物料，进行光合作用反应。一般配有照射光源，白天可直接利用太阳光。

（4）膜生物反应器。反应器内安装适当的部件作为生物膜的附着体，或者用超滤膜（如中空纤维等）将细胞控制在某一区域内进行反应。

此外，根据生物反应器的操作类型反应器可分为间歇、半连续（流加）、连续反应器等，根据反应器的结构形式不同又可分为罐式、管式、塔式、池式生物反应器等，根据物料混合方式可分为非循环式、内循环式和外循环式生物反应器等。

第二节　生物反应动力学基础

生物反应动力学研究生物反应速度的规律。生物反应基本上有两种情况。一种是使底物在酶（游离酶或固定化酶）的作用下进行反应，如淀粉的液化、异构糖的生产、无侧链青霉素（6-APA）的制造等。有时为简便起见，不把酶从细胞中提取出来，而直接使细胞（游离细胞或固定化细胞）与底物接触进行反应。另一种是细胞的培养，利用细胞中的酶系，把培养基中的物质通过复杂的生物反应转化成新的细胞及其代谢产物。与前一种生物反应相比，这种生物反应要复杂得多。在研究其动力学特性时一般要研究细胞生长速率、基质利用速率和产物生产速率的变化规律，以便对培养过程做有效的控制，从而提高产品（细胞或其代谢物）的产率以降低生产成本。有关生物反应动力学的理论模型较多，本节重点只对较为简单的细胞分批培养动力学进行讨论。

细胞的分批培养是一种间歇的培养方式，在培养时，除了需不断进行通气（好气培养）以及为调节培养液一定的 pH，需加入酸碱溶液外，培养系统除了排出废气（包括二氧化碳）外，与外界没有其他的物料交换。这种培养方式操作简单，是一种最为广泛使用的培养方式。在分批培养中，细胞浓度、基质浓度和产物浓度均不断发生变化。就细胞的浓度 X 的变化而言，一般在分批培养中，经历延迟期、指数生长期、减速期、静止期和衰亡期等阶段，见图 3-3。

一、分批培养中细胞的生长

1. 延迟期

培养基在接种后，常在一段时间内细胞浓度的增加并不明显，这一阶段为延迟期。延迟期是细胞在新的培养环境中表现出来的一个适应阶段。如果新环境中存在某种老环境中没有的营养物质，细胞须合成有关酶来利用该营养物质，从而出现延迟期。许多胞内酶需要辅酶或活化剂，它们是一些小分子物质或离子，具有较大的通过细胞膜的能力。当细胞转移到新环境中，这些物质可因扩散作用而从细胞中向外流失，这是产生延迟期的又一原因。例如，好气杆菌在葡萄糖磷酸缓冲液中的延迟期与镁离子浓度有关，当培养基中镁离子浓度较高时，细胞内镁的流失少，延迟期较短；而当培养基中镁离子浓度低时，由于镁的流失而使延迟期大大延长（图 3-4）。

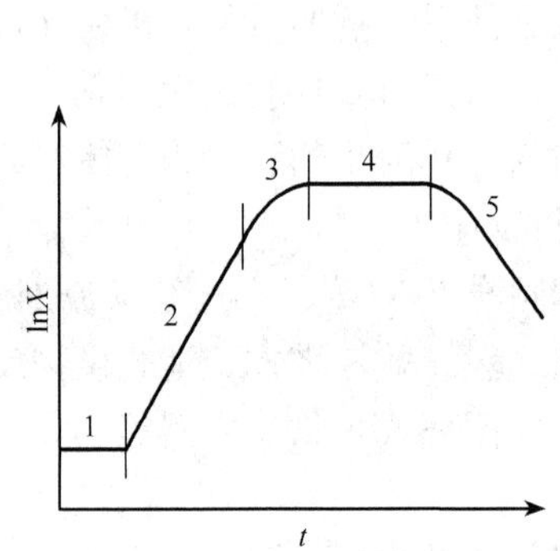

图 3-3　分批培养中细胞浓度的变化
1. 延迟期；2. 指数生长期；3. 减速期；4. 静止期；5. 衰亡期

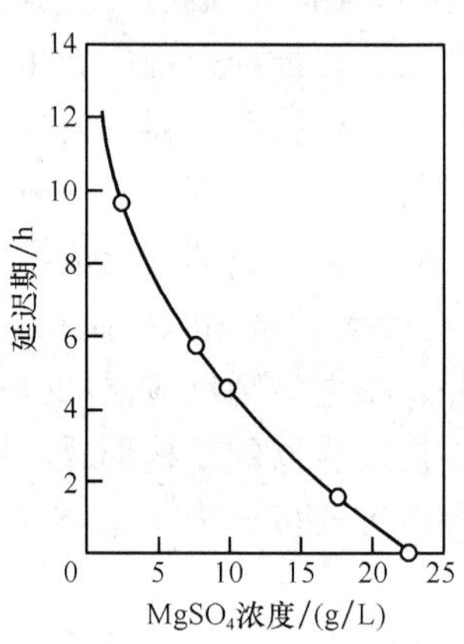

图 3-4　镁离子浓度对好气气杆菌延迟期的影响

延迟期的长短与种子的种龄及接种量的大小有关。年轻的种子产生的延迟期较短，而种龄较老的种子需要较长的延迟期。对于同样种龄的种子，接种量越大则延迟期越短，而培养基浓度则对延迟期影响不大（图 3-5）。

2. 指数生长期

在这一阶段中，由于培养基中的营养物质比较充足，有害代谢物很少，所以细胞的生长不受到限制，细胞浓度随培养时间指数增长，称为指数生长期，也称对数期。

培养液中的细胞浓度越大，细胞浓度的增长速率也就越大。因此细胞浓度的变化率与细胞浓度成正比：

$$\frac{dX}{dt} = \mu X \tag{3-1}$$

式中　X——细胞浓度，kg（干重）/m^3；

t——时间，s；

μ——比生长速率，s^{-1}。

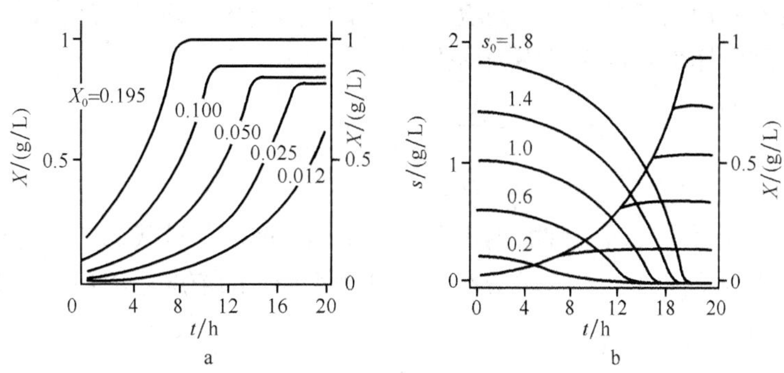

图 3-5　接种量和培养基浓度对延迟期的影响

a. 限制性基质浓度 s_0 一定，细胞初浓度 X_0 不同；b. 细胞初浓度 X_0 不变，限制性基质浓度 s_0 不同

比生长速率 μ 与细胞种类、培养温度、pH、培养基组成和限制性基质浓度等因素有关。在指数生长阶段，细胞的生长不受限制，比生长速率达到最大值 μ_m，于是

$$\frac{dX}{dt} = \mu_m X \tag{3-2}$$

如在 t_1时的细胞浓度为 X_1，则在 t_2时的细胞浓度为 X_2，将式（3-2）积分后可得到

$$X_2 = X_1 \exp[\mu_m (t_2 - t_1)] \tag{3-3}$$

因此在指数生长阶段，细胞浓度随时间指数增长。细胞浓度增长 1 倍所需时间称为倍增时间（doubling time）或增代时间（generation time），根据式（3-3），倍增时间

$$t_d = \frac{\ln 2}{\mu_m} = \frac{0.693}{\mu_m} \tag{3-4}$$

微生物细胞的倍增时间较短。细菌一般为 0.25～1h，酵母菌均为 1.15～2h，霉菌均为 2～6.9h。动植物细胞的倍增时间较长，如哺乳动物细胞的 t_d一般为 15～100h，植物细胞均为 24～74h。

3. 减速期

随着细胞的大量繁殖，培养基中的营养物质迅速消耗，加之有害代谢物的积累，细胞的生长速率逐渐下降，进入减速期。当培养液中不存在抑制细胞生长的物质时，细胞的比生长速率和限制性基质浓度 S 有如下关系：

$$\mu = \frac{\mu_m S}{K_S + S} \tag{3-5}$$

其中　S——限制性基质浓度，mol/m^3；

K_S——饱和常数，mol/m^3。

式（3-5）称为 Monod 方程，是一个经验式，在多数情况下都可得到满意的结果，所以应用相当普遍。当限制性基质浓度很低时，增加该基质浓度可明显提高细胞的比生长速率，但若该物质浓度与 K_S相比已相当高时，再增大其浓度就不能明显地增加细胞比生长速率。这时，细胞的比生长速率接近“饱和”。

有时，高浓度的基质会对细胞的生长产生抑制，即发生基质抑制的情况。例如用醋酸作为基质培养朊假丝酵母、用亚硝酸盐培养基培养消化杆菌等，都会产生基质抑制的现象。这时细胞的比生长速率可用表示为

$$\mu = \frac{\mu_m}{1 + K_S/S + S/K_{is}} \tag{3-6}$$

式中 K_{is}——抑制常数。

如果细胞的代谢产物对细胞的生长有抑制作用，随着这种代谢产物的积累，细胞的比生长速率将逐渐下降，尽管这时培养液中限制性基质的浓度还相当高。下面是描述产物抑制的方程为

$$\mu = \mu_m \frac{S}{K_S + S}(1 - kP) \tag{3-7}$$

式中 P——产物浓度；

k——常数。

4. 静止期

因营养物质耗尽或有害物质的大量积累，使细胞浓度不再增大，这一阶段为静止期。在静止期，细胞的浓度达到最大值。

5. 衰亡期

由于环境恶化，细胞开始死亡，活细胞浓度不断下降，这一阶段为衰亡期。有关衰亡期的研究不多，因多数分批培养在衰亡期前结束。可以认为在衰亡期中

$$X = X_m \exp(-\alpha t) \tag{3-8}$$

式中 X_m——静止期细胞浓度，kg/m^3；

α——细胞比死亡速率，s^{-1}；

t——进入衰亡期时间，s。

二、分批培养中基质的消耗

1. 得率系数

细胞内的生物反应极其复杂，总况可用下式表示：

$$碳源 + 氮源 + 氧 \longrightarrow 细胞 + 产物 + CO_2 + H_2O$$

或

$$\Delta C + \Delta N + \Delta O_2 \longrightarrow \Delta X + \Delta P + \Delta CO_2 + \Delta H_2O$$

如果是厌氧培养，则上式中不存在有关氧的项。

细胞对于消耗掉的基质的得率系数可用表示为

$$Y_{X/S} = \frac{\Delta X}{\Delta S} \tag{3-9}$$

对于氧的得率系数为

$$Y_{X/O}=\frac{\Delta X}{\Delta O_2} \tag{3-10}$$

它的倒数表示生成单位质量细胞所需氧的质量。表 3-1 列出了一些微生物的 $Y_{X/S}$，$Y_{X/O}$。在培养过程中，细胞产生除二氧化碳和水以外的产物时，产物对于消耗基质的得率系数为

$$Y_{P/S}=\frac{P}{\Delta S} \tag{3-11}$$

表 3-1 一些微生物的 $Y_{X/S}$，$Y_{X/O}$

微生物	基质	$Y_{X/S}$/(g/mol)	$Y_{X/O}$/(g/mol)
产朊假丝酵母	葡萄糖	91.8	42.2
	乙醇	31.2	19.5
	醋酸	21.0	22.4
产气克雷伯氏菌	葡萄糖	70.2	
	琥珀酸	27.1	
球形红假单胞菌	葡萄糖	81.0	46.7
啤酒酵母	葡萄糖	90.0	31.0
粪链球菌	葡萄糖	57.6	
	葡萄糖（厌气）	21.6	
甲基单胞菌	甲醇	15.4	16.4
假单胞菌	甲醇	13.1	14.1
	甲烷	12.8	6.9

2. 基质消耗速率

在分批培养时，培养液中基质的减少是由于细胞和产物的生成。根据物料衡算：

$$-\frac{\mathrm{d}S}{\mathrm{d}t}=\frac{\mu X}{Y_{X/S}} \tag{3-12}$$

如果限制性基质是碳源，消耗掉的碳源中一部分形成细胞物质，一部分形成产物，一部分产生能量供细胞维持生命活动之用，即

$$-\frac{\mathrm{d}S}{\mathrm{d}t}=\frac{\mu X}{Y_G}+mX+\frac{1}{Y_P}\frac{\mathrm{d}P}{\mathrm{d}t} \tag{3-13}$$

式中 Y_G——细胞的生长得率系数，g/mol；

m——细胞的维持系数，mol/g · s；

Y_P——产物得率系数，mol/mol。

$Y_{X/S}$和 $Y_{P/S}$是对碳源的总消耗而言，Y_G与 Y_P则分别是对用于生长和用于产物生成所消耗的基质而言。

三、产物的生成

产物的生成比较复杂。有的培养过程，产物的生成与细胞的生成相关，如乙醇发酵

（图 3-6a），产物（乙醇）的生产速率

$$\frac{dP}{dt} = Y_{P/X} \frac{dX}{dt} \tag{3-14}$$

其中 $Y_{P/X}$——产物对于细胞的得率系数。

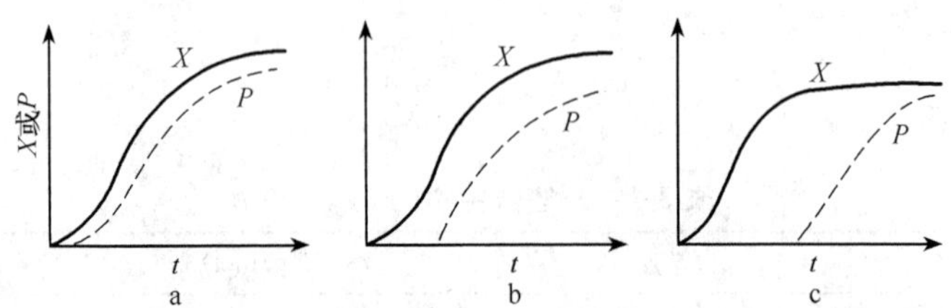

图 3-6 分批培养中产物生成与细胞生长的关系

a. 与生长相关；b. 与生长部分相关；c. 与生长不相关

有些培养过程，产物的生成与细胞的生成与细胞的生长部分相关（图 3-6b），产物的生成速率

$$\frac{dP}{dt} = \alpha \frac{dX}{dt} + \beta X \tag{3-15}$$

其中 α 和 β 为常数。这种情况的例子有乳酸和柠檬酸发酵。可以看到式（3-15）右侧第一项与生长相关，第二项与生长无关，而仅与细胞浓度有关。

以上由细胞生长，基质消耗和产物生成的微分方程构成的微分方程组，反应了分批培养中细胞、基质和产物浓度的变化。如果通过实验摸清细胞生长、基质消耗和产物生成的规律，建立适当的微分方程组，并确定其中参数的值，就可以对分批培养过程进行模拟，进而有可能对分批培养进行优化控制，使产物的生产效率大大提高。

第三节 生物反应器的通风与溶氧传质

大多数的生物工业生产涉及的生化反应都是需氧的，如抗生素、酶制剂生产。单细胞蛋白质生产以及有机酸、氨基酸发酵等。细胞要维持正常生长，需要呼吸，而增殖更需要氧，且氧还参加某些生物反应，故需氧生物反应需一定的溶氧传质速率。氧是一种难溶气体，在常压和 25℃时，空气中的氧在纯水中的溶解度只有 0.25mol/m^3，在培养基中的溶解度则更小。据研究结果，工业发酵常用的微生物的比呼吸速率为 0.1～0.4kg（O_2）/[h · kg（干细胞）]，而由糖等底物转化成细胞，则需氧量为 1kg（O_2）/[h · kg（增殖细胞）]左右。由此可见，培养液中需要的氧量远大于氧的溶解量。如果在发酵过程中断供氧，菌体就会在几秒钟内把溶氧耗尽，所以，在培养过程有效而经济地供氧是极其重要的。

一、气-液相间的溶氧传质理论

对通气搅拌的深层培养，培养液中必须有适当的溶氧浓度，以使溶解氧不会成为限制性因素。在实际的生物反应系统，溶氧浓度是细胞的耗氧速率（OUR）和氧传递的

溶氧速率（OTR）的函数。根据传统的双膜理论，氧从气泡传递到细胞可分几步进行，每一环节都受到一定阻力，如图 3-7 所示。

（1）气泡中的氧通过气相边界层传递到气-液界面上。

（2）氧分子由气相侧通过扩散穿过界面。

（3）在界面液相侧通过液相滞流层传递到液相主体。

（4）在液相主体中进行传递。

（5）扩散通过生物细胞表面的液相滞流层传递进入生物细胞内。

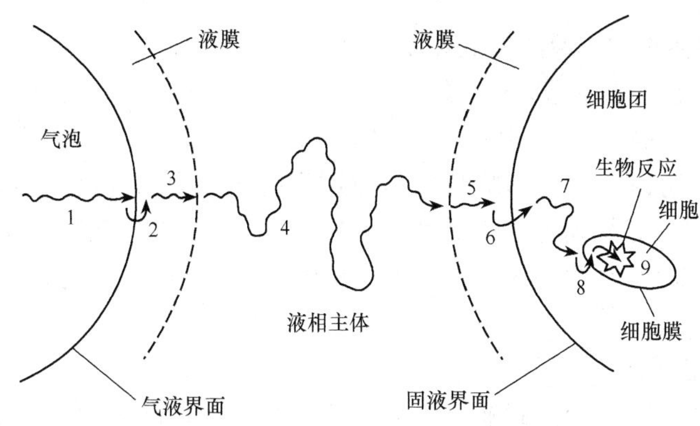

图 3-7 氧从气泡到细胞的传递过程示意图

1. 从气相主体到气液界面的气膜传递阻力；2. 气液界面的传递阻力；3. 从气液界面通过液膜的传递阻力；4. 液相主体的传递阻力；5. 细胞或细胞团表面的液膜阻力；6. 固液界面的传递阻力；7. 细胞团内的传递阻力；8. 细胞壁的阻力；9. 反应阻力

由上述传质理论，溶氧传质的总推动力就是气相与细胞内的氧浓度之差。据传质理论分析和实验研究结果证明，在大多数的通气发酵场合，氧由气泡传递到液相中是生物通气发酵过程的限速步骤。当气液传质过程处于稳态时，溶氧速率为

$$n_{O_2} = \frac{p - p_1}{1/k_G} = \frac{p - p^*}{1/K_G} = \frac{c_1 - c_L}{1/k_L} = \frac{c^* - c_L}{1/K_L} \tag{3-16}$$

式中 p——气相主体氧分压，Pa；

p_1——气液界面氧分压，Pa；

p^*——与液相主体氧浓度平衡的氧分压，Pa；

k_G——气膜传递系数，mol/(m^2 · s · Pa)；

K_G——以氧分压为推动力的总传质系数，mol/(m^2 · s · Pa)

c_1——气液界面中氧浓度，mol/m^3；

c_L——液相主体溶氧浓度，mol/m^3；

c^*——与气相主体平衡液相氧浓度，mol/m^3；

K_L——以氧浓度为推动力的总传质系数，m/s；

k_L——液膜传质系数，m/s。

根据亨利定律有

$$P = Hc \tag{3-17}$$

式中　H——亨利常数。

结合式（3-16）和式（3-17），可得下面两式：

$$1/K_G = 1/k_G + H/k_L \tag{3-18}$$

$$1/K_L = 1/k_L + 1/Hk_G \tag{3-19}$$

由于氧难溶于水等液体中，对通常的培养基水溶液，其亨利常数 H 很大，故式（3-19)右边的第二项 $1/Hk_G \ll 1/k_L$，所以 $k_L \approx K_L$。故单位体积培养液溶氧速率为

$$\text{OTR} = K_L\alpha(c^* - c_L) \tag{3-20}$$

式中　a——单位体积发酵液的气液界面面积，m^2/m^3；

$K_L\alpha$——体积溶氧系数，s^{-1}或h^{-1}；

OTR——单位为 $mol/(m^3 \cdot s)$。

从式（3-20）可以看出，影响溶氧传质过程的主要因素是传质推动力（$c^* - c_L$）和体积溶氧系数 K_La，推动力的提高可通过调节罐压和提高通气含氧量，如采用富氧通风来实现，而体积溶氧系数的改变相对来说较复杂，下面给予讨论。

二、影响溶氧系数的因素

对通气发酵系统的氧溶解过程，上述的式（3-20）中的 K_L 和 α 是两个参变数，但在检测中，很难对它们分别进行测定，而总是把它们合在一起看成是一个参变量即 $K_L\alpha$，称之为体积溶氧系数，我们在实验研究中较易测量它。在生物反应系统中，影响 $K_L\alpha$ 的主要因素有：

（1）操作条件，如搅拌转速、通气量等。

（2）发酵罐的结构及几何参数，如体积、通气方法、搅拌叶轮结构和尺寸等。

（3）物料的物化性能，如扩散系数、表面张力、密度、黏度、培养基成分及特性等。

1. 操作条件的影响

对于带有机械搅拌的通气培养装置，搅拌器对物质传递有几个方面的作用：

（1）将通入培养液的空气分散成细小的气泡，防止小气泡的凝并，从而增大气液相的接触面积。

（2）搅拌作用使培养液产生涡流，延长气泡在液体中的停留时间。

（3）搅拌造成液体的湍动，减小气泡外滞流液膜的厚度，从而减小传递过程的阻力。

（4）搅拌作用使培养液中的成分均匀分布，使细胞均匀地悬浮在培养液中，有利于营养物质的吸收和代谢物的分散。对于没有机械搅拌的鼓泡培养设备及气升式培养设备，则利用气泡在液体中的上升，带动液体运动，产生搅拌作用。

搅拌和通气都会影响 $K_L\alpha$，如果在通气时的搅拌功率为 P_g，培养液的体积为 V，通气的表观线速度为 w_s（w_s=空气流量/反应器横截面积），那么

$$K_L\alpha = K(P_g/V)^\alpha w_s^\beta \tag{3-21}$$

其中 K 为常数，它的因次与 α、β 的具体数值有关。Cooper 等在小型通气搅拌罐（液量 3～65L）中，采用亚硫酸氧化法测定 $K_L\alpha$，研究通气和搅拌的影响，得出 $\alpha=0.95$，$\beta=0.67$，这说明增大搅拌功率的效果更为明显。在通气搅拌操作中，并非通气量越大 $K_L\alpha$ 就一定越大，实际上通气量的影响有一定的限度，如果超过这一限度，搅拌器就不能有效地将空气泡分散到液体中，而在大量气泡中空转，发生所谓“过载”的现象。这时，搅拌功率会大大下降，$K_L\alpha$ 也不能提高（图 3-8）。当然搅拌功率也不是越大越好，因为过于激烈的搅拌，产生很大的剪切作用，可能对所培养的细胞造成伤害。动植物细胞对剪切极为敏感，对这一点在设计培养装置时更应注意。另外，激烈的搅拌还会产生大量搅拌热，加重传热的负担。

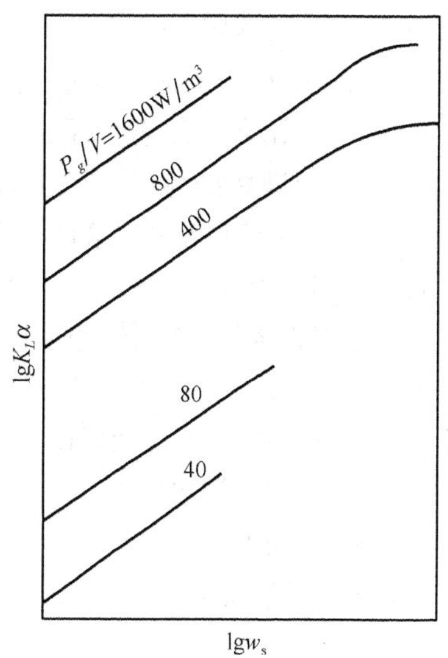

图 3-8 表观空气速度与 $K_L\alpha$ 的关系

式（3-21）中，单位体积的液体的搅拌功率的指数 α 随培养装置的规模而有所变化，Bartholomew 指出，液量 9L 的发酵罐，α 为 0.95，装液 0.5m^3 的中试规模发酵罐，α 降到 0.67；而生产规模的发酵罐（液量 27～54m^3），α 只有 0.50。指数 α 和 β 也随通气搅拌罐的形状、结构而变化，例如在 20m^3 的伍式（Waldhof）发酵罐中培养啤酒酵母时，α 为 0.72，β 仅为 0.11。搅拌器的形式不同，也会影响 α 和 β 的数值，表 3-2 是在带有二层搅拌器的小型发酵罐中，不同形式的搅拌器 α、β 的值。

表 3-2 搅拌器形式对指数 α、β 的影响

搅拌器形式	α	β
六平叶涡轮	0.933	0.488
六弯叶涡轮	1.00	0.713
六箭叶涡轮	0.755	0.578

2. 液体性质的影响

液体的性质，诸如密度、黏度、表面张力、扩散系数等的变化，都会对 $K_L\alpha$ 带来影响。在同样的发酵罐中和同样的操作条件下，进行通气搅拌，如果液体性质有较大的不同，则 $K_L\alpha$ 也不相同，因为，K_L 与扩散系数的平方根成正比。液体的黏度对 $K_L\alpha$ 影响也很大。液体的黏度增大时，由于滞流液膜厚度增加，传质阻力就增大。同时黏度也影响扩散系数，例如小分子的溶质在低分子液体中的扩散系数与黏度的关系可由 Wilke-Chang 关联式表示为

$$D_L = 7.38 \times 10^{-15} \frac{T(xM)^{1/2}}{\mu V_m^{0.6}} \tag{3-22}$$

其中 D_L——扩散系数，m^2/s；

T——绝对温度，K；

M——溶质相对分子质量；

x——溶剂的缔合因子；

μ——液体的黏度，Pa·s；

V_m——溶质沸点下的分子体积，m^3/mol。

水的缔合因子为 2.6，氧和二氧化碳的 V_m 分别为 $25.6m^3/mol$ 和 $34.0m^3/mol$。

综合操作条件和流体性质对 $K_L\alpha$ 的影响，可列出下式：

$$K_L\alpha = f(D_i, N, w_s, D_L, \mu, \rho, \sigma, g) \tag{3-23}$$

其中 D_i——搅拌器直径，m；

N——搅拌器转速，1/s；

ρ——液体密度，kg/m^3；

σ——界面张力，N/m；

w_s——表观气速，m/s，$w_s=\dfrac{\text{空气流量（工作状态）}}{\text{反应器横截面积}}$。

通过因次分析，可得出以下准数式；

$$\frac{K_L\alpha D_i^2}{D_L} = a_1\left(\frac{\rho N D_i^2}{\mu}\right)^{a_2}\left(\frac{N^2 D_i}{g}\right)^{a_3}\left(\frac{\mu}{\rho D_L}\right)^{a_4}\left(\frac{\mu w_s}{\sigma}\right)^{a_5}\left(\frac{N D_i}{w_s}\right)^{a_6} \tag{3-24}$$

其中

$$\frac{K_L\alpha D_i^2}{D_L} = \text{Sherwood 准数}$$

$$\frac{\rho N D_i^2}{\mu} = \text{Renolds 准数}$$

$$\frac{N^2 D_i}{g} = \text{Froude 准数}$$

$$\frac{\mu}{\rho D_L} = \text{Schmidt 准数}$$

$$\frac{\mu w_s}{\sigma} = \text{气流准数}$$

$$\frac{N D_i}{w_s} = \text{通气准数}$$

Yagi 等人在液体深度较深、带有两个搅拌叶轮的小型玻璃发酵罐，对牛顿流体得到以下准数关联式。

$$\frac{K_L\alpha D_i^2}{D_L} = 0.00460\left(\frac{\rho N D_i^2}{\mu}\right)^{1.65}\left(\frac{N^2 D_i}{g}\right)^{0.127}\left(\frac{\mu}{\rho D_L}\right)^{0.5}\left(\frac{\mu w_s}{\sigma}\right)^{0.370}\left(\frac{N D_i}{w_s}\right)^{0.169} \tag{3-25}$$

对于鼓泡式发酵罐，则有如下准数关联式：

$$\frac{K_L\alpha D_i^2}{D_L} = 0.6\left(\frac{\mu}{\rho D_L}\right)^{0.5}\left(\frac{g D^2 \rho}{\sigma}\right)^{0.62}\left(\frac{g D^2 \rho^2}{\mu^2}\right)^{0.31} H_0'^{1.1} \tag{3-26}$$

其中 D——罐径，m；

H_0'——气液混合物中的气泡分率，$H_0'=V_g/(V_g+V)$；

V_g——截留在液体中的气体体积，m^3；

V——发酵液体积，m^3；

$$\frac{gD^2\rho}{\sigma} = \text{Bond 准数}$$

$$\frac{gD^3\rho^2}{\mu^2} = \text{Galileo 准数}$$

3. 其他因素的影响

(1) 表面活性剂。培养液中，消沫用的油脂等是具有亲水端和疏水端的表面活性物质，它们分布在气-液界面，增大传递阻力，使 K_L 下降。图 3-9 表明在水中加入表面活性剂月桂基磺酸钠后对 $K_L\alpha$，K_L 和 d_B（气泡直径）的影响。在水中加入少量月桂基磺酸钠后，$K_L\alpha$ 和 K_L 均急剧下降，虽然气泡直径也有相当的减少，造成比表面积增加，但 K_L 下降的影响超过 α 增大的作用，所以 $K_L\alpha$ 仍然有很大的下降。随着月桂基磺酸钠浓度的增加，$K_L\alpha$ 值达到最低后，稍有增大的趋势（图 3-9）。

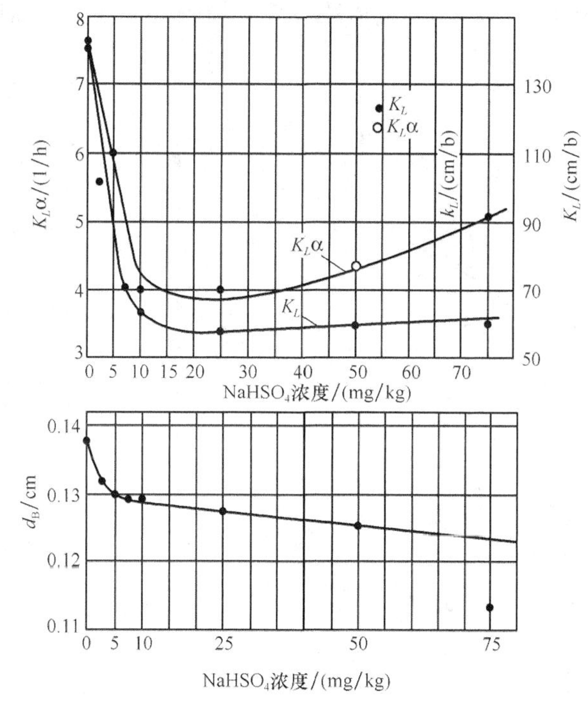

图 3-9　表面活性剂月桂基磺酸（$NaHSO_4$）浓度对 $K_L\alpha$、K_L 和 d_B 的影响

在发酵液中加入消沫剂后，由于 $K_L\alpha$ 的下降会造成液相氧浓度 c_L 明显的下降。在发酵旺盛时，发酵液中产生大量稳定不易破碎的泡沫，会造成逃液并引起杂菌污染。在这类稳定的泡沫中，氧分压很低而二氧化碳分压则很高。这时加入消沫剂消沫，虽会引起溶氧浓度暂时下降，但对改善通气状况是必需的。

(2) 离子强度。在电解质溶液中生成的气泡比在水中小得多，因而有较大的比表面积。Zlokarnik 指出，在同一气-液接触反应器中，在同样的操作条件下，电解质溶液的 $K_L\alpha$ 比水大，而且随电解质浓度的增加，$K_L\alpha$ 也有较大的增加。图 3-10 表示电解质溶液的浓度对 $K_L\alpha$ 的影响。当盐浓度达到 $5kg/m^3$时；电解质溶液的 $K_L\alpha$ 就开始比水大。盐浓度在 $50\sim80kg/m^3$时，$K_L\alpha$ 迅速增大。一些有机溶质如甲醇、乙醇和丙酮也有类似现象。

Robinson 等指出，电解质溶液的离子强度 I 还影响式（3-21）中 α、β 的大小。当离子强度在 0～0.4 之间时，$\alpha=0.40+0.862I/(0.274+I)$；当离子强度 I 超过 0.4 时，$\alpha=0.90$。β 指数也随 I 增大而增大，但其值在 0.35～0.39 之间，变化不如 α 大。此外，系数 K 也随 I 的增大而增大。当 I 超过 0.4 时，K 也不再变化。

（3）细胞。培养液中细胞浓度的增加，会使 $K_L\alpha$ 变小，图 3-11 是黑曲霉浓度与 $K_L\alpha$的关系。细胞的形态对 $K_L\alpha$ 的影响也很显著，例如 Chain 等测得球状菌悬浮液的 $K_L\alpha$ 约是同样浓度丝状菌悬浮液的 2 倍。这主要是由于两种悬浮液的流动特性有较大差别，丝状菌悬浮液的稠度指数为球状菌的 10 倍，流动特性指数几乎为零，而球状菌约为 0.4，因此丝状菌悬浮液非常稠厚，非牛顿特性更为明显，气液传递效果差。将丝状菌悬浮液加水稀释 10%～15%，稠度指数可降到原来的一半，从而明显地提高通气效率，并提高液相的氧浓度。

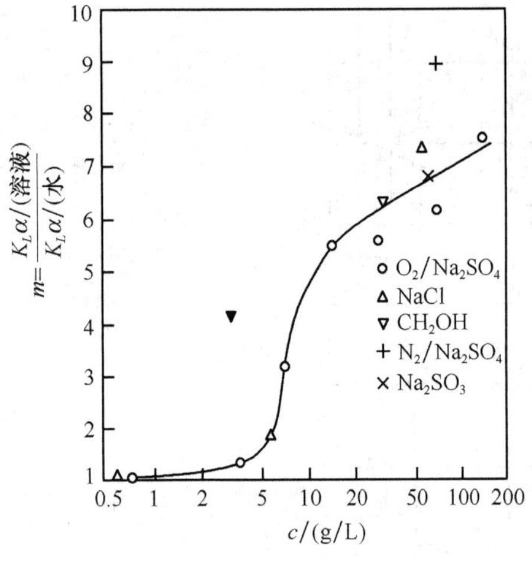

图 3-10 溶液浓度对 $K_L\alpha$ 的影响

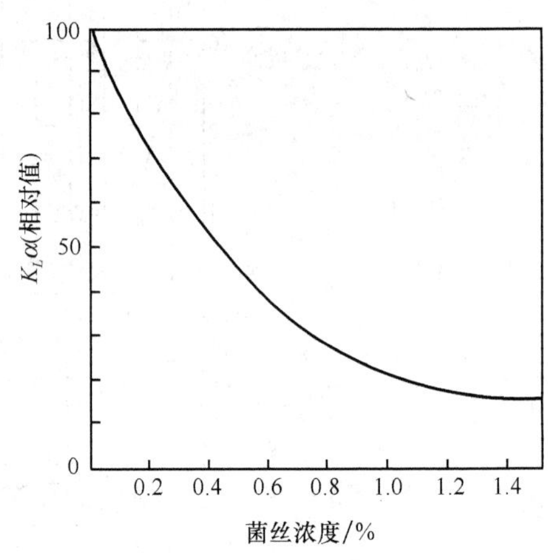

图 3-11 菌丝浓度

三、溶氧系数的计算

目前，溶氧系数多用相似理论导出的半经验公式计算，即

$$K_L\alpha = K'\left(\frac{P_g}{V_L}\right)^{\alpha'} w_s^{\beta'} \tag{3-27}$$

或

$$K_L\alpha = K''\left(\frac{P_g}{V_L}\right)^{\alpha''}\left(\frac{V_G}{V_L}\right)^{\beta''} \tag{3-28}$$

式中 P_g——对液体的搅拌功率，W；

V_L——发酵罐的装液量，m^3；

V_G——通气量，m^3；

w_s——空截面气速，即表观气速，m/s。

K'、K''、α'、α''、β'和β''均是实验常数。

式（3-27）中的w_s是通入空气在没有发酵液时的流速即空截面气速，$w_s=V_G/(\pi D^2/4)$，式中的D是发酵罐内径。根据Richard的实验研究结果，得出具体的$K_L\alpha$表达式为

$$K_L\alpha = K(P_g/V_L)^{0.4}w_s^{0.5}N^{0.5} \tag{3-29}$$

此式适用于单级平直叶涡轮或螺旋推进式搅拌通气发酵罐，$K_L\alpha$测定亚硝酸钠氧化法。但此式的K随罐容大小、搅拌叶轮形状等变化而有变化。福田秀雄通过在0.1～42m^3不同大小的发酵罐进行试验，得出了机械搅拌通风发酵罐体积溶氧系数关系式：

$$K_d = (2.36+3.30N_i)(P_g/V_L)^{0.56}w_s^{0.7}n^{0.7}\times 10^{-9} \tag{3-30}$$

式中　K_d——以氧分压差为推动力的体积溶氧系数，mol/[mL · min · 0.1MPa (p_{O_2})]；

N_i——搅拌叶轮数；

p_{O_2}——氧分压，MPa。

式中其他符号意义同前，单位分别为P_g——kW，V_L——m^3，n——r/min，w_s——cm/min。

此外，表示机械搅拌通风发酵罐的体积溶氧系数公式还有

$$K_L\alpha = K\left(\frac{P_g}{V_L}\right)^{0.95}w_s^{0.67}\quad (1/h) \tag{3-31}$$

或

$$K_L\alpha = K'(n^2D_i^3)^{2/3}w_s^{1/2}\quad (1/h) \tag{3-32}$$

式中　D_i——搅拌叶轮直径，m；

n——搅拌转速，r/s；

K和K'是经验常数，由反应器结构确定。

思考与练习

1. 举例说明生物反应器在生物工程过程中所起的作用。

2. 阐述生物反应器开发的趋势和未来发展方向。

3. 生物反应器的类型有哪些？举例说明。

4. 试讨论细胞分批培养过程中细胞生长速率、基质利用速率和产物生产速率的变化规律。

5. 简述好气发酵罐的气-液相间的溶氧传质过程。如何强化该过程？

6. 影响溶氧系数的因素有哪些？

第四章　通风发酵设备

知识目标

1. 了解通风发酵罐的类型与特点。
2. 了解通风发酵罐的一般构造原理和工作机理。
3. 掌握通风发酵罐的结构计算与生产能力计算。

能力目标

1. 能根据生产工艺要求正确选择通风发酵罐。
2. 能正确读懂通风发酵罐设备图与设备流程图。
3. 能对通风发酵罐的结构特征进行分析并完成相关计算。
4. 具备一定通风发酵罐的操作与管理能力。
5. 具有对通风发酵罐进行技术改造的基本能力。

通风发酵设备是需氧生化反应的最基础设备，常用于抗生素、酵母、氨基酸、有机酸或酶的发酵生产。通风发酵设备应具有良好传质和传热性能，结构严密，防杂菌污染，培养基流动与混合良好，良好的检测与控制，设备较简单，方便维护检修，能耗低等特点。目前，常用的通风发酵罐有机械搅拌式、气升环流式、鼓泡式和自吸式等，其中机械搅拌通风发酵罐仍占据着主导地位。

第一节　机械搅拌通风发酵罐

机械搅拌通风发酵罐在生物工程工厂中得到广泛使用，据不完全统计，它占了发酵罐总数的70%～80%，故又常称之为通用式发酵罐。这类发酵罐大多用于通风发酵，靠通入的压缩空气和搅拌叶轮实现发酵液的混合、溶氧传质，同时强化热量传递。

一、机械搅拌通风发酵罐的结构

通用的机械搅拌通风发酵罐主要部件有罐体、搅拌器、挡板、轴封、空气分布器、传动装置、冷却管（或夹套）、消泡器、人孔、视镜等，大型机械搅拌通风发酵罐结构如图4-1所示。

下面对此类型发酵罐的主要部件加以说明。

1. 罐体

罐体由罐身、罐顶、罐底组成，罐身一般为圆柱体，中大型发酵罐罐顶、罐底多采用椭圆形或碟形封头通过焊接和罐身连接，小型发酵罐罐底一般也采用椭圆形或碟形封头通过焊接和罐身连接，罐顶却多采用平板盖和罐身用法兰连接。为了便于清洗，小型发酵罐顶设有清洗用的手孔。中大型发酵罐则装设有快开人孔。罐顶装有视镜及灯镜、进料管、补料管、排气管、接种管和压力表接管，排气管应尽可能靠近罐顶中心位置。在罐身上有冷却水进出管，进空气管、温度计管和测检仪表接口。取样管可装在罐侧或罐顶，视操作方便而定。在罐体上的管路越少越好，进料口、补料口和接种口可合为一个接管口。罐体各部分的尺寸有一定比例，高径比为 2.5～4。高位罐的高径比达 10 以上，虽然空气利用率较高，但压缩空气的压力需要较高，顶料与底料不易混合均匀，厂房较高。常用的发酵罐各部分的比例尺寸如图 4-1 所示。

罐体各部分材料多采用不锈钢，如 1Cr18Ni9Ti、0Cr18Ni9、瑞典 316L。为满足工艺要求，罐体必须能承受发酵工作时和灭菌时的工作压力和温度。罐壁厚度取决于罐径、材料及耐受的压强。

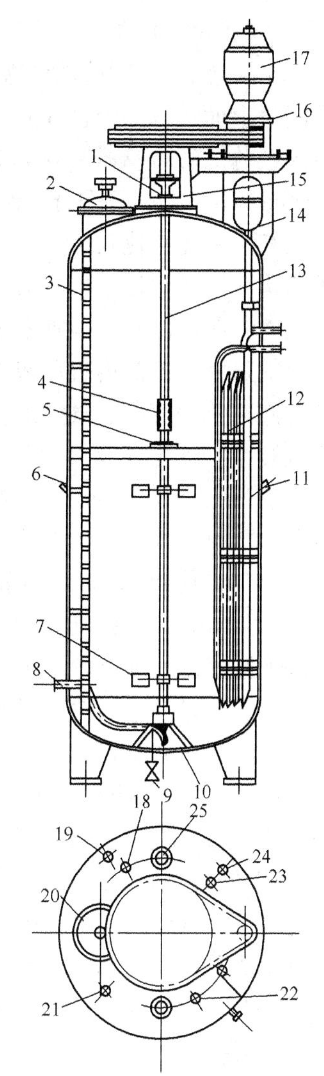

图 4-1　机械搅拌通风发酵罐结构

1. 轴封；2、20. 人孔；3. 梯；4. 联轴节；5. 中间轴承；6. 温度计接口；7. 搅拌叶轮；8. 进风管；9. 放料口；10. 底轴承；11. 热电偶接口；12. 冷却管；13. 搅拌轴；14. 取样管；15. 轴承座；16. 传动皮带；17. 电机；18. 压力表；19. 取样口；21. 进料口；22. 补料口；23. 排气口；24. 回流口；25. 视镜

2. 搅拌器和挡板

搅拌器的主要作用涉及气体分散、固液悬浮、传热和混匀，即使通入的空气分散成气泡并与发酵液充分混合，使气泡细碎以增大气-液界面，以获得所需要的溶氧速率，并使生物细胞悬浮分散于发酵体系中，以维持适当的气-液-固（细胞）三相的混合与质量传递，同时强化传热过程。为实现这些目的，搅拌器的设计应使发酵液有足够的径向流动和适度的轴向运动。发酵罐采用的搅拌器主要有径向流涡轮搅拌器、轴向流搅拌器和组合式搅拌器。

1）径向流涡轮搅拌器

Rushton 涡轮是最典型的径向流涡轮搅拌器，如图 4-2 所示，其结构比较简单，通常是一个圆盘上面带有六个直叶叶片，也称为六直叶圆盘涡轮。设置圆盘的目的是为了防止气体未经分散直接从轴周围溢出液面。在发酵工业的发展初期，发酵罐的规模较小，Rushton 涡轮在许多条件下能够满足工艺的需要，同时其结构非常简单，容易加工制造，所以其应用还是比较广泛的。但是随着发酵工业规模的扩大，越来越多的事实证明：这种结构并不是适用于气液分散的最优结构。Van't、Riet、Smith 和 Nienow 等发现，当用六直叶圆盘涡轮式搅拌器把气体分散于低黏流体时，在每片桨叶的背面都有一对高速转动的旋涡，旋涡内负压较大，从叶片下部供给的气体立即被卷入旋涡，形成气体充填的空穴，称为气穴。气穴的存在会影响到发酵罐内的气液传质能力。因为，气体并不是直接被搅拌器剪碎而得到分散的。气泡的分散首先是在桨叶的背面形成较为稳定的气穴，而后气穴在尾部破裂，这些小气泡在离心力作用下被甩出，并随液体的流动分散至槽内其他区域，如图 4-2 所示。气穴理论所揭示的气液分散机理对开发新型搅拌器有重大意义。气穴使得 Rushton 涡轮的泵送能力降低。在高气速下，有时整个搅拌器被气穴包围，搅拌器近似空转，效率很低，气体穿过搅拌器直接上升到液面。为了改进 Rushton 涡轮搅拌器的缺点，Smith 等提出采用弯曲叶片的概念。弯曲叶片可使其背面的旋涡减小，抑制叶片后方气穴的形成。这种结构使该搅拌器具有如下优点：载气能力提高；改善了分散和传质能力。目前，国内外公司推出的弯曲叶片的搅拌器有多种，其中有 Chemineer 公司的 CD-6，Lightnin 公司的 R130 搅拌器，Philadelphia 公司 Smith turbine（6DS90）。此类搅拌器的叶片采用的是半管的结构。英国 ICI 公司将半管的结构做了进一步改进，推出了 ICI 专利搅拌器，叶片采取了深度凹陷的结构，如图 4-2 所示。1998 年，Bakker 提出了采用弯曲非对称叶片的想法，并据此开发了最新一代的气液混合搅拌器 BT-6（Bakker Turbine），如图 4-3 所示。BT-6 搅拌器的特点是采用了上下不对称的结构设计，上面的叶片略长于下部的叶片。该设计使得上升的气体被上面的长叶片盖住，避免了气体过早地从叶轮区域直接上升而逃逸，而是使更多的气体通过叶轮区域在径向被分散。叶片曲线采用抛物线设计，既保留了弯曲叶片的优点，还能明显减少叶片后方的气穴，实验证明该搅拌器的综合性能均优于前述的各种径向流气液分散搅拌器。

2）轴向流搅拌器

径向流搅拌器对气体分散的能力比较强，但是其作用范围较小。随着发酵规模的不断扩大，其缺陷也越发明显。尤其是对于要求整罐混匀好，剪切性能温和的过程，径向流搅拌器往往无能为力。因而在发酵反应器中，轴向流搅拌器的开发应用迅速发展起来。应用于发酵罐的轴向流搅拌器叶片一般为 4～6 片宽叶，投影覆盖率可达 90%，其搅拌流型如图 4-6 所示。国内外轴流式搅拌器的应用已经很多。较典型的有 Prochem 公司的 Maxflo 和美国 Lightnin 公司的 A315 搅拌器，如图 4-4 所示。A315 特别适合于气液传质过程，在直径＞1m 的实验装置中，同样的输入功率下，A315 桨的持气量比 Rushton 涡轮高 80%，气体分散量提高 4 倍，同时产量提高 10%～50%，其剪切力仅为 Rushton 涡轮的 25%，较适合于对剪切敏感的微生物发酵过程。

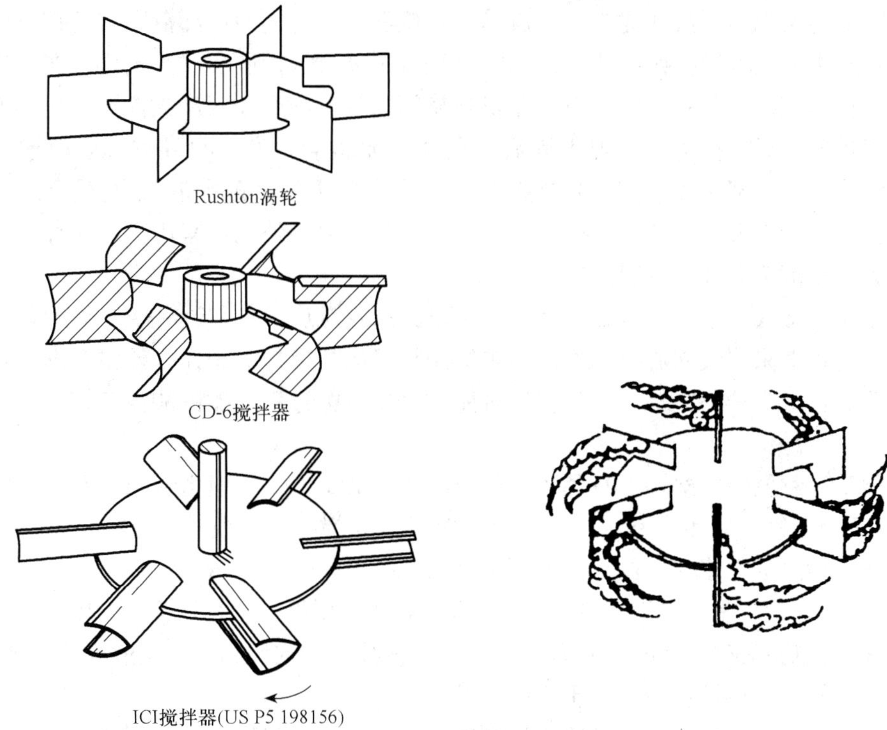

图 4-2　径向流搅拌器

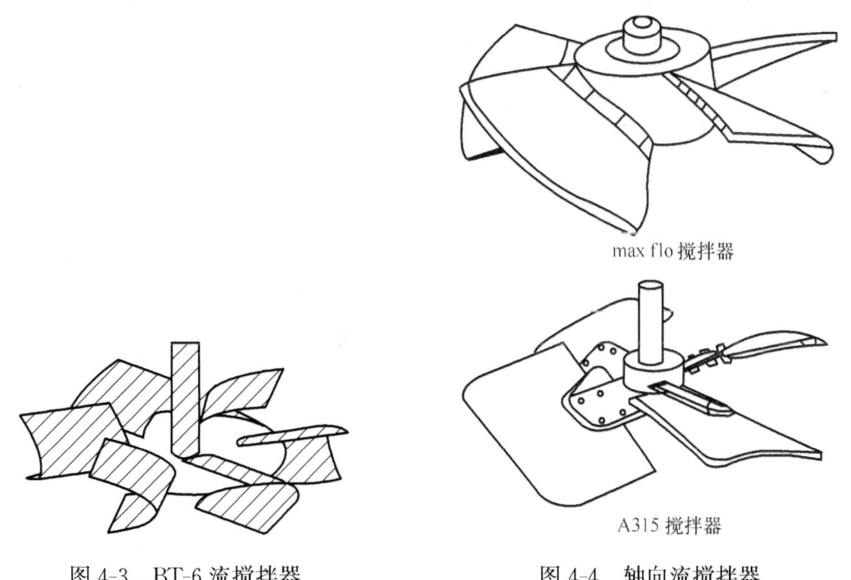

图 4-3　BT-6 流搅拌器　　图 4-4　轴向流搅拌器

3）组合式搅拌器

径流式搅拌器的优势是气体分散能力强，但是其功耗较大，作用范围小；而轴向流搅拌器的轴向混合性能较好，功耗低，作用范围大，但是其对气体的控制能力弱。根据气-液混合的扩散机理，气-液混合是通过主体对流扩散、涡流扩散和分子扩散来实现的。大尺度的宏观循环流动称为主体流动，由旋涡运动造成的局部范围内的扩散称为涡流扩散。其中，机械搅拌作用能够强化的过程有主体对流扩散和涡流扩散。在生物反应器中，将径向流搅拌器和轴向流搅拌器组合使用，就可利用径向流搅拌器强化小范围的主体对流扩散和涡轮扩散，实现小范围的充分气-液混合，然后再依靠轴向流搅拌器的主体对流作用使全部液体周期性依次与气体混合，实现较大范围的气-液混合。针对发酵罐规模的不断扩大，充分利用两种搅拌器的优势，取长补短，采用多级多种组合方式是今后大型发酵罐设计的发展方向。

对于组合形式，根据发酵罐一般是下部通气的特点，下层搅拌器选择径向流搅拌器，上层搅拌器采用轴向流搅拌器。与单纯采用径向流搅拌器相比，该组合形式可以提高传质系数，减少功率消耗，对于剪切敏感的细菌发酵过程还能够减少剪切作用，增加收率。

温州某厂谷氨酸发酵罐，直径 4600mm，高度 12300mm，体积约 200mm^3。原配备了 200kW 的电机。搅拌器为三层后弯叶式圆盘涡轮搅拌器，直径为 1200mm，转速为 120r/min。后改装为搅拌器底层采用径流式的 HDY 型半弯管圆盘涡轮，直径为 1200mm；上面两层采用轴流式的 KSX 大宽叶旋桨式搅拌器，直径为 1200mm。投产运行，实际消耗功率仅为 100kW 左右，与采用原搅拌器结构的 100m^3 发酵罐的功耗相当，节能效果非常显著，且产酸率高于 100m^3 罐。

发酵罐内装设挡板的作用是防止液面中央形成旋涡而促使液体激烈翻动，以提高溶氧，如图 4-5 和图 4-6 所示。挡板宽度为（0.1～0.12）D，装设 6～4 块挡板，可满足全挡板条件。所谓“全挡板条件”是指在一定转速下，再增加罐内附件，轴功率仍保持不变，要达到全挡板条件必须满足下式要求。

$$\left(\frac{W}{D}\right)Z = \frac{(0.1 \sim 0.12)D}{D}Z = 0.5 \tag{4-1}$$

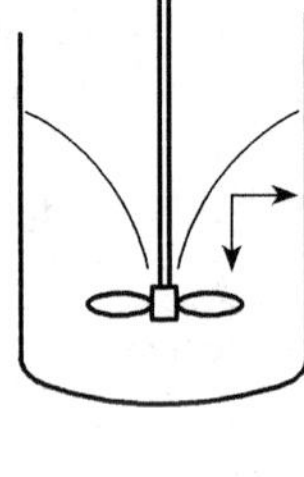

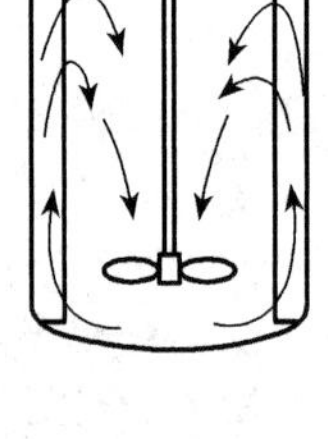

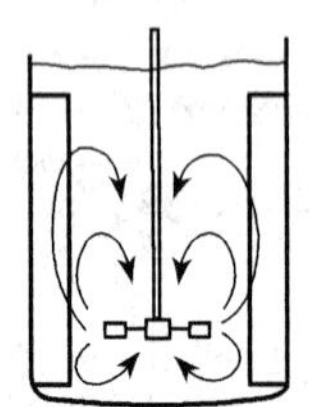

图 4-5　挡板径向流搅拌流型

(1) 周边无挡板

(2) 周边有垂直挡板

图 4-6　轴向流搅拌流型

式中　D——罐的直径，mm；

Z——挡板数；

W——挡板宽度，mm。

竖立的蛇管、列管、排管，也可以起挡板作用，挡板的长度自液面起至罐底为止。挡板与罐壁之间的距离为（1/8～1/5）D。

3. 消泡器

发酵液中含有大量的蛋白质等发泡物质，在强烈的通气搅拌下将会产生大量的泡沫，大量的泡沫将导致发酵液外溢和增加染菌机会。消除发酵液泡沫除了可加入消泡剂外，在泡沫量较少时，可用机械消泡装置来破碎泡沫。

简单的消泡装置为靶式消泡桨，装于搅拌轴上，齿面略高于液面（图 4-7）。消沫桨的直径约为罐径的 0.8～0.9，以不妨碍旋转为原则。由于泡沫的机械强度较小，当少量泡沫上升时，靶齿就可把泡沫打碎。也可制成半封闭式涡轮消泡器（图 4-8），泡沫可直接被涡轮打碎或被涡轮抛出撞击到罐壁而破碎。由于这一类消泡器装于搅拌轴上，往往因搅拌轴转速太低而效果不佳。对于下伸轴发酵罐，可以在罐顶装半封闭涡轮消泡器，在高速旋转下，可以达到较好的机械消泡效果。此类消泡器直径约为罐径的 1/2，叶端速度为 12～18m/s。

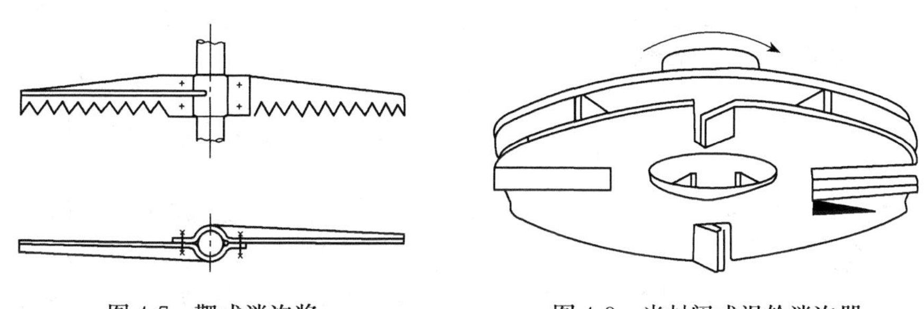

图 4-7　靶式消泡桨　　　图 4-8　半封闭式涡轮消泡器

置于发酵罐顶部外面的消泡器一般都是利用离心力将泡沫粉碎，液体仍返回罐内。最简单的是离心式消泡器（图 4-9）。也可以采用电机带动的碟片式离心消泡器（图 4-10）。但上述消泡器仅适用于不易染菌的发酵过程。

4. 联轴器及轴承

搅拌轴较长时，常分为 2～3 段，用联轴器连接。联轴器有鼓形及夹壳形两种。功率小的发酵罐搅拌轴可用法兰连接，轴的连接应垂直，中心线对正。为了减少振动应装有可调节的中间轴承，材料采用石棉酚醛塑料、聚四氟乙烯，轴瓦与轴之间的间隙取轴径的 0.4%～0.7%。在轴上增加轴套可防止轴颈被磨损。

5. 变速装置

试验罐采用无级变速装置。发酵罐常用的变速装置有 V 带传动、圆柱或螺旋圆锥齿轮减速装置，其中以 V 带变速传动较为简单，噪声较小。

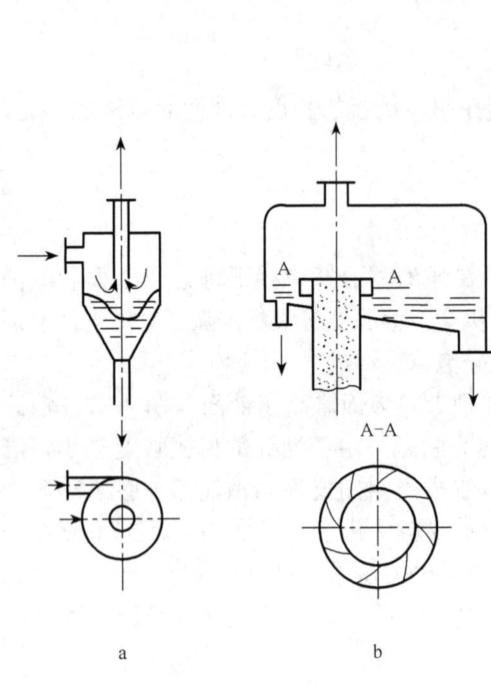

图 4-9　离心式消泡器

a. 旋风分离心；b. 叶轮离心式

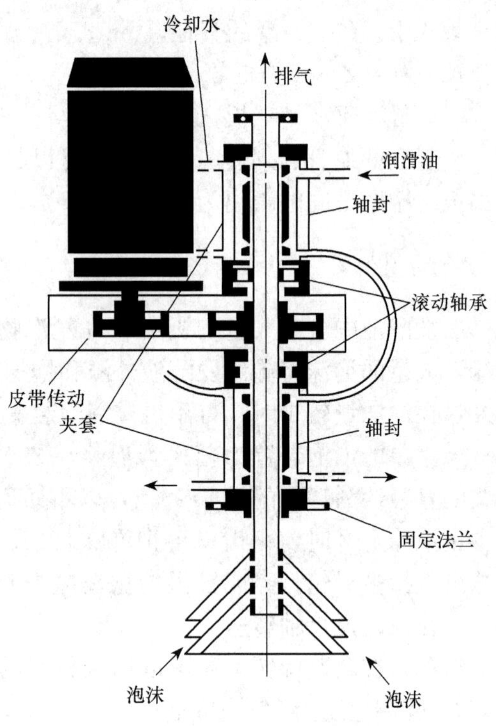

图 4-10　碟片式离心消泡器

6. 空气分布装置

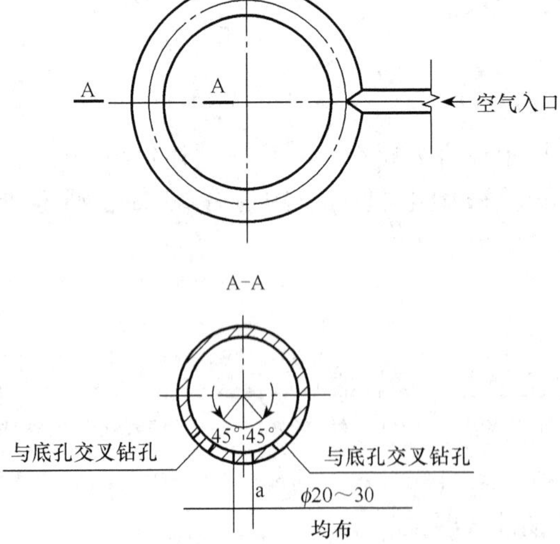

图 4-11　钻有大孔的环形分布管结构

发酵罐空气分布装置是将无菌空气引入到发酵液中的装置，通常有二种结构，一种为单根通气管结构，另一种为环形的钻有大孔的环形分布管结构。对于通气比小的小型发酵罐，选择单根进气管就能较好地分布空气；然而对于通气比大的大型发酵罐，则应优先选用设有大孔的环形分布管，这样不仅有利于增加气-液比表面积，更有利于空气入罐后的整体分布，并便于底层搅拌器粉碎气泡。单管式的结构是管口对正罐底中央，与罐底距离约 40mm（图 4-1），这样空气分散效果较好，若距离过大，空气分散效果就较差。风管内空气流速取 20m/s，在罐底中央衬上不锈钢圆板，防止空气冲击，以延长罐底寿命。环形管式结构如图 4-11 所示。环形管上的开孔直径不能过小，过小的开孔在生产中往往被物料堵塞，易造成空气分布不均匀，严重时甚至造成染菌。

7. 轴封

轴封的作用是防止染菌和泄漏，大型发酵罐常用的轴封为端面机械轴封，如图 4-12所示。对于密封要求较高的情况，可选用双端面轴封，其结构如图 4-13 所示。

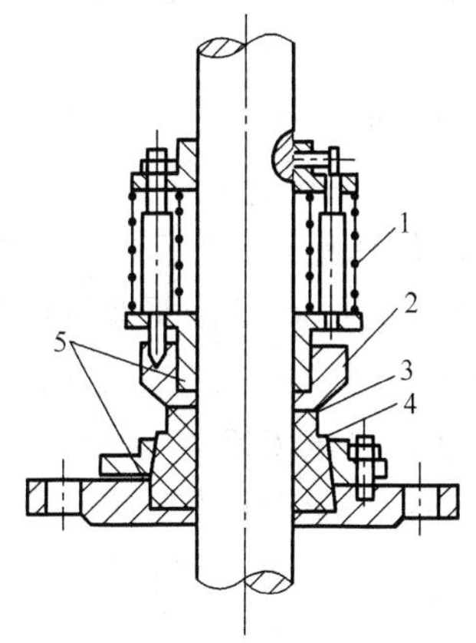

图 4-12　端面机械轴封

1. 弹簧；2. 动环；3. 堆焊硬质合金黄色；4. 静环；5. O形圈

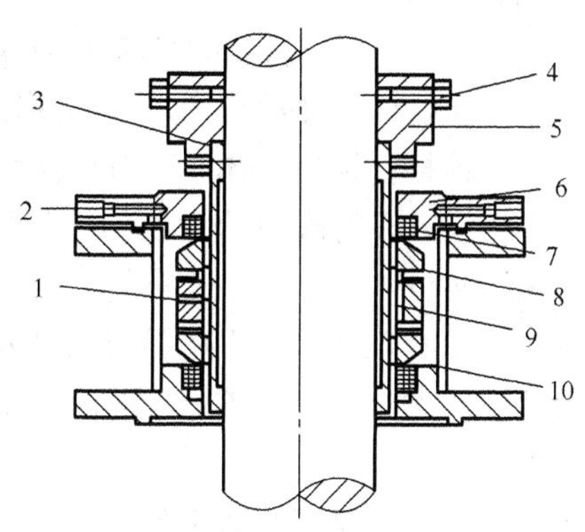

图 4-13　双端面机械轴封

1. 密封盒固定螺栓；2. 油管接口；3. O形圈；4. 固定螺栓静环；5. 轴套丝帽；6. 上法兰盖；7. 静环；8. 动环；9. 弹簧；10. 轴套

端面轴封的作用是靠弹性元件（弹簧、波纹管等）的压力使垂直于轴线的动环 2 和静环 4 光滑表面紧密地相互贴合，并做相对转动而达到密封。

端面机械轴封装置的要求如下：

（1）动环和静环。应使此摩擦副（摩擦副即动环和静环）在给定的条件下，负荷最轻，密封效果最好，使用寿命最长。为此，动、静环材料均要有良好的耐磨性，摩擦因数小，导热性能好，结构紧密，且动环的硬度应比静环大。通常，动环可用炭化钨钢，静环用聚四氟乙烯，且端面宽度要适中，若太宽则冷却和润滑效果不好，过窄则强度不足，易损坏。静环宽度一般为 3～6mm，轴径小则取下限，轴径大则取高值。同时，动环的端面应比静环大 1～3mm。

对于装在罐内的内置式端面轴封的端面比压为 0.1～0.3MPa，弹簧比压为 0.05～0.25MPa；外置式弹簧比压应比介质压强大 0.2～0.3MPa，对气体介质，端面比压可适当减少但须>0.1MPa。应根据所要求的压紧力选择计算弹簧的大小及根数，一般小轴用 4 根，大轴用 6 根。

（2）弹簧加荷装置。此装置的作用是产生压紧力，使动、静环端面压紧密切接触，以确保密封。弹簧座靠旋紧的螺钉固定在轴上，用以支撑弹簧，传递扭矩。而弹簧压板用以承受压紧力，压紧静密封元件，传动扭矩带动动环。当工作压力为 0.3～0.5MPa 时，可采用 2～2.5mm 直径的弹簧，自有长度为 20～30mm，工作长度为 10～15mm。

（3）辅助密封元件。辅助密封元件有动环和静环的密封圈，用来密封动环与轴以及静环与静环座之间的缝隙。动环密封圈随轴一起旋转，故与轴及动环是相对静止的。静环密封圈是完全静止的。常用的动环密封圈为“O”形环，静环密封圈为平橡胶垫片。

8. 换热装置

在发酵过程中，由生物氧化产生的热量和机械搅拌产生的热量必须及时移去，才能保证发酵在恒温下进行。通常我们称发酵过程中发酵液产生的净热量为“发酵热”，其热平衡方程式表示为

$$Q_{发酵} = Q_{生物} + Q_{搅拌} - Q_{空气} - Q_{辐射} \tag{4-2}$$

式中 $Q_{生物}$——生物体生命活动中产生的热量；

$Q_{搅拌}$——搅拌器搅动液体时，机械能转化为热能时的热量；

$Q_{空气}$——通入发酵罐内的空气由于发酵液中水分蒸发及空气温度上升所带走的热量；

$Q_{辐射}$——发酵罐外壁由于壁温与大气温度差而引起的热量传递。

一般发酵热的大小是因品种或发酵时间不同而异，通常发酵热的平均值为10400～33500kJ/(m^3·h)。

发酵罐换热装置类型主要有下列类型：

(1) 夹套式换热装置。这种换热装置应用于小罐，一般是5m^{3}以下的小罐，夹套高度比静止液面稍高。优点为结构简单，加工容易，罐内死角少，容易清洗灭菌。其缺点是传热壁较厚，冷却水流速低，降温效果差，传热系数约为400～600kJ/(m^2·h·℃)。

(2) 竖式蛇管换热装置。这种装置蛇管分组安装于发酵罐内，有四组、六组或八组不等。装置的优点是：冷却水在管内的流速大，传热系数高，约为1200～2000kJ/(m^2·h·℃)，若管壁较薄，流速较大时，传热系数可达4180kJ/(m^2·h·℃)。这种装置的缺点是：弯曲位置较容易被蚀穿。

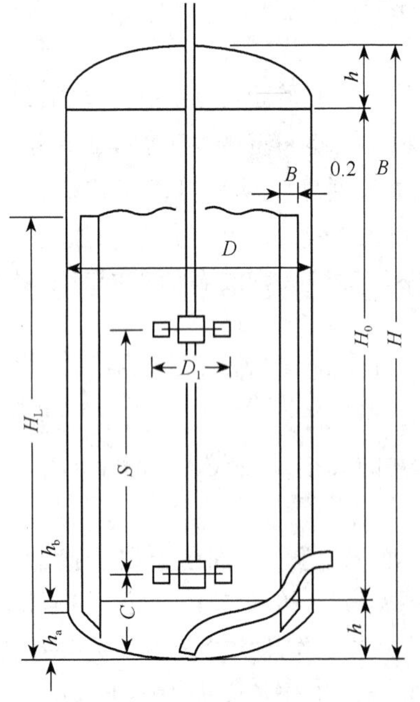

图4-14 机械搅拌通风发酵罐

(3) 竖式列管（排管）换热装置。这种装置是以列管形式分组对称装于发酵罐内的。其优点是：加工方便，适用于气温较高，水源充足的地区，当流速较快时，降温速度快。这种装置的缺点是：传热系数较蛇管式低，用水量较大。

为了提高传热系数，可采用安装在罐外的板式或螺旋板式热交换器，采用无菌空气使发酵液进行循环冷却。

二、机械搅拌通风发酵罐的结构尺寸计算

1. 罐体主要尺寸比例

机械搅拌通风发酵罐罐体有关尺寸符号如图4-14所示。

罐体各部分的尺寸有一定比例，根据经验，罐身

越长，氧的利用率越高，但考虑到罐的稳定性及其他因素，罐身不能太长，工厂及设计部门一般采用如下的比例尺寸：

$$H/D = 1.7 \sim 4.0$$
$$H_0/D = 2.0 \sim 3.0$$
$$D_i/D = 0.3 \sim 0.5$$
$$C/D = 0.15 \sim 0.35$$
$$B/D = 0.08 \sim 0.1$$
$$H_L/D = 1.4 \sim 2 \text{（此值大者、氧的利用率提高）}$$
$$S/D = 1 \text{ 或 } S/D_i = 3$$

表 4-1 列举了常用的机械搅拌通风发酵的系列体积及主要尺寸。

2. 罐的体积计算

1）罐的总体积（$V_总$）

$$V_总 = V_0 + 2V_1 \qquad (\text{m}^3) \tag{4-3}$$

式中　V_0——圆柱部分的体积，m^3；

V_1——上或下封头的体积，m^3。

对于椭圆形封头：$V_总 = \dfrac{\pi}{4}D^2H_0 + \dfrac{\pi}{4}D^2\left(h_b + \dfrac{D}{6}\right)\times 2$

$$= \frac{\pi}{4}D^2\left[H_0 + 2\left(h_b + \frac{D}{6}\right)\right] \quad (\text{m}^3) \tag{4-4}$$

对于碟形封头：$V_总 = \dfrac{\pi}{4}D^2 \cdot H_0 + \dfrac{\pi}{4}D^2 \cdot h_b + \dfrac{1}{3}h_a^2(3D - h_a)$

$$= \frac{\pi}{4}D^2(H_0 + h_b) + \frac{1}{3}h_a^2(3D - h_a) \tag{4-5}$$

2）罐的有效体积（$V_{有效}$）

罐的有效体积可理解为罐的实际装料体积，它等于罐的总体积 $V_总$ 乘以罐的装满系数（η）即

$$V_{有效} = V_总 \cdot \eta \tag{4-6}$$

η——装满系数（一般取 0.65～0.75）。

3）罐的公称体积

所谓“公称体积”是指罐的圆柱部分体积，其值圆整为整数，一般不计入封头的容积，平常所说的多少体积的发酵罐是指罐的公称体积。

【例 4-1】 计算某味精厂盛有糖液 10m^3 的发酵罐的几何尺寸。

解　为设计计算方便，设糖液为圆柱体体积 70%

$$\because V_液 = \frac{\pi}{4}D^2 \cdot H_0 \cdot \eta = \frac{\pi}{4}D^2 \cdot 2D \cdot \eta \text{（当 } H_0 = 2D \text{ 时）}$$

$$\therefore D = \sqrt[3]{\frac{2V_液}{\pi \cdot \eta}} \text{(m)}$$

设糖液在圆柱体的充满系数 η=0.7，已知 $V_{液}$=10m³，代入上式得

$$D=\sqrt[3]{\frac{2\times 10}{3.14\times 0.7}}=2(\mathrm{m})$$

圆筒高 $H_0=2D=2\times2=4$（m）

封头高 $h_1=0.25D=0.25\times2=0.5$（m）

封头直边高 h_b取 50mm（0.05m）

罐的总容积：（取椭圆形封头）据式（4-4）

$$\begin{aligned}V_{总}&=\frac{\pi}{4}D^2\cdot H_0+\left[\left(\frac{\pi D^3}{24}+\frac{\pi D^2}{4}\times h_b\right)\times 2\right]\\&=0.785\times 2^2\times 4+\left[\left(\frac{3.14\times 2^3}{24}+\frac{3.14\times 2^2}{4}\times 0.05\right)\times 2\right]\\&=12.56+2.42\\&=14.98(\mathrm{m}^3)\approx 15\mathrm{m}^3\end{aligned}$$

罐的总高度：
$$\begin{aligned}H&=H_0+2(h_a+h_b)\\&=4+2(0.5+0.05)=5.1(\mathrm{m})\end{aligned}$$

罐内液柱高：
$$\begin{aligned}H_{液}&=\frac{V_{液}-V_{封}}{0.785\times D^2}+h_a+h_b\\&=\frac{\left(10-\frac{2.42}{2}\right)}{0.785\times 2^2}+0.5+0.05\\&=3.35(\mathrm{m})\end{aligned}$$

表 4-1 常用的机械搅拌通风发酵罐尺寸

公称体积 V_N	罐内径 D/mm	圆筒高 H_0/mm	封头高 h_a/mm	罐体总高 H/mm	不计上封头体积	全体积 V_Q	搅拌器直径 D_i/mm	搅拌转速 n（r/min）	电机功率 N/kW
50L	320	640	105	850	57.7L	64L	112	470	0.4
100L	400	800	125	1050	112L	123.5L	135	400	0.4
200L	500	1000	150	1300	218L	239L	168	360	0.55
500L	700	1400	200	1800	593L	647L	245	265	1.1
1m³	900	1800	250	2300	1.25m³	1.36m³	315	220	1.5
2.5m³	1200	2200	340	2280	2.75m³	3.0m³	400	210	4.0
5m³	1500	3000	400	3800	5.79m³	6.27m³	525	160	5.5
10m³	1800	3600	490	4580	10m³	10.9m³	640	180	11
50m³	3100	6000	815	7830	51m³	55.2m³	1050	110	55
75m³	3200	8150	840	9830	70m³	74.8m³	800	185	90
100m³	3400	10000	900	11800	96m³	102m³	950	150	132
200m³	4600	11500	1200	13900	204.6m³	218m³	1100	142	215

3. 罐的数量计算

根据物料平衡的原则，对于一定的生产能力，所需发酵罐的个数（N）可表示为

$$N=\frac{n\cdot V_{\mathrm{d}}}{\eta\cdot V_{总}}+1 \quad （个） \tag{4-7}$$

式中　n——每个发酵周期相当的天数，周期（小时数）/24；

η——发酵罐的装满系数（0.65～0.75）；

$V_{总}$——每个发酵罐的总体积，m^3；

V_{d}——每天需要生产的发酵液量，m^3/d。

三、机械搅拌通风发酵罐的热量和冷却面积计算

如前面所述，生物反应过程有生物合成热产生，而机械搅拌通风发酵罐除了有生物合成热外，还有机械搅拌热，若不从系统中除去这两种热量，发酵液的温度就会上升，无法维持工艺所规定的最佳温度。发酵生产的产品、原料及工艺不同，其过程放热也变。为了保证温度的调控，须按热量产生的高峰时期和一年中气温最高的半个月为基准进行热量衡算以及计算所需的换热面积。

1. 发酵过程的热量计算

发酵过程所产生的“发酵热”Q，可用下式计算

$$Q=Q_1+Q_2-Q_3-Q_4 \tag{4-8}$$

式中　Q_1——生物合成热，包括生物细胞呼吸放热和发酵热两部分；

以葡萄糖作基质时，呼吸放热为15651kJ/kg（糖），发酵热为4953kJ/kg（糖）；

Q_2——机械搅拌放热，$Q_2=3600P_{\mathrm{g}}\eta$，kJ；

P_{g}——搅拌功能，kW；

η——功热转化率，经验值为$\eta=0.92$；

Q_3——发酵过程通气带出的水蒸气所需的汽化热及气温上升所带出的热量，kJ；

Q_4　发酵罐壁与环境存在温差而传递散失的热量，kJ；

通常可近似计算

$$Q_3+Q_4\approx 20\%Q_1$$

2. 换热装置传热面积的计算

（1）温度差的计算。冷却水进出口温度为t_1、t_2。液温度为t，一般取32～33℃。

温度差为

$$\Delta t_{\mathrm{m}}=\frac{(t-t_1)-(t-t_2)}{\ln\dfrac{t-t_1}{t-t_2}} \quad (℃) \tag{4-9}$$

（2）传热面积的计算。

$$F=\frac{Q_{总}}{K\Delta t_{\mathrm{m}}} \quad (\mathrm{m}^2) \tag{4-10}$$

式中　$Q_{总}$——主发酵期发酵液每小时放出最大的热量（发酵热），kJ/h；

　　K——换热装置的传热系数，kJ/(m^2 · h · ℃)。

四、搅拌器轴功率的计算

发酵罐液体中的溶氧速率以及气液固相的混合强度与单位体积液体中输入的搅拌功率有很大的关系。在相同的条件下，不通气液体中输入的单位体积功率要大于通气液体中的功率。

（一）不通气条件下的轴功率计算

克服介质阻力所需的功率称为轴功率。它不包括机械传动的摩擦所消耗的功率。

鲁士顿（Rushton J. H.）等人研究，证实了下面的关系：

$$\frac{P_0}{\rho n^3 D^5} = K\left(\frac{D^2 n\rho}{\mu}\right)^m \qquad (4\text{-}11)$$

式中　P_0——无通气搅拌输入的功率，W；

　　ρ——液体密度，kg/m^3；

　　μ——液体黏度，N · s/m^2；

　　D——涡轮直径，m；

　　n——涡轮转数，r/s。

功率准数　　$N_P = \dfrac{P_0}{\rho n^3 D^5}$ 为无因次数

N_P 是搅拌雷诺数 Re_M 的函数。不同的搅拌桨类型的 N_P-Re_M 的线如图 4-15 所示，数据见表 4-2。从图 4-15 可见，当 $Re_M \geqslant 10^4$，达到充分湍流之后，Re_M 增加，搅拌功率虽然增大，但 N_P 保持不变。

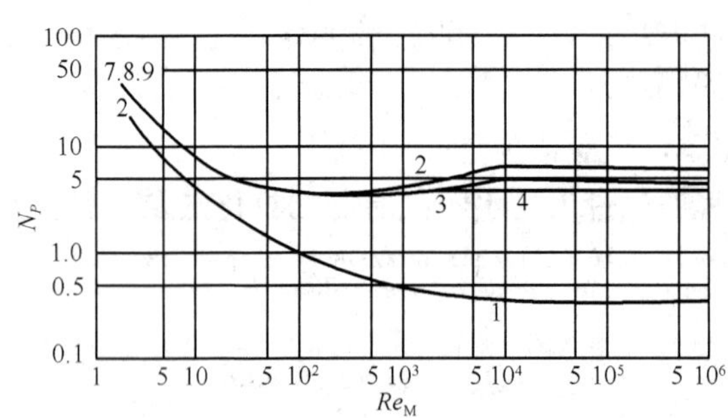

图 4-15　搅拌器的 N_P-Re_M 线图

对圆盘六平直叶涡轮　　$N_P \approx 6$

圆盘六弯叶涡轮　　$N_P \approx 4.7$

圆盘六箭叶涡轮　　$N_P \approx 3.7$

从上式可计算无通气时的搅拌轴功率：

$$P_0 = N_P D^5 n^3 \rho (\mathrm{W}) \qquad (4\text{-}12)$$

(二) 不通气时多涡轮搅拌轴功率计算

表 4-2　图 4-15 的附表

曲线号	搅拌桨类型	比例尺寸			挡板	
		T/D	H_L/D	C/D	只数	W/T
1	螺旋桨（轴流搅拌器）	2.5～6	2～4	1	4	0.1
2	圆盘平直叶涡轮	2～7	2～4	0.7～1.6	4	0.1
3	圆盘弯叶涡轮	2～7	2～4	0.7～1.6	4	0.1
4	圆盘箭叶涡轮	2～7	2～4	0.7～1.6	4	0.1

注：T、D——分别为罐和涡轮的直径，cm；
H_L——罐内液体的深度，cm；
C——底部涡轮与罐底的距离，cm；
W——挡板的宽，cm；
螺旋桨（轴流搅拌器）的螺距$=D$。

在不同转速下，多只涡轮比单只涡轮输出更多的功率，功率的消耗决定于叶轮数及涡轮的间距。涡轮间距适当，则两个涡轮造成的液流互不干扰，所消耗功率是单个涡轮的2倍。若间距过小，则功率消耗小于单个涡轮的2倍。

涡轮的间距为S，对非牛顿型流体可取为$2D$，对牛顿型流体可取2.5～3.0D；静液面至上涡轮的距离可取0.5～2D，下涡轮轮至罐底的距离C可取0.5～1.0D。S过小不能输出最大的功率；S过大，则中间区域搅拌效果不好。

在3000L罐内用糖蜜水溶液（$\mu=10^{-3}\sim0.945\text{N}\cdot\text{s/m}^2$，$\rho=1.321\text{g/cm}^3$）在$n=3.33\sim16.6\text{r/s}$进行试验，对单个和两个涡轮消耗的功率做了对比，得出

圆盘六平直叶涡轮：　$\dfrac{P_2}{P_1}=2.04$；

圆盘六弯叶涡轮：　$\dfrac{P_2}{P_1}=2.05$；

或用下经验公式计算一、二、三只涡轮的轴功率：　(4-13)

$$P_2=P_1\times2^{0.86}\left[(1+S/D)\left(1-\frac{S}{N_L-0.9D}\right)\right]^{0.3}$$

$$P_3=P_1\times3^{0.86}\left[(1+S/D)\left(1-\frac{S}{H_L-0.9D}\times\frac{\lg4.5}{\lg3.0}\right)\right]^{0.3}\tag{4-14}$$

(三) 通气搅拌功率 P_g 的计算

通气液体的重度降低，使轴功率消耗降低，但主要是决定于涡轮周围气-液接触状况。迈凯尔（Michel B. J.）等人用六平叶涡轮将空气分散于液体之中，测定P_g、涡轮直径D、转速n、空气流量Q和P_0的关系。并整理为经验公式为

$$P_g=C\left(\frac{P_0^2nD^3}{Q^{0.56}}\right)^{0.45}\tag{4-15}$$

福田秀雄等在 100～42000L 的系列设备，对迈凯尔关系式进行了校正，得

$$P_g = f\left(\frac{P_0^2 n D^3}{Q^{0.08}}\right) \tag{4-16}$$

经过单位换算，修正得迈凯尔关系为

$$P_g = 2.25\left(\frac{P_0^2 n D^3}{Q^{0.08}}\right)^{0.39} \times 10^{-3} \tag{4-17}$$

式中 P_g、P_0——分别为通气、不通气时的搅拌轴功率，kW；

n——搅拌器转速，r/min；

D——搅拌器直径，cm；

Q——通气量，mL/min。

式（4-17）可适用于较大的罐；如 40m^{3}罐的比例尺寸在正常范围时，误差较小。

按发酵罐搅拌功率来选用电动机时，应考虑减速传动装置的机械效率 η，在一级皮带减速传动时，η 可取 0.9。即

$$P = \frac{P_{计算}}{\eta} \tag{4-18}$$

式（4-18）中计算功率 $P_{计算}$ 应根据不同情况来考虑，若发酵系统培养采用连续灭菌，则 $P_{计算}$ 选用通气功率 P_g 为好；当发酵罐采用分批实罐灭菌，则 $P_{计算}$ 应选用接近不通气时的功率。

目前发酵罐所配备的电动机功率，根据品种不同而异，一般每 1m^3 发酵培养液的功率吸收为 1～3.5kW。

在计算发酵罐搅拌功率时，体积在 1m^3 以下的发酵罐由于其轴封、轴承等机件摩擦引起的功率损耗在整个电机功率输出中占有较大比例，故用上列各式来计算搅拌功率并由此来选用电动机功率就没有多大意义，因而发酵工厂中是凭经验来选用小容量发酵罐的电动机功率。

【例 4-2】 发酵罐直径 D=1.8m，圆盘六弯叶涡轮直径 D_1=0.6m，一只涡轮，罐内装 4 块标准挡板，搅拌器转速 n=168r/min，通气量 Q=1.42m^3/min，罐压 p=1.5 绝对大气压，液黏度 $\mu=1.96\times10^{-3}$ N·s/m^2，液密度 ρ=1020kg/m^3。计算 P_g。

解 已知发酵醪为牛顿型流体。

先算出 Re_M 由 $N_p \sim Re_M$ 图线查出 N_p，自 N_p 算出 P_0，再由迈凯尔式算出 P_g。

算出

$$Re_M = 5.25\times10^4$$

$$N_p = 4.7$$

$$P_0 = 8.07\ (\text{kW})$$

$$P_g = 2.25\times10^{-3}\left(\frac{8\cdot07^2\times168\times60^3}{1\,420\,000^{0.08}}\right)^{0.39}\ (\text{kW})$$

$$= 2.25\times10^{-3}\left(\frac{2\cdot37\times10^9}{3.11}\right)^{0.39}$$

$$= 6.55(\text{kW})$$

设 V 带效率为 0.92。滚动轴承效率为 0.99，滑动轴承效率为 0.98，端轴封增加功

率为 1.0%，则所需电动机功率为

$$\frac{6.55}{0.92\times0.99\times0.98}\times1.01=7.4(\mathrm{kW})$$

因此，选用 10kW 电动机。

五、小型机械搅拌通风发酵设备操作

（一）小型机械搅拌通风发酵设备组成

小型机械搅拌通风发酵设备一般由电热锅炉、空气压缩机、发酵罐、控制柜、管道组成。

（二）小型机械搅拌通风发酵设备操作方法

1. 准备工作

（1）电热锅炉。加水至规定液位处，开启电源开始加热，使蒸汽压力达额定压力，开始供汽。

（2）空压机。打开泄漏阀排尽机内冷凝水，开启电源开始工作。

（3）pH 电极和 DO 电极。开启控制面板和电脑，在线校正 pH 电极和 DO 电极。

（4）空气过滤器和空气管道。控制蒸汽压力在 0.14～0.20MPa，对空气过滤器和空气管道灭菌 30min。灭菌结束后，先排除冷凝水，再用无菌空气吹干约 20min。

（5）发酵罐的接种口盖，打开视镜灯电源，观察罐内是否有杂物，通风、取样管是否在正常位置，搅拌叶轮是否脱落，有异常须调整好。

2. 空消

投料前，发酵罐内壁及其附属管路阀门必须用蒸汽进行灭菌，消除所有死角的杂菌，保证系统处于无菌状态。

（1）将控制面板上的所有控制器设置在“停机”状态。

（2）通过调节蒸汽入阀和排气阀，将罐压控制在 0.11～0.12MPa，灭菌 30min。

（3）关闭蒸汽入阀，开启空气进气阀，维持罐压在 0.03～0.05MPa，自然降温冷却至室温。

3. 实消

实消是当罐内加入培养基后，用蒸汽对培养基进行灭菌的过程。

（1）关闭空气进气阀，排尽加热与冷却夹套中冷凝水。安装好 pH 电极和 DO 电极。

（2）通过接种口加入培养基，拧好接种口盖。

（3）通过调节蒸汽入阀和排气阀，将罐压控制在 0.075～0.10MPa，灭菌 15～30min。

（4）关闭蒸汽入阀，开启空气进气阀，维持罐压在 0.03～0.05MPa，自然降温冷却 10min 左右。

（5）利用冷却夹套冷却，当罐温降至 70℃以下时，开启搅拌电机加快冷却速度，将培养基冷却至接种温度。

4. 接种培养

(1) 在控制面板上，设定温度、pH、转速、泡沫等参数。

(2) 当培养基温度降至设定值时，在接种口四周围上95%酒精棉，同时加大进气量。

(3) 接种者用75%酒精棉擦洗双手，晾干；点燃接种口四周酒精棉，拧下接种口盖并把其浸在75%酒精中。

(4) 将菌种瓶的瓶口在火焰上烧一会儿，并在火焰附近拔出瓶塞，迅速将菌种倒入罐内。

(5) 盖上接种口盖，熄灭火焰，拧紧接种口盖。

(6) 将进气量复原，DO值校正为100%；将预先灭过菌的碱液、消泡剂、补料液等通过硅胶管分别与蠕动泵和发酵罐连接好；将控制面板上的所有控制器设置在“自动”状态。

5. 清洗和保养

(1) 发酵结束出料完毕后，关闭空压机、控制面板和电脑，及时清洗发酵罐，排尽罐内、管道内、蒸汽发生器内积水。

(2) 从发酵罐取下pH电极和DO电极，用蒸馏水冲洗干净，再用吸水纸擦干。pH电极保存在pH4的缓冲液中，DO电极保存在垫有海绵的盒中。

第二节 其他类型的通风发酵罐

一、机械搅拌自吸式发酵罐

这是一种无须其他气源供应压缩空气的发酵罐（图4-16），该发酵罐最关键部件是带有中央吸气口的搅拌器。目前国内采用的自吸式发酵罐中的搅拌器是带有固定导轮的三棱空心叶轮（图4-17），直径d为罐径D的1/3，叶轮上下各有一块三棱形平板，在旋转方向的前侧夹有叶片。当叶轮向前旋转时，叶片与三棱形平板内空间的液体被甩出而形成局部真空，于是将罐外空气通过搅拌器中心的吸入管而被吸入罐内，并与高速流动的液体密切接触形成细小的气泡分散在液体之中，气-液混合流体通过导轮流到发酵液主体。导轮有16块具有一定曲率的翼片组成，排列于搅拌器的外围，翼片上下有固定圈予以固定。自吸式发酵罐的缺点是进罐空气处于负压，因而增加了染菌机会。其次是这类罐搅拌转速甚高。有可能使菌丝被搅拌器切断，使正常生长受到影响。所以在抗生素发酵上较少采用。但在食醋发酵、酵母培养、升华曝气方面已有成功使用的实例。

据有关文献报道，三棱形搅拌器的吸气量与液体的流动程度有一定关系，可由下式表示：

$$f(Na, Fr) = 0 \tag{4-19}$$

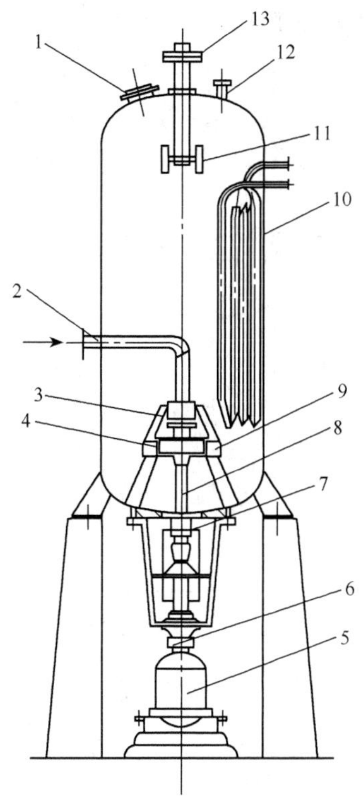

图 4-16　机械搅拌自吸式发酵罐

1. 人孔；2. 进风管；3. 轴封；4. 转子；5. 电机；6. 连轴器；7. 轴衬；8. 搅拌轴；9. 定子；10. 冷却蛇管；11. 消泡器；12. 排气管；13. 消泡转轴

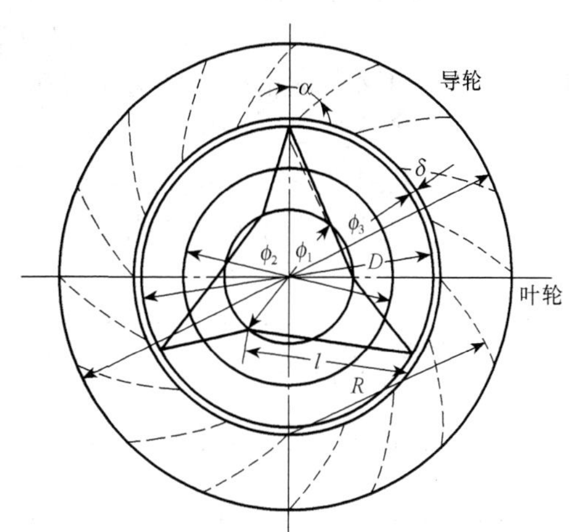

图 4-17　三棱叶自吸叶轮结构

式中　Na——吸气准数，$Na=\frac{Q}{nd^3}$；

Fr——重力准数，即弗鲁特准数，$Fr=\frac{n^2 d}{g}$；

d——叶轮直径，m；

n——叶轮转速，1/s；

Q——吸气量，m^3/s；

g——重力加速度，$9.81m/s^2$。

由实验数据归纳，可标绘成图 4-18，由图可知，吸气量的大小是随液体运动的程度而变化的，当液体受到搅拌器的推动时，在克服重力影响达到一定程度后，吸气准数就不受重力准数 Fr 的影响而趋于常数，此点称为空化点。在空化点上，吸气量与搅拌器的泵送量成正比，其比例常数随挡板情况而异。

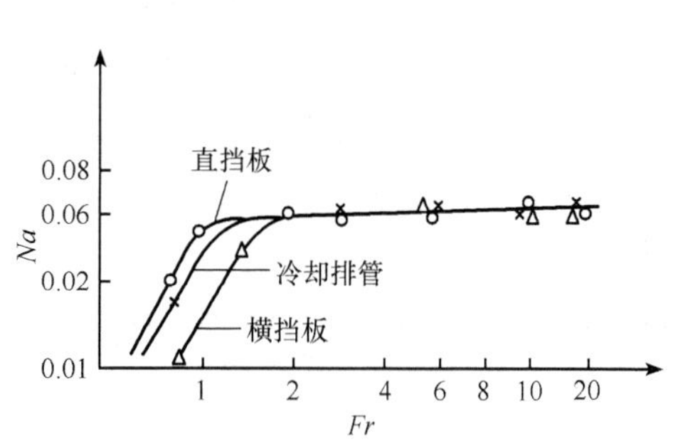

图 4-18　吸气准数 Na 与重力准数 Fr 的关系

当 $1.5<Fr<15$ 时，以水为介质时，吸气量可计算如下：

(1) 对于垂直挡板：

$$Q = 0.0628nd^3$$

(2) 对于冷却蛇管兼作挡板：

$$Q = 0.0634nd^3$$

以发酵液为介质时，其搅拌器的吸气量为上式计算值的 70%～80%。

自吸式发酵罐其搅拌功率可由下式计算：

$$P = Kn^3d^5\rho \tag{4-20}$$

式中 P——不通气时的搅拌器输入功率，W；

ρ——液体密度，kg/m^3；

d——搅拌器直径，m；

K——常数，其值见表 4-3。

表 4-3 *K* 值与挡板关系

挡板形式	挡板宽度	K 值
垂直挡板	$B=D/8$	4.49
	$B=D/10$	3.99
	$B=D/12$	3.77
立式蛇管	每组 4 圈	2.89

注：表中 B 为挡板宽度；D 为罐径。

二、空气带升环流式发酵罐

空气带升环流式发酵罐根据环流管安装位置可分为内环流式与外环流式两种，见图 4-19。在环流管底部装置空气喷嘴，空气在喷嘴口以 250～300m/s 的高速喷入环流管。由于喷射作用，气泡被分散于液体中，依靠环流管内气-液混合物的密度与发酵罐主体中液体密度之间的差，使管内气-液混合液连续循环流动。罐内的培养液中之溶解氧由于菌体的代谢而逐渐减少，当其通过环流管时，由于气-液接触而被重新达到饱和。

为了使环流管内气泡被进一步破碎分散，从而增加氧的传递速率，近年来在环流管内安装静态混合元件，取得了较好效果。

(1) 循环周期。发酵液必须维持一定的环流速度以不断补充氧，使发酵液保持一定的溶氧浓度，适应微生物生命活动的需要。发酵液在环流管内循环一次所需要的时间，则称为循环周期。培养不同的微生物时，由于菌的耗氧速率不同，所要求的循环周期亦有所不同。如果供氧速率跟不上，会使菌的活力下降而减少发酵产率。据报道，黑曲霉发酵生产糖化酶时，当菌体浓度为 7%时，循环周期要求 2.5～3.5min，不得>4min，否则会造成缺氧而使糖化酶活力急剧下降。

循环周期可由下式求得

$$\tau = \frac{V_L}{Q_C} = \frac{V_L}{\frac{\pi}{4}d^2w} \tag{4-21}$$

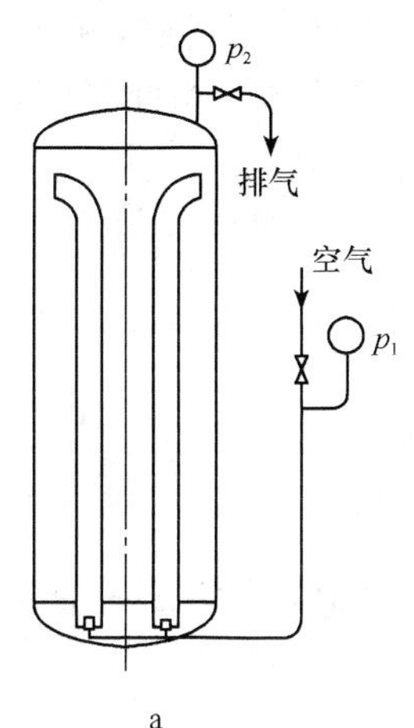

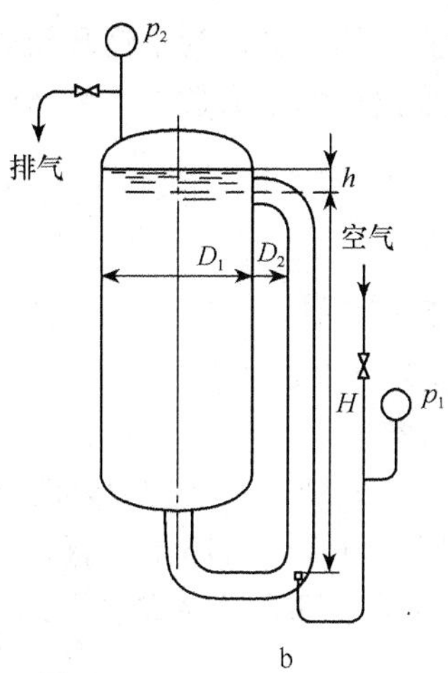

图 4-19　空气带升环流式发酵罐

a. 内循环带升式发酵罐；B. 外循环带升式发酵罐

式中　τ——循环周期，s；

V_L——发酵液体积，m^3；

Q_C——发酵液环流量，m^3/s；

w——发酵液在环流管内流速，m/s。

（2）气-液比、压差、环流量之间的关系。发酵液的环流量与通风量之比称为气-液比，

$$A=\frac{Q_C}{Q} \tag{4-22}$$

气-液比 A 值与环流管内液体的环流速度 w 的实验曲线可由图 4-20 表示。环流速度 w 一般可取 1.2～1.4m/s。

喷嘴前后压差 Δp 和发酵罐压对环流量 Q_C 有一定关系，当喷嘴直径一定，发酵罐内液柱高度也不变时，压差 Δp 越大，通风量就越大，相应就增加了液体的循环量。Δp 与 Q_C 之间关系的实验曲线见图 4-21。

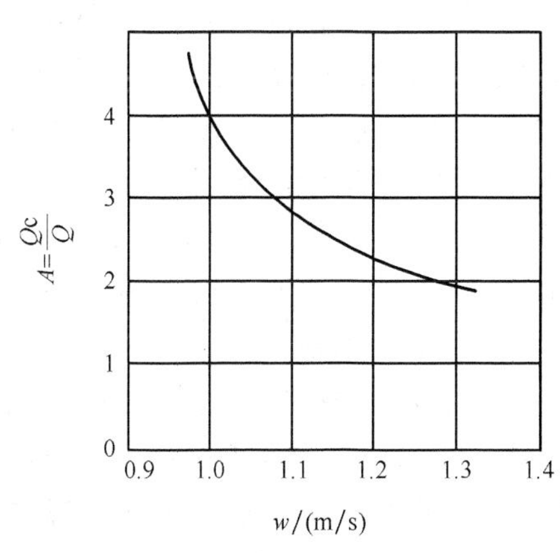

图 4-20　气液比 A 值与环流速度 w 关系曲线

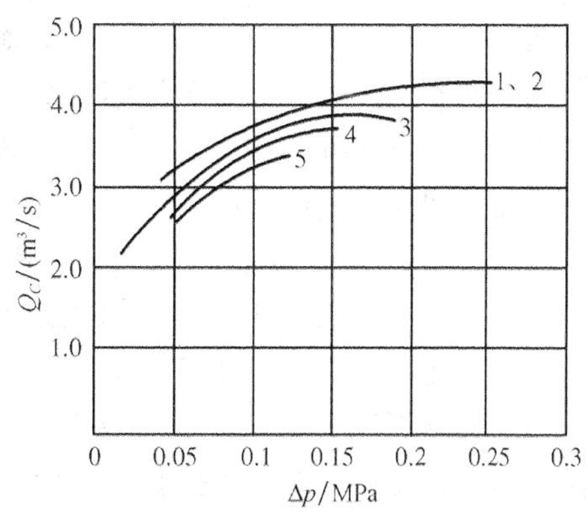

图 4-21　压差 Δp 与循环量 Q_C 关系曲线

曲线编号：	1	2	3	4	5
罐压/MPa：	0	0.03	0.05	0.1	0.15

(3) 喷嘴直径的计算。为了使环流管内气泡分裂细碎，气液混和达到良好的效果，应使空气自喷嘴出口的雷诺数大于液体流经喷嘴处的雷诺数，由此引出

$$\frac{d}{d_0} > A\frac{\mu_g}{\mu_1} \tag{4-23}$$

式中 d_0——喷嘴孔径，m；

d——环流管内径，m；

A——气液比；

μ_g、μ_1——分别为空气和液体的黏度，$N \cdot s/m^2$。

由式 (4-23) 可知，当环流管直径 d 为定值时，喷嘴孔径 d_0 不宜过大，通风量与喷嘴孔径之间的关系可由经验式表示为

$$Q = 2.38 \times 10^4 d_0^{2.5} (\Delta p)^{0.6} p_0^{0.3} \tag{4-24}$$

式中 Q——通气量，m/s；

d_0——喷嘴孔径，m；

Δp——喷口前后压力差，$\Delta p = p_1 - \left(p_0 + \frac{H_L}{100}\right)$；

p_1——喷嘴前的空气绝对压力，MPa；

p_0——罐内绝对压力，MPa；

H_L——液面到喷嘴口液柱高度，m。

在设计环流式发酵罐时，还应注意环流管高度对环流效率的影响，实验表明环流管高度应高于 4m。罐内液面也不能低于环流管出口，否则将明显降低效率。但过高的液面高度，可能产生“环流短路”现象，而使罐内溶氧分布不均匀。一般罐内液面不高于循流管出口 1.5m。

三、高位塔式发酵罐

高位塔式发酵罐是一种类似塔式反应器的发酵罐（图 4-22），其 H/D 值约为 7 左右，罐内装有若干块筛板，压缩空气由罐底导入，经过筛板逐渐上升，气泡在上升过程中带动发酵液同时上升，上升后的发酵液又通过筛板上带有液封作用的降液管下降而形成循环。这种发酵罐的特点是省去了机械搅拌装置，如培养基浓度适宜，而且操作得当的话，在不增加空气流量的情况下，基本上可达到通用式发酵罐的发酵水平。

国内工厂曾用过容积为 $40m^3$ 的高位塔式发酵罐来生产抗生素，该罐直径 2m，总高为 14m，共装有筛板 6 块，筛板间距为 1.5m，最下面的一块筛板有 10mm 直径的小孔 2000 个，上面 5 块筛板各有 10mm 小孔 6300 个，每块筛板上都有一个 ϕ450mm 的降液管，在降液管下端的水平面与筛板之间的空间则是气-液充分混合区。由于筛板对气泡的阻挡作用，使空气在罐内停留较长时间，同时在筛板上大气泡被重新分散，进而提高了氧的利用率。这种发酵罐由于省去了机械搅拌装置，造价仅为一般通用式发酵罐的 1/3 左右，操作费也相应降低。

据报道，国外使用高位筛板发酵罐来生产单细胞蛋白质，如图 4-23 所示。该罐直径 7m，筒身部分高度 60m，扩大段高度 10m，罐中央有一个提升筒，筒内装 9 块筛板，发酵罐体积约为 $2500m^3$，装液量为 $1500m^3$，通气比为 1∶1。

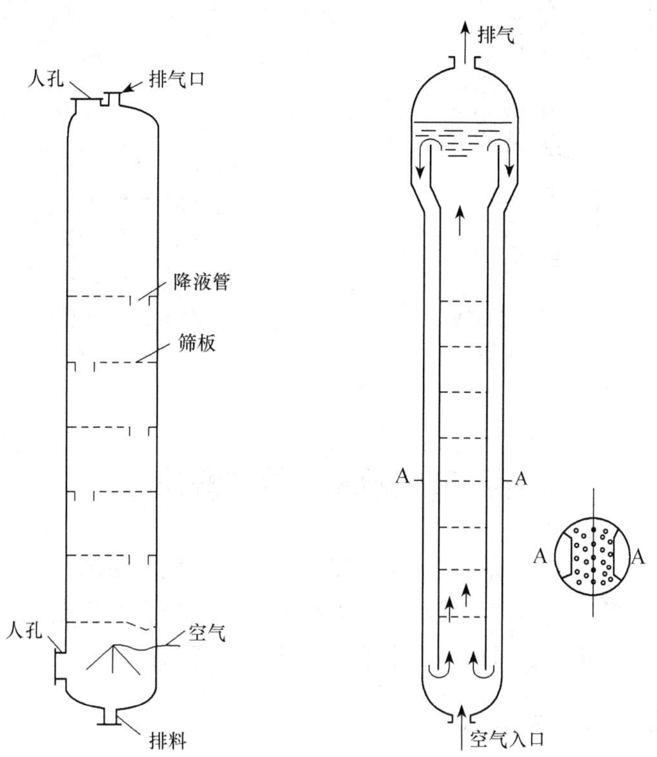

图 4-22　高位筛板式发酵罐

图 4-23　用于生产单细胞蛋白质的高位筛板发酵罐

也有人在模型罐内进行试验，认为提升筒的截面积与环隙面积之比以 1.6 为好，当筛板的孔径为 2mm 时，筛板开孔率为 20%时，可达到最佳的通气效果。

四、喷射自吸式发酵罐

喷射自吸式发酵罐是应用喷射吸气装置进行混合通气的，既不用空压机，又不用机械搅拌吸气转子。

图 4-24 是文氏管自吸式发酵罐结构示意图。其原理是利用泵使发酵液通过文氏管吸气装置，由于液体在文氏管的收缩中流速增加，形成真空而将空气吸入，并使气泡分散与液体均匀混合，实现溶氧传质。典型文氏管的结构如图 4-25 所示。经验表明，当收缩段流体流动雷诺数 $Re>6\times10^4$时，吸气量及溶氧速率较高。

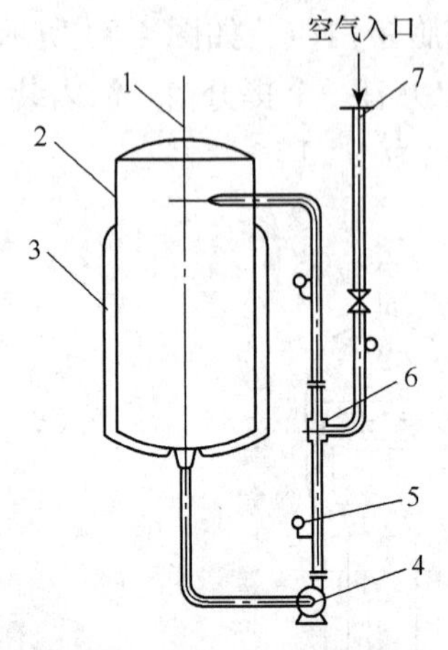

图 4-24 文氏管自吸式发酵罐结构

1. 排气管；2. 罐体；3. 换热夹套；4. 循环泵；5. 压力表；6. 文氏管；7. 吸气管

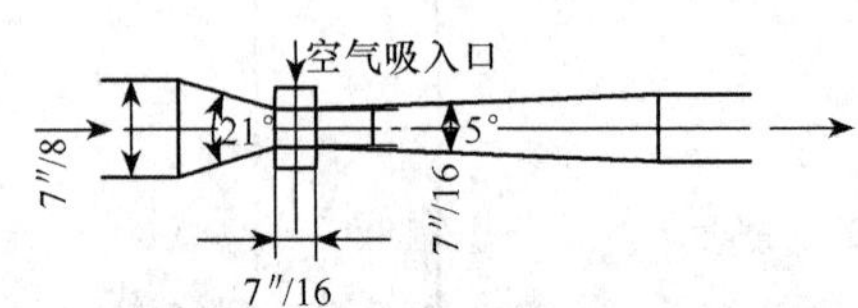

图 4-25 典型文氏管的结构

第三节 通风固相发酵设备

通风固相发酵工艺是传统的发酵生产工艺，广泛应用于酱油与酿酒生产，以及农副产物生产饲料蛋白等。通风固相发酵具有设备简单、投资省等优点。下面以最常用的自然通风固体曲设备和机械通风固体曲发酵设备为代表进行讨论。

一、自然通风固体曲发酵设备

几千年前，我国在世界上率先使用自然通风固体制曲技术用于酱油生产和酿酒，一直沿用至今，尽管大规模的发酵生产大多已采用液体通风发酵技术。

自然通风制曲要求空气与固体培养基密切接触，以供霉菌繁殖和带走所产生的生物合成热。原始的固体曲制备采用木制的浅盘，常用浅盘尺寸有 0.37m×0.54m×0.06m 或 1m×1m×0.06m 等。大的曲盘没有底板，只有几根衬条，上铺竹帘、苇帘或柳条，或者干脆不用木盘，把帘子铺在架上，这扩大了固体培养基与空气的接触面，减少了老法的许多笨重操作，提高了曲的质量。

自然通风的曲室设计要求如下：易于保温、散热、排除湿气以及清洁消毒等；曲室四周墙高 3～4m，不开窗或开有少量的细窗口，四壁均用夹墙结构，中间填充保温材料；房顶向两边倾斜，使冷凝的汽水沿顶向两边下流，避免滴落在曲上；为方便散热和排湿气，房顶开有天窗。固体曲房的大小以一批曲料用一个曲房为准。曲房内设曲架，以木材或钢材制成，每层曲盘应占 0.15～0.25m 空间，最下面一层离地面约 0.5m，曲架总高度取 2m 左右，以方便人工搬取或安装曲盘。

二、机械通风固体曲发酵设备

机械通风固体曲发酵设备与上述的自然通风固体发酵设备的不同主要是前者使用了

机械通风即鼓风机，因而强化了发酵系统的通风，使曲层厚度大大增加，不仅使曲生产效率大大提高，而且便于控制曲层发酵温度，提高了曲的质量。

机械通风固体曲发酵设备如图 4-26 所示。曲室多用长方形水泥池，宽约 2m，深 1m，长度则根据生产场地及产量等选取，但不宜过长，以保持通风均匀；曲室底部应比地面高，以便于排水，池底应有 8°～10°的倾斜，以使通风均匀；池底上有一层筛板，发酵固体曲料置于筛板上，料层厚度为 0.3～0.5m。曲池一端（池底较低端）与风道相连，其间设一风量调节闸门。曲池通风常用单向通风操作，为了充分利用冷量或热量，一般把离开曲层的排气部分经循环风道回到空调室，另吸入新鲜空气。据实验测试结果，空气适度循环，可使进入固体曲层空气的 CO_2 浓度提高，可减少霉菌过度呼吸而减少淀粉原料的无效损耗。当然，废气只能部分循环，以维持与新鲜空气混合后 CO_2 浓度在 2%～5%之间为佳。通风量为 400～1000$m^3/(m^2 \cdot h)$，视固体曲层厚度和发酵使用菌株，发酵旺盛程度及气候条件等而定。

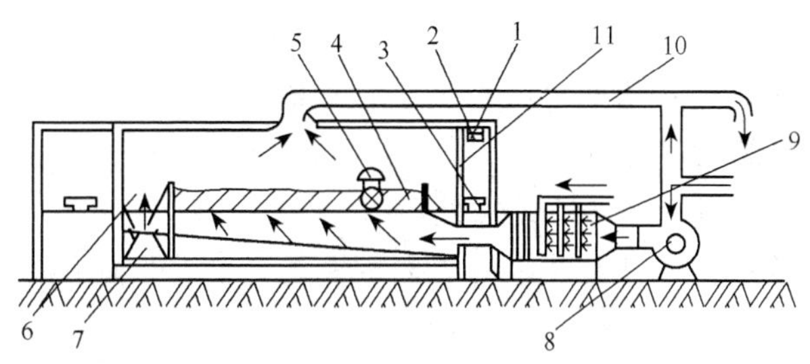

图 4-26　机械通风固体曲发酵设备

1. 输送带；2. 高位料斗；3. 输送小车；4. 曲料室；5. 进出料机；6. 料斗；7. 输送带；8. 鼓风机；9. 空调室；10. 循环风道；11. 曲室闸门

曲室的建筑与自然通风所用曲房大同小异，空气通道中风速取 10～15m/s。因固体发酵机械通风过程阻力损失较低，故可选用效率较高的离心式送风机，通常用风压为 1000～3000Pa 的中压风机较好。

日本在酱油和味酱汤制曲生产使用的通风箱式固体发酵设备如图 4-27 和图 4-28 所示。其中图 4-28 所示的是双层旋转式制曲设备。

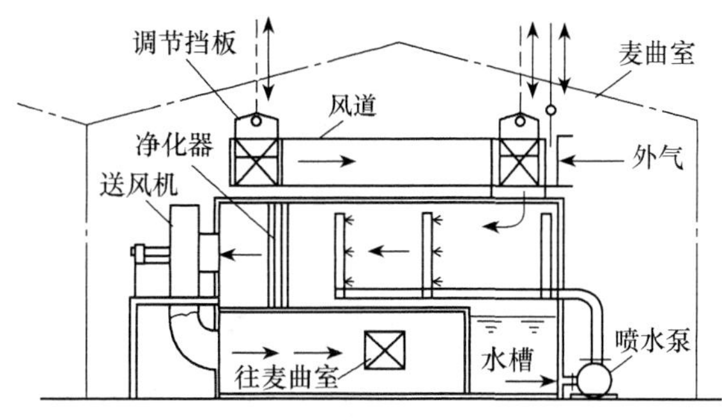

图 4-27　机械通风固体曲室

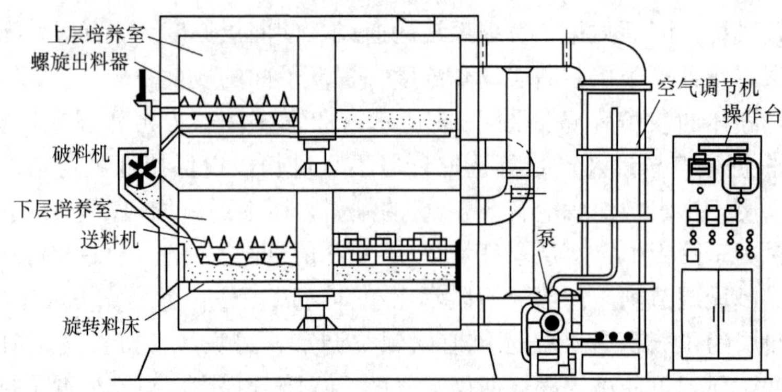

图 4-28　双层旋转式制曲设备

思考与练习

1. 简述机械搅拌通风发酵罐的结构和各主要部件的作用。
2. 简述机械搅拌器的类型和特点。
3. 试为某味精厂设计一个 100m^3 的发酵罐。
4. 试介绍几种常用的通风发酵罐的结构和特点，并举例说明其应用情况。

第五章　厌氧发酵设备

☞ 知识目标

1. 了解厌氧发酵罐的类型与特点。
2. 了解厌氧发酵罐的一般构造原理和工作机理。
3. 掌握厌氧发酵罐的结构计算与生产能力计算。

☞ 能力目标

1. 能根据生产工艺要求正确选择厌氧发酵罐。
2. 能正确读懂厌氧发酵罐设备图与设备流程图。
3. 能对厌氧发酵罐的结构特征进行分析并完成相关计算。
4. 具备一定厌氧发酵罐的操作与管理能力。
5. 具有对厌氧发酵罐进行技术改造的基本能力。

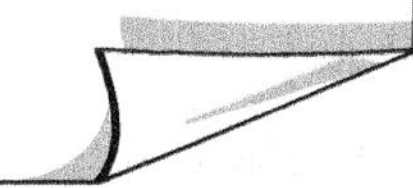

厌氧发酵罐的特点是在发酵过程中不需通入氧气或空气，有时需通入二氧化碳或氮气等惰性气体以保持罐内正压，防止染菌，以及提高厌氧控制和提高醪液循环。酒精发酵罐和啤酒发酵罐是最常见的厌氧发酵罐，本章以其为例重点介绍。

第一节　酒精发酵罐

一、酒精发酵罐的形式及构造

酒精厂所用的发酵罐通常可分为密闭式和开放式两种。密闭式发酵罐的优点是可以防止杂菌感染，便于保温冷却及控制发酵温度，酒精产量多，损失少，可回收CO_2，发酵率高；缺点是结构较复杂，造价较贵。目前大多数厂都采用密闭式发酵罐。

密闭式发酵罐有锥底和斜底之分，如图 5-1 所示。发酵罐罐身一般为圆柱形，罐顶采用锥形或碟形。锥底发酵罐如图 5-2 所示。

在大型发酵罐内安装有冷却蛇管或纵横交错的直管，在罐顶外壁有一圈喷水冷却管，以利于维持发酵温度。小型发酵罐通常只采用表面冷却。

发酵罐的上部有顶盖及视镜，可观察发酵罐的表面现象。进料管一般安装在罐的顶部，放料管安装在底部，二氧化碳排出管安装在罐顶部。罐内常装有供加热杀菌用的直接蒸汽管。大型的发酵罐的下部都开有人孔，以便工人进入罐内清洁及修理。此外，在罐体的上、下段装有温度计及取样器，伸入罐内。

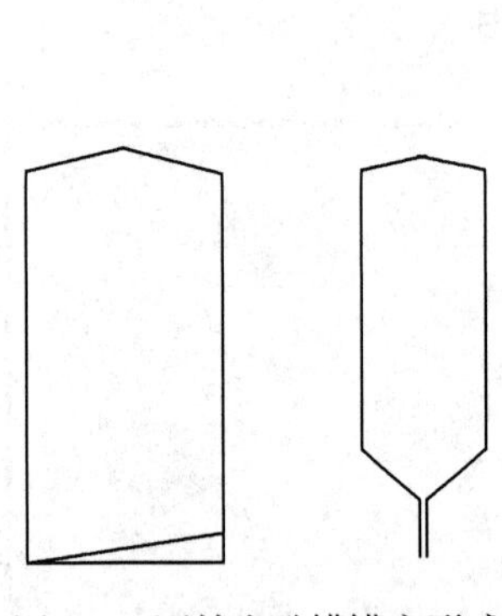

图 5-1　酒精发酵罐罐底形式

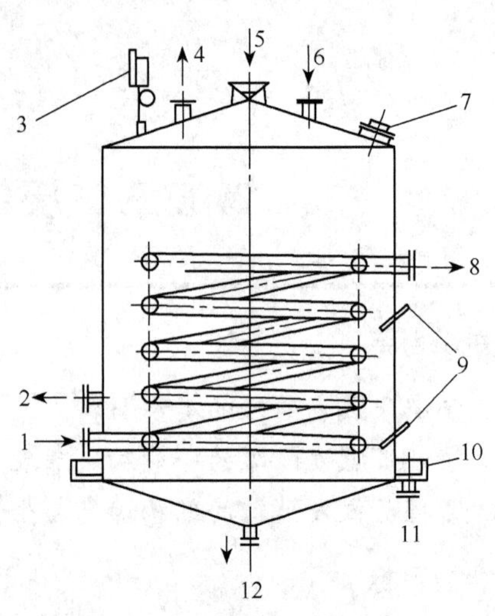

图 5-2　锥底酒精发酵罐

1. 冷却水入口；2. 取样口；3. 压力表；4. CO_2气体出口；5. 喷淋水入口；6. 料液及酒母入口 7. 人孔；8. 冷却水出口；9. 温度计；10. 喷淋水收集槽；11. 喷淋水出口；12. 发酵液及污水排出口

发酵罐工作时，罐内不同高度的发酵液中 CO_2 含量有所不同，发酵液中形成一个 CO_2 含量的梯度，一般罐底 CO_2 气泡密集程度较高，醪液相对密度小，罐上部液层 CO_2 气泡密集程度较低，醪液相对密度大，于是相对密度小的底部发酵液就具有上浮的提升力，同时，上升的二氧化碳气泡对周围的液体也具有一种拖曳力，这拖曳力和液体上浮的提升力结合就构成气体搅拌作用，使罐内发酵液不断循环混合和热交换，因此，酒精发酵罐一般不用配置机械搅拌器。但当发酵罐体积较大，罐内产生的 CO_2 气量较少时发酵罐可配置侧向搅拌器，如图 5-3 所示。

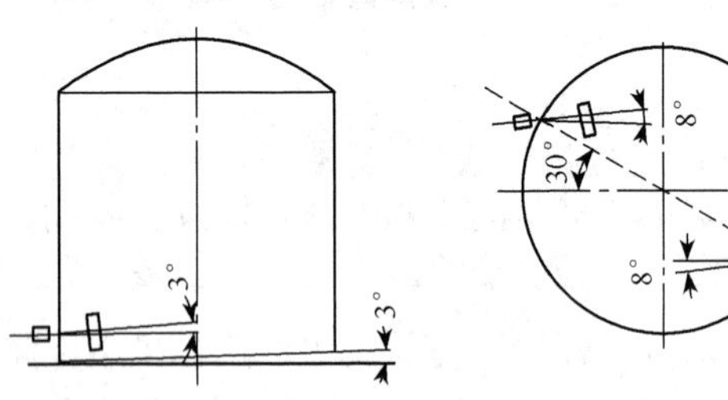

图 5-3　加装搅拌器的斜底酒精发酵罐

酒精发酵罐的洗涤，过去均由人工操作，不仅劳动强度大，而且二氧化碳气体一旦未彻底排除，工人入罐清洗就会发生中毒事故。近年来，酒精发酵罐已逐步采用水力喷射洗涤装置，如图 5-4 所示，从而改善了工人的劳动强度和提高了操作效率。水力洗涤装置是由一根两头装有喷嘴的洒水管组成，两头喷水管弯有一定的弧度，喷水管上均匀地钻有一定数量的小孔，喷水管安装时呈水平，喷水管借活络接头和固定供水管连接。它是借喷水管两头喷嘴以一定的喷出速度而形成的反作用力，使水管自动旋转，在旋转过程中，喷水管内的洗涤水由喷水孔均匀喷洒在罐壁、罐顶和罐底上，从而达到水力洗涤的目的。对于 120m³ 的酒精发酵罐，可采用 ϕ36mm×3mm 的喷水管，管上开 ϕ4×30mm 小孔，两头喷嘴口径为 9mm。

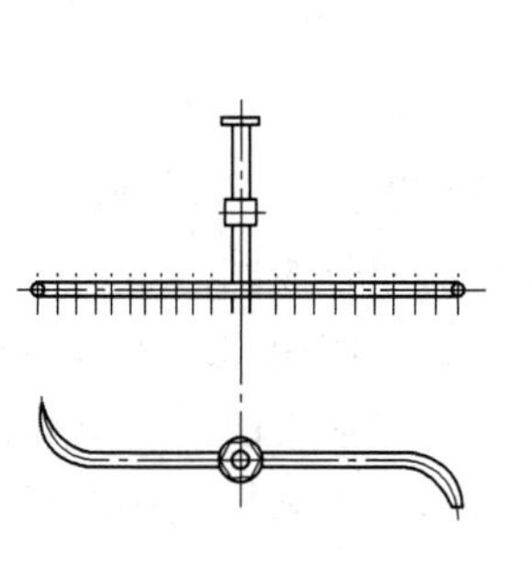

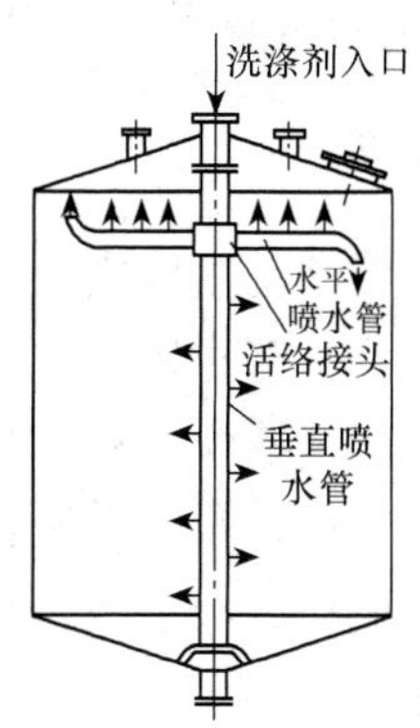

图 5-4　水力洗涤装置

二、酒精发酵罐的有关计算

1. 发酵罐基本尺寸的确定

发酵罐的总体积 V：

$$V=\frac{V_1}{\eta} \tag{5-1}$$

式中　V_1——发酵罐内醪液的体积（有效体积），m³；

η——装满系数，η=0.8～0.88。

发酵罐各部尺寸比例关系：

$$H=(1.1\sim1.5)D$$
$$h_1=(0.1\sim0.3)D$$
$$h_2=(0.08\sim0.1)D$$

式中　H——罐的圆柱体部分高度；

D　罐的直径；

h_1——罐底部分的高度；

h_2——罐顶部分的高度。

2. 冷却面积的计算

发酵罐所需的冷却面积 F 按下式计算：

$$F=\frac{Q}{K\cdot\Delta t_m}(\mathrm{m}^2) \tag{5-2}$$

式中　Q——主发酵期发酵液每小时放出最大的热量（发酵热）(kJ/h)(参考第 4 章有关内容进行计算)；

K——换热装置的传热系数，kJ/(m²·h·℃)，由于发酵醪液成分时常变化，而且主发酵期醪液上下翻腾，传热情况比较复杂，故 K 值常用经验值，一般为 1600～2100kJ/(m² · h · ℃)；

Δt_m——平均温度差,℃；

Δt_m采用对数或算术平均温差的计算方法计算。

三、酒精捕集器

在发酵过程中酒精蒸发损失量，一般为 0.5%～0.8%。为了收集这些随同 CO_2 混合逸出的酒精蒸气，可在发酵车间内设置酒精捕集器回收酒精。

常用的酒精蒸气捕集器有填料式和泡盖式两种，其作用原理是利用酒精能易被水所吸收溶解的这一特性，当含有酒精的二氧化碳混合气与水接触时，其中所含的酒精蒸气很易被水吸收而成稀酒精溶液，从而达到回收的目的。从酒精捕集器排出的稀酒液的浓度一般为 1.5%～2.5%。

填料式酒精捕集器实际上就是一个填料吸收塔（表 5-1）。它是一个圆筒形的容器，内堆放一定厚度的填料层，所用的填料常为陶瓷环、玻璃或焦炭等，CO_2 以 0.2～0.4m/s 的速度经塔底的筛板（或栅板）上升，穿过填料层，与由塔顶喷淋而下的水接触，CO_2 所携带之酒精蒸气被水吸收后变成稀酒液从塔底排出，被吸收了酒精的 CO_2 从塔顶排出。

采用泡盖塔作酒精捕集器时，板层数为 5～7 层，层板距 150～180mm，每层的泡盖数可为单个，也可采用多个。

填料或泡盖在捕集器的作用是增大气体与水之间的接触面积和接触时间。

表 5-1　填料式酒精捕集器

设备	酒精厂生产能力 /(L/d)(无水酒精)	捕集器空间体积/m³	填料高度/m	捕集器直径 /m	20mm 的环形填料数/千个	用水量 /(L/h)
1	5000	0.3	2.3	0.41	16.5	340
2	10 000	0.6	2.3	0.53	33	680
3	15 000	0.9	2.3	0.71	49.5	1020
4	20 000	1.2	2.3	0.82	66	1362

注：从酒精捕集器排出水的酒度不低于 1.2%（质量分数）。

四、酒精连续发酵设备

间歇式发酵的各个阶段全都在一个发酵罐内进行，其缺点是发酵周期长，管理分散，不便于自动化。酒精连续发酵的新技术能较好地解决这些问题。

连续发酵是在发酵罐内连续不断地流加培养液，同时又连续不断地排出发酵液，使发酵罐中的微生物一直维持在生长加速期，同时又降低了代谢产物的积累，培养液浓度和代谢产品含量具有相对的稳定性，微生物在整个发酵过程中始终维持在稳定状态，细胞处于均质状态。这样就可缩短了发酵周期，提高了设备的利用率。

连续发酵的方式是从最初的单罐连续发酵发展到多罐的串联连续发酵。目前我国的糖蜜原料制酒精及淀粉质原料制酒精的连续发酵生产是采用多罐串联连续发酵。

1. 糖蜜原料制酒精的连续发酵设备组合

图 5-5 是糖蜜制酒精的连续发酵流程，该流程由 9 个发酵罐组成，其容量视生产能力大小而定。酒母和糖蜜同时连续流加入第一罐内，并依次流经各罐，最后从 9 号罐排出。除了在酒母槽通入空气之外，在 1 号罐内也同样通入适量的空气，或增大酒母接种量，维持 1 号罐内工艺所要求的酵母数。连续发酵周期结束，则贮存于每罐的发酵液，先从末罐按逆向顺序依次排出，入蒸馏塔蒸馏。而空罐则依次进行清洗灭菌待用，为此，安装管路时，必须注意对各罐的轮换消毒。二氧化碳则由各罐罐顶排入总汇集罐，再送往二氧化碳车间，进行综合利用。按目前的流程装置和工艺条件，连续发酵周期可达 20d 左右，甚至更长。发酵过程中，如发酵液中维持酵母数在（0.6～1.0）亿个/mL 左右，发酵只需 32h，发酵液中酒精含量可达 9%～10%，发酵率约为 85%。

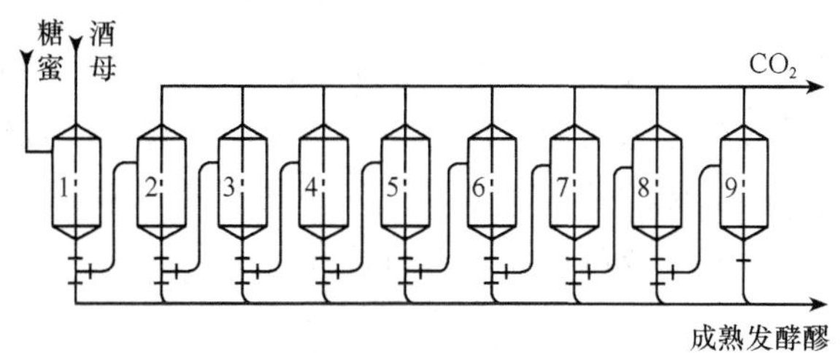

图 5-5　淀粉质原料制酒精连续发酵流程

某厂糖蜜连续发酵设备主要技术规格见表 5-2。

表 5-2　某厂糖蜜连续发酵设备主要技术规格

名　称	数　量	主要技术规格/mm
中间酒母罐	1	ϕ3000×4159，容量 20m³，重量 3.8t
酒母罐	2	ϕ3900×8700，容量 66m³，重量 9.48t，冷却面 60m²
主发酵罐	2	ϕ3900×8200，容量 60m³，重量 8.986t，冷却面 60m²
后发酵罐	4	ϕ3900×8200，容量 60m³，重量 8.98t
计量罐	1	ϕ3900×8200，容量 60m³，重量 8.98t
除泡罐	1	ϕ2500×7633，容量 25.2m³，重量 7.2t

2. 淀粉质原料制酒精的连续发酵设备组合

图 5-6 是淀粉质原料制酒精连续发酵流程。该流程是由 11 个发酵罐组成，借连通管将各罐互相勾通，糖化醪和液曲混合液同时连续平行流入前 3 罐。在发酵过程中，发酵液由罐底流出，经连通管进入另一罐的上部，其余依次类推，最后流入最末的两罐计量，并轮流用泵送往蒸馏工段。发酵过程中所产生的二氧化碳气体借带有控制阀门的 U 型支管和总管相连，并引向液沫捕集器经分离除去泡沫后，再通过一个鼓泡式的水洗涤塔，经回收酒精后才排入大气或二氧化碳综合利用车间。各发酵罐都是密闭的，各罐底均有和总排污管相连接的排污支管，该管和蒸汽管相通，以便消毒和杀菌。为尽可能减少染菌的概率，发酵罐和管道、管件以及阀门等都必须严格地进行消毒和杀菌。连续发

酵系统中，冷却装置面积满足酵母对数生长期的降温，维持恒定的发酵温度。

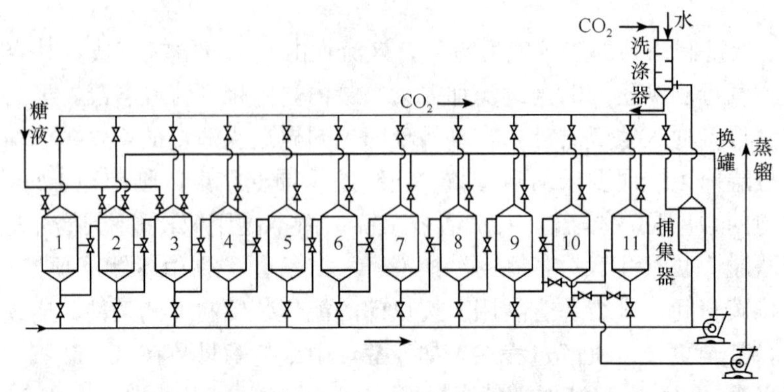

图 5-6 淀粉质原料制酒精连续发酵流程

为了使连续发酵能稳定正常生产，酵母繁殖罐应能相继依次轮换。只考虑一个罐是不恰当的，否则容易导致杂菌感染和残糖升高，从而使发酵条件恶化。为使操作管理和控制方便，罐内装置自动清洗设备和适当配置自动仪表测量和记录是十分必要的。

连续发酵需用发酵罐的个数可按下式进行计算：

$$N=\frac{V_{时}\cdot\tau}{\eta\cdot V_{罐}}$$

式中 $V_{时}$——每小时流加的醪液量，m^3/h；

$V_{罐}$——每个发酵罐的体积，m^3；

τ——醪液流经全部发酵罐的总时间，h；

η——发酵罐的装满系数，一般取 0.85～0.9。

第二节 啤酒发酵设备

近年来，啤酒发酵设备向大型、室外、联合的方向发展。迄今为止，使用的大型发酵罐容量已达 1500t。

(1) 由于大型化，使啤酒质量均一化。

(2) 由于啤酒生产的罐数减少，使生产合理化，降低了主要设备的投资。

啤酒发酵容器的变迁过程，大概可分为三个方面：一是发酵容器材料的变化。容器的材料由陶器向木材→水泥→金属材料演变，新建的大型容器一般使用不锈钢。二是开放式发酵容器向密闭式转换。小规模生产时，糖化投料量较少，啤酒发酵容器放在室内，一般开放式，上面没有盖子。对发酵的管理，泡沫形态的观察和醪液浓度的测定等比较方便。随着啤酒生产规模的扩大，投料量越来越大，发酵容器已开始大型化，并为密闭式。从开放式转向密闭容器发酵的最大问题是发酵时被气泡带到表面的泡盖（Scum）的处理。开放发酵便于撇取，密闭容器人孔较小，难以撇取。可用吸取法分离泡盖。三是密闭容器的演变。原来是在开放式长方形容器上面加穹形盖子的密闭发酵罐槽，随着技术革新，过渡到钢板、不锈钢或铝制的卧式圆筒形发酵罐。后来出现的是立式圆筒体锥底发酵罐，这种罐是20世纪初期瑞士的奈坦（Nathan）发明的，所以又称奈坦式发酵罐。

目前使用的大型发酵罐主要是立式罐，如奈坦罐、联合罐、朝日罐等。由于发酵罐容量的增大，要求清洗设备也得有很大的改进，大都采用CIP自动清洗系统。

一、圆筒体锥底罐（简称锥底罐）

锥底罐是当前国内外广泛使用的设备，在类型和结构上已做了不少改进，它既可用于下面发酵啤酒，也可用于上面发酵啤酒。其优点有以下几个方面：

（1）锥底罐是密闭罐，可作发酵罐，也可作贮酒罐，便于排放回收酵母，也可用二氧化碳洗涤，除去生青气味，促进啤酒的成熟。同时，由于具备采取加压、升温的操作，生产灵活性大，可以缩短生产周期。

（2）本身有冷却夹套，容易控制发酵温度，可满足生产工艺要求。尤其是锥底部分有冷却夹套，回收酵母方便，操作简单，卫生条件好。

（3）有自动清洗设备，灭菌较彻底，杂菌污染机会少，有利于无菌操作，既节省生产费用，又降低了劳动强度。

（4）由于是加压密闭发酵，减少了酒花苦味质的损失，可降低酒花使用量的15%左右。在加压密闭条件下，二氧化碳溶解较好，啤酒的泡沫较好，泡持性有所改善。

（5）自身有冷却装置，可以有效地控制发酵温度。可置于室外以节约冷库面积。结构较简单，投资费用较低。

（6）易于实现自动控制。

其缺点及改进措施有以下几个方面：

（1）酒液澄清慢，尤其在麦芽汁成分有缺陷，或酵母凝集差时，影响过滤，排酵母时酒损大。解决办法是采用高速离心机分离酵母。使用锥底罐对麦芽质量有一定的要求。

（2）主酵时产生大量泡沫，罐利用率只有80%～85%。因此，应适当降低麦芽汁含氧量，以减少泡沫的形成，一般麦芽汁浓度在8°Bx时，含氧量可控制在5～8mg/L；10°Bx时溶解氧可控制在6～8mg/L；12°Bx时溶解氧可降低到4～5mg/L；才不致出现窜沫现象。

使用菌种与高泡的产生也有关系，特别是菌种使用的前几代，因发酵力强，甚至降低麦芽汁含氧量也难以克服高泡问题，在这种情况下应适当减少酵母添加量。采取加压发酵也能适当控制高泡。

贮酒时，泡沫少，可利用其他罐的酒将罐充满，以提高罐的利用率。

（3）锥底罐液层高，由于流体静压的关系，二氧化碳在酒内形成浓度梯度，液面和底部的二氧化碳含量相差很大，以致酒内二氧化碳含量不均匀。改进措施是应尽量控制罐的高度，以缩小梯度差，可在罐底中部设出酒口，使出酒的二氧化碳含量均匀，有一定效果。

1. 结构

锥底罐用不锈钢钢板制成，其结构如图5-7所示。罐的上部封头设有人孔、视镜、

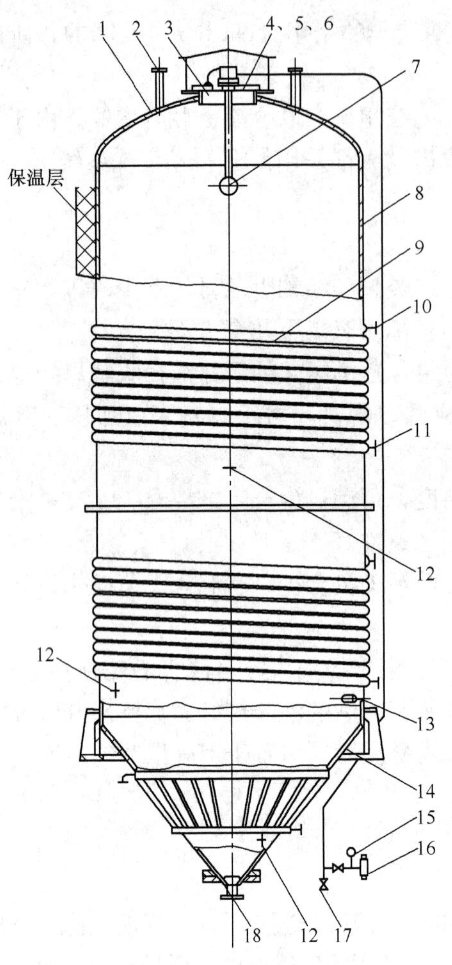

图 5-7　圆筒体锥底罐

1. 顶盖；2. 通道支架；3. 人孔；4. 视镜；5. 防止真空阀；6. 安全阀；7. 原位清洗装置；8. 罐身；9. 冷却套；10. 冷媒出口；11. 冷媒进口；12. 温度计；13. 采样阀；14. 罐底；15. 压力表；16. 二氧化碳出口；17. 压缩空气、洗水进口；18. 麦芽汁进口、酵母出口、啤酒出口

安全阀、压力表、二氧化碳排出口；如果采用二氧化碳为背压，为了避免用碱液清洗时形成负压，可设置真空阀；罐体上部中央设不锈钢可旋转洗涤喷射器，具体位置要能使喷出水最有力地射到罐壁结垢最厉害的地方。大罐罐体的工作压力根据大罐的工作性质而定，如作发酵罐兼作贮酒罐，工作压力可定为（1.5～2）$\times 10^5$ Pa（表压）。

圆筒锥底罐其直径 D 与圆筒体高度 H 之比范围较大，根据实践经验D∶H=1∶(5～6) 均可取得良好的发酵效果，但一般罐体不宜过高，特别在未设酵母离心机的情况下更不宜过高，不然，酵母沉降困难，影响过滤。按国内目前设备情况，控制直径与圆筒高度之比在1∶(2～4) 之间是恰当的，锥底角度一般采用 60°～85°，以有利于酵母的排除。容量通常根据糖化麦芽汁产量的总体积，再加 20%容量作为发酵时泡沫空间，一般是 12～15h 充满一罐。据报道，容量扩大 10 倍，建造费用只增加4～5倍，故国外多建造 400～500m^3 罐，最大罐可达 1000m^3 以上。目前国内有100～500m^3 罐在使用中。

圆筒体锥底罐本身设置冷却夹套进行冷却，其圆筒部分的冷却夹套一般分 2～4 段冷却，视罐体高度而定，圆锥部分根据要求可设或不设冷却夹套。冷却夹套是受压部件，加工工艺较复杂，制作费用较高。锥形发酵罐在啤酒发酵时需要冷却的热量，主要为：

(1) 麦芽汁中糖分发酵时产生的热量。

(2) 将发酵液在 1.5～2d 内从 12℃降到 5℃。

(3) 发酵后期由 5℃1d 内急剧冷却到−1～0℃。

国内一般设计，考虑发酵后期急剧在发酵罐内冷却，冷却夹套面积为 0.45～0.72m^2/m^3 发酵液。使得投资大幅度增加，冷却面积过大不能充分利用。

若只考虑前两项耗冷量，由于第一部分耗冷量远大于第二部分耗冷量，可以第一部分耗冷量为计算依据，则冷媒为氨液时，冷却夹套面积为 0.2m^2/m^3 发酵液；若冷媒为酒精水溶液，则约为 0.23m^2/m^3发酵液。至于发酵后期从 5℃急冷到－1～0℃，可采用一台板式冷却器，冷却速度比罐内快，投资也可大大节省。

冷却段的结构形式多种多样，如

① 扣槽钢。

② 扣角钢。

③ 扣半圆管。

④ 冷却层内带导向板。

⑤ 罐外加液氨管。

⑥ 长形薄夹层螺旋环形冷却管等；通过实践，认为较理想的是最后一种类型。具体参阅图 5-8。

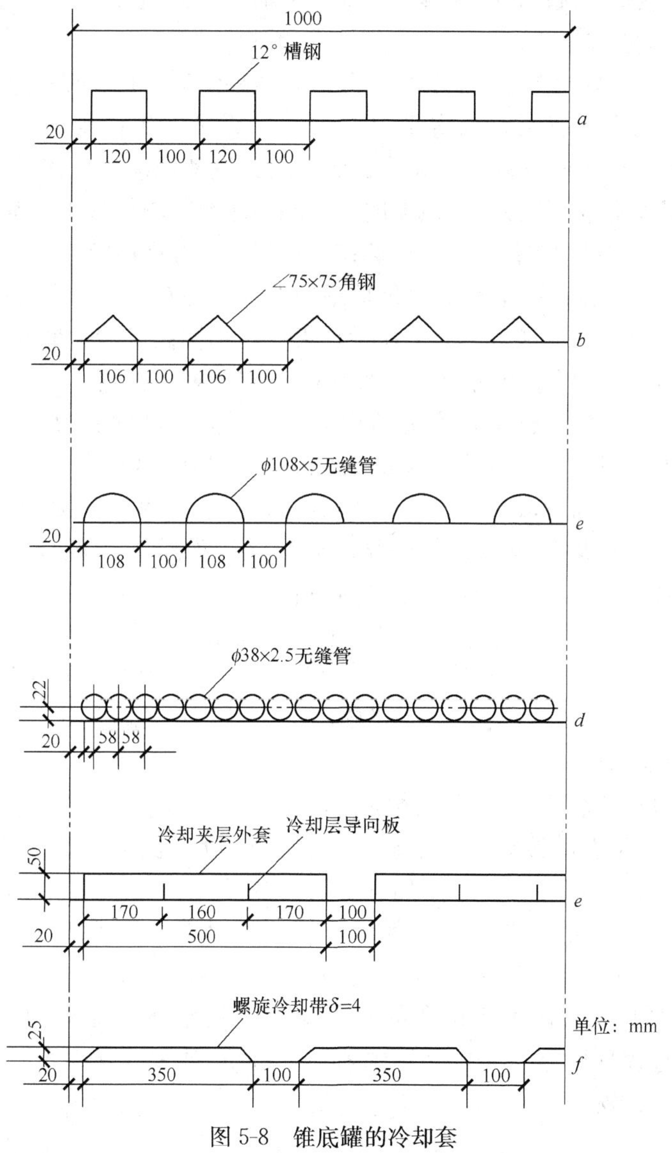

图 5-8　锥底罐的冷却套

在相同 $1m^2$ 罐壁冷却面积上的比较见表 5-3。

表 5-3 不同结构类型在同 $1m^2$ 罐壁冷却面积上的比较

材料耗量＼冷却段的结构类型	*a*	*b*	*c*	*d*	*e*	*f*
耗钢量/kg	60.3	29.1	51.3	30.7	54.8	28.7
焊边长/m	10	10	10	—	10	5
直接冷却面积/m^2	0.6	0.53	0.54	—	0.9	0.8

冷媒可采用20%～30%的酒精或30%乙二醇水溶液，近年来，国内外多采用液氨（直接蒸发）为冷媒，优点是消耗能量低，管径小，省去一套制冷过程，投资费用可节省，生产费用又较低。圆筒体锥底罐用于前发酵时，冷媒温度一般控制在－4℃；用于后发酵贮酒时，则控制在－3～－2℃。

如放置在露天，罐体保温绝热材料可采用聚氨酯泡沫塑料、脲醛泡沫塑料、聚苯乙烯泡沫塑料（要求自熄材料，以防止火灾）或膨胀珍珠岩矿棉等均可，厚为100～200mm，具体厚度可根据当地气候选定。如采用聚氨酯泡沫塑料作保温层，可采用直接喷涂，外层用水泥抹平；或采用成型的聚氨酯泡沫塑料进行敷装。为了罐型美观和牢固，保温层外部可加设薄铝板外套，或镀锌铁板保护，外涂银粉。

圆筒体锥底罐工作时一个重要问题是罐内的对流与热交换。发酵罐中发酵液的对流主要是依靠其中 CO_2 的作用，由于容器较大，在不同高度的发酵液中 CO_2 含量有所不同，在整个锥底罐的发酵液中形成一个 CO_2 含量的梯度。由于发酵液中存在气泡而使其相对密度降低。气泡密集程度高的罐底部液层，其相对密度小于气泡密度低的罐上部液层，于是相对密度较小的发酵液就具有上浮的提升力。而且在发酵时上升的二氧化碳气泡对周围的液体具有一种拖曳力，由于拖曳力和提升力结合后所造成的气体搅拌作用，使罐的内容物得到循环，促进了发酵液的混合和热交换。此外，冷却操作时啤酒温度的变化也会引起罐的内容物的对流循环。在发酵后期，为了加强冷却时酒液的自然对流，可人工充 CO_2 强化酒液循环，人工充 CO_2 也起到二氧化碳洗涤作用，可除去酒液中生酒味。在实际生产中，可在发酵罐顶设二氧化碳回收总管，送二氧化碳至处理站；然后在发酵罐底高于酵母层的位置上设二氧化碳喷射环送入高纯度二氧化碳。

大型发酵罐和贮酒设备的机械洗涤，现在多使用自动清洗系统，简称CIP系统（clean in place），设有碱液罐、热水罐、甲醛溶液罐和循环用的管道和泵；洗涤剂可以反复使用，浓度不够时可以添加补充。使用时先将50～80℃的热碱液（3%～5%NaOH，也可添加洗涤剂）用泵经管道送往发酵罐，贮酒罐中的高压旋转不锈钢喷头压力≥$(3.92\sim9.81)\times10^5$Pa（表），使积垢在液流高压冲击的物理作用与洗涤剂溶解污垢的化学作用相结合的条件下，迅速溶于洗涤剂内，达到清洁的效果。洗涤后碱液流回贮槽，每次循环时间≥5min，而后再分别用泵送热水、清水，按工艺要求交替清洗。

2. 圆筒体锥底发酵罐的技术条件（表 5-4）

表 5-4 圆筒体锥底发酵罐的技术条件

<table>
<tr><th>总体积/m^3</th><th>有效体积/m^3</th><th>罐径/m</th><th>圆筒高/m</th><th>总高/m</th><th>圆锥角/(°)</th><th>冷却面积/m^2</th><th>$\frac{\text{冷却面积}/m^2}{\text{有效体积}/m^3}$</th><th>材料</th><th>备注</th></tr>
<tr><td>490</td><td>416</td><td>5.7</td><td>19.8</td><td>24.7</td><td>75</td><td></td><td></td><td>不锈钢</td><td>美国</td></tr>
<tr><td>356</td><td>280</td><td>5.7</td><td>18.17</td><td></td><td>70</td><td>65+65+65</td><td>0.482</td><td>不锈钢</td><td rowspan="7">德国</td></tr>
<tr><td>100</td><td>85</td><td>3</td><td>13.1</td><td>16</td><td>70</td><td>52</td><td>0.611</td><td>不锈钢</td></tr>
<tr><td>125</td><td>100</td><td>4</td><td>8.33</td><td>12.6</td><td>60</td><td>39+6</td><td>0.45</td><td>不锈钢或碳钢</td></tr>
<tr><td>105</td><td>88</td><td>3.6</td><td>9.1</td><td>13</td><td>60</td><td>63</td><td>0.716</td><td>不锈钢或碳钢</td></tr>
<tr><td>75</td><td>62</td><td>2.9</td><td>8.8</td><td>12.35</td><td>60</td><td>45</td><td>0.725</td><td>碳钢</td></tr>
<tr><td>52.5</td><td>44.5</td><td>2.6</td><td>8.47</td><td>11.45</td><td>60</td><td>32</td><td>0.719</td><td>碳钢</td></tr>
<tr><td>38</td><td>32</td><td>2.4</td><td>7.8</td><td>10.47</td><td>60</td><td>23</td><td>0.718</td><td>碳钢</td></tr>
</table>

3. 辅助设备及自控设施

辅助设备主要包括洗涤液贮罐；杀菌用甲醛贮罐；热水贮罐；空气过滤器及进、出酒泵；洗涤液泵；甲醛泵；热水泵。

如需 CO_2 回收，则设置 CO_2 回收及处理装置。

圆筒体锥底罐的容量大而高，人工操作不便，应设置自控系统进行监控，如温度、工作压力的自动控制及液位显示等。

4. 安装要求及使用说明

（1）罐体焊接后，罐体内壁焊缝必须磨平抛光至 $Ra<0.8\mu m$，抛光方向必须与 CIP 水流方向一致。

（2）设备安装后，罐内及夹套内分别试水压 2.94×10^5 Pa。

（3）冷媒进口管应装有压力表和安全阀，进口冷媒压力限在 1.96×10^5 Pa 以下。排出管上应装有止回阀。如有几条进出口管，可分别集中于一总管上输送。

（4）露天圆筒体锥底罐体积较大，一般是现场加工后安装。在罐体组装的同时进行钢筋混凝土支座的建筑，待罐体组装成型后进行安装。如果是大型的不锈钢罐，可先将锥底部分安装于支座上，最后将罐体吊装于锥底上，焊接成罐。

（5）圆筒体锥底罐的罐体高，负荷重，设计安装时要考虑支座和地基的承重问题及防震、风载荷等措施。

（6）罐体的锥部应置于室内，其酒液出口离地高度以便于操作为好。洗涤剂及甲醛贮罐、配套泵和自控装置均置于室内。此室为单层结构、常温，室内地面及墙壁应光洁，易洗刷，地面要求耐腐蚀。室内对罐体承重结构既要达到强度要求，又须注意美观和操作方便，尽量避免过多的立柱。罐体的露天部分可设简易操作台，方便操作。

（7）圆筒体锥底罐的容量应和糖化设备的容量相应配合，最好在 12～15h 内连续满罐，满罐时间过长，啤酒的双乙酰含量将显著提高，这样将延长整个生产周期。圆筒体锥底罐的容量还须与包装设备的包装能力适应，最好能将一罐酒当天包装完，以保证成品啤酒质量。

（8）酵母的添加以分批添加为好。一次添加酵母，操作比较方便，发酵起发快，污染机会少。但是一次添加酵母后，在以后几批糖化麦芽汁加入时，酵母容易移位至上层，形成上下层酵母不均匀的现象。

（9）如果采用一罐法发酵，酵母的回收一般分为三次进行：第一次在主发酵完毕时进行；第二次在后发酵降温之前进行；第三次在滤酒前进行。前二次回收的酵母浓度高，可以选留部分作为下批接种用。留用的酵母如不洗涤，可以采用循回泵送或通风的办法排除酵母中的 CO_2，使酵母维持良好的生理状态。

（10）为了滤酒时罐底部混酒不至于先排出，锥底设置一出酒短管，其长度以高出混酒液面即可，使滤酒时上部澄清良好的酒先排出。最后才将底部混酒由罐底出口引出。也有在罐体中部设酒液排出管。

（11）出酒后，发酵罐应立即进行自动清洗。

5. 有关计算

（1）容量。锥形罐的容量必须与每天生产的冷麦芽汁量相适应，最大不超过每天生产的冷麦芽汁量。装满一个锥形罐的时间应在 12～15h。一般罐的有效容量是每批冷麦芽汁量的整倍数，罐的容量系数取 80%～85%。对 30000t/a（含 30000t/a）以下啤酒厂，以每天装满一罐为宜。

（2）数量。锥形罐的数量，可用下式计算：

$$n = \frac{T \cdot N}{A} + 3(\text{个})$$

式中　T——发酵时间，周；

A——每个锥底罐可装的麦芽汁批量数，批；

N——每周的糖化次数，次；

3——考虑到进出料等周转时间、清洗时间和发酵时间可能延长需要的罐数，个。

对“一罐法”发酵工艺，发酵周期宜在 14～28d 之间选择。

（3）冷却夹套传热面积。按传热公式 $A=Q/(K \cdot \Delta t_{cp})$ 计算。

① 传热量。锥底罐需传递的热量，包括发酵时产生的热量和阶段冷却时的热量，应分别计算（随不同的工艺而异）。一般发酵时产生的热量远远大于阶段冷却的热量。发酵时产生的热量包括发酵热量和生物合成热量，约可取为 3600kJ/(m^3 · h)，阶段冷却应满足降温速度为 0.5～0.625℃/h。

② 传热系数。发酵时的传热系数可取为 $K=163$W/(m^2 · K)，冷却降温阶段可取为 $K=152$W/(m^2 · K)。

二、大直径露天贮酒罐

大直径露天贮酒罐，又称通用罐、联合罐，结构如图 5-9 所示，既可作发酵罐，又可作贮酒罐，对缩短生产周期，节省投资和生产费用有显著效果。

大直径罐的直径与罐高之比远较圆筒体锥底罐为大。由于罐的高度较低，耐压强度较低，适于作贮酒罐用。大直径罐一般只要求贮酒保温，没有较大的降温要求，因而其冷却面积较锥底罐为小，安装基础也较前者简单。

大直径罐为直立圆柱形罐，顶部封头为椭球形或碟形，锥形或浅锥形底以便回收酵母等沉淀物和排除洗涤水。因其表面积与容量之比较小，罐的造价较低，罐的中上部设有一段冷却夹套，采用乙二醇溶液或液氨冷却，冷却能力要求能在 24h 内将酒液从 15℃降到 5℃。由于冷却夹套在中上部，当上部酒液冷却后，密度增加，沿罐壁下降，底部酒液从罐中心上升，形成对流，使罐内温度均匀。为了加强酒液冷却时的自然对流，在罐的底部酵母层的上方设置一个 CO_2 喷射环，环上 CO_2 喷孔的孔径在 1mm 以下。当 CO_2 在罐中心向上鼓泡时，酒液运动的结果，可使底部出口处的酵母浓度增加，便于回收，同时挥发性物质被 CO_2 带走，CO_2 可回收。罐顶部设有自动清洗装置，在生产过程中被浸没在酒液中。并设浮球带动一出酒管，滤酒时可以使上部澄清液先流出。罐顶设安全阀，必要时设真空阀。大直径罐材料、绝热层、过滤送酒装置、辅助设备及自动系统与锥底罐相同。

三、朝日罐

朝日发酵罐又称朝日单一酿槽，它是 1972 年日本朝日发酵公司试制成功的主发酵和后发酵合一的室外大型发酵罐，是日本为适应一罐法发酵而制造的。它采用了一种新的生产工艺，解决了沉淀困难，大大缩短了贮藏啤酒的成熟期。它的优点有以下几个方面：

(1) 利用间歇的循环泵把罐内的发酵液抽出来再送回去，使发酵液中更多的 CO_2 释放出来，把啤酒中的一些生味物质排除除去，加速了啤酒的成熟。

(2) 利用离心机分离酵母，从而可以采用凝集性弱的酵母，使酵母与发酵液有更多的接触机会，并可控制后发酵液中酵母的浓度，降低乙醛和双乙酰的含量，提高发酵液的发酵度和加速啤酒的成熟。

(3) 利用薄板热交换器顺利地解决了从主发酵到后发酵贮酒温度的控制问题。

这三种设备组合起来解决了主发酵、后发酵温度的控制、酵母浓度的控制以及加快生青物质排除等问题。这种设备在我国由于高速离心机还未得到解决，所以尚未广泛采用。

1. 朝日罐的结构

朝日罐为一罐底微倾斜的平底柱形罐，其由直径与高度之比为 1∶(1～2)、厚 4～6mm 的不锈钢板制成。罐身外部设有两段冷却夹套，底部也有冷却夹套，用乙二醇溶液或液氨为冷媒。罐内设有可转动的不锈钢出酒管，可使放出的酒液中 CO_2 含量比较均匀。朝日罐设备结构和生产系统如图 5-10 所示。

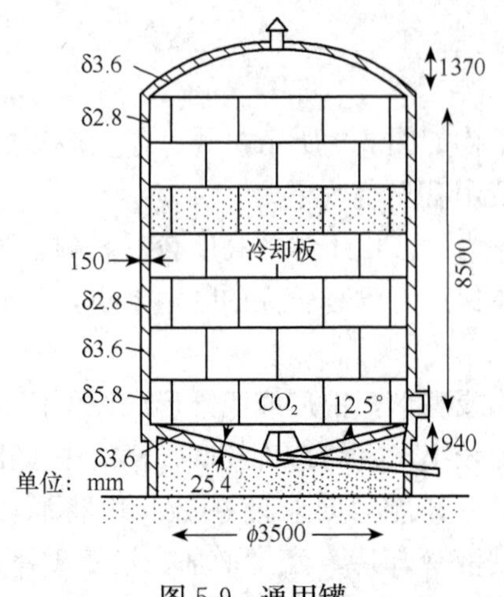

图 5-9　通用罐

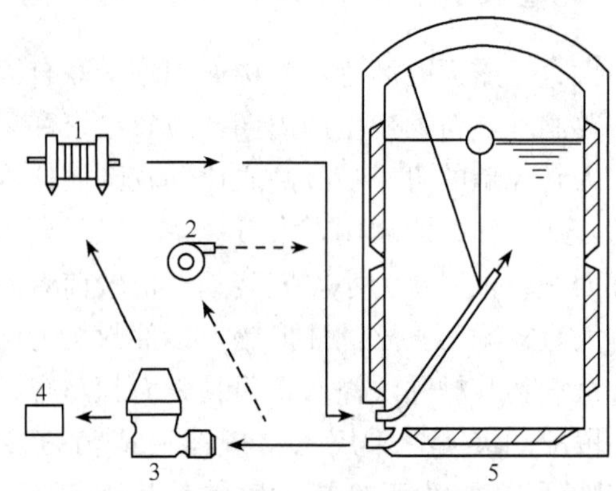

图 5-10　朝日罐发酵生产系统

1. 薄板热交换器；2. 循环泵；3. 高速离心机；4. 酵母；5. 朝日罐

2. 朝日罐发酵法的优缺点

优点：使用朝日罐进行一罐法生产，可加速啤酒的成熟，提高设备利用率，使罐容利用系数达到 96%左右；在发酵液循环时酵母分离，发酵液损失很少；还可减少罐的清洗工作量，设备投资和生产费用比传统法要低，投资可节约 12%，生产费用降低 35%。所得产品质量与传统法比较无明显差别。

缺点：动力消耗大，冷冻能力消耗稍多。

四、啤酒的连续发酵设备

啤酒的连续发酵是 20 世纪初开始研究，20 世纪 50 年代逐渐发展成工业化的一种快速发酵方法。连续发酵的特点是采用较高的发酵温度，保持旺盛的酵母层，使麦芽汁在较短的时间内发酵。连续发酵方法在新西兰、澳大利亚、加拿大、英国、美国等国均有采用。我国上海啤酒厂做了小型试验和中型生产试验，取得了较好成果，湖北省十堰市啤酒厂使用了这项成果，取得了生产经验。

分批发酵过程中，微生物群体要经历迟滞期、对数生长期、静止期和衰老期，而微生物在前后两个非旺盛生长的迟滞期和衰老期时间相当长，必然导致发酵周期长，发酵设备利用率低，管理分散，难以自动化。

连续发酵则在发酵罐内不断地流加培养液，同时又不断地排出发酵液，二者均衡。而发酵罐内的微生物始终维持旺盛的发酵阶段，培养液中细胞浓度和底物浓度保持一定，能充分发挥微生物的作用，提高产物收得率，因而生产操作稳定，便于管理，易于实现自动化。且发酵周期缩短，设备利用率提高。但啤酒连续发酵也存在一些问题尚待解决，例如在长期连续发酵过程中产生菌种突变（不利的变异）和杂菌污染的问题，微生物动态的活动规律还缺乏足够的认识。

啤酒连续发酵用于上面发酵啤酒较受欢迎，用于下面发酵产品从分析数据看，与其他发酵法无明显区别，但从口味上则有较大的区别，产品质量不如其他方法。

啤酒酵母的絮凝性能及沉淀能力是影响发酵的两个重要因素，进行塔式连续发酵需要采用高絮凝性的酵母，而这却难以如愿。最近用固定化啤酒酵母进行连续发酵的研究效果较好，前景乐观。

目前已投入生产使用的连续发酵方法有塔式连续发酵和多罐式连续发酵。国外多罐式连续发酵多使用在上面发酵啤酒。国内试验生产多用塔式连续发酵设备。

1. 搅拌式多罐型啤酒连续发酵

以三罐式上面发酵法啤酒连续发酵为例，其工艺和设备流程如图 5-11 所示。

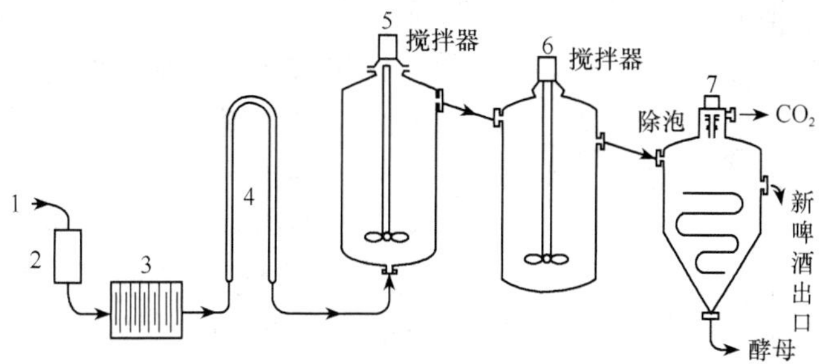

图 5-11 搅拌式三罐式连续发酵工艺流程

1. 麦芽汁进口；2. 泵；3. 薄板热交换器；4. 柱式供氧器；5. 发酵罐Ⅰ；6. 发酵罐Ⅱ；7. 酵母分离器

三罐式连续发酵操作过程为麦芽汁冷却后，送入 0℃贮存罐贮存，使用前再经薄板换热器灭菌、冷却，使 20～21℃冷麦芽汁进入倒置 U 型管充氧；顺次进入发酵罐Ⅰ、加入酵母，搅匀发酵，使发酵度达 50%左右，即进入发酵罐Ⅱ，待发酵度达要求后，在酵母分离罐冷却，使酵母沉淀，酵母从罐底排出，CO_2 从罐上部排出，啤酒从侧管溢流，送入贮酒罐贮存，成熟后过滤灌装。发酵罐多用不锈钢材料。

三罐式连续发酵，以英国纳门啤酒厂三罐发酵为例，技术条件如表 5-5 所示。

表 5-5 三罐式连续发酵的技术条件

项目		技术条件
发酵罐Ⅰ容量/m^3		26.2
发酵罐Ⅱ容量/m^3		26.2
酵母分离罐容量/m^3		14.2
麦芽汁浓度/%		9.5
麦芽汁流加量/（m^3/h）		2.0～2.5
稀释速率 D/h^{-1}		0.075～0.094
发酵温度/℃	发酵罐Ⅰ	21
	发酵罐Ⅱ	24
酵母分离器		3～7
发酵期间酵母浓度/(细胞数个/mL)	发酵罐Ⅰ	54×10^6
	发酵罐Ⅱ	60×10^6
酵母分离器		2×10^6
每罐停留时间/h		10～13

这种连续发酵流程规模已扩大到每天生产啤酒能力为25～85t。在产品质量上，理化指标品尝鉴定和传统发酵啤酒没有明显区别。

缺点是消耗动力大，耗冷量也大。

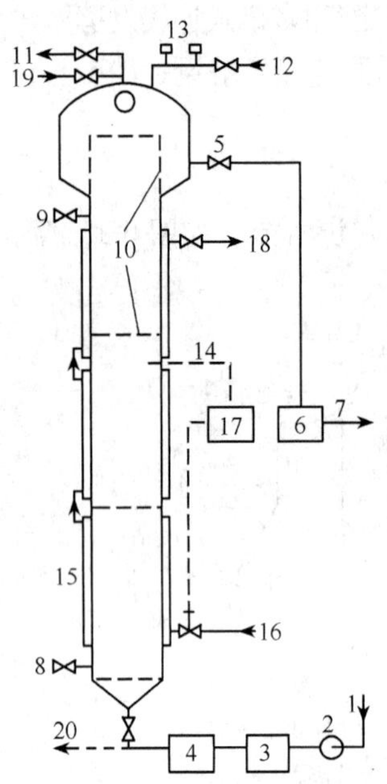

图5-12　啤酒塔式连续发酵流程

1. 麦芽汁进口；2. 泵；3. 流量计；4. 薄板换热器；5、7. 嫩啤酒出口；6. 酵母分离器；8、9. 取样点；10. 析流器；11. CO_2出口；12. 蒸汽入口；13. 压力/真空装置；14. 温度计；15. 冷却套；16. 冷冻剂入口；17. 温度记录控制仪；18. 冷冻剂出口；19. 自动清洗设备；20. 洗涤剂出口

2. 塔式连续发酵

塔式发酵罐是英国APV公司20世纪60年代设计的，又称APV塔式连续发酵。塔式连续发酵生产上面啤酒的流程如图5-12所示。

塔式连续发酵开始时，先分批加入经处理的无菌麦芽汁。无菌麦芽汁从塔底进入，经塔内多孔板折流，使麦芽汁均匀地分布到塔内各截面。麦芽汁在塔内一边上升，一边发酵，直至满塔为止。培养并使其达到要求的酵母浓度梯度后，用泵连续泵入麦芽汁。必须控制好麦芽汁在塔内的流速，流速低，发酵度高，但产量少；流速过高，溢流的啤酒发酵度不足，并会将酵母带出（冲出），使发酵过程受阻。麦芽汁开始流速较慢，一周后，可达全速操作。连续发酵过程中，须经常从塔底通入CO_2，以保持酵母柱的疏松度。流出的嫩啤酒，经过酵母分离器后，再经薄板换热器冷却至－1℃，然后送入贮酒罐内，经过充CO_2后，贮存4d，即可过滤包装出厂。

连续发酵到一定时间后，酵母会发生自溶，死亡率增高，啤酒内氨基氮含量上升，此时，可在塔底排出部分老酵母，仍可继续进行发酵。

发酵温度是通过塔身周围三段夹套或盘管的冷却来控制的。塔顶的圆柱部分是沉降酵母的离析器装置，用以减少酵母随啤酒溢流而损失，使酵母浓度在塔身形成稳定的梯度，以保持恒定的代谢状态。如麦芽汁流速过高时，酵母层会上移。

该流程主要设备是塔式发酵罐。英国伯顿啤酒厂使用的塔式发酵罐的主要技术条件是塔身直径1.8m，高15m；塔底锥角60°；塔顶酵母离析器直径3.6m，高1.8m，罐的容量为45m^3。

国内塔式连续发酵生产啤酒的流程如图5-13所示。培养好的酵母移入主发酵塔中，并加入无菌麦芽汁3t，通风增殖1d后，追加麦芽汁3t，再如前增殖1d，然后开始缓慢加入麦芽汁，直到满罐。待酵母浓度达到要求梯度后，开始以低速连续进料，逐步增加麦芽汁流量，直到全速（240～280L/h）流量操作。

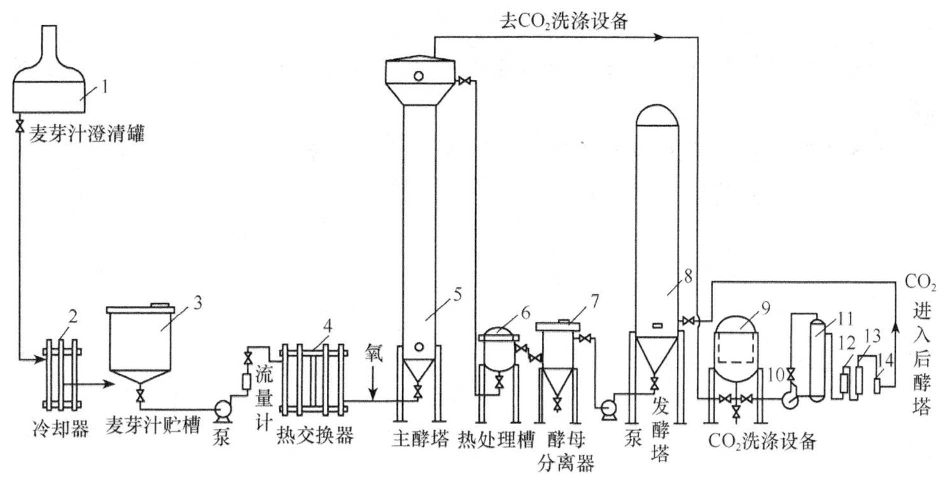

图 5-13 塔式连续发酵流程（国内）

. 麦芽汁澄清罐；2. 冷却器；3. 麦芽汁贮槽；4. 热交换器；5. 塔式发酵罐；6. 热处理槽；7. 酵母分离器；8. 锥形后酵罐；9. CO_2洗涤设备；10. CO_2压缩机；11. 洗涤器；12. 气-液分离器；13. 活性炭过滤器；14. 无菌过滤器

澄清麦芽汁冷却至 0℃送往贮槽，0℃保持 2d 以后析出和除去冷凝固物，经 63℃、8min 灭菌冷却至发酵温度 12～14℃入塔式发酵罐进行前发酵，周期为 2d；进罐前麦芽汁经 U 形充气柱间歇充气，充气量为麦芽汁：空气＝(12～15)：1。由塔顶溢出的嫩啤酒升温至 14～18℃，使连二酮还原，嫩啤酒冷却至 0℃入锥形罐进行后发酵（2 个锥形罐交替使用），3d 满罐。满罐后采用来自塔式发酵罐并经处理的 CO_2 洗涤 1d，并保持 0.15MPa 的 CO_2 背压 1.5d，即可过滤灌装。

国内某啤酒厂使用的塔式发酵罐的主要技术条件是塔身直径 1.2m，高 11.2m；塔底锥角 60°；塔顶酵母离析器直径 2.4m，高 2.0m；罐内折流器（多孔挡板）开 ϕ2mm 小孔，孔距 4mm；罐的容量 10m³，如图 5-14 所示。

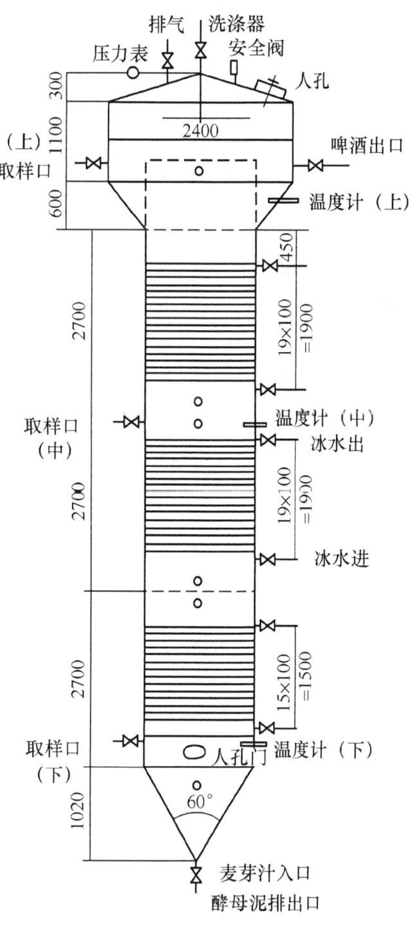

图 5-14 啤酒塔式发酵罐

思考与练习

1. 简述酒精发酵罐的结构和各主要部件的作用，并指出发酵液循环原理。

2. 啤酒发酵罐主要有哪些类型？各种发酵罐

有何特点？

3. 简述圆筒体锥底啤酒发酵罐的结构和各主要部件的作用，并指出发酵液对流循环原理。

4. 简述圆筒体锥底啤酒发酵罐的安装要求及使用方法。

5. 简述啤酒塔式连续发酵设备。

第六章　动植物细胞培养装置和酶反应器

知识目标

1. 了解动植物细胞培养装置的类型与特点。
2. 了解动植物细胞培养装置的一般构造原理和工作机理。
3. 了解酶反应器的类型与特点。
4. 了解酶反应器的一般构造原理和工作机理。

能力目标

1. 能根据生产工艺要求正确选择动植物细胞培养装置和酶反应器。
2. 能读懂动植物细胞培养装置和酶反应器的设备图与设备流程图。
3. 能对动植物细胞培养装置和酶反应器的结构特征进行分析。
4. 具备一定动植物细胞培养装置和酶反应器的操作与管理能力。
5. 具有对动植物细胞培养装置和酶反应器进行技术改造的基本能力。

第一节　动物、植物细胞培养装置

随着生物工程技术的发展，动物、植物细胞的培养逐渐从实验室规模培养过渡到生产规模的生物反应器中进行。动物、植物细胞培养是指动物或植物细胞在体外条件下进行培养繁殖，此时细胞虽然生长与增多，但不再形成组织。

动物、植物细胞培养与微生物培养有较大区别，首先动物细胞是没有细胞壁的，而且大多数哺乳动物细胞需要附着在固体或半固体表面才能生长，即所谓“贴壁培养”。其次是动物细胞对培养基的营养要求相当苛刻，要含有多种氨基酸、维生素、无机盐、糖和血清等物料配成的培养液中才能很好地生长。而且动物细胞对培养环境条件十分敏感，对培养液的温度、pH、溶氧浓度等条件都比微生物培养要求严格得多。由于动物细胞无细胞壁保护，所以对培养液因搅拌而产生的流体剪切力也很敏感，强烈的机械搅拌与通气鼓泡引起的过大剪切力都会损伤细胞，使细胞破裂。相比之下，由于植物细胞具有细胞膜，故可以像微生物一样在液体中进行悬浮培养。但对流体的剪切力的耐受性比微生物要低。由于动物、植物细胞的生长比微生物缓慢得多，而且一般只有在高细胞密度条件下，才能得到一定浓度的产物。由于培养所需时间要比微生物培养长，尤其是动物细胞的培养条件又非常适合杂菌生长，所以动物、植物细胞的培养系统需要有严格的防污染措施。

一、动物细胞悬浮培养生物反应器

有少数动物细胞如杂交瘤细胞、肿瘤细胞可以像微生物那样在通气搅拌反应器内悬浮培养。但由于此类动物细胞缺乏细胞壁保护，如用一般发酵罐的搅拌桨叶搅拌液体时，液体间的剪切力往往过大而破坏细胞，甚至气升式发酵罐的液体剪切应力还是显得过大。此外由于培养液中含有动物血清等高蛋白组分，通气搅拌也往往会引起泡沫过多，这给培养操作带来困难。图 6-1 是一种实验室规模的培养装置。容器规模为 4～40L，该生物反应器的特点是搅拌桨是用尼龙丝编织带制成船帆形，搅拌轴也用磁力驱动旋转，转速为 20～50r/min，氧气通过插入溶液中的硅胶管扩散到培养液内，维持液内一定的溶氧水平。

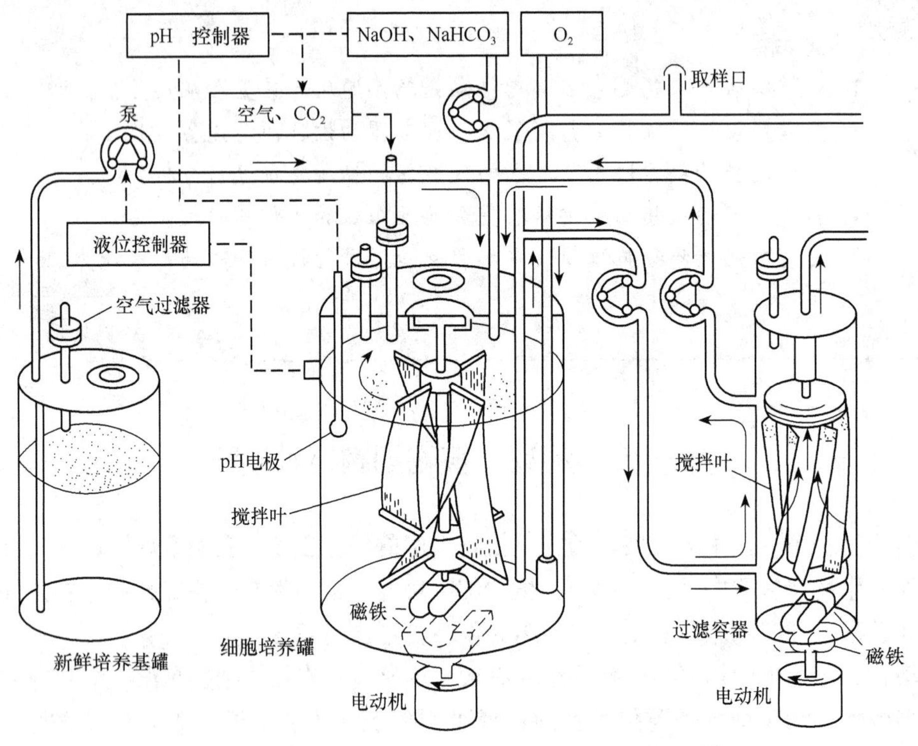

图 6-1 带帆形搅拌器的罐注系统培养装置

该装置采用新鲜培养液连续流加，而流出的培养液则通过旋转过滤器分离细胞后被排出，所以这种培养系统也称为灌注系统。

用上述生物反应器培养鼠类肿瘤细胞，从每 1L 培养液中能得到 1.7×10^{12} 个细胞。

中试及工业规模的动物细胞悬浮培养反应器是近年来努力开发的生物反应器。据报道，目前已有 $10m^3$ 规模的培养装置用来生产杂交瘤单克隆抗体。经过改进后的常规发酵罐也可用于动物细胞的悬浮培养，其关键是改进搅拌桨和通气装置，通常可用螺旋桨搅拌器取代圆盘涡轮式搅拌器，以减少液体搅动时剪切力。用扩散渗透通气装置来取代传统的通气管，搅拌转速控制在10r/min，其溶氧传质系数 $K_{L}\alpha$ 能达到 $10h^{-1}$ 即可。在这样低的转速下，培养罐的挡板可去掉。也有文献介绍，可用装有振动混合搅拌器的生物反应器为动物细胞的悬浮培养设备，图6-2是工业规模装置的示意图。

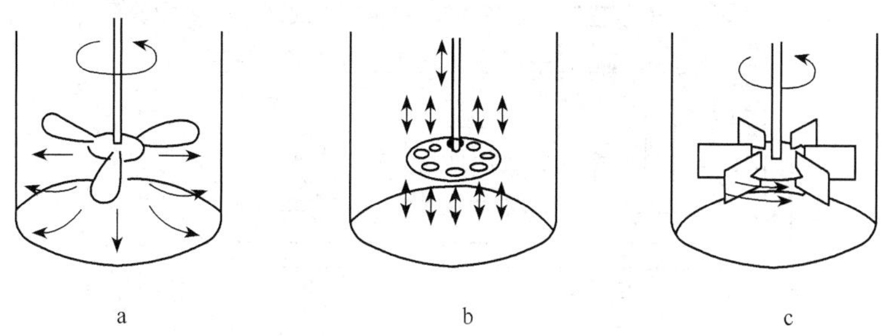

图6-2　非贴壁依赖性细胞培养中试及生产规模反应器

a. 桨叶搅拌；b. 振动搅拌；c. 涡轮搅拌

二、动物细胞贴壁培养的反应器

大部分动物细胞需附着在固体或半固体表面才能生长，细胞在载体表面上生长并扩展成单一层，所以贴壁培养又称单层培养。

传统的动物细胞培养装置是采用滚瓶培养，将图6-3所示的滚瓶装入培养液并在接种后，放到一个装置上，使滚瓶缓慢旋转，动物细胞就在滚瓶内壁贴壁生长繁殖，到一定时候将细胞收获。目前很多生物制品工厂就用4～30L大小的滚瓶进行动物细胞贴壁培养，来生产疫苗。

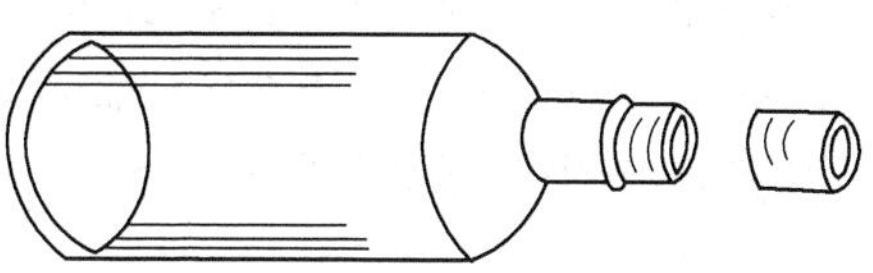

图6-3　培养用的滚瓶

由于滚瓶表面与体积之比只有0.35左右，因而滚瓶培养的生产能力较低，而且手工操作劳动强度大，限制了动物细胞大规模培养。近年来发展了中空纤维培养装置（图6-4）。该装置是由中空纤维管组成，每根中空纤维管内径为200μm，壁厚为50～70μm，中空纤维管的管壁是半透性的多孔膜，氧与二氧化碳等小分子可以自由地透过膜双向扩散，而大分子的有机物则不能透过。动物细胞贴附在中空纤维管外壁生长，可很方便地获取营养物质和溶氧。由于该装置内可装置成千根的中空纤维管，故其生长表面积与体积之比可达40余倍，而其溶氧传质速率也比悬浮培养器高3倍，可达0.6mmol/(L · h)，为大规模动物细胞培养创造了条件。

如前所述，动物细胞培养时间要比一般微生物培养时间长，其灭菌要求严格，对中空纤维培养器来讲尤为重要，如果该装置因操作不当而污染杂菌后，整个装置就无法灭菌再生而报废，经济损失就较大。这是中空纤维培养器的最大缺点。

三、动物细胞微载体悬浮培养反应器

用微珠作载体，使单层动物细胞生长于微珠表面，可在培养液中进行悬浮培养，这种培养方式将单层培养和悬浮培养结合起来，是大规模动物细胞培养技术最有前途的方法。

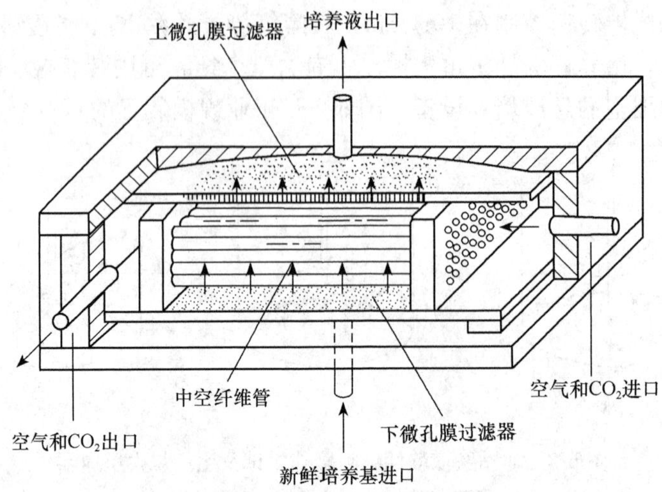

图 6-4 中孔纤维培养器

贴壁培养动物细胞的载体微珠称为微载体。该微珠可用交换摩尔分数低的葡聚糖凝胶、聚丙烯酰胺、明胶或甲壳质等来制造，微载体球径约为 40～120μm，经生理盐水溶胀后，其直径为 60～280μm。用于动物细胞培养时，要求球径较为均匀，径差<20～25μm。溶胀后的载体相对密度稍大于培养液的相对密度，一般要求密度在 1.03～1.05g/mL，以便在反应器内经缓慢搅拌后，微载体能悬浮起来。图 6-5 是培养后的葡聚糖凝胶微载体的显微照片。

图 6-5 动物细胞贴壁培养后的微载体显微镜照片

微载悬浮培养的反应器要解决的三个关键问题：

(1) 具有合适的搅拌，使微载体在培养液内悬浮循环流动，而又不因过高的剪切力而使动物细胞受到破坏。

(2) 不能像传统发酵罐那样用空气在培养液内鼓泡充氧，而只能用特殊方式来传递氧，以满足所需要的溶氧浓度。

(3) 在培养液中要严格控制 pH，要求 pH 控制误差<0.05。

图 6-6 是用中空纤维来作通气装置的微载体悬浮培养反应器，其 H/D 为 1.2～

1.5，培养液通过下层螺旋桨搅拌器被缓慢地搅动循环，转速可在 0～80r/min 之间调节，使微载体在培养液中保持悬浮状态。该反应器最大的特点是用直径为 2.5mm 的聚四氟乙烯中空纤维管作为通气供氧装置。空气在管内，氧分子通过半透性的管壁溶透到培养液中，供给动物细胞生长。采用此通气供氧方式，在培养液中不会产生气泡，可避免损坏动物细胞。据测定，该装置的氧传递能力可达 30mg/(L·h)。若在中空纤维管束中通入纯氧，则传递能力还可提高。

另一类型的动物细胞微载体悬浮培养反应器如图 6-7 所示。反应器内只有一个旋转圆筒，在圆筒上部有 3～5 个中空的导向搅拌桨叶，在圆筒外壁上用 200 目 (75μm) 不锈钢丝网焊成一个环状气腔，气腔下面有一圈气体分布管。

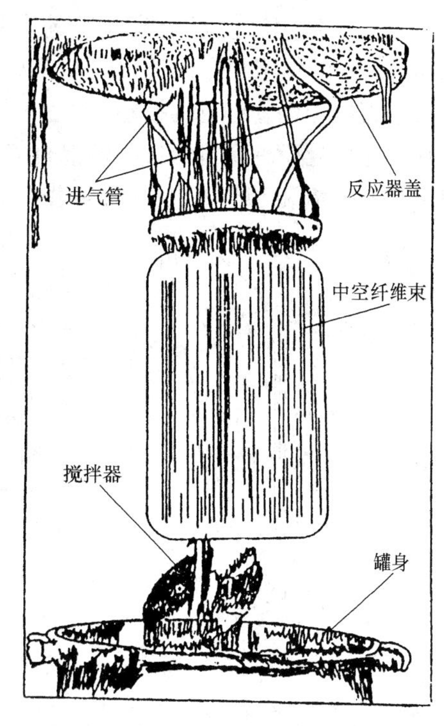

图 6-6　带中空纤维束的动物细胞悬浮培养反应器

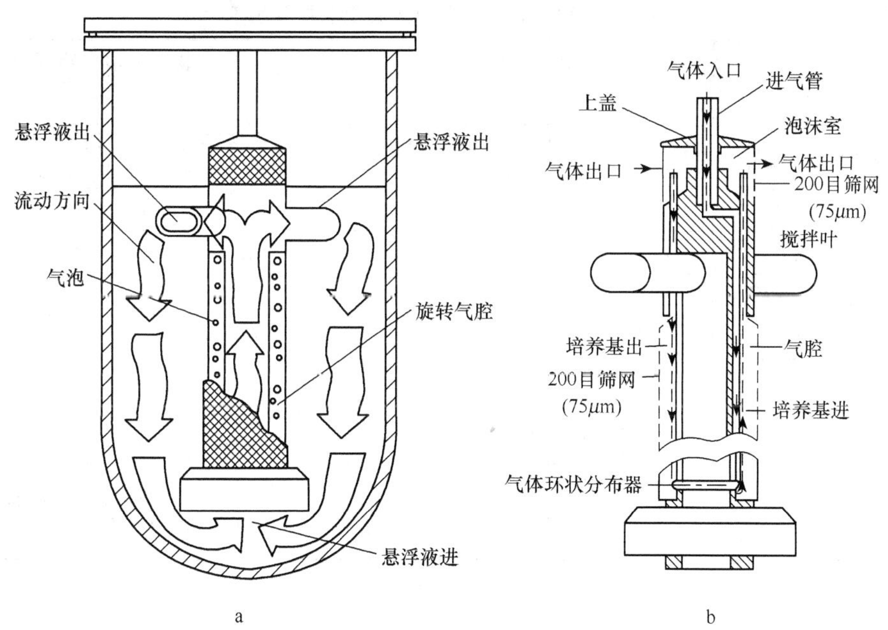

图 6-7　气腔式动物细胞培养反应器

a. 培养反应器；b. 旋转气腔装置示意图

反应器运转时，圆筒由轴联动一起以 0～50r/min 的转速旋转，培养液由于中空导向桨叶的搅动作用，液体与微载体的悬浮液由圆筒下部吸入，从中空导向桨叶流出，形成循环流动。在气腔内气体由分布管鼓泡，气体溶于液体中，依靠气腔丝网外液体的循环流动及扩散作用，使溶于液体中的气体成分均匀地分布到反应器内，使用 200 目（75μm）丝网的作用是保证微载体不进入到气腔，而气泡也不流入到培养悬浮液中，避免了气泡直接与动物细胞的接触。

该反应器还带一个进入气腔的混合气体（氧、氮、二氧化碳和空气）调气系统，用来自动控制溶氧和 pH。该反应器操作较方便，转速控制稳定。

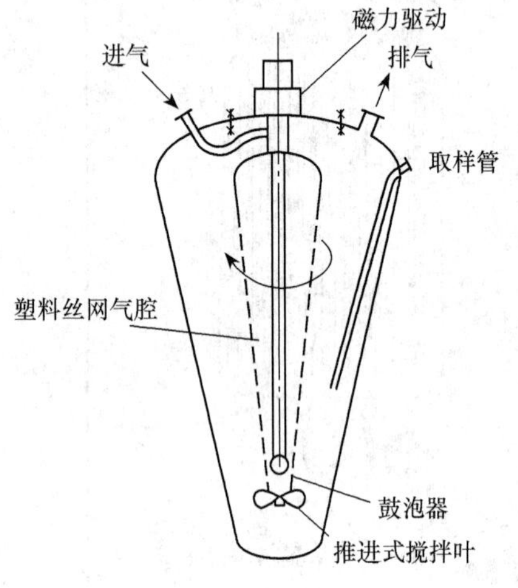

图 6-8　锥形动物细胞培养反应器

另一种带气腔的动物细胞反应器如图 6-8 所示，其外壳是一个圆锥形筒体，锥筒体内装有一个可旋转的塑料丝网气腔，在气腔的尖端部带有一螺旋桨搅拌器，靠螺旋桨的翻动，使培养液循环流动，也使微载体悬浮于培养液中。在塑料丝网气腔内，有一圈气体鼓泡管，同样也有四种气体通过配比调节来控制培养液的 pH 和溶氧浓度以满足动物细胞生长所要求的条件。

表 6-1 列举了中空纤维培养反应器和微载体悬浮培养反应器主要性能的比较，可以看出，如果微载体悬浮培养反应器能很好解决氧的传递问题，该反应器是一种能被较容易控制和放大的装备。

表 6-1　动物细胞大量培养反应器性能比较

性　　能	中空纤维反应器	微载体悬浮培养反应器
比表面积	30.7	31～35
高细胞浓度下氧传递能力	好，但某些细胞因存在氧浓度梯度生长受限制	需要用特殊装置才能提高氧的传递能力，防止气泡损伤动物细胞
细胞所处环境	存在浓度梯度	均一
控制环境能力	中等	好
反应器受污染后再生能力	困难	较易
计算机优化控制	实施较困难	实施容易
检测细胞生长	较困难	较方便
最高细胞密度	1×10^5个/mL	分批培养：$(5\sim6)\times10^6$个/mL 灌注培养：$(4\sim5)\times10^7$个/mL
放大的可能性	好，但受到调节和控制方面的限制，由于营养液及氧的浓度的梯度影响了反应器的规模	好，但受到氧的传递、微载体的成本及操作技术方面的限制

四、植物细胞反应器

对大多数植物细胞培养的研究而言，常用间歇式反应器来进行培养。通常使用的摇瓶、通用式发酵罐、鼓泡式生物反应器、气升式生物反应器和旋转圆筒式的生物反应器都可用于植物细胞培养。植物细胞培养反应器已从实验室规模的 1～30L 放大到工业性试验规模 130～20000L。图 6-9 是工业规模进行烟草植物细胞的连续培养装置，其反应器体积为 $20m^3$，搅拌叶直径为罐径的 1/2。该装置进行连续培养时，其生成能力为 5.82kg 干细胞/(m^3 · d)

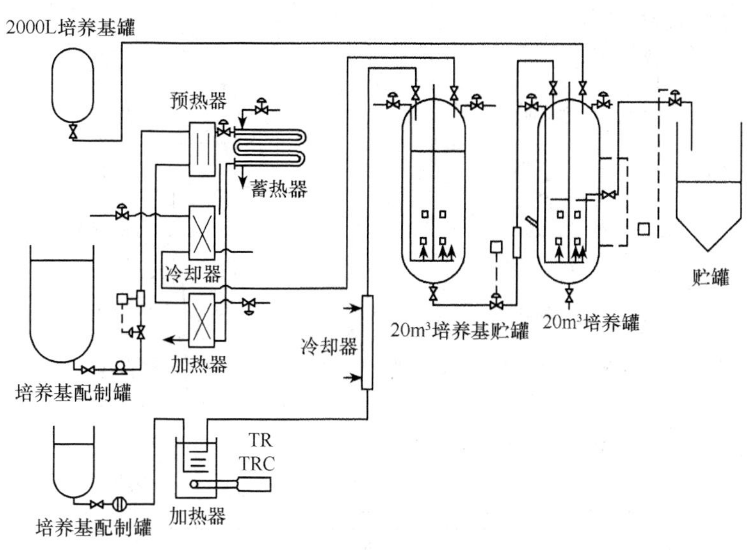

图 6-9　培养烟草细胞的装置

图 6-10 也是用于植物细胞培养的强制循环生物反应器。空气提升式生化反应器在植物细胞中也有一定的应用背景。与一般机械搅拌植物细胞培养罐相比，其有如下优点：

（1）液体流动时的剪切应力比机械搅拌罐低得多。

（2）反应器结构简单，造价低，无轴封装置，灭菌方便。

（3）能耗及操作费用低。

（4）可用通气速率来控制细胞的生长速率。

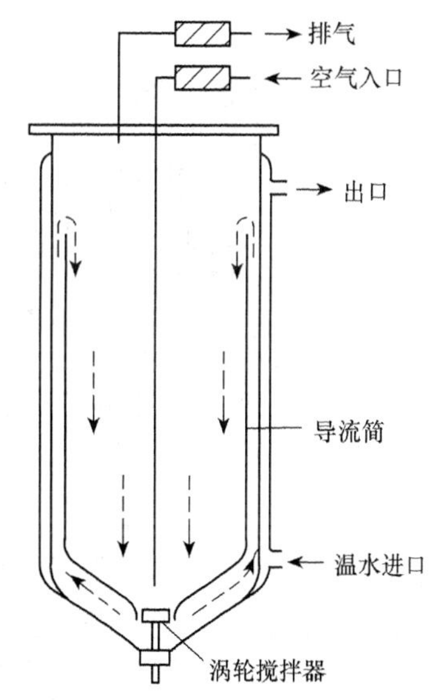

图 6-10　用于植物细胞培养的强制循环反应器

图 6-11 是最简单的气升环流式植物细胞培养反应器，图 6-12 是利用植物细胞培养的筛板塔式反应器。有人在不同的生化反应器系统中进行柠檬叶鸡眼藤细胞培养，用来生产蒽醌，其结果如图 6-13 所示，表明气升式生物反应器在同样条件下亦有较高的生产率。表 6-2 是大规模植物细胞培养反应器的实例。

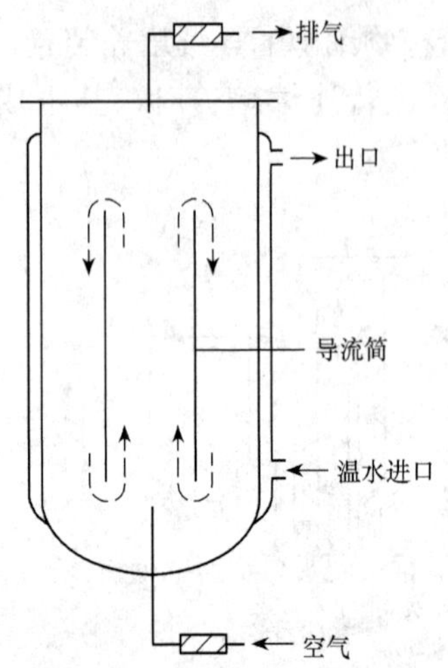

图 6-11　用于植物细胞培养的气升式环流反应器

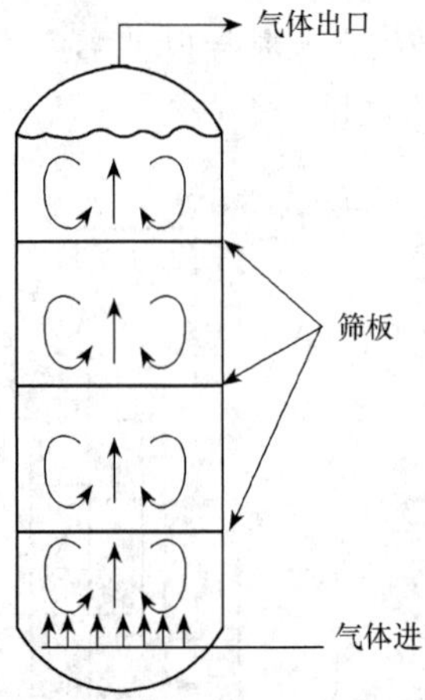

图 6-12　用于植物细胞培养的筛板塔式反应器

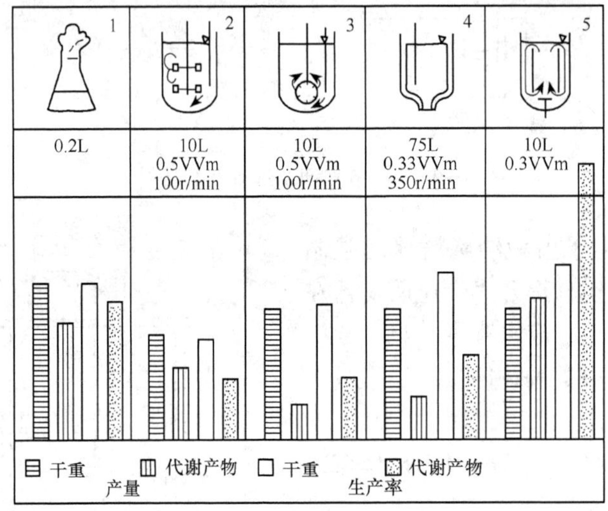

图 6-13　各种反应器系统中细胞和蒽醌产量和生产率的比较

1. 摇瓶；2. 平叶片叶轮；3. 多孔的盘状叶片；4. 装有卡普兰式叶轮机的通风管反应器；5. 气升式反应器

表 6-2　大规模植物细胞培养反应器实例

容量/L	结构形式	材　质	细胞来源
57	带有搅拌器的倒置三角瓶	玻璃	番薯属
5	带有搅拌器的圆底烧瓶	玻璃	欧亚碱
10	转瓶系统	玻璃	欧亚碱
10	普通微生物发酵罐	玻璃	海载
10	带有通气管道的气升式反应器	玻璃	海载
30	普通微生物发酵罐	不锈钢	黑麦草属 蔷薇属
65	鼓泡柱式反应器	玻璃 不锈钢	烟草 烟草
100	气升环流式	玻璃	长春花
1500	鼓泡柱式反应器	不锈钢	烟草
2000	通用式发酵罐	不锈钢	烟草

第二节　酶反应器

一、酶反应器的类型

以酶作为催化剂进行反应所需的设备称为酶反应器。酶反应器基本上是游离酶、固定化酶或固定化细胞催化反应的容器。酶反应器不同于化学反应器，它是低温、低压下发挥作用，反应时的耗能和产能也比较少。酶反应器也不同于发酵反应器，因为它不表现自催化方式，即细胞的连续再生。但是酶反应器和其他反应器一样，都是根据它的产率和专一性来进行评价的。

酶反应器的类型很多，其分类方法也不同。根据几何形状和结构来分类，可分为罐型、管型、膜或片型几种。按进料和出料的方式可分为分批式、半分批式与连续反应器。按其功能结构可分为膜反应器、液固反应器及气-液-固三相反应器三大类。酶反应器的分类如表 6-3 所示。

表 6-3　酶反应器形式及其特征

	类型名称	适用的操作方式	特　征
均相酶反应器	搅拌罐	分批，半分批	反应器内的溶液用搅拌器机械混合
	超滤膜反应器	分批，半分批 连续	采用如透析膜、超滤膜、中空纤维等，只允许低分子化合物而酶不能通过的膜反应器，适用于大分子底物
固定化酶	搅拌罐	分批，半分批 连续	用搅拌器搅拌，固定化酶或固定化微生物粒子悬浮在溶液中。粒子保留在槽内
	固定床或填充床	连续	最广泛使用的固定化酶及固定化微生物反应器。把固定化酶或固定化微生物粒子（粒径 100μm 至若干毫米）填充在塔内，底物溶液一般是由下向上通入
	流化床	分批，连续	靠溶液的流动促使固定化酶或固定化微生物的粒子在床内激烈搅动、混合
	膜反应器	连续	膜状或者片状的固定化酶或固定化微生物反应器。其组件形式有中空酶管、螺旋板反应器、旋转圆盘型、平板型等
	鼓泡塔	分批，半分批 连续	将固定化酶或者固定化微生物颗粒悬浮在鼓泡塔中，粒子保留塔内，适用于有气体（特别是 O_2）参与的反应

二、游离酶反应器

工业上应用的大多数酶，都是价廉且不纯的催化大分子化合物水解的酶类。虽然在经济上和技术上酶能够被固定化。但目前还照样应用游离酶。因为这些水解酶类的底物多数是带有黏性（如淀粉）或不溶于水的颗粒，难以用固定化酶酶反应进行处理。所以游离酶反应器目前在工业生产上还占有极重要的位置。

1. 搅拌罐式反应器

搅拌罐式反应器是目前较常使用的游离酶反应器。它由容器、搅拌器及保温装置组成。有时也可在容器壁上装上挡板，以促进反应物的混合。其结构如图 6-14。搅拌罐式反应器又有分批式和半分批式之分。分批式是先将酶和底物一次装入反应器，在适当温度下开始反应，反应达一定时间后，将全部反应物取出。而半分批式是将底物缓慢地加入反应器中进行反应，到一定时间后，将全部反应物取出。当反应出现底物抑制时，需采用半分批式操作。此类反应器不能进行酶的回收使用，一般在反应结束后通过加热或其他方法，可使酶变性除去。反应器结构简单，不需特殊设备，适于小规模生产。

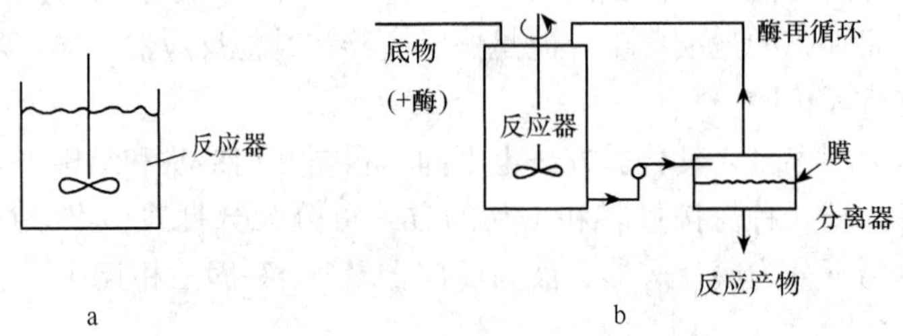

图 6-14 搅拌罐反应器和超滤膜酶反应器示意

a. 搅拌罐反应器；b. 超滤膜酶反应器

2. 超滤膜酶反应器

常用的超滤膜酶反应器的结构如图 6-14 所示，采用这种类型的反应器时，酶处于水溶液状态。由于膜对于蛋白（大分子）物质是非透过性的，因此只允许小分子产物透过，而酶被截留回收重新使用，可节省用酶，特别适用于价格较高的酶。这种反应器可用于分批操作，也可适用于连续操作。所谓连续操作即一边连续地将底物加到反应器中，一边连续地排出生成物。用于这类反应器的膜有超滤膜和透析膜等。膜的形状有平板状、管状、螺旋状和中空纤维状。此反应器可以作用于胶态或不溶性底物，特别是产物对酶有抑制作用时，采用此装置较合适。但是，酶的长期操作稳定性差，而且酶易在超滤膜上吸附损失，或在膜表面浓缩极化。

三、固定化酶反应器

1. 搅拌罐型反应器

搅拌罐型反应器有分批反应器（batch stirred tank reactor，BSTR）和连续流搅拌罐反应器（continuous flow stirred tank reactor，CSTR）（图 6-15）。这类反应器的特点是内容物的混合是充分均匀的。无论哪一种都有结构简单，温度和 pH 容易控制，适用于受底物抑制的反应，传质阻力较低，能处理胶体状底物及不溶性底物和固定化酶易更换等优点。但反应效率较低，载体易被旋转搅拌桨叶的剪切力所破坏，搅拌动力消耗大。BSTR 在用离心或过滤沉淀方法回收固定化酶过程中易造成酶的失效损失。CSTR 常在反应器出口装上滤器使酶不流失，也可用尼龙网罩住固定化酶，再将袋安装在搅拌轴上的方式进行反应，有的则作为磁性固定化酶粒，借助磁吸方法滞留，有时则把固定化酶固定在容器壁上或搅拌轴上。为了达到有效的混合，也可把多个搅拌罐串联起来组成串联反应器组。

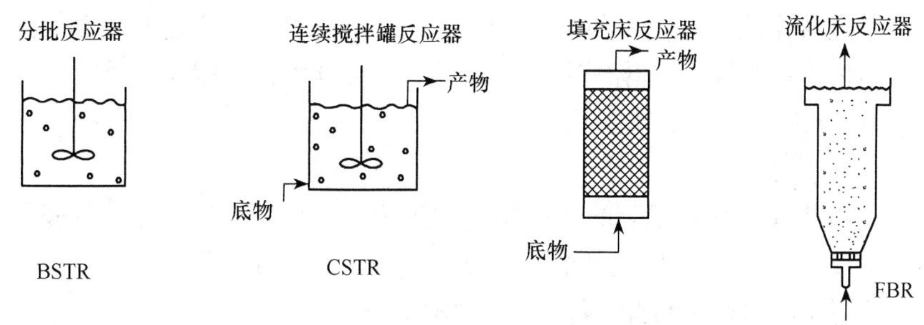

图 6-15　各种类型的固定化酶反应器

2. 固定床型反应器

把颗粒状或片状等固定化酶填充于固定床（也称填充床，床可直立或平放）内，底物按一定方向以恒定速度通过反应床（图 6-15）。它是一种单位体积催化剂负荷量多，效率高的反应器。当前工业上多数采用此类反应器。与全混流反应器（CSTR）相反，有另一类理想的、没有返混的反应器，称为活塞流反应器（PFR）。在其横截面上液体流动速度完全相同，沿流动方向底物及产物的浓度是逐渐变化的，但同一横切面上浓度是一致的。因此，称为活塞流反应器（plug flow reactor，PFR）。高（长）径比较大的管式反应器，接近于活塞流反应器。

固定床反应器可使用高浓度的催化剂，反应产生的底物和抑制剂可从反应器中不断地流出。由于底物浓度沿反应器长度是逐渐增高的，因此与 CSTR 相比，可减少产物的抑制作用。但是它存在下列缺点：

（1）温度和 pH 难以控制。

（2）底物和产物会产生轴向浓度分布。

（3）清洗和更换部分固定化酶较麻烦。床内有自压缩倾向，易堵塞，且床内的压力降相当大，底物必须在加压下才能加入。

3. 流化床型反应器

流化床反应器（fluidized bed reactor，FBR）是一种装有较小颗粒的垂直塔式反应器（形状可为柱形、锥形等）（图 6-15）。底物以一定速度由下向上流过，使固定化酶颗粒在浮动状态下进行反应。流体的混合程度可认为是介于 CSTR 和 PFR 之间。它有下列优点：

（1）具有良好的传质及传热的性能。pH、温度控制及气体的供给比较容易。

（2）不易堵塞，可适用于处理黏度高的液体。

（3）能处理粉末状底物。

（4）即使应用细粒子的催化剂，压力降也不会很高。

但也有缺点如下：

（1）需保持一定的流速，运转成本高，难于放大。

（2）由于流化床的空隙体积大，酶的浓度不高。

（3）由于底物高速流动使酶冲出，降低了转化率。使底物进行循环是避免催化剂冲出、使底物完全转化成产物的一种方法。另一种方法是使用几个流态化床组成的反应器组，或使用锥形流态化床。流化床中酶的阻截可如连续流搅拌罐反应器。

4. 膜型反应器

由膜状或板状固定化酶组装的反应器均称为膜型反应器。用固定化酶膜组装成的平板状或螺旋状反应器、转盘型反应器、空心酶管和中空纤维膜反应器等都属于此类反应器。图 6-16 为各种模型固定化酶反应器结构示意图。

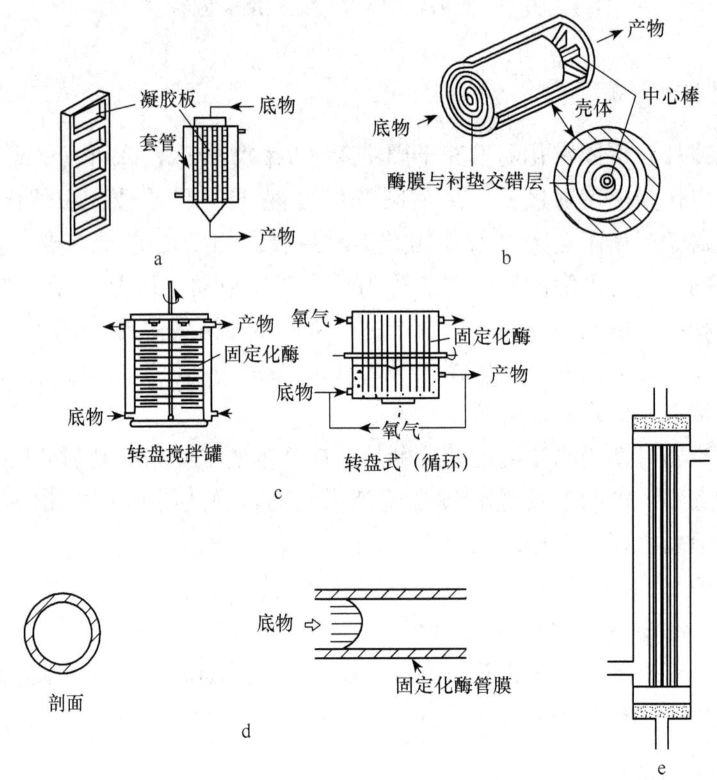

图 6-16 各种模型固定化酶反应器

a. 立型平板式；b. 螺旋卷式；c. 转盘式；d. 空心酶管；e. 中空纤维反应器

平板型和螺旋卷型反应器应具有下列特点：

（1）压力降小。

（2）膜面积清晰。

（3）放大容易等优点。但与填充塔等相比，反应器内单位体积催化剂的有效面积较小。

空心酶管反应器的酶是固定在细管的内壁上的，底物溶液流经细管时，只有与管壁接触的部分进行酶反应。管内径在 1mm 左右。管内流动属于层流，这种反应器除了工业上应用外，更多的则是与自动分析仪器等组装在一起，用于定量分析。

转盘型固定化酶反应器以包埋法为主，制备成固定化酶凝胶薄板（成型为圆盘状或叶片状），然后，把许多圆盘状（或叶片状）凝胶板装配在旋转轴上，并把整个装置浸在底物溶液中，此类反应器更换催化剂方便。反应器有立式和卧式两种，卧式反应器则是1/3浸泡在底物溶液中，剩余2/3被通入的气体所占领。可适用于需氧反应，或者当反应会产生挥发性生成物或副产物（此类物质对酶有害）时，采用此反应器就合适。因为这些有害产物可被气体带走。此反应器广泛用于废水处理装置。

中空纤维膜反应器则是数千根醋酸纤维制成的中空纤维（内径200～500μm，外径300～900μm）。内层紧密、光滑，具有一定分子质量截留值，可截留大分子物质而允许不同的小分子物质通过。外层为多孔的海绵状支持层，酶被固定在海绵支持层中（或者相反，内层为海绵状，外层为光滑）。反应器的形状可为管式或列管式，中空纤维可承受较大压力，通过正常超滤程序将底物压过内壁与海绵状介质上酶起反应。滤过的溶液可根据反应的条件排放或循环再使用。中空纤维膜反应器根据工艺条件可分为反冲式和反循环式。反冲式是反应液自纤维外室压入，反循环式则是根据压力差在纤维的上部底物由内向外流动，而下半部则由外反流入内。

5. 鼓泡塔型反应器

在反应中，涉及有气体的吸收或产生，此类反应最好采用鼓泡塔型反应器，或三相流化床反应器，其示意图如图6-17所示。一些无载体固定化新鲜菌体的反应器也采用塔型反应器，把固定化酶放入反应器内，底物与气体从底部通入。通常，气体进入反应器前后经过气体分散板得到充分分散，有时，甚至和循环液从底部以切线方向进入，以促使反应器的流动状态符合要求。

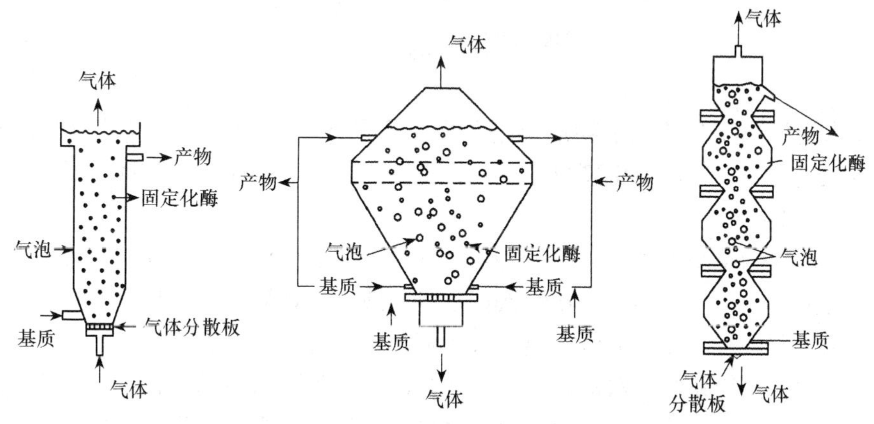

图6-17　鼓泡塔型反应器

思考与练习

1. 简述动植物细胞培养装置各自的特点。
2. 动物细胞培养装置主要有哪些类型？其结构是如何的？
3. 植物细胞培养装置主要有哪些类型？其结构是如何的？
4. 酶反应器的类型主要有哪些？介绍几种常用酶反应器的构造。

第七章　生物反应器的检测及控制

☞ **知识目标**

1. 了解生物反应器与生物反应过程检测的基本原理。
2. 了解生物反应过程主要参数检测方法。
3. 掌握生物反应过程检测常用仪器的结构与原理。
4. 了解生物反应过程的控制原理。

☞ **能力目标**

1. 能根据生物反应器与生物反应过程的要求正确选择参数检测方法。
2. 能正确使用生物反应过程检测常用仪器。
3. 具备一定生物反应过程控制系统的操作与管理能力。

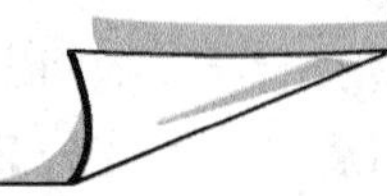

第一节　概　　述

在微生物发酵以及其他生物反应过程中，为了使生产稳产、高产，降低原材料消耗，节省能量和劳动力，防止事故发生，实现安全生产，必须对生物反应过程和反应器系统实行检测和控制。

生物反应器的检测是利用各种传感器及其他检测手段对反应器系统中各种参变量进行测量，并通过光电转换等技术用二次仪表显示或通过计算机处理打印出来。当然，除了用仪器检测外，最古老的方法是通过人工取样进行化验分析获得反应系统的有关参变量的信息。生物反应系统参数的特征是多样性的，不仅随时间而变化，且变化规律也不是一成不变的，是属于非线性系统。为了掌握生物反应器系统中生化反应的状态参数及操作特性以便进行控制，需检测系列的参数。按照参数的性质特点，可以分为三大类：物理参数、化学参数及间接参数。表 7-1 列举了目前已成熟的或今后有待发展的一些参数项目。

这些参数可以通过传感器或其他检测系统以各种方式把非电量转换成电量变化，就能很方便地通过二次仪表显示、记录或送电子计算机处理或控制。图 7-1 是带有计算机数据检测和控制的生物反应系统的例子。整个系统可以分为三个部分，即信号检测、计算机控制和工艺研究相结合的软件部分。

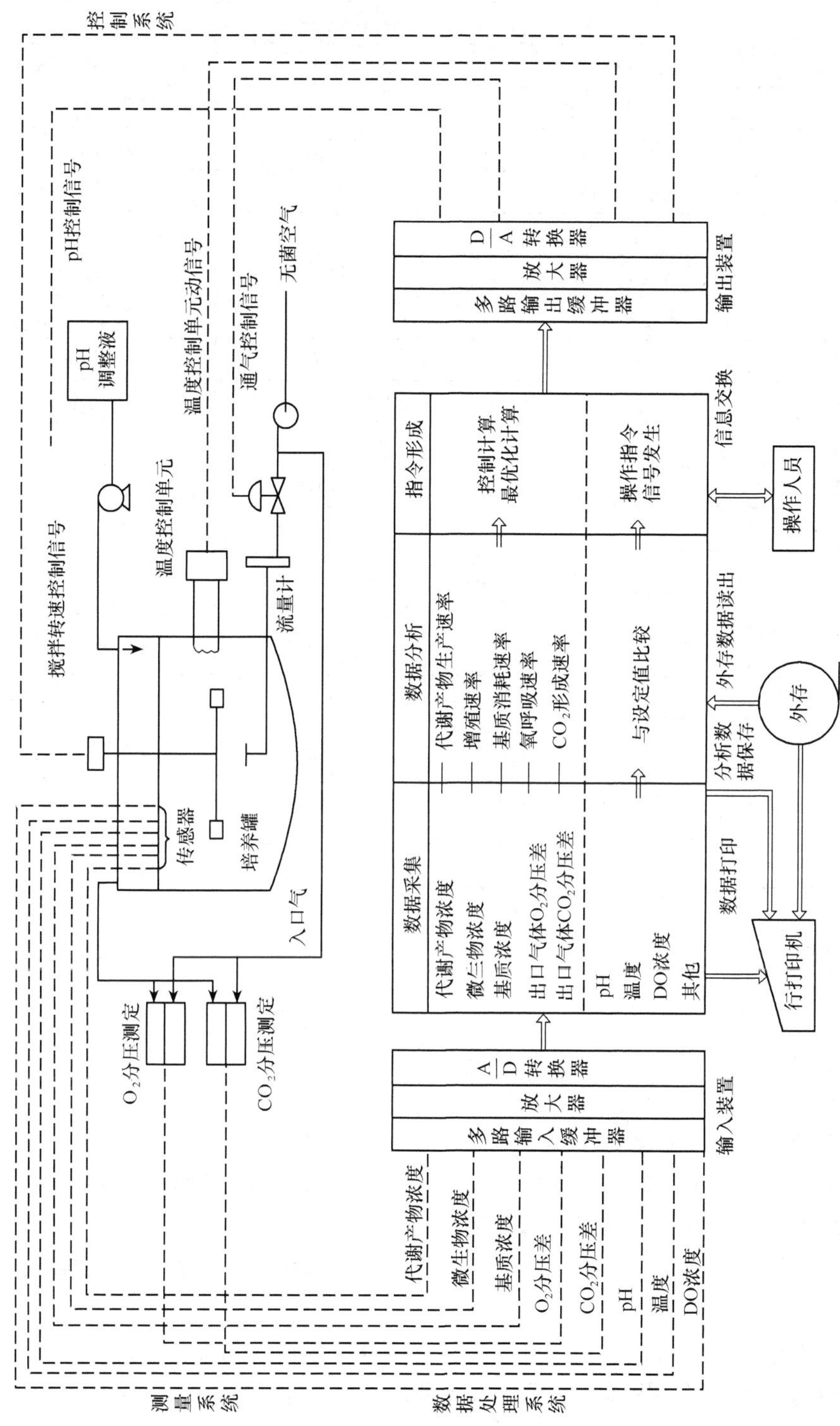

图 7-1　带有计算机数据采集与控制的生物反应器系统

表 7-1 生物反应过程参数检测的分类

物理参数	化学参数		间接参数
	成熟	尚不成熟	
温度	pH	成分浓度	摄氧率（OUR）
压力	氧化还原电位	糖	二氧化碳生成率（CER）
功率输入	溶解氧浓度	氮	呼吸商（RQ）
搅拌转速	溶解 CO_2 浓度	前体	总氧利用
通气流量	排气 O_2 分压	诱导物	体积氧传递系数（K_La）
泡沫水平	排气 CO_2 分压	产物	细胞浓度（X）
加料速率	其他排气成分	代谢物	细胞生长速率
基质	—	金属离子	比生长速率（μ）
前体	—	Mg^{2+}，K^+，Ca^{2+}，Na^+	细胞得率（$Y_{X/S}$）
诱导物	—	Fe^{2+}，SO_4^{2-}，PO_4^{3-}	糖利用率
培养液重量	—	NAD，NADH	氧利用率
培养液体积	—	ATP，ADP，AMP	比基质消耗率（v）
生物热	—	脱氢酶活力	前体利用率
培养液表观黏度	—	其他各种酶活力	产物量（P）
积累消耗量	—	细胞内成分	比生产率（v）
基质	—	蛋白质	其他需要计算的值参数
酸	—	DNA	功率，功率准数
碱	—	RNA	雷诺数
消泡剂	—	—	细胞量
细胞量	—	—	生物热
气泡含量	—	—	碳平衡
气泡表面积	—	—	能量平衡
表面张力	—	—	—

由于培养过程的纯种要求，培养前的高温灭菌处理和培养过程中的严密性，增加了参数检测的复杂性。主要反映在以下几个方面：

（1）罐内插入的传感器必须能耐热，经受高温灭菌。

（2）菌体以及其他固体物质附在表面，使一些传感器的使用性能受到影响。

（3）罐内气泡影响，带来对测量干扰。

（4）传感器结构必须防止杂菌进入和避免产生灭菌死角，因而使传感器结构复杂或性能变化。

（5）化学成分的分析是重要的检测内容，但电信号转换困难。

为了克服上述碰到的困难，主要在灭菌或取样方式上采取补救方法，避开传感器受高温破坏，如图 7-2 所示，其中主要有以下 4 种：

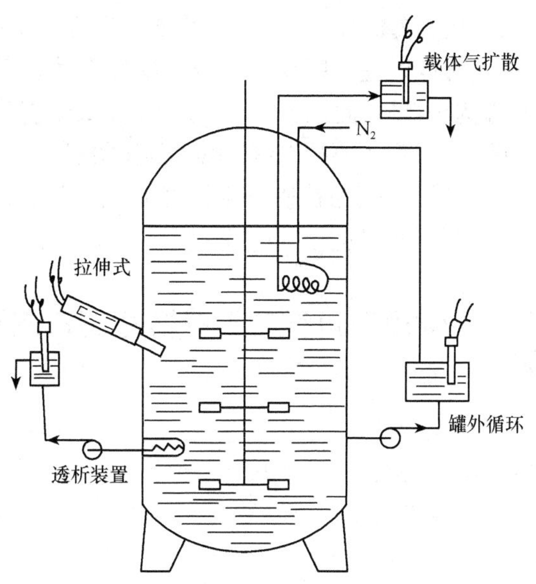

图 7-2　克服高温灭菌的各种测量装置

（1）用化学试剂对传感器灭菌。

（2）采用连续取样或罐外循环。

（3）用微孔氟塑料管扩散导气法，对培养液中的挥发性成分进行测量。

（4）利用培养液连续透析器法，防止杂菌返回罐内。

因此通过传感器或检测系统进行测量，可以分为就地信号系统和在线测量系统。就地信号系统对过程没有发生影响，例如 pH、溶解氧浓度和罐压的测量。在线测量是指利用连续的取样系统与有关的分析仪器连接，取得测量信号，其有效的响应时间应界于过程处理与控制的精度内。例尾气取样的气体分析器、微孔氟塑料管扩散的培养液挥发成分分析系统、流动注射式分析器（FIA）等。离线测量是指在一定时间内离散取样，在反应器外进行样品处理和分析的测量，包括常规的化学分析和自动的实验室分析仪系统。

比较和评价各种检测技术的主要性能指标有响应时间、转换系数、灵敏度、精度和稳定性。如图 7-3所示，当测量参数从 0 到 1 产生阶跃变化时，输出电信号从 e_0 到 e_1 变化，其中达到输出（e_1-e_0）的 90％所需时间，称为 90％响应时间，tr 转换系数可以定义为信号输出量（e）和被测参数输入量（x）的比值，在整个响应范围内可以是线性或非线性。根据转换系数与输出量，可得输入量或传感器的校正曲线。合适的响应时间和转换系数的选择决定于各特定的测量系统要求，如倍增时间为 2h 的微生物，其细胞量测量精度为 5％时，则需要的响应时间为 2.5min。灵敏度是指输出的变化量除以输入的变化量（$\Delta e/\Delta x$）。传感器的精度则是与信噪比（S/N）相关联，如图 7-3

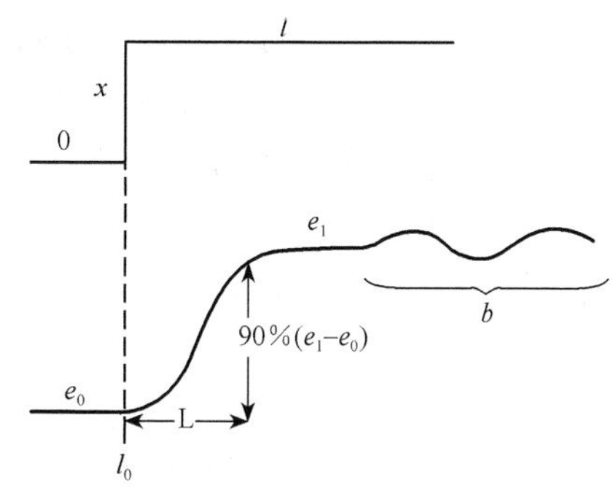

图 7-3　典型的信号阶跃响应

所示，信号为 e_1-e_0，噪声定义为信号 e_1的时间平均值波动的均方根。精度一般是指仪表的相对误差。相对误差=[绝对误差（即仪表读数与实际数值之差）/(仪表上限-仪表下限)]×100%。若相对误差为±1%，此仪表精度即为1级，级数越小，精度越高。信号的稳定性是对信号的漂移所言的，它主要是由信号噪声的低频部分所决定。这种漂移可以通过重新标定或基线补偿予以克服。例如在整个培养期间，很难实现溶氧测量的基线校正，只能每批进行重新标定；而温度所引起的 pH 读数漂移可以通过电路设计进行补偿。

第二节　生物反应过程主要参数检测方法及仪器

1. 温度的测定

温度检测仪表有热电阻检测器（RTD）、半导体热敏电阻、热电偶和玻璃温度计等。发酵生产过程无论是培养基灭菌或是发酵过程温度测控，其温度范围在 0～150℃。所以最常用的是金属热电阻温度计，其中以铂电阻温度计最常用，其次铜电阻温度计也可选择。铂电阻温度计可耐热杀菌，耐腐蚀，精度高，但价钱较贵。铜电阻温度计价格较便宜，但容易氧化，且温度计的体积也较大。

半导体热敏电阻具有灵敏度高，响应时间短，体积小，结构简单，耐腐蚀性好，寿命长的优点，但因其温度与电阻值的关系非线性，所以使用也不多。

2. 压强的检测

最常用的压强检测仪是隔膜式压力表。当然，对工业规模生产，因观测和控制的需要，通常把压力信号转换成电信号，以便能远距离监控。在生物反应器中，在压力表安装时必须注意使仪表的管路能够加热灭菌，尽量不存在死角，这样才能保证反应器的无菌操作。

3. 液位和泡沫高度的检测

液位的检测主要方法有压差法、电容法和电导法等，现把最常用的前两种加以介绍。

（1）电容式液面计。其测定原理如图 7-4 所示，在反应器中装设两根金属电极，由于容器内液位不同就使得两导线间的电位发生改变，并通过与基准点间的物料量的值进行比较，就可得知发酵罐或容器内的物料量或液位。如罐内有泡沫，要测定泡沫高度，那必须注意基准位置的选定。

（2）压差法。利用发酵罐或容器中上下两点或三点间不同压强就可计算出料液量和液面高度。如图 7-5 所示，发酵液位高 H 可由下式求算，即

$$H=\frac{\Delta p_2}{\Delta p_1}\cdot\Delta H \tag{7-1}$$

式中　Δp_1——B 点和 C 点的压强差，Pa；

Δp_2——A 点和 C 点的压强差，Pa；

ΔH——B、C 两点间的高度差，m。

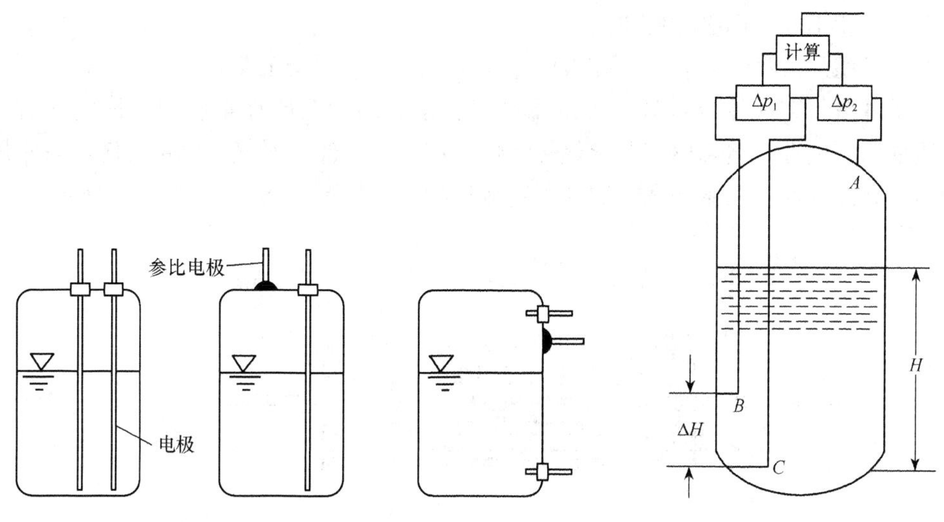

图 7-4　电容式液面计示意图　　　图 7-5　压差法测量液位原理

至于泡沫高度的测定，最常用的方法是电极探针测定法。当泡沫产生增多，其表面上升与电极探针接触从而产生电信号。此外，泡沫高度的检测还可应用声波法，即利用装于罐顶的装置发射声波，检测此声波经液面反射后返回罐顶所需的时间，就可推出泡沫表面高度。

4. 培养基和液体流量测定

培养基和其他酸碱等的液体流量的测定仪器最常用的是流量计，如液体质量流量计、电磁流量计和旋涡流量计、转子流量计。图 7-6 和图 7-7 分别是椭圆流量计和科里奥利（Coriolis）效应流量计，这两种流量计均有较高的精度（相当于满刻度的±0.5%），其流量测定范围$1.5\times10^{-3}\sim100m^3/h$。

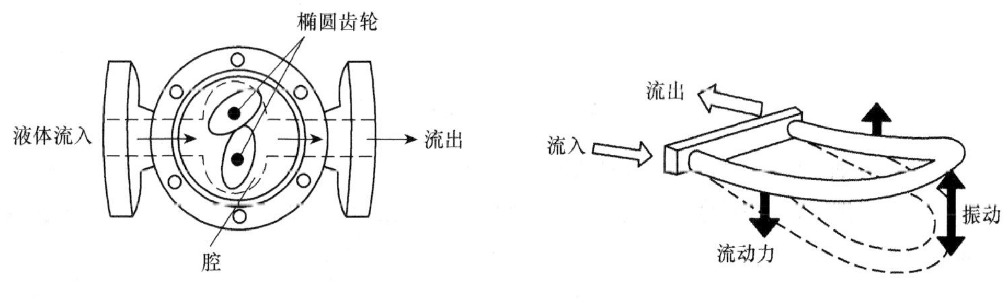

图 7-6　椭圆流量计　　　图 7-7　科里奥利（Coriolis）效应流量计

5. 气体流量计

检测气体流量的实用类型分两大类，即体积流量型和质量流量型，现分述如下。

（1）体积流量型气体流量计。这类气体流量计的工作原理是根据流动气体动能的转换及流动类型改变而检测其流量。实验室小试和中试发酵系统几乎都应用转子流量计。转子流量计结构简单，流动压降小，线性刻度，故价格便宜。这类流量计有广泛的流量范围，其标准刻度是在 20℃和 0.10332MPa（即标准大气压）下标定的，故使用时若温度或压强与上述不同，则必须修正。

此外，体积式流量计还有同心孔板压差式流量计，可用于工业生产规模上。

(2) 质量流量型气体流量计。质量流量型流量计的检测原理是利用流体的固有性质，如质量、导电性、电磁感应及导热等特性而进行设计的。对气体流量测定，最常用的是利用其导热性能。其结构示意图和测定流量的工作原理如图 7-8 和图 7-9 所示。

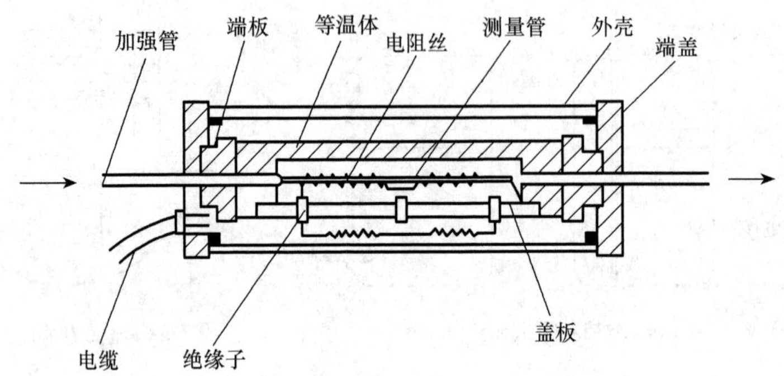

图 7-8　气体热质量流量传感器结构

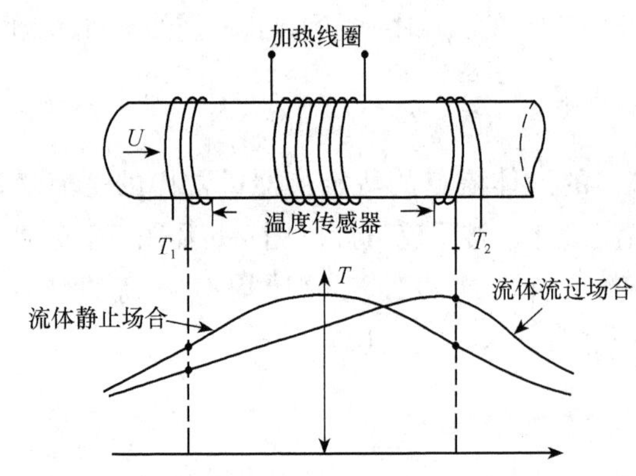

图 7-9　气体热质量流量计工作原理

在没有空气流过时，沿测量管轴方向的温度分布大体上是左右呈对称的，而有空气流过时，近气流进入端的温度降低，而流出端的温度上升，如图 7-9 所示。不平衡电桥输出的电势 E 可用式 (7-2) 表示

$$E = kcq_{m} \tag{7-2}$$

式中　k——比例常数，同一传感器为常数；

c——流过气体的比热容，kJ/(kg · ℃)；

q_{m}——气体质量流量，kg/s。

由式 (7-2) 可知，对一定的气体，输出的电势 E 与质量流量 q_{m} 成正比。此种流量计的流量范围为 0.6～250L/h，相应的精度较高。

6. 发酵液黏度的检测

由于生物发酵系统大多是气-液-固三相混合物，且发酵液含有生物细胞、代谢产物，往往呈非牛顿流体特性；加之反应器要求无菌操作，故发酵液的在线检测有一定难度。当然，从反应器中无菌取样，再用黏度计进行检测，就可测出其流变特性。

发酵工业上常用的黏度测定仪有振动式黏度传感仪、毛细管黏度计、回转式黏度计以及涡轮旋转黏度计等，下面略做介绍。

（1）振动式黏度传感仪。用一特制的金属棒插进反应器内溶液中，并使之强制振动，通过其振动特性，就可掌握发酵液的黏度（表观黏度）。其结构简图如图 7-10 所示。以此法测黏度，可保证无菌操作，但只能测定黏度的相对值，且精确度也较差，仍有待改进提高。

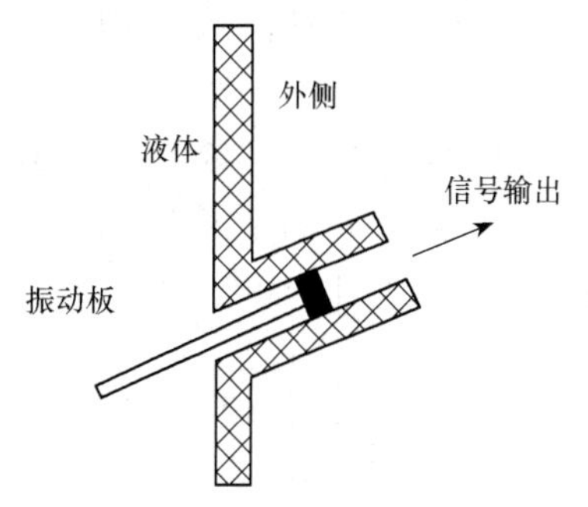

图 7-10　振动式黏度传感仪示意图

（2）发酵液循环黏度测定。对于发酵液的在线检测，较好的方法是装设自动无菌取样循环系统，使发酵液通过取样管路流过旋转式黏度计或毛细管黏度计，以实现发酵黏度的连续在线检测。旋转式黏度计测定黏度范围为 0.015～100Pa·s，响应时间数十秒，灵敏度为满刻度的±1%。

7. 搅拌转速和搅拌功率

（1）搅拌转速。发酵罐的搅拌转速随罐的大小不同而变化，总的是罐容越小，转速越高。例如，实验室规模的 1～3L 罐，搅拌转速可高达 1000～1500r/min，而 100m^{3}谷氨酸发酵罐搅拌转速约 100r/min。搅拌转速的检测常用方法有磁感应式、光感应式和测速发电机等三种。前两种测速仪是利用搅拌轴或电机轴上装设的感应片切割磁场或光束而产生脉冲信号，此信号即脉冲频率与搅拌转速相同。而测速发电机是利用在搅拌轴上或电机轴上装设一小型发电机。后者的输出电压与搅拌转速呈线性关系。至于搅拌转速的调节，实验室和中试发酵罐可用直流电机、调速电机及变频器等实行无级调速控制；而大型发酵罐的调速设备相应投资较大，故目前基本上是固定转速的。

（2）发酵搅拌功率。前面已讨论过，发酵搅拌取决于搅拌器的结构及尺寸、搅拌转速、发酵液性质、操作参数如通气量等，搅拌功率直接影响发酵液的混合与溶氧、细胞分散及物质传递、热量传递等特性。目前，生产规模的发酵罐搅拌功率只是测定驱动电机的电压与电流，或直接测定电机搅拌功率，但此功率包含了传动减速机构的功率损失。对于实验研究需要较准确测定实际的搅拌功率，常用轴转矩测定法，其计算公式为

$$P = 2\pi nM \tag{7-3}$$

式中　P——搅拌功率，W；

n——搅拌轴转速，r/s；

M——搅拌轴转矩，N·m。

8. pH 的检测

目前，最常用的 pH 测定仪是复合 pH 电极，因其具有结构紧凑，可蒸汽加热灭菌的优点。其结构示意图如图 7-11 所示。其工作原理是利用玻璃电极与参比电极浸泡于

某一溶液时具有一定的电位，其 pH 可表示为

$$pH = 0.43\frac{F(E_0 - E)}{RT} \tag{7-4}$$

式中 E_0——标准电极电位，mV；

E——被测溶液的玻璃电极电位，mV；

F——法拉第常数；

R——气体常数，8.314J/(mol·K)；

T——热力学温度，K。

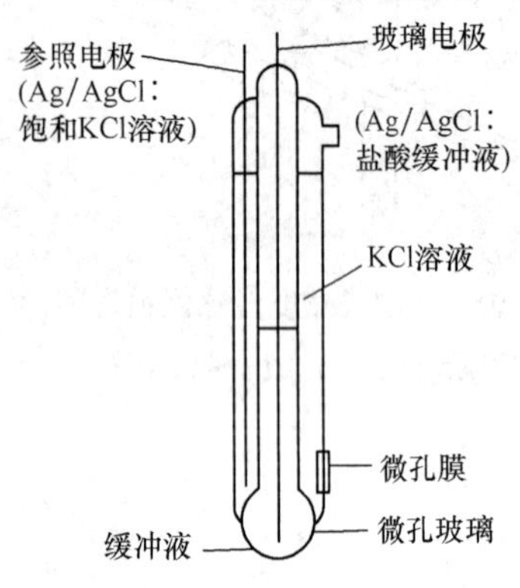

图 7-11 复合 pH 电极结构

由式（7-4）可见，pH 除受电极电位差（$E-E_0$）影响外，还正比于 F/RT，即受温度 T 的影响。pH 电极最重要的部位为玻璃微孔膜，见图 7-11。若此电极微孔膜部分受蛋白质等大分子污染吸附，则影响膜的内外之间的质量传递，pH 计的灵敏度和响应时间会下降和延长，此时必须用蛋白酶浸泡使蛋白质溶解出。

为了使 pH 电极适应工业发酵生产的要求，通常加装不锈钢保护套才能插入发酵罐中使用。另外，具有温度补偿系统。因为电极内容会随使用时间尤其是高温灭菌而不断变化，故必须在每批发酵灭菌操作前后进行标定，即用标准 pH 缓冲溶液校准。通常 pH 计的测定范围是 0～14，精度达±0.05～0.1pH，响应时间数秒至数十秒，灵敏度为 0.1pH。

在使用 pH 电极时，要根据仪器提供商的说明书合理使用，以提高测量的准确度和延长其使用寿命，以下是某厂家介绍的使用注意事项：

（1）pH 电极平时不使用，可以浸泡在 3mol/L 的 KCl 溶液或饱和 KCl 溶液中，严格禁止将电极浸泡在蒸馏水，去离水或自来水等离子含量极少的液体中。

（2）如果 pH 电极长期干放而暴露在空气中，在重新使用之前，应先将电极浸泡在 3mol/L 的 KCl 溶液或饱和 KCl 溶液中 2～3d，使电极恢复活性，如果有条件，应先将电极浸泡在 9895 电极再生液中 1min 左右，然后再用蒸馏水洗干净，浸泡在 3mol/L 的 KCl 或饱和 KCl 溶液中至少 1d 才能使用。

（3）如果电极敏感膜或白色陶瓷隔膜孔受到蛋白质污染而发黄，可以购买 9891 电极清洗液，将电极浸泡在其中数小时，然后再用蒸馏水洗干净，最后浸泡在 3mol/L 的 KCl 或饱和 KCl 溶液中至少 1d 才能使用。

（4）如果电极白色陶瓷隔膜孔受到 Aq2S 污染而变黑，可以购买 9892 隔膜清洗液，将电极浸泡在其中数小时直至隔膜孔再变白，然后再用蒸馏水洗干净，最后浸泡在 3mol/L 的 KCl 或饱和的 KCl 溶液中至少 1d 才能使用。

（5）如果电极使用时间过长而造成敏感膜老化，可以购买 9895 电极再生液，将电极浸泡在其中 1～10min（根据敏感膜老化的程度及斜率决定浸泡时间长短），然后再用蒸馏水洗干净，最后浸泡在 3mol/L 的 KCl 和饱和 KCl 溶液至少 1d 才能使用，严格禁止将斜率在 56mV/pH 以上的 pH 电极用 9895 处理，因为 9895 电极再生液中含有 HF

溶液，9895的原理就是用HF将表面的敏感膜老化层腐蚀掉，如果新电极浸泡在9895的电极再生液中或旧电极浸泡在其中时间过长，HF会将好的敏感膜部分也腐蚀掉。

(6) 如果pH电极被无机物质污染可以用0.1mol/L的HCl或NaOH溶液清洗数分钟，然后再用蒸馏水洗干净。

(7) 如果pH电极被有机物质污染，可以用酒精或丙酮清洗，然后再用蒸馏水洗干净。

(8) 如果知道用何种物质可以将污染电极的物质溶解，就用何种物质清洗。

(9) 用9891、9892或9895处理过的pH电极，不能马上校准或测量，因为那时电极无法进行测量，必须将电极浸泡在3mol/L或饱和KCl溶液中至少1d才能使用。

(10) pH电极上端和电缆线相连接处的接头是高阻抗部件，禁止用水等液体浸泡或蒸汽等潮湿空气侵蚀；电极电缆的接头也属于高阻抗部件，严禁用水等液体浸泡或蒸气等潮湿空气侵蚀，一定要存放在干燥处。

9. *溶氧浓度的检测*

使用仪器进行发酵液的溶解氧水平的检测通常用溶氧电极法，其化学基础是氧分子在阴极上还原，因而有电流产生，所产生的电流和被还原的氧量成正比，故设法测定此电流值就可确定发酵液的溶氧浓度。其基础反应式为

$$\left.\begin{aligned} & O_2 + 2H_2O + 2e \longrightarrow H_2O_2 + 2OH^- \\ & H_2O_2 + 2e \longrightarrow 2OH^- \end{aligned}\right\} \tag{7-5}$$

如果在电极系统中选用一个电位比阴极低或相等的阳极作参比电极时，就需要外加一个电压，使之维持在－0.6～0.8V的氧极谱电压内，这种电极称之为电解型（极谱型）电极。例如阴极和阳极都用银制成，参比电解液为KCl溶液时，则电极反应为

$$\left.\begin{aligned} & \text{阳极上,} Ag + Cl^- \longrightarrow AgCl + e \\ & \text{阴极上,} O_2 + 2H_2O + 4e \longrightarrow 4OH^- \\ & 4Ag + O_2 + 2H_2O + 4Cl^- \longrightarrow 4AgCl + 4OH^- \end{aligned}\right\} \tag{7-6}$$

实际上，用一层高分子膜（如PTFE）使电极与被测溶液分隔开，具有如下特点：

(1) 氧分子扩散透过膜是限速步骤，故测出的电流值与溶氧浓度成正比。

(2) 温度对氧在发酵液的溶解度及氧分子扩散速度均有影响。对常用的上述的溶氧电极，温度变化1℃则产生4%的变化，故必须装设温度补偿线路。

(3) 电流值和氧的扩散系数与溶解度的乘积成正比关系。

(4) 这类溶氧电极的阳极面积应比阴极面积大得多，这样可减小误差。

溶氧电极的溶氧值有两种表示方法，即饱和溶氧的百分数和溶氧值，前者最常用。因为发酵液的成分变化很大，故即使在同一温度和相同压强下，不同发酵液的饱和溶氧值也不一样，故常用发酵液通气搅拌足够长时间溶氧已达饱和时的电极输出电流检出值为100%，残余电流值为零以标定（注意标定时应未接入生物细胞种），则发酵过程由于细胞消耗大量的氧，故此时读数为饱和时的某一百分值。对于质量百分浓度，通常溶氧电极可测定的范围是0～20mg/L，灵敏度为±1%FS（FS为满刻度读数），响应时间为10～60s，精度为±1%FS。

值得注意的是，测定时要使电极周围的液体适度流动，以加强传质，尽量减小与电极膜接触的液膜滞流层厚度，并减少气泡和生物细胞在膜上积存，以保证溶氧测定的准确。某厂家介绍的溶氧电极使用注意事项如下：

(1) 如果长期不用应将电极从罐上取下，放入电极盒中。

(2) 如果敏感膜脏了，用干净的水冲洗干净，如果冲洗不掉，不要用任何坚硬物体刮擦，以免挂伤敏感膜。

(3) 不能用水等液体浸泡或蒸气等潮湿空气侵蚀电缆线接头和电极接头。

(4) 不能用利器刮擦敏感膜，以免损伤。

(5) 氧电极出厂前一般经过一系列的检验，电极本身带有一个电极膜，但由于在购买运输过程中需要一定的周期，所以在使用前最好更换一下电解液。如果电极信号产生误差（响应时间长，机械损坏，在无氧介质中电流增大等），就需要更换膜、更换电解液的维护工作，每三个月进行一次。

10. 溶解 CO_2 浓度的检测

溶解 CO_2 浓度一般采用溶解 CO_2 浓度测定仪检测，其工作原理和 pH 计是类似的，但不同点是电极内装了饱和碳酸氢钠溶液，在高温灭菌时会部分分解，故要每次灭菌后均需校准才能测定。目前已商品化的溶解 CO_2 浓度仪的测定范围是 1.5～1500g/m^3，精度±2%～5%FS，响应时间数秒至数分钟。仪器的标定也是采用两点式，与 pH 电极一样。

11. 氧化还原电位（ORP）的检测

在生物发酵反应，氧化还原电位有重要意义。在厌气性发酵或亚需氧生物反应系统中，培养液的溶氧浓度可能在 10μM 以下，这微小的溶氧值用一般的溶氧电极是无法测定的。氧分子作为电子受体的功能，关系到反应系统的氧化还原的平衡，故氧化还原电位（ORP）可作为微量溶氧浓度的指示。理论和实践表明，溶氧浓度与 ORP 虽不成正比关系，但有一定的对应关系，即当 OPR＝－100～300mV 时，反应系统并非完全厌氧状态；但当 ORP≤－600mV 时，反应溶液已处于完全厌氧状态。目前常用的氧化还原电极的检测范围在－700～＋700mV，灵敏度±10mV，响应时间数十秒至数分钟，精度为±0.1%FS。

12. 排气的氧分压和 CO_2 分压的检测

(1) 排气的氧分压的检测。气体中氧浓度的检测，主要有磁氧分析、极谱电位法和质谱法。现就应用最广泛是磁氧分析仪。磁氧分析仪的测定范围是气体中氧浓度 0.5%～100%，精度为±1%～2%FS，响应时间为数秒至数十秒，灵敏度为±1%～2%FS。

(2) 排气中 CO_2 分压的检测。在发酵工业中常用的排气中 CO_2 分压（浓度）检测仪为红外线二氧化碳测定仪和二氧化碳电极。

13. 细胞浓度测定

生物细胞浓度的测定十分重要。通常，有全细胞浓度和活细胞浓度之分。

（1）全细胞浓度的测定。在线检测全细胞浓度仪常用有流通式浊度计（图 7-12）。所用的光源可用可见单色光、激光或紫外光，最常用的为可见光或同一波长的激光束，前者的波长 400～660nm 之间，根据不同的生物细胞选用不同的波长。在一定的细胞浓度范围，全细胞浓度与光密度（也称消光系数，OD）值呈线性关系。若应用激光束作光源，可测全细胞浓度的范围是 0～200g/L（湿细胞），精度在±1%FS，响应时间只用 1s。但用这种流通式浊度计检测细胞浓度，必须注意下述几个问题：

① 适用于游离细胞，细胞形状为球状、杆状的酵母、细菌、绿藻等。至于丝状的霉菌、放线菌等的测定误差大，不宜用此法，应采用湿重法或干重法测定。

② 空气泡会干扰读数，样液应先经气液分离器脱气后才检测以减少误差。

③ 传感器的比色皿会因细胞附壁而增大测定误差，为尽量使此误差减至最小，可适当提高发酵液流过光电比色皿时的速度。

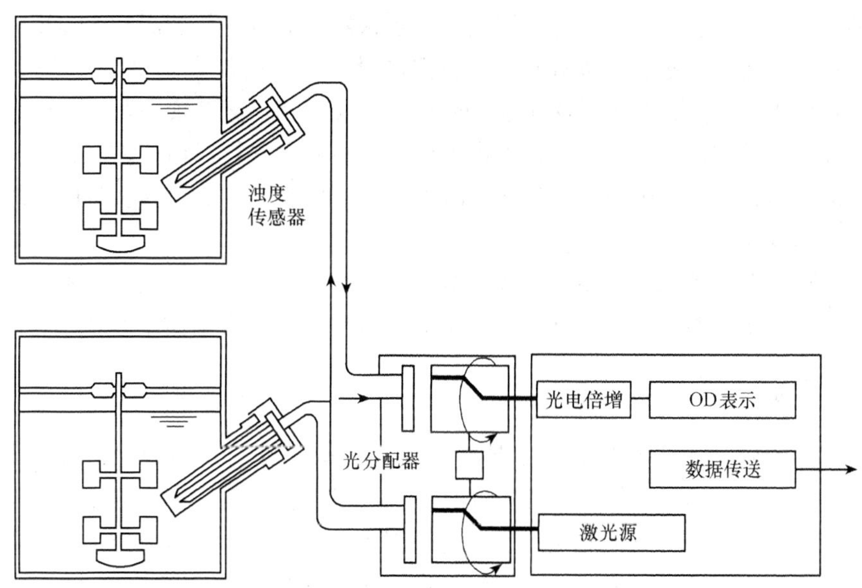

图 7-12　细胞浓度在线检测浊度计

（2）活细胞浓度测定。发酵液中活细胞浓度的测定原理是利用活生物细胞催化的反应或活细胞本身特有的物质而使用生物发光或化学发光法进行测定。例如，活生物细胞为了维持呼吸与代谢，必须有一定的能量物质 ATP，其含量视细胞种类及活性等不同而变化，生长条件相同的同一类细胞所具有的 ATP 水平是一样的。当细胞死灭，其中的 ATP 就迅速水解而消失，因此可通过发酵液的 ATP 浓度检测来确定活细胞浓度。

当然，对于取样离线测试方法还有染色计数法检测活细胞，这可用于多数的微生物和动植物细胞。

第三节 生物反应器的控制

生物反应过程检测的目的是为了提供对生物反应有影响的信息，便于对反应器进行适当的控制。而控制的最终目的，在于创造良好条件，使生物催化剂处于高效的催化活性状态，以使所进行的生物反应高速、高效、收率高，以降低原材料和能量消耗，同时保证产品质量。

生物反应器的控制主要包括温度、pH、溶氧浓度（具体是通气量与搅拌转速）、基质和细胞浓度等的控制，具体如图 7-1 所示。

一、生物反应过程主要参数的控制

1. 温度的控制

生物反应的最佳温度范围是比较狭窄的，所以发酵过程需把生物反应器的温度控制在某一定值或区间内。

对实验室小型设备，常用半导体温度计或水银触点温度计作测温和控温用。而大型的生产设备，常用白金电阻温度计和半导体温度计。但值得注意的是，为防杂菌污染，生物反应器检测控制用的温度计必须能经受蒸汽灭菌处理，且装设在与发酵液直接接触的位置。在充分搅拌的条件下，反应器内温度的动特性呈线性滞后；控温方式可用简单的 On-Off（通-断）控制或用效果更佳的 PID 控制。通常用冷水或热水间接冷却或加热以控制反应器温度。

对于发酵罐和培养基的灭菌，必须控制灭菌温度和维持时间。因为饱和蒸汽的温度与压强呈一一对应关系，故也可通过控制反应器或容器的压强来控制温度。

2. pH 控制

与温度的影响类似，生物反应最佳 pH 范围也是较狭窄的，所以生物反应器系统必须实行 pH 控制。例如，在氨基酸发酵过程中，从基质糖类出发，经历许多酶反应而转化成氨基酸。而在这一系列的酶反应中，起限制主导作用的酶的最适作用 pH 则对总体反应速度起控制作用，所以通过 pH 控制可获得良好效果。

通常，生物细胞在代谢酸性或碱性基质过程中，会产生酸性或碱性的代谢物或副产物，从而导致培养液 pH 的改变。因此，必须在生物反应过程根据实际需要，往发酵液中加入适量的酸或碱液以维持一定的 pH。当然，在某些发酵生产中，添加酸或碱性中和剂也起到补充营养的作用，例如谷氨酸发酵，往往流加氨水或通入氨气，可同时起维持一定的 pH 和补充氮源的双重作用。此外，培养液 pH 的变化是反映生物细胞生理状态的重要原始信号，有时可据 pH 的改变而进行培养基质等的自动流加控制。

对于许多生物反应系统，引起培养液 pH 变化的原因是作为氮源的 NH_4^+ 浓度的改变。因此，可从 pH 的改变而推定生物细胞的活性状态和基质浓度范围，从而决定氮源及碳源等的添加策略。在实际生产中，常用成分复杂的糖蜜及大豆粕等廉价原料复合的能源、碳源、氮源等。培养过程中，氮源被不断消耗，同时生成醋酸等有机酸，使培养液的 pH 下降，若用氨液作碱性中和剂，则 NH_4^+ 的消耗成分自动补充。当培养液碳源耗尽时，生物细胞依靠有机酸或分解细胞内贮存物而维持生命，其结果使细胞内的氮成分过剩而往培养液中排泄 NH_4^+。此时若添加碳源，则使 pH 再次下降。这种流加方法对二次代谢产物生产是有效的。如用放线菌发酵生产硫链丝菌肽中，使用糖蜜和脱脂大豆粉作原料进行发酵，就利用上述的 pH 调控方法而使产物提高产量。

前已述及，发酵过程 pH 的检测控制是应用可耐受蒸汽加热灭菌的 pH 电极，这种电极是少数几种可放在发酵反应器内在线加热灭菌的传感器之一。pH 电极连接一滴定器（titrator）可实现模拟控制，当发酵液的 pH 偏离设定值时，滴定器就启动给料泵以送入酸或碱进行调控。当然，应用计算机直接数字控制则更准确。

3. 溶氧控制

如前所述，不同的生物反应对氧的需求不同，反应溶液中溶氧浓度对细胞生长和产物生成有重要影响，有时甚至起主导作用。例如，在谷氨酸发酵过程，每消耗 1kg 葡萄糖，需耗用 414g 氧，其反应总方程为

$$\begin{array}{ccccccc} C_6H_{12}O_6 & + & O_2 & \longrightarrow & \text{谷氨酸} & + & CO_2 \\ 1\text{mol} & & 2.33\text{mol} & & 0.83\text{mol} & & 1.94\text{mol} \end{array} \tag{7-7}$$

如果在谷氨酸发酵过程供氧不足，则会生成大量的琥珀酸和乳酸，氨基酸产率就降低。又如精氨酸发酵，产酸期必须把溶氧浓度控制在 0.35～1.75g/m^3（发酵液）范围内。

同样，从节能和经济角度来说，也必须把培养液的溶氧浓度控制在某一适宜范围内。当细胞浓度较低时如发酵初期，其需氧量较低，故溶氧速率相应较小，即较低的搅拌转速和通气强度即可满足需要。尤其是动植物细胞培养，其搅拌与溶氧的控制非常重要。

对于好气性生物发酵，在消耗糖等碳源的同时也消耗溶解氧。对间歇发酵，随生物细胞的生长增殖与代谢产物生成，碳源浓度逐渐下降；当碳源被消耗尽时，系统的耗氧速率降低，溶氧浓度就急速上升。此时，若及时加入补充碳源，则可使溶氧值（DO）回复正常水平。利用此原理可通过 DO 的检测控制来调节碳源的流加，碳源可以是葡萄糖，也可以是其他糖类，也可用于基因工程菌株的培养。但应用此方法有缺点，就是必须在培养过程让碳源浓度耗尽时 DO 才能急速上升，这样就会影响生物细胞无法常在最佳的环境下生长与代谢。由此，创立了指数流加法结合定期让碳源耗尽的工艺，以使得碳源浓度降低至零的频率大为下降，故有利于生物发酵。应用此结合法，还可克服指数流加法有时会造成碳源过量流加的缺点。上述两种控制法在发酵过程的碳源基质和 DO 的变化如图 7-13 和图 7-14 所示。

实际上，溶氧浓度（DO）控制可通过调节通风量、搅拌转速来实现。当然，当生物细胞尤其是酵母、细菌或霉菌等密度较高时，由于其呼吸和代谢的高需氧要求，往往使培养液的溶氧浓度几乎为零。若发现此供氧速率无法满足生物需氧量时，就可考虑优化发酵反应器设计或应用溶氧速率更高的反应器类型，还可考虑用富氧空气代替普通空气。

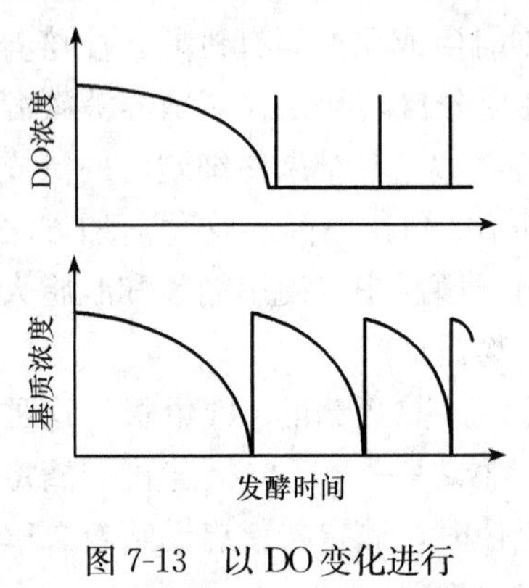

图 7-13 以 DO 变化进行的间歇流加控制过程

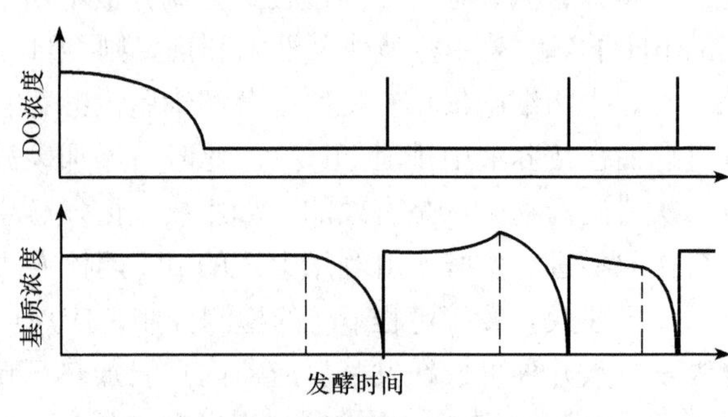

图 7-14 以 DO 变化进行的指数流加联合间歇流加控制过程

4. 泡沫的控制

前面已介绍过发酵过程泡沫的生成和检测。为控制发酵过程尤其通气发酵的泡沫不致于过多，可使用化学消泡剂结合机械消泡器来控制。常用的消泡剂有天然油脂、聚醚(泡敌的主要成分为聚醚)、高级醇和硅酮等。对于泡沫不太多还不难消除的场合如酒精发酵等，可使用消泡剂除泡而不必设机械泡沫破碎装置。但对于泡沫多且较难消散的发酵过程，均应联合使用消泡剂和机械消泡器。同时应根据具体发酵液的性质，通过试验确定选用的化学消泡剂种类和用量。当然，机械除泡器也需根据发酵罐的类型和发酵液泡沫特点来确定其选型及相应的设计。

5. 糖类基质浓度的控制

发酵生产最常用的基质为糖。如在氨基酸发酵过程中，若初期的糖浓度过高，则菌体生长缓慢，所以必须检测控制基质糖的浓度。为了使发酵过程维持一定的糖浓度，常用反馈控制糖添加的方法，从而达到控制生物反应系统基质浓度的目的。虽然检测糖浓度的传感器不能耐受蒸汽加热灭菌，但可使用无菌取样系统与高效液相色谱仪(HPLC) 连接，就可在线测定糖等基质的浓度。对于挥发性基质如乙醇等，可用微孔硅胶管和气相色谱仪结合在线检测。在测定基质浓度的基础上，就便于实现发酵过程的反馈控制和优化控制。

二、控制系统概述

无论是间歇式或连续式生物反应器，都包含着从培养基配制与灭菌、接种到产物分离纯化等一系列过程。为实现高产低耗和安全操作，实施工程管理，通常，可简单地使用定序器进行程序控制，或使用计算机系统进行自动或半自动化的管理控制。

1. 程序控制

许多发酵工厂，从容积数十升的种子罐到几立方米的扩大培养罐，然后再进行 $100m^3$ 或更大的发酵罐的培养发酵。而且，现代的大型发酵厂都有几个或几十个种子罐、发酵罐，所以可把运行过程按时间先后预设定其操作顺序以进行控制，称此为程序控制。它主要包括顺序控制、时间控制和条件控制三类控制因素，其控制过程如图 7-15 所示。在生化反应器间歇操作程序控制的实施中，部分程序可实行自动控制，有时需操作人员根据实际情况而决定操作，具体示意图如图 7-16 所示。

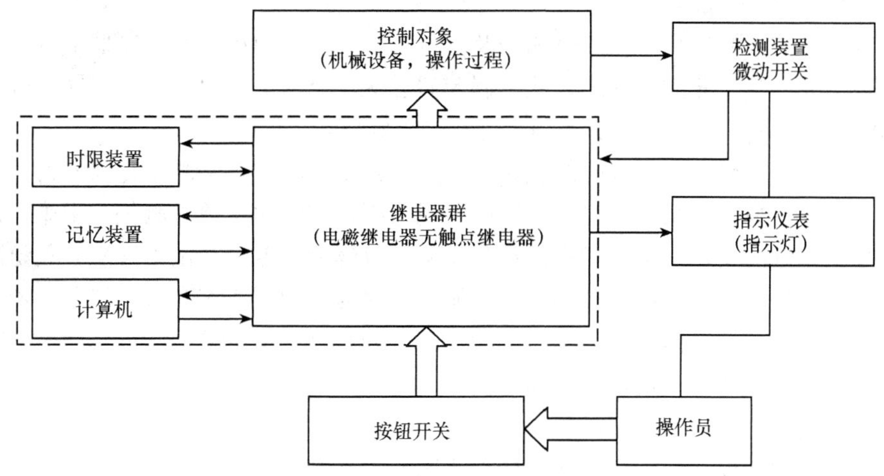

图 7-15　程序控制过程示意图

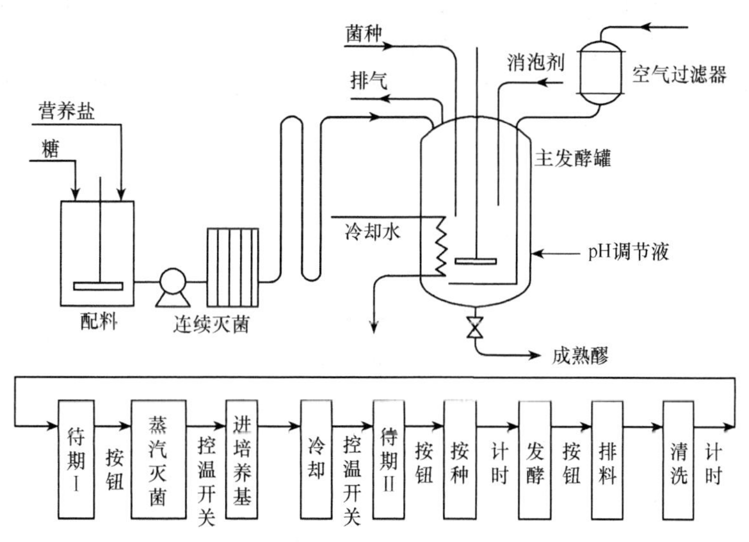

图 7-16　间歇发酵流程及其程序控制

如图 7-16 所示，“清洗”操作可由定时器操控 CIP 进行自动清洗，但从“发酵”操作至“排料”步骤，则需要操作人员根据发酵液的目的产物浓度、残糖浓度及生物细胞活性等数据为基准，确认发酵成熟、结束，才启动执行“排料”操作。

2. 发酵过程的常规控制与优化控制

通常，工业生产规模的间歇生物反应过程的计量仪器比连续过程复杂。为了防止错误操作和减轻劳动强度，往往把程序控制和反馈控制相结合。而且，往往通过便于检测的参变量来推定微生物细胞的浓度或产物的积累，或计算出与微生物活性或代谢相关的参变量如耗氧速率、呼吸商等，进而对生物反应过程进行调节和控制。随着计算机的发展与普及，应用计算机可较容易实现此控制。若对发酵过程能建立良好的模型，则有可能建立高级控制——最优控制。

随着电子技术的进步与计算机的普及，具有控制功能的单环路控制器或程序器或兼备这两种功能的统一分散型计测系统控制装置已大量普及。应用微处理器可进行温度、pH 等的二位式调节和 PID 调节控制，可获得较好效果。

但是，生物发酵系统所进行的生化反应是极其复杂的，且检测生化物质的传感器在质量上仍有待提高，故至今要对生化反应实现全面、准确的参数检测仍有困难，这对高质量的最优控制的实现是重大障碍。近几年来，对酵母培养、抗菌素发酵、谷氨酸发酵等生物反应过程的计算机优化控制进行了研究。因为生物催化剂含有未知的、不确定的因素，故对于不同的具体目标，相应的操作条件及控制方式也不尽相同。但总的说来，生物发酵过程的优化控制包括下述几方面：

（1）明确控制目标，确定最优化准则。

（2）建立数学模型，搞清楚各参变量之间的关系。

（3）状态估计及参数辨识，若目标状态参数（如产物浓度）不能在线检测，可利用与目标参变量有已知确定关系且可在线检测的参变量（如 O_2 和 CO_2 分压及溶解浓度等）的定量关系，在线推算出目标参数的数值。

（4）由推定的目标参变量，计算目标函数（如产量、生产成本等），进行反应过程的最优控制。

思考与练习

1. 对生物反应过程和反应器系统实行检测和控制的目的是什么？
2. 生物反应器系统需检测的系列参数有哪些？
3. 什么叫就地信号系统、在线测量系统和离线测量系统？
4. 简述生化反应过程主要参数检测的方法和使用的仪器。
5. 生物反应过程主要参数是如何控制的？

第八章　生物反应器的比拟放大

☞ **知识目标**

1. 了解生物反应器的放大目的及方法。
2. 了解通气发酵罐的放大设计方法。

☞ **能力目标**

1. 能根据生产工艺要求确定生物反应器的放大方法。
2. 能初步进行通气发酵罐的放大设计。

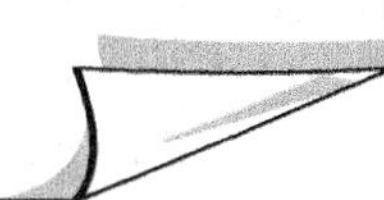

在开发生物工程产品时，我们虽然在实验室里用小型设备取得了成功，但是如何将其发展为工业化的程度呢？这就是生物反应器比拟放大要解决的问题。即从实验室阶段的摇瓶培养或1～3L反应器生产，到中试阶段的用小型的发酵反应器进行生物培养或发酵，到工厂化规模的商业化生产，并向社会提供符合各种要求的产品。

在这三个阶段中，虽然进行着同一种反应，但在各个阶段反应溶液的混合状态、传质与传热速率等是不尽相同的，从而导致细胞生长与代谢以及产物生成的速率却不同。如何维持各个阶段中细胞生长与代谢以及产物生成速率的相似呢？这就用到了生物反应器的比拟放大。概言之，所谓生物反应器的比拟放大，就是指以实验室或中试生物反应器所取得的试验数据为依据，设计制造更大规模的生物反应器，以进行工业规模生产的过程。

第一节　生物反应器的放大目的及方法

一、生物反应器的放大目的

在生物工程中，微生物的生长、代谢必须与周围环境进行物质和能量的交换。在小型生物反应器中物质的浓度梯度和压强梯度较小，具有良好的混合特性，表面（即反应器内壁及液面）效应影响较强，湍流剪切强度较低；而在大型生物反应器中物质的浓度梯度和压强梯度较明显，生物细胞随液体微团运动，在不同的时间可能处于不同的营养浓度、溶氧浓度和不同的压强环境中，且受到的湍流剪切力较高。所有这些变化，均会对微生物细胞物质和能量的交换产生重大影响。因此生物反应器比拟放大过程中物质和能量传递的问题就成了生物反应比拟放大过程中的核心问题。对微生物发酵过程，通气发酵的放大效应比厌气发酵更明显，而连续发酵又比间歇发酵突出。

应用理论和实验相结合的办法，总结生物反应系统的内在规律和影响因素，研究解决有关物质和能量的传递问题，以便在生物反应器比拟放大过程中尽可能维持生物细胞的生长速率和代谢产物的生成速率，就是生物反应器的放大目的。

二、生物放大器放大方法

（一）理论放大方法

所谓理论放大法，就是建立及求解反应系统的动量、质量和能量平衡方程。这种放大方法是十分复杂的，目前很难在实际中应用。但此方法是以最系统、最科学的理论为依据的方法。

对于机械搅拌通气发酵罐，要应用理论放大方法就必须解三维传递方程，且边界条件十分复杂。其次，传递过程之间是偶联的，即从动量衡算方程求解的流动分量必须用于质量与热量平衡方程的求解。再次，动量衡算往往假定反应系统为均相液体，但对通气生物发酵，培养液中存在大量气泡。

总之，对于发酵反应器的理论放大，主要的问题是目前仍无法求解生物反应系统中的动量衡算方程。所以，理论放大方法只能用于最简单的系统，例如发酵液是静止的或流动属于滞流的系统，如某些固定化生物反应器的放大。

（二）半理论放大方法

由上可知，理论放大方法难于求解动量衡算方程。为解决此矛盾，可对动量方程进行简化，对于搅拌槽反应器或鼓泡塔，只考虑液流主体的流动，而忽略局部（如搅拌叶轮或罐壁附近）的复杂流动。

半理论方法是生物反应器设计与放大最普遍的实验研究方法。但是，液流主体模型通常只能在小型实验规模的发酵反应器（5～30L）中获得的，并非是在大规模的生产系统中得到的真实结果，故使用此法进行放大有一定的风险，必须通过实际发酵过程进行检验校正。

（三）因次分析放大法

所谓因次分析放大法就是在放大过程中，维持生物发酵系统参数构成的无因次数群（称为准数）恒定不变。尽管因次分析放大法的应用有严格的限制，但此法还是十分有用的。

应用因次分析进行反应器放大，从原理上讲，准数一经获得，进行生物反应器的放大就简单了，只要对小型实验室反应装置与大型生产系统的同一准数取相等数值就可以了。但实际上却并不那样简单，虽然均相系统的流动问题较易解决，但对于有传质和传热同时进行的系统或非均质流动系统，问题就变得复杂了。下面仅以机械搅拌罐均质系统的流动为例给以说明。

设小型实验装置与大型生产系统的雷诺数（Re）和 Froud 数分别为 Rem、Frm 和

Rep、Frp，根据因次分析比拟放大准则，得

$$Rem = Rep \quad 即 \quad \left(\frac{\rho N D_i^2}{\mu}\right)_m = \left(\frac{\rho N D_i^2}{\mu}\right)_p$$

$$Frm = Frp \quad 即 \quad \left(\frac{N^2 D_i}{g}\right)_m = \left(\frac{N^2 D_i}{g}\right)_p$$

式中　ρ——流体的密度，kg/m^3；

N——搅拌转速，r/min；

D_i——搅拌叶轮直径，m；

μ——流体的黏度，Pa·s；

g——重力加速度，m/s^2。

在以因次分析法进行生物反应器的放大时，一般先根据具体情况，进行系统的模式分析，找出控制该反应系统的关键机理，然后进行放大，切勿生搬硬套。

（四）经验放大规则

除上面介绍的三种生物反应器的放大方法之外，还有经验放大法，这也是当今最常用的放大法。根据不完全调查结果，目前生物发酵工厂中好氧生物发酵反应器应用的各种经验放大方法的比例如表 8-1 所示。

表 8-1　通气发酵罐放大准则

放大准则	所占比例%	放大准则	所占比例%
维持 P_0/V 不变	30	维持搅拌器叶端线速度不变	20
维持 $K_L\alpha$ 不变	30	维持培养液氧浓度不变	20

表 8-1 中　P_0——发酵罐中不通气的搅拌功率，kW；

V——发酵罐中反应溶液的体积，m^3；

$K_L\alpha$——发酵罐中体积溶氧系数，$molO_2/(m^2 \cdot s \cdot Pa)(p_{O_2})$。

第二节　通气发酵罐的放大设计概述

迄今为止，文献上常见的发酵罐比拟放大法仍以近似法则与因次分析法的结合为主。这种方法的理论和推理是：假定发酵罐内的混合是充分的，罐内温度梯度很小，可视作恒温系统；输入液体动量的差异及其所引起剪切率的变化，对传质速率以及对菌体或其催化活性均可能发生相应影响，对宏观反应动力学也发生影响。在放大前后通过对许可剪切率进行校核，以排除放大罐内剪切率越过许可值而对剪切率敏感体系活性的破坏。那么，经过放大对发酵过程反应速率发生最大可能影响的，一般是传质过程，其中限制性的传质速率就是气态氧向液相中传递（溶解）的速率。在这样的情况下，以 $K_L\alpha$ 相等为准则进行比拟放大（相近的做法是以不通气的搅拌功率 P_0 和发酵罐的装液量 V_L 比值相等，即 P_0/V_L，相等为准则），然后按许可剪率进行校核。对于某些剪率特殊敏感的体系，则用剪率相等或搅拌叶轮尖端线速度相等为准则进行比拟放大，有的体系甚

至不得不放弃常用的机械搅拌方式，采用气升式反应器。

发酵罐的比拟放大，到底以什么为基准呢？这要对具体情况做具体分析。首先要从大量的试验材料中把握和找出影响生产过程的主要矛盾。在着重解决主要矛盾的同时，不要使次要矛盾激化成新的主要矛盾。例如，单纯按照 $K_L\alpha$ 相等为准则放大的发酵罐，液体剪率可能会上升至剪率敏感系统不可接受的程度，投入生产，就可能失败。为了不使这类情况出现，生产中往往或多或少地要牺牲几何相似的原则。大小设备主要尺寸几何相似的原则使因次分析所建立的无因次数关系式获得简化，因此这个原则并不是无关紧要的，但为了解决主要的矛盾，这种牺牲及其后果是次要的。

下面我们以机械搅拌通风发酵罐介绍生物反应器的比拟放大的一些基础知识。

一、以体积溶氧系数 $K_L\alpha$ 相等为基准的放大法

许多好氧发酵，特别是生物细胞浓度较高时，耗氧很快，故溶氧速率是否能满足生物细胞的代谢与生长就成为生物发酵生产的限制性因素。生物发酵的耗氧速率可通过实验测定。实践证明，高好氧发酵应用等 $K_L\alpha$ 的原则进行反应器放大通常可获得良好结果。然而已有的 $K_L\alpha$ 的关系式都只适用于亚硫酸钠水溶液，如何将实际的发酵系统按等 $K_L\alpha$ 放大呢？解决这一问题的思路如下：

如果在一个原型发酵试验设备里，在某种操作条件下获得了满意的成绩，那么，计算出这种条件下此原型设备中的亚硫酸盐氧化法 $K_L\alpha$，按 $K_L\alpha$ 相等原则放大成大型设备。既然在具有该亚硫酸盐氧化法 $K_L\alpha$ 计算值的原型罐里实际发酵得出了满意的成果，那么，在具有同样数值的亚硫酸盐氧化法 $K_L\alpha$ 计算值的大罐里，在相同操作条件下，进行同样的发酵，预期将能获得近似的结果。这里撇开了微生物的参与所引起的 $K_L\alpha$ 计算值变化的难题。这样做的结果，实际证明有较满意的功率。

二、以 P_0/V_L（不通气的搅拌功率 P_0 和发酵罐的装液量 V_L 比值）相等的准则进行反应器放大

P_0/V_L 这个量与 $K_L\alpha$ 密切相关，而且容易测量。对于溶氧速率控制的非牛顿发酵醪系统，把 P_0/V_L 相等作为比拟放大的准则就非常方便，它也撇开微生物参与所带来的计算 $K_L\alpha$ 的困难。

实践表明，应用溶氧系数 $K_L\alpha$ 相等准则和单位体积发酵液搅拌功率相等的准则进行发酵罐的放大计算，其结果差异不大。在发酵生产的放大实践中还证明，高耗氧的生物发酵，应用溶氧系数相等的原则进行放大是最好的方法。此外，对黏度较高的非牛顿型流体或高细胞密度培养，应用 P_0/V_L 相等原则进行放大的效果也十分良好。例如，青霉素等抗菌素发酵液通常属非牛顿型流体，又是高耗氧发酵，应用 P_0/V_L 相等原则进行放大可获成功。

三、以搅拌叶尖线速度相等的准则进行机械搅拌通风发酵罐的放大

实践表明，应用丝状菌进行发酵时，因这类微生物细胞受搅拌剪切的影响较明显，而搅拌叶尖线速度（$\pi D_i N$）是决定搅拌剪切强度的关键。若仅仅维持 $K_L\alpha$ 或 P_0/V 相

等而不考虑搅拌剪切的影响，可能导致放大设计失误。

在 P_0/V_L 相等的条件下，D_i/D（其中 D 为发酵罐的直径）越小，搅拌剪切越强烈，这有利于菌丝团的分散和气泡的破裂细碎，从而有利于溶氧传质和胞内代谢产物的向外扩散，因此有利于代谢产物抑制发酵的生物反应系统。例如，在使用放线菌发酵生产新生霉素时，在维持 P_0/V_L 不变的条件下，使用较小的搅拌叶轮可获得较高产量的抗菌素如图 8-1 所示。

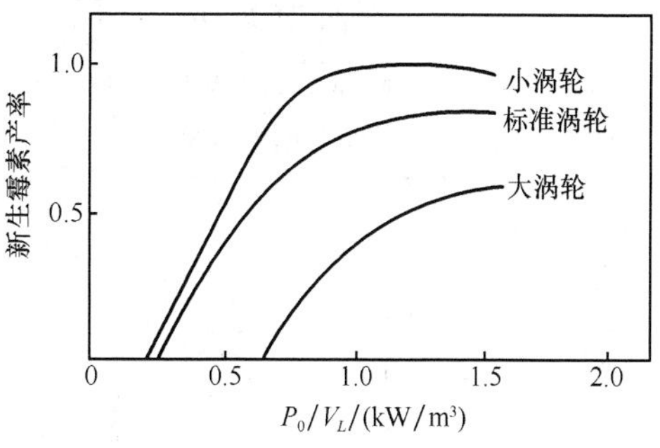

图 8-1 搅拌叶轮大小对新生霉素生长的影响

所以，对于这类发酵系统，搅拌叶轮尖端线速度（$\pi D_i N$）也是发酵反应器放大设计的重要因素，也可作为一放大基准。但必须明确，若搅拌叶轮直径（D_i/D）过小，则搅拌泵送能力下降，混合时间加长，这会影响反应溶液混合的均匀性。通常对大多数的生物发酵，搅拌叶尖线速度宜取 2.5～5m/s。

四、以混合时间相等的准则进行放大

反应器的混合时间，就是往发酵反应器液体中瞬间加入某种与罐内液体具有相同物性的指示液体，使这两种液体达到分子水平均匀混合所需要的时间。而在混合时间测定中，所使用的液体（指示剂）通常为酸、碱、盐或有色液体，以便于用仪器检测混合过程的 pH、电导率及色值（OD）的变化。

实践表明，发酵反应器越小，液体的黏度越低，在同一搅拌强度下其混合时间则越短。随着发酵罐规模的增大，混合时间将越来越长。例如在一个大型的、特别是 D_i/D 比值不大的分批发酵罐里采用浓基质流加发酵时，如果只有单流加点，则混合时间可能长达数分钟，反应器内出现较大的浓度梯度，这必然影响到宏观反应动力学；不仅如此，在某些具体的发酵体系中还可能导致生产菌株代谢途径的变化，在基质抑制的情况下，会使反应速率明显下降。若按混合时间相等的准则进行放大，对于大型发酵罐的设计又是不可能的。因为对于机械搅拌通气发酵罐，若维持混合时间不变，则搅拌叶轮直径与罐径之比必然随罐规模放大而增加，这样不仅使溶氧传质效率下降，而且会因叶尖线速度过高而加剧对生物细胞的损伤作用，故用混合时间不变的原则是不适宜的。但在发酵罐放大设计过程中，以混合时间作为校核的准则又是十分有用的。混合时间是发酵罐几何尺寸、搅拌叶轮设计、操作条件以及发酵液流变特性的函数。

Fox 等用因次分析法，对机械搅拌发酵反应器内液体混合时间实验研究中总结导出数学表达式，即当 $Re>10^5$ 时，有

$$f_t=\frac{t_M(nD_i^2)^{2/3}g^{1/6}D_i^{1/2}}{H_L^{1/2}D^{3/2}}=\text{常数} \tag{8-1}$$

式中 f_t——混合时间函数；

t_M——混合时间，s；

n——搅拌转速，r/s；

D_i——搅拌叶轮直径，m，

D——发酵反应器直径，m；

H_L——罐内液体深度，m；

g——重力加速度常数，9.81m/s^2。

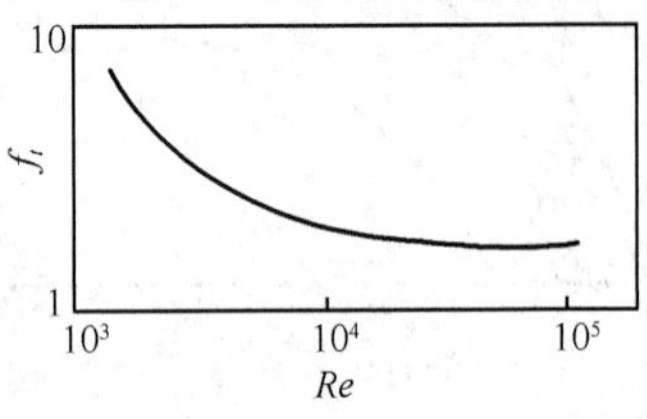

图 8-2　混合时间函数 f_t 与 Re 关系

把式（8-1）进行相关的计算，以搅拌 Re 为横坐标，f_t 为纵坐标，则可得到图 8-2。

对于几何相似的发酵罐，当 $Re > 10^5$ 时，把式（8-4）进行化简整理，可得

$$\frac{t_{M2}}{t_{M1}} = \left(\frac{n_1{}^4 D_{i2}}{n_2{}^4 D_{i1}}\right)^{1/6} \tag{8-2}$$

式中，下标 1、2 分别代表试验罐和放大罐。

当 $(P_0/V_L)_1 = (P_0/V_L)_2$ 时

$$\frac{t_{M2}}{t_{M1}} = \left(\frac{D_{i2}}{D_{i1}}\right)^{11/18} \tag{8-3}$$

由式（8-3）可知，发酵罐的规模越大，混合时间 t_M 就越长。为了克服此问题，对大型发酵反应器，尤其是流加操作或连续操作时，可采用增加进料点的方法。例如英国帝国化学工业公司（ICI）使用 2500m^3 的气升内循环反应器，以甲醇为原料连续发酵生产 SCP，反应器实际装料量 1500m^3。为了解决基质甲醇的浓度均匀分布问题，在发酵反应器沿轴向的不同高度，装设了 3000 个甲醇进料喷嘴，最后获得了发酵液中甲醇浓度维持在 2mg/L 的水平，既保证微生物细胞的基质营养需求，又避免了反应器内局部甲醇浓度过高而造成对细胞生长的抑制。

通过上述分析不难得出下述结论：在通气发酵反应器的放大设计中，必须重视发酵液的混合问题，通常应尽可能混合均匀，混合时间也尽可能缩短；但随着反应器规模的扩大，其混合时间也会适当增大。

五、搅拌液流速度压头 H、搅拌液流循环速率（对机械搅拌发酵罐为泵送能力）Q_L 以及 Q_L/H 比值对发酵反应器放大设计的影响

我们知道，搅拌液流速度压头 H 与搅拌叶轮叶尖线速度的平方成正比，即

$$H \propto (N \cdot D_i)^2 \tag{8-4}$$

而搅拌液流循环速率 Q_L 则正比于搅拌涡轮转动横截面积及叶尖线速度，即

$$Q_L \propto (\pi N D_i)\left(\frac{\pi}{4} D_i{}^2\right) \propto N D_i^3 \tag{8-5}$$

据传质理论，H 越高，液流湍动越激烈，不仅有利于溶氧传质，而且有利于菌丝团的分散。而液流循环速率越大，则对混合有利，可缩短混合时间，实现均匀混合。

从式（8-4）和式（8-5）可知，适当增大搅拌涡轮直径 D_i 有利于均匀混合，可缩短混合时间；而结合溶氧传质理论可知，适当提高搅拌转速 N，则有利于氧的溶解。在控制单位体积搅拌功率 P_0/V_L 不变的条件下，增大 D_i 就必然须降低 N，反之亦然；同时还必须综合考虑生物细胞对搅拌剪切的耐受水平。对某些丝状菌发酵体系，在保证溶

氧速率满足发酵需求的前提下，因这类细胞对剪切敏感，混合时间也相应较长，在此情况下，Q_L/H 比值就变得重要了；所以，若在小型试验罐中取得良好的发酵结果，则此试验罐的 Q_L/H 比值应当是适当的，它可作为放大设计大型罐的参考指标。

以式（8-5）除以式（8-4），可得

$$Q_L/H \propto D/N \tag{8-6}$$

综上所述，对于机械搅拌发酵反应器的放大，是需要系统的知识和经验。首先，不同规模的发酵反应器应大体维持几何相似，但不是一成不变；为了保持相等的 $K_L\alpha$ 和剪切强度，可适当改变几何尺寸比例；最常用的方法是维持体积溶氧系数 $K_L\alpha$ 恒定，有时需兼顾搅拌剪切强度不变或改变不大。实际上，放大设计的成功还需生产实践验证。机械搅拌通气发酵罐的放大过程可概括为如图 8-3 所示。

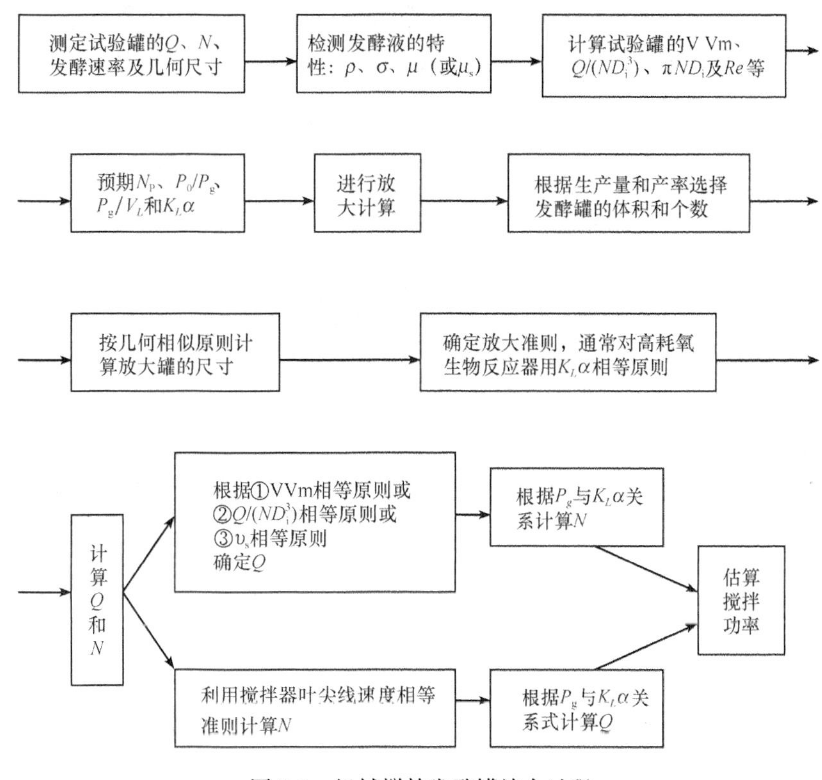

图 8-3　**机械搅拌发酵罐放大过程**

图中　σ——发酵液的表面张力，N/m；

μ、μ_s——发酵液的黏度或表观黏度，后者是对非牛顿流体而言，Pa · s；

VVm——通气速率，m^3（气）/[m^3（液体）· min]。

其他的变量符号意义及单位在前面已介绍。

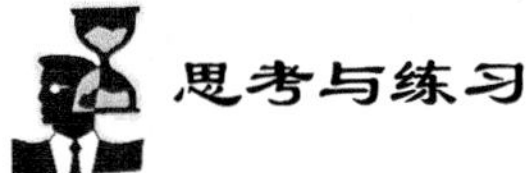

思考与练习

1. 生物放大器的放大方法有哪几类？最常用的方法是哪类？

2. $K_L\alpha$ 的含义是什么？以 $K_L\alpha$ 相等为基准的放大法适合于什么情况？这里解决问题的思路是什么？

3. P_0/V_L的含义是什么？以 P_0/V_L相等为基准的放大法适合于什么情况？有什么特点？

4. 什么情况下须考虑以搅拌叶尖线速度相等的准则进行机械搅拌通风发酵罐的放大？

5. 简述机械搅拌通气发酵罐的放大过程。

第九章　微生物细胞破碎

知识目标

1. 了解微生物细胞的结构和组成。
2. 熟悉微生物细胞破碎的常用方法及其工作机理和适用范围。
3. 了解破碎微生物细胞常用机械设备的构造机理和工作原理。

能力目标

1. 能在实际生产中选择经济合理的微生物细胞破碎方法。
2. 能读懂微生物细胞破碎常用机械设备的设备图与设备流程图。
3. 具备一定微生物细胞破碎常用机械设备的操作与管理能力。

随着基因工程和技术的发展与应用，越来越多的具有重大价值的生物工程产品已被应用到我们的生活中来。由于有些生物产品不在发酵液内，而存在于生物物质的细胞内部，特别是大多数用基因重组技术得到的工程菌发酵。当我们要提取这些目的产物时，必须先把细胞破碎，使产物得以释放，才能进一步提取。因此细胞破碎是提取胞内产物的关键步骤，破碎技术的研究已迫在眉睫。

第一节　细胞壁的组成与结构

我们要进行的细胞破碎就是要将对细胞起支撑和保护作用的细胞壁和细胞膜打碎。而细胞壁为外壁，具有固定细胞外形和保护细胞免受机械损伤或渗透压破坏的功能，有一定的强度。细胞膜为内壁，是一层具有高度选择性的半透膜，控制细胞内外一些物质的交换渗透作用。细胞膜较薄，强度比较差，易受渗透压冲击而破碎。细胞破碎的主要阻力来自于细胞壁，不同类型的微生物其细胞壁的结构特性是不同的。为了研究细胞的破碎，提高其破碎率，有必要了解一下生物工程中常用微生物细胞壁的组成和结构。

一、细菌细胞壁

细菌细胞壁坚韧而略具弹性，包围在细胞的周围，使细胞具有一定的外形和强度，占细胞干重的10%～25%。

革兰氏阳性菌与革兰氏阴性菌细胞壁的化学组成和结构不同。革兰氏阳性细菌的细胞壁较厚约20～80nm，只有一层，主要由肽聚糖组成（占40%～90%），其余是多糖和胞壁酸。肽聚糖是一个大分子聚合体，由若干个 *N*-乙酰葡萄糖胺（NAG）和 *N*-乙酰胞壁酸（NAM）以及少数氨基酸短肽链组成的亚单位聚合而成，*N*-乙酰葡萄糖胺（NAG）和 *N*-乙酰胞壁酸（NAM）相间排列，通过 β-1,4 葡萄糖苷键连接。短肽通常是由 *L*-丙氨酸、*D*-谷氨酸、*L*-二氨基酸（如赖氨酸）和 *D*-丙氨酸等 4 个或 5 个氨基酸所组成。这些短肽连接在 *N*-乙酰胞壁酸的残基上，相邻的短肽又交叉相连，形成了机械强度很大的多层网状结构，而且其中 75%的肽聚糖亚单位又相互交联，网格致密坚固。而革兰氏阴性细菌的细胞壁组成和结构比革兰氏阳性细菌更复杂。其结构层次明显，分为内壁层和外壁层。内壁层较薄（2～3nm），由肽聚糖组成；外壁层较厚（8～10nm），主要由脂蛋白和脂多糖组成。革兰氏阴性菌细胞壁的肽聚糖结构与革兰氏阳性细菌相同，只是为单层网状结构，它们只有 30%的肽聚糖亚单位彼此交联，故其网状结构不及革兰氏阳性细菌的坚固，显得比较疏松。

二、酵母菌细胞壁

酵母菌细胞壁厚约 1.2μm，但不及革兰氏阳性细菌细胞壁坚韧。幼龄较薄，有弹性，以后逐渐变厚、变硬。研究表明，有可能仅有一部分厚度对细胞壁的刚性和强度起重要作用。

酵母细胞壁由特殊的酵母纤维素构成，其主要成分是葡聚糖（30%～34%）、甘露聚糖（30%）、蛋白质（6%～8%）和脂类（8.5%～13.5%），真菌所具有的几丁质含量因种而异，甚至有的属含量为零。细胞壁的结构可分为三层。最里层为葡聚糖层，它构成了细胞壁的刚性骨架，使细胞具有一定的形状。葡聚糖的相对分子质量为 240000，是一种分支多糖聚合物，主链以 β-1,6 糖苷键结合，支链以 β-1,3 糖苷键结合。外层是甘露聚糖层，也是一种分支糖聚合物，主链以 α-1,6 糖苷键结合，而支链以 α-1,2 或 α-1,3 糖苷键结合。葡聚糖层与甘露聚糖层之间靠处于中间的蛋白质交联起来，形成网状结构。近 10%的甘露聚糖的侧链通过磷酸二脂键与磷酸连接。

同细菌细胞壁一样，酵母细胞壁破碎的阻力主要决定于壁结构交联的紧密程度和它的厚度。

三、霉菌细胞壁

霉菌细胞壁厚度为 100～250nm，主要由多糖组成（80%～90%），其次含有较少的蛋白质和脂类。除少数水生低等霉菌的细胞壁中含纤维素外，大多数霉菌的细胞壁是由几丁质构成。几丁质是由数百个 *N*-乙酰葡萄糖胺分子以 β-1,4 葡萄糖苷键连接而成的多聚糖。它与纤维素结构很相似，只是每个葡萄糖上的第二碳原子和乙酰氨基相连，而在纤维素的结构中是与羟基相连。

由于霉菌细胞壁中含有几丁质或纤维素的纤维状结构，其强度比细菌和酵母菌的细胞壁有所提高。

总之，我们知道细胞壁的组成以及它们之间相互关联程度决定着细胞壁的形状和强度，而这又是细胞破碎难易的主要因素。不同种的细胞壁，其组成和结构差异很大，这是由它们各自的遗传信息、培养生长环境和菌龄决定的。此外，霉菌的细胞壁结构还随培养过程中机械搅拌作用的强弱而变化。只有充分地了解了这些，我们才能根据实际情况，制定出简单、合理、经济的细胞破碎方案。

第二节　常用破碎方法

细胞破碎的方法很多，按其是否使用外加作用力可分为机械法和非机械法两大类。在机械破碎中，细胞的大小和形状以及细胞壁的厚度和聚合物的交联程度是影响破碎难易程度的重要因素。显然，细胞个体小、球形、壁厚、聚合物交联程度高的细胞壁是最难破碎的。虽然通过改变遗传密码或培养的环境因素可改变细胞壁的结构，但到目前为止还没有足够数据表明利用这些方法可提高机械破碎的破碎率。在使用酶法和化学法溶解细胞时，细胞壁的组成显得特别重要，其次是细胞壁的结构。只有明确了细胞壁的组成和结构，才能选择合适的溶菌酶和化学试剂及其使用方法，来破坏细胞壁结构，从而达到细胞破碎的目的。具体情况见表 9-1。

表 9-1　细胞破碎方法分类

分类		作用机理	适应性
机械法	珠磨法	固体剪切作用	可达较高破碎率，可较大规模操作，大分子目的产物易失活，浆液分离困难
	高压匀浆法	液体剪切作用	可达较高破碎率，可大规模操作，不适合丝状菌和革兰氏阴性菌
	超声破碎法	液体剪切作用	对酵母菌效果较差，破碎过程升温剧烈，不适合大规模操作
	X 压力法	固体剪切作用	不适合破碎率高，活性保留率高，对冷冻敏感目的产物
非机械法	酶溶法	酶分解作用	具有高度专一性，条件温和，浆液易分离，溶酶价格高，通用性差
	化学渗透法	改变细胞膜的渗透性	具一定选择性，浆液易分离，但释放率较低，通用性差
	渗透压法	渗透压剧烈改变	破碎率较低，常与其他方法结合使用
	冻结融化法	反复冻结-融化	破碎率较低，不适合对冷冻敏感的目的产物
	干燥法	改变细胞膜渗透性	条件变化剧烈，易引起大分子物质失活

机械法有珠磨法、高压匀浆法、超声破碎法、X 压力法等。在机械破碎法中，由于消耗的机械能转为热量会使温度上升，在大多数情况下要采用冷却措施，以防止生物产品受热破坏。非机械法有酶溶法、化学法、物理法和干燥法等，其中某些方法的应用受到限制。目前人们仍在探寻新的细胞破碎方法，如激光破碎法、高速相向流撞击法等，细胞破碎的方法有待不断深入和完善。

一、珠磨法

珠磨法是一种有效的细胞破碎法，珠磨机是该法所用的设备，其结构如图 9-1 所示。它的工作原理是进入珠磨机的细胞悬浮液与极细的无铅玻璃小珠、石英砂、氧化铝等研磨剂（直径小于 1mm）在搅拌桨的作用下充分混合，珠子与细胞之间的互相剪切、碰撞，使细胞破碎，释放出内溶物。在珠液分离器的协助下，珠子被滞留在破碎室内，浆液流出，从而实现连续操作。破碎中产生的热量一般采用夹套冷却的方式带走，但在大型设备中采用夹套冷却带走热量是一个需要考虑的问题。

实验室规模的细胞破碎设备有 Mickle 高速组织捣碎机和 Braun 匀浆器；中试规模的细胞破碎可采用胶质磨处理；在工业规模中，可采用高速珠磨机。瑞士 WAB 公司和德国西门子机械公司均制造各种型号的珠磨机。

珠体的大小应以细胞大小、浓度以及连续操作时珠体不易带出作为选择依据。珠体的装量要适中。装量少时，细胞不易破碎；装量大时，能量消耗大，研磨室热扩散性能降低，引起温度升高。据 Schutte 等报道，对破碎面包酵母菌的适宜珠体装量为 80%。提高搅拌转速能增加破碎率，但过高的转速将使能量消耗大增，而且还会使破碎率下降，因此搅拌转速应适当。

研究表明，当破碎率超过 80%时，单位破碎细胞的能耗明显上升；产生较多的热能，增大了冷却控温的难度；大分子目的产物的失活损失增加；细胞碎片较小，碎片不易分离，给下一步操作带来困难。鉴于此，珠磨法的破碎率一般控制在 80%以下。此外，破碎率的确定，主要是根据产物的总收率来确定，并兼顾下游过程。

二、高压匀浆法

高压匀浆法是大规模细胞破碎的常用方法，所用设备是高压匀浆器，它由高压泵和匀浆阀组成。该设备最早由美国 APV Gaulin 公司生产，现在我国也有厂家生产。如图 9-2所示，高压匀浆法的原理是利用高压使细胞悬浮液经阀座 3 和阀杆 5 之间的小环隙中喷出，速度可达几百米每秒。这种高速喷出的浆液又射到静止的碰撞环 4 上，被迫改变方向从出口管流出。细胞在这一系列过程中经历了高流速下的剪切、碰撞以及由高压到常压，(出口处压力）的变化，使细胞产生较大的形变，导致细胞壁的破坏。细胞壁是细胞的机械屏障，稍有破坏就会造成细胞膜的破坏，胞内物质在渗透压作用下释放出来，从而造成细胞的完全破坏。

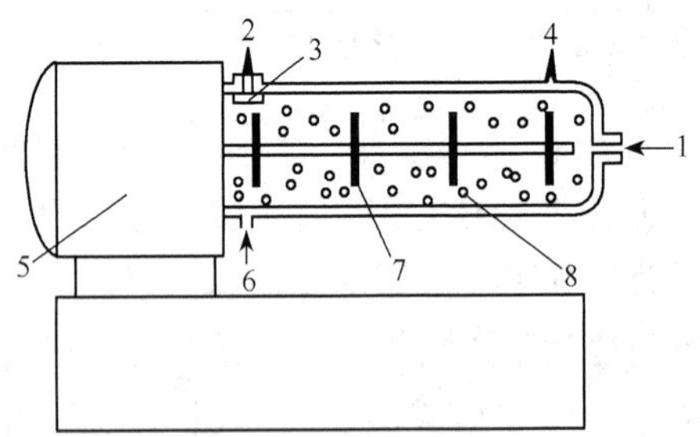

图 9-1 水平搅拌式珠磨机结构示意图

1. 细胞悬浮液；2. 细胞匀浆液；3. 珠液分离器；4. 冷却液出口；5. 搅拌电机；6. 冷却液进口；7. 搅拌桨；8. 玻璃珠

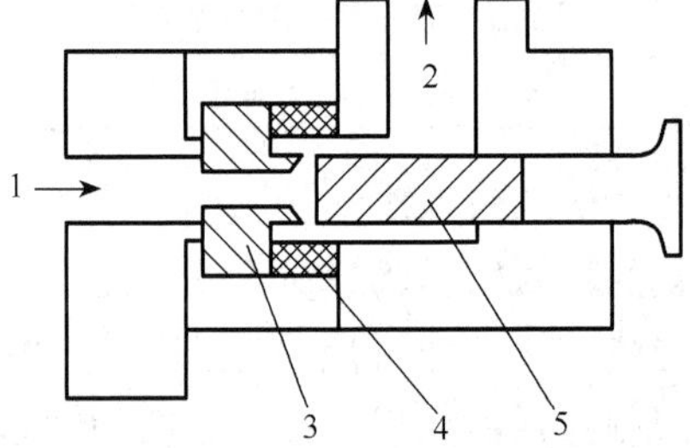

图 9-2 高压匀浆阀结构示意图

1. 细胞悬浮液；2. 加工后的细胞匀浆液；3. 阀座；4. 碰撞环；5. 阀杆

细胞悬浮液经过一次高压匀浆后，常常只有一部分细胞破碎，不能达到 100%的细胞破碎率。要想达到要求，需要在收集完破碎液（通常称为“细胞匀浆”）后进行第二次、第三次或更多次的破碎，也可以将细胞匀浆进行循环破碎，但要避免过度破碎带来产物的损失，以及细胞碎片进一步变小，影响后面对碎片的分离。

另外，增大压力也可以提高破碎率，但当压力增大到一定程度后对匀浆器的磨损较大。在工业生产中，通常采用的压力为 55～70MPa。对于操作温度一般控制在 35℃以下，这时酶活性损失可以忽略，所以对于温度敏感性物质低温操作是必需的。

不宜采用高压匀浆法破碎的微生物细胞有易造成堵塞的团状或丝状真菌，较小的革兰氏阳性菌，以及含有包含体的基因工程菌，因为包含体质地坚硬，易损伤匀浆阀。

高压匀浆法与珠磨法相比，前者操作参数少，易于确定，适合于大规模操作；后者操作参数多，一般凭经验估计，而且被处理的液体浆液损失很大。珠磨机连续操作时兼具破碎和冷却双重功能，减少了产物失活的可能性，而高压匀浆需配备换热器进行级间冷却；其次，珠磨法破碎在适当条件下一次操作即可达到较高的破碎率，而高压匀浆往往需循环 2～4 次才行；再者，珠磨机适合于各种微生物细胞的破碎，而高压匀浆不适合于丝状真菌及含有包含体的基因工程菌。

三、超声破碎法

实验表明，声频高于 15～20kHz 的超声波，在高强度声能输入，可以进行细胞破碎。其破碎机理尚未弄清楚，可能与空化现象引起的冲击波和剪切力有关。空化现象是在强声波作用下，让气泡形成胀大和破碎的现象。Douiah 指出这种空穴泡由于受到超声波的迅速冲击而闭合，从而产生一个极为强烈的冲击波压力，由它引起的黏滞性旋涡，在介质中的悬浮细胞上造成了剪切应力，促使细胞液体发生流动，从而使细胞破碎。超声破碎的效率与声频、声能、处理时间、细胞浓度及菌种类型等因素有关。

对不同菌种的发酵液，超声破碎的效果差别较大。一般地，杆菌比球菌较易破碎，革兰氏阴性细菌细胞比革兰氏阳性细菌细胞较易破碎，对酵母菌的效果较差。

采用超声破碎法的优点是处理少量样品时操作简便，液量损失少，因而在实验室规模应用较为普遍。缺点主要表现在：超声波振荡易引起温度的剧烈上升，操作时应注意冷却；在大规模操作中，声能传递和散热均有困难；此外，超声波产生的化学自由基团能使某些敏感性活性物质失活，因而有一定的局限性。

四、酶溶法

酶溶法就是用生物酶将细胞壁和细胞膜消化溶解，从而达到破壁的目的方法。酶溶法可分为外加酶法和自溶法两种。

1. 外加酶法

在外加酶法中，使用的酶同其他酶一样具有高度专一性，蛋白酶只能水解蛋白质，葡聚糖酶只对葡聚糖起作用，因此利用溶酶系统处理细胞时必须根据细胞壁的结构和化学组成选择适当的酶，并确定相应的次序。如图 9-3 所示对酵母细胞采用酶溶法破碎时，先加入蛋白酶作用蛋白质-甘露聚糖结构（图中的 2），使二者溶解，再加入葡聚糖酶作用裸露的葡聚糖层（图中的 4），最后只剩下原生质体，这时若缓冲液的渗透压变化，则细胞膜破裂，释出胞内物质。

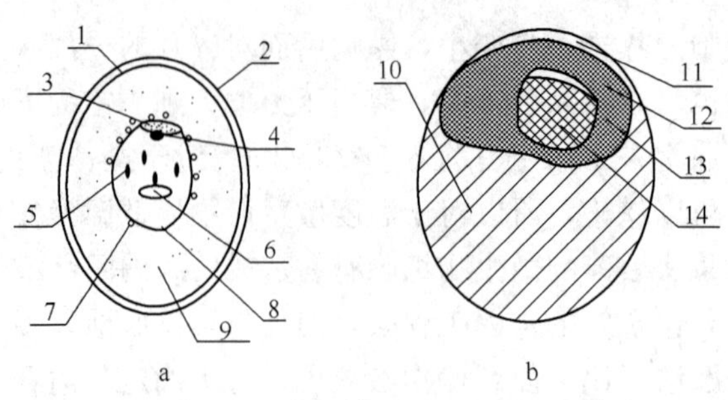

图 9-3 酵母细胞的结构简图

a

1. 细胞膜；2. 细胞壁；3. 中心体；4. 中心染色体；5. 染色体；
6. 核仁；7. 线粒体；8. 核膜；9. 细胞质

b

10. 外表面；11. 甘露糖-蛋白质层；12. 裸露的葡聚糖层表面；
13. 葡聚糖层；14. 细胞膜表面

酶溶法的优点是选择性释放产物，条件温和，核酸泄出量少，细胞外形完整。酶溶法的不足：一是溶酶价格高，限制了大规模应用，若回收溶酶则又需增加分离纯化溶酶的操作和设备，其费用也不低；二是酶溶法通用性差，不同菌种需选择不同的酶，且不易确定最佳的溶解条件；三是产物抑制的存在，在溶酶系统中，甘露糖对蛋白酶有抑制作用，葡聚糖抑制葡聚糖酶，这可能是导致酶溶法胞内物质释放低的一个重要因素。

2. 自溶法

自溶法是一种特殊的酶溶方式，其所需的溶胞酶是由微生物本身产生的。事实上，在微生物生长代谢的某一阶段，大多都能产生一定的水解自身细胞壁上聚合物结构的酶，以便生长繁殖过程的进行。所以我们可以人为地创造这一环境，从而诱发微生物产生过剩的溶胞酶或激发自身溶胞酶的活力，以达到细胞自溶的目的。影响自溶过程的主要因素有温度、时间、pH、激活剂和细胞代谢途径等。微生物细胞的自溶法常采用加热法或干燥法。例如对谷氨酸生产菌，可加入 0.028mol/L $NaHCO_3$ 和 0.018mol/L$NaHCO_3$，配成 pH10 的缓冲液，再配 3%的细胞悬浮液，加热至 70℃，保温搅拌 20min，菌体即自溶。自溶法在一定程度上能用于生产，最典型的例子是酵母自溶物的制备。自溶法的缺点是对不稳定的微生物，易引起所需蛋白质的变性；此外，自溶后细胞悬浮液黏度增大，过滤速率下降。

五、化学渗透法

某些化学试剂，如有机溶剂、变性剂、表面活性剂、抗生素、金属整合剂等，可以改变细胞壁或膜的通透性（渗透性），从而使胞内物质有选择地渗透出来，这种处理方式称为化学渗透法。

化学渗透法取决于化学试剂的类型以及细胞壁膜的结构与组成，不同化学试剂对各种微生物作用的部位和方式有所不同，现摘要分述如下。

1. 表面活性物质

表面活性物质可促使细胞某些组分溶解，有助于细胞破碎。例如 TritonX-100 是一种非离子型清洁剂，对疏水性物质具有很强的亲和力，能结合并溶解磷脂，因此其作用主要是破坏内膜的磷脂双分子层，从而使某些胞内物质释放出来。在异淀粉酶培养液中，加入 0.4%Triton X-100，30℃振荡 30h，胞内异淀粉酶能较完全地被抽提出来，所得比活性高于机械破碎。其他的表面活性剂，如牛黄胆酸钠、十二烷基磺酸钠等也可使细胞破碎。

2. EDTA 螯合剂

EDTA 螯合剂可用于处理革兰氏阴性菌（如 E. *coli*），它对其细胞外层膜有破坏作用。革兰氏阴性菌的外层膜结构通常靠二价阳离子 Ca^{2+} 或 Mg^{2+} 结合脂多糖和蛋白质来维持，一旦 EDTA 将 Ca^{2+} 或 Mg^{2+} 螯合，大量的脂多糖分子将脱落，使细胞壁外层膜出现洞穴。这些区域由内层膜的磷脂来填补，从而导致内层膜通透性的增强。

3. 有机溶剂

有机溶剂能分解细胞壁中的类脂。例如，把相当于细胞量 10%的甲苯加到细胞悬浮液中，由于甲苯被吸收进细胞壁的类脂中，使胞壁膜溶胀，进而使细胞破碎，胞内物质被释放出来。除甲苯外，苯对类脂的分解作用也十分强，但由于较易挥发和较大的毒性而很少应用。此外，氯仿、二甲苯及高级醇等也有类似的作用。

4. 变性剂

盐酸胍和脲是常用的变性剂。一般认为变性剂与水中氢键作用，削弱溶质分子间的疏水作用，从而使疏水性化合物溶于水溶液，如胍能从大肠杆菌膜碎片中溶解蛋白。近年来用盐酸胍或脲处理 E. *coli* 基因工程菌，可渗透出重组蛋白（如包含体），并在其他试剂的配合下使二硫键断裂，变性解离成亚基，从而释放出来。

根据各种试剂的不同作用机理，将几种试剂合理地搭配使用能有效地提高胞内物质的释放率。例如，单独用 0.1mol/L 胍处理 E. *coli* 仅释放约 1%的蛋白质，0.5%TritonX-100 处理蛋白质释放率为 4%，若二者合用，在同样时间蛋白质释放率可达 53%左右。主要的原因是，胍溶解细胞壁外层脂蛋白，使细胞膜暴露于 Triton 中，磷脂双分子层遭受损伤，结果大大改变了细胞的通透性。各种化学试剂对不同种类细胞的作用情况见表 9-2。

表 9-2 不同细胞可采用的化学、渗透处理方式

细胞类别	变性剂	清洁剂	有机溶剂	酶	抗生素	生物试剂	螯合剂
革兰氏阴性菌	*	*	*	*	*	—	*
革兰氏阳性菌	—	*	*	*	—	*	—
酵母菌	*	*	*	*	*	*	—
植物细胞	—	*	*	—	*	*	—
巨噬细胞	—	*	*	—	—	*	—

注：表中 * 号表示适用。

与机械的比较，化学渗透法有如下优点：首先是对产物释放具有一定选择性。可使一些较小分子质量的溶质如多肽和小分子的酶蛋白透过，而核酸等大分子质量的物质仍滞留在胞内。控制条件可以有选择地释放出位于细胞内不同部位的产物，例如用0.2mol/L胍处理E. *coli* C600-1，5h后其胞内80%的β-内酰胺酶释放出来，而此时总蛋白的释放率仅为4%；其次是细胞外形能保持完整，碎片少，浆液黏度低，易于固-液分离和进一步提取。另外，化学渗透法也有一些不足：首先是通用性差，某种试剂只能作用于某些特定类型的细胞；其次是时间长，效率低，一般胞内物质释放率不超过50%；再者是有些化学试剂有毒性，在其后的产物提取精制过程中需设法分离除去。

六、其他方法

1. X压力法

X压力法是将浓缩的菌体悬浮液冷却至−25℃形成冰晶体，利用500MPa以上的高压冲击，使冷冻细胞从高压阀小孔中挤出。细胞破碎是由于冰晶体的磨损，使包埋在冰中的微生物变形而引起的。此法主要用于实验室，具有适应范围广、破碎率高、细胞碎片粉碎程度低及活性保留率高等优点，但该法不适用于对冷冻敏感的生化物质。

2. 渗透压法

渗透压法是一种较温和的细胞破碎法。将细胞放在高渗透压的介质中（如一定浓度的甘油或蔗糖溶液），达平衡后，转到渗透压低的缓冲液或纯水中，由于渗透压的突然变化，水迅速进入细胞内，从而使细胞溶胀，甚至破碎。于是，细胞内溶物就释放出来。此法仅适用于细胞壁较脆弱的细胞，或者细胞壁预先用酶处理，或者在培养过程中加入某些抑制剂（如抗生素等），使细胞壁有缺陷，强度减弱。

3. 反复冻结-融化法

将细胞放在低温下突然冷冻而在室温下缓慢融化，反复多次而达到破壁作用。由于冷冻，一方面使细胞膜的疏水键结构破裂从而增加细胞的亲水性能；另一方面胞内水结晶，使细胞内外溶液浓度变化，从而使细胞膨胀而破裂。此法只适用于细胞壁较脆弱的菌体，破碎率较低，常需反复多次。此外，在冻融过程中可能引起某些蛋白质变性。

4. 干燥法

可采用多种方法使细胞干燥，如气流干燥、真空干燥、喷雾干燥和冷冻干燥等。通过干燥可使细胞壁膜的结合水分丧失，从而改变细胞的渗透性。当采用丙酮、丁醇或缓冲液等对干燥细胞进行处理时，胞内物质就容易被抽提出来。气流干燥主要适用于酵母菌，一般在25～30℃下的气流中吹干，然后用水、缓冲液或其他溶剂抽提。气流干燥时，部分酵母可能产生自溶，所以较冷冻干燥、喷雾干燥易抽提。真空干燥多用于细菌。冷冻干燥适用于较不稳定的生化物质，将冷冻干燥后的菌体在冷冻条件下磨粉，然后用缓冲液抽提。干燥法条件变化剧烈，容易引起蛋白或其他活性物质变性。

从前面介绍中不难看出，不管是机械法还是非机械法，各种方法都有自身的局限性，机械法因高效、价廉、简单而得以工业化应用，但敏感性的物质失活问题，碎片去除以及杂蛋白太多等问题仍有待解决，因此细胞破碎技术远未完善。近几年这方面的论文仍不少，如采用多种破碎方法相结合，有的已超出了单一的细胞破碎领域，而与上游或下游过程相联系，从而达到满意的破碎效果。

思考与练习

1. 生物工业中为什么要进行细胞破碎？简述细菌、酵母菌和霉菌的细胞结构各自的主要成分。

2. 简述常用细胞破碎方法（珠磨法、高压匀浆法、超声破碎法、酶溶法、化学渗透法）的原理、特点及其适用性。

3. 举例说明采用多种破碎方法相结合提高破碎率的机理。

第十章　过滤、离心与膜分离设备

☞ **知识目标**

1. 了解过滤、离心与膜分离在生物工业中的应用和过滤、离心与膜分离设备类型和结构。
2. 了解常用过滤、离心与膜分离设备的工作原理和选用原则。
3. 掌握各种过滤介质的特性和选用原则。
4. 掌握过滤、离心与膜分离设备操作原理和操作过程的相关计算。

☞ **能力目标**

1. 学会分析影响过滤、离心与膜分离过程的因素并能实施强化措施。
2. 能根据生产工艺要求正确选择过滤介质和过滤设备，优化操作条件。
3. 能根据生产工艺要求正确选择离心设备和膜分离设备。
4. 具备一定过滤、离心与膜分离设备的操作与管理能力。

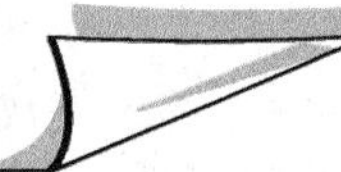

生物工业中，最后一个环节是把目的产物从培养液或从反应液中分离提取出来。不管所需要的目的产物是胞外代谢产物还是胞内的酶、核酸或是细胞本身，都首先要进行发酵液的过滤、离心和预处理，将固-液分开，然后才能从澄清的滤液中采取合适的方法和操作条件提取目的产物。

固-液分离的方法很多，离心和过滤是目前生物工业中常用的处理菌体、固形物杂质和悬浮物等固体物质；获得澄清液的主要方法。

第一节　过滤速度的强化

生物工业生产中的发酵液成分复杂且目的产物浓度低，属非牛顿型流体，黏度大，滤饼的可压缩性大，这些特性使发酵液的过滤与离心相当困难。因此，一方面，要对发酵液进行预处理，改善其流体性能，提高过滤和离心的速度；另一方面，应选择适当的过滤介质和操作条件来实现此目的。

一、发酵液的预处理

发酵液预处理的方法取决于被分离物质的性质，主要方法有以下几种：

1. 加热法

发酵液预处理最简单、最经济的方法是加热法，即把发酵液加热到所需温度并保温一定时间，加热可降低发酵液的黏度，并能使蛋白质变性凝固，改善发酵液的操作特性。例如链霉素预处理时，采用调 pH3.0 左右，加热到 70℃，维持 30min 以凝固蛋白质，黏度降至（1.1～1.2）$\times10^{-3}$Pa·s，过滤速度增大 10～100 倍。但此法只适于对热较稳定的生化物质。

2. 调节 pH

生物工业中也常用调节 pH 的方法对发酵液预处理，如蛋白质这样的两性物质，在等电点下，溶解度最小。大部分蛋白质等电点在酸性范围内（pH4.0～5.5），少数在碱性范围内（pH7.5～8.0）。调节发酵液 pH 至蛋白质等电点是除去蛋白质的有效方法。例如细胞色素 c 的等电点是 10.7，在细胞色素 c 的提取纯化过程中，调 pH6.0 除去酸性蛋白，调 pH7.5～8.0 除去碱性蛋白。

3. 凝聚和絮凝

凝聚和絮凝是目前工业上最常用的预处理方法之一。采用凝聚和絮凝技术能有效改变细胞、细胞碎片及蛋白质等胶体粒子的分散状态，使其聚集成较大的颗粒，利于提高过滤速度。另外，还能有效地除去杂蛋白和固体杂质，以提高滤液质量。

凝聚是指在中性盐（像铝、铁的盐类或石灰等）作用下，由于胶粒之间双电层电排斥作用降低，电位下降，使胶体体系不稳定的过程。常用的凝聚剂有：$Al_2(SO_4)_3\cdot18H_2O$、$AlCl_3\cdot6H_2O$、$FeCl_3\cdot6H_2O$、$FeSO_4\cdot7H_2O$、石灰、$ZnSO_4$、$MgCO_3$ 等。

采用凝聚方法得到的凝聚体，颗粒常常是比较小的，有时还不能有效地分离。采用絮凝法则常可形成粗大的絮凝体，使发酵液较易分离。

絮凝就是在某些高分子的絮凝剂存在下，基于架桥作用，使胶粒形成较大絮凝团的过程。

絮凝剂具有长链线状结构，是一种水溶性聚合物，相对分子质量可高达数万至 1000 万以上，在长链节上含有许多活性功能团，可以带有多价电荷（如—NH_2、—COOH、—OH 等），也可以不带电性（非离子型）。它们通过静电引力、分子间力或氢键作用，强烈地吸附在胶粒的表面，一个高分子聚合物的许多链节分别吸附在不同颗粒的表面上，形成架桥连接，生成粗大的絮团。这就是絮凝作用。

目前最常见的絮凝剂是聚丙烯酰胺（polyacrylamide）类衍生物，根据活性基团在水中离解情况不同，可分为非离子型、阴离子型（—COOH）和阳离子型（—NH_2）三类。聚丙烯酰胺类絮凝剂具有用量少（一般以 mg/kg 计量）、絮凝体粗大、分离效果好、絮凝速度快及种类多等优点，所以适用范围广。但这类絮凝剂存在一定的毒性，特别是阳离子型，因此使用时应考虑这种物质最终能否从产品中去除。近年来还发展了聚丙烯酸类阴离子絮凝剂，这种物质无毒，可用于发酵液中。另外，还有聚苯乙烯类衍生物及无机高分子聚合物絮凝剂，如聚合铝盐、聚合铁盐等。除此以外，也可采用天然有机高分子絮凝剂。如多聚糖类胶黏物、海藻酸钠、明胶、骨胶、壳聚糖等。

4. 加入助滤剂

助滤剂是一种不可压缩的多孔微粒。在含有大量细小胶体粒子的发酵液中加入固体助滤剂，则这些胶体粒子吸附于助滤剂微粒上，助滤剂就作为胶体粒子的载体，均匀地分布于滤饼层上，相应地改变了滤饼结构，降低了滤饼的可压缩性，也就减小了过滤阻力。目前生物工业中常用的助滤剂是硅藻土，其次是珍珠岩粉、活性炭、石英砂、石棉粉、纤维素、白土等。

助滤剂的使用方法有两种：一种是在过滤介质表面预涂助滤剂，另一种是直接加入发酵液，也可两种方法同时兼用。对于第二种使用方法，使用时需一个带搅拌装置的混合槽，以防止分层沉淀。

5. 加入反应剂

有时，加入某些不影响目的产物的反应剂，可消除发酵液中某些杂质对过滤的影响，从而提高过滤速率。

加入反应剂和某些可溶性盐类发生反应生成不溶性沉淀，如 $CaSO_4$、$AlPO_4$ 等。生成的沉淀能防止菌丝体黏结，使菌丝具有块状结构，沉淀本身可作为助滤剂，并且能使胶状物和悬浮物凝固，从而改善过滤性能。如在新生霉素发酵液中加入氯化钙和磷酸钠，生成的磷酸钙沉淀可充当助滤剂，另一方面可使某些蛋白质凝固。又如环丝氨酸发酵液用氧化钙和磷酸处理，生成磷酸钙沉淀，能使悬浮物凝固，多余的磷酸根离子还能除去钙、镁离子，并且在发酵液中不会引入其他阳离子，以免影响环丝氨酸的离子交换吸附。正确选择反应剂和反应条件，能使过滤速度提高 3～10 倍。

如发酵液中含有不溶性多糖物质，则最好用酶将它转化为单糖，以提高过滤速率。例如万古霉素用淀粉作培养基，发酵液过滤前加入 0.025%的淀粉酶，搅拌 30min 后，再加入 2.5%硅藻土助滤剂，从而可使过滤速度提高 5 倍。

10.1.2 过滤介质选择及操作条件优化

1. 过滤介质选择

合理选择过滤介质取决于许多因素，就技术特性而言，过滤介质所能截留的固体粒子的大小以及对滤液的透过性是最主要。

过滤介质所能截留的固体粒子的大小由实验测得，常用的过滤介质中，纤维滤布所能截留的最小粒子约为 10μm，硅藻土为 1μm，超滤膜可<0.5μm。过滤介质的透过性是指在一定的压力差下，单位时间单位过滤面积上通过滤液的体积量，它取决于过滤介质上毛细孔径的大小及数目。从图 10-1 可了解过滤介质截留粒子的情况。

工业上常用的过滤介质主要有以下几类：

1）织物介质

织物介质又称滤布，包括天然或合成纤维织布、金属织布及毡、石棉板、玻璃纤维

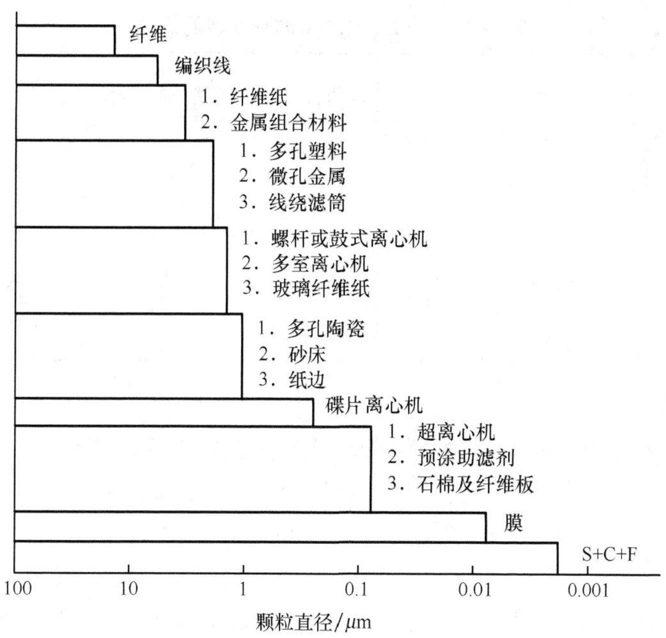

图 10-1　过滤介质的清除能力（以去除最小颗粒直径表示）

纸、合成纤维等无纺布。当悬浮液通过滤布时，固体颗粒被滤布阻拦而逐步形成滤饼。当滤饼至一定厚度即起过滤作用，悬浮液本身形成的滤饼起主要过滤作用，此法适于固体含量>0.1g/100mL 的悬浮液的过滤。生物工业常用的棉纤维、尼纶和涤纶滤布的某些特性及编织纹法、线型对过滤性能的影响分别列于表 10-1、表 10-2 和表 10-3。

表 10-1　几种常用纤维滤布的物理性能

种类＼性能	最高安全温度/℃	密度/(kg/m³)	吸水率/%	耐磨性
棉	90	155	16～22	良
尼纶	105～120	114	6.5～8.3	优
涤纶	145	138	0.04～0.08	优

表 10-2　不同编织纹法滤布对过滤性能的影响

纹法＼性能	滤液澄清度	阻　力	滤饼中含水	滤饼脱落难易	寿　命	堵孔倾向
平纹 斜纹 缎纹	↓依次下降	↓依次下降	↓依次减少	↓依次变易	↓中长短	↓依次变易

表 10-3　不同线型滤布过滤性能的影响

纹法 \ 指标	滤液澄清度	阻　力	滤饼含水率	滤饼脱落难易	寿　命	堵孔倾向
合成纤维、单长丝滤布	最低	最小	最低	最易	最短	最小
合成纤维、多细丝单线滤布	↓依次增高	↓依次增大	↓依次增大	↓依次变难	↓依次增大	↓依次增大
棉纱线滤布						

2）粒状介质

粒状介质有硅藻土、珍珠岩粉、细砂、活性炭、白土等，填充于过滤器内，用于澄清过滤。最常用的是硅藻土，它是优良的过滤介质，它的优点：

(1) 一般不与酸碱反应，化学性能稳定，不会改变液体组成。

(2) 形状不规则，空隙大且多孔，工业使用的硅藻土粒径一般为 2～100μm，密度为 100～250kg/m^3，比表面积为 10000～20000m^2/kg，具有很大的吸附表面。

(3) 无毒且不可压缩，形成的过滤层不会因操作压力变化而阻力变化，因此也是一种良好的助滤剂。

硅藻土过滤介质通常有三种用法：

(1) 作为深层过滤介质。悬浮液中的固体粒子通过硅藻土过滤层曲折的毛细孔道时，被阻拦或吸附到滤层颗粒而除去。此法适用于固体含量<0.1g/100mL 颗粒直径在 5～100μm 的悬浮过滤，如河水、麦芽汁、酒类等的澄清。

(2) 作为预涂层。在支持介质的表面上预先形成一层较薄的硅藻土预涂层，用以保护支持介质的毛细孔道不被滤饼层中的固体粒子堵塞。

(3) 作为助滤剂。在待过滤的悬浮液中加入适量的硅藻土，使形成的滤饼层具有多孔性，支撑滤饼，可降低滤饼的压缩性，以提高过滤速度和延长过滤周期。

3）多孔固体介质

多孔固体介质如多孔陶瓷、多孔玻璃、多孔塑料等，可加工成板状或管状，孔隙很小且耐磨腐蚀，常用于过滤含有少量微粒的悬浮液。

2. 过滤操作条件优化

从基础课程，如化工原理可知：

$$\frac{dV}{d\tau}=\frac{1}{\mu}\cdot\frac{\Delta pF}{r_0 l+R} \tag{10-1}$$

式中 τ——过滤时间，s；

Δp——过滤压力差，Pa；

r_0——滤饼的体积比阻力，m^{-2}；

μ——滤液黏度，Pa·s；

R——滤布阻力，m^{-1}。

V——滤液体积，m^3；

F——过滤面积，m^2；

l——滤饼层厚度，m。

过滤速率（$dV/d\tau$）与过滤面积成正比，与过滤压差成正比，而与滤液黏度成反比，且滤饼比阻力越大，滤饼层越厚，过滤速率越慢。这些参数均取决于悬浮液的物理性质、操作条件。

1）改善悬浮液的物理性质

改善悬浮液的物理性质主要是降低滤液黏度，减少滤饼比阻及滤饼层厚度。加热是降低滤液黏度最有效、可行的方法。在过滤操作中，如果工艺条件允许，尽可能采用加热过滤。如啤酒生产中糖化醪维持在78℃以下过滤。另外，有些悬浮液还可用其他方法降低黏度。如在啤酒糖化醪中加入适量的β-葡萄糖苷酶，由于β-葡萄糖苷酶的降解，可降低麦芽汁的黏度。

依据滤饼比阻的定义：

$$r_0 = \frac{128a}{n\pi d^4} \tag{10-2}$$

式中 d——滤饼层毛细孔直径；

n——单位面积滤饼层上毛细孔的数目；

a——毛细孔弯曲因子。

可见，增大毛细孔直径，减少弯曲因子均有利于降低滤饼比阻。工业生产中，悬浮液中加入絮凝剂，可使细小的胶体粒子“架桥”长大，从而形成大孔径的滤饼层。加入固体助滤剂可降低滤饼层的可压缩性，使弯曲因子变小。

对于固体含量较大的悬浮液，过滤前可采用重力沉降或离心沉降方法分离出大部分粒子，再进行过滤操作，这样可使滤饼层的厚度减小，提高过滤速度，延长过滤周期。

2）优化操作条件

优化操作条件的目的主要是提高过滤速率，对于不可压缩滤饼，滤饼比阻r_0为一常量，则$\frac{dq}{d\tau} \propto \Delta p$，即过滤压差大，推动力大，过滤速度快。此种情况下，在过滤介质、过滤设备所允许的机械强度范围内，尽可能采用加压过滤。然而，发酵液过滤所形成的滤饼通常是高度可压缩的。即$r_0 = f(\Delta p)$，实验证明，r_0与Δp成以下指数关系：

$$r_0 = r_{01}\Delta p^s \tag{10-3}$$

$$r_0 = r_{02} + \alpha\Delta p^{s'} \tag{10-4}$$

式中 s、s'——压缩性指数，对于大多数滤饼，s、s'在0.1～0.95之间，s、$s'=0$时，为完全不可压缩滤饼，等于1时为完全可压缩滤饼。

r_{01}，r_{02}，a——系数。这些参数均由实验确定。

在这种情况下，提高过滤压差的同时，也加大了滤饼的比阻。由于r_0与Δp之间的非线性关系，在某一压力差范围内，提高Δp有利于加大过滤速度，但当Δp超过某一值后，继续增加Δp反而使过滤速度减慢，其原因是r_0增加的幅度超过了Δp的增加值，导致过滤速率下降。

对于可压缩滤饼，当过滤压差 Δp 在操作过程中变化时，应先由式（10-3）、式（10-4）实验确定滤饼比阻 r_0 与过滤压差 Δp 之间的函数关系，再与过滤方程关联，便可求得最佳的操作条件。

第二节 过滤设备

按过滤推动力，可将过滤设备分为常压过滤机、加压过滤机和真空过滤机，常压过滤效率低，在发酵工业中仅用于啤酒麦芽汁的过滤，加压和真空过滤设备在生物工业中被广泛采用。

一、加压式过滤机

1. 板框过滤机

板框过滤机是一种传统的过滤设备，在发酵工业中广泛应用于培养基制备的过滤及霉菌、放线菌、酵母菌和细菌等多种发酵液的固-液分离。与其他设备比较，板框过滤机的优点是结构简单，装配紧凑，过滤面积大；过滤的推动力（压力差）能大幅度调整，并能耐受较高的压力差，因而固相含水分低，并能适应不同过滤特性的发酵液的过滤；辅助设备少、维修方便、价格低和动力消耗少等。板框过滤机的主要缺点是设备笨重、间歇操作、劳动强度大、卫生条件差、辅助时间多和生产效率低。板框过滤机比较适合于固体含量 1%～10%的悬浮液的分离。板框过滤机的最大操作压力可达 10×10^5 Pa，通常使用压力为（3～5）$\times10^5$ Pa。发酵液过滤时，处理量为 15～25L/(m^2·h)。

1）板框过滤机的操作和结构

板框过滤机分为明流和暗流两种形式。滤出液直接从每块滤板的出口流出的为明流式；滤出液从固定端板的出口集中流出的为暗流式。发酵工厂中大多采用明流式，因为能直接观察每组板框的工作情况，例如滤布有破损即可发现。但用于成品及无菌过滤时，则采用暗流式比较适宜，因其可减少料液与外界接触的机会从而防止污染。

板框过滤机的滤板和滤框通常为正方形，也有圆形的（大多用于小型设备）。圆形板框过滤机的优点是在过滤面积相等的情况下，密封周边最短，因而所需压紧力最小，但在同样过滤面积时，其外廓尺寸较大。

板框过滤机的板框数从 10～60 块不等。如果过滤物料的量不多，可用一无孔道滤板插入其中，使后面滤板不起作用。手动小型板框过滤机的外形见图 10-2，滤板 2 和滤框 3 架在支梁上，其一端为固定端板 1，另一端为活动端板 4，可以让板框在支梁上移动。滤板与滤框之间隔有滤布，用压紧装置自活动端向固定端方向压紧。压紧装置有手动、电动和液压三种，大型板框过滤机均用液压装置。进料口和出料口均装在固定端板上。

滤板和滤框的工作情况见图 10-3，板与框的角上有孔，当板框重叠时即形成进料、进洗涤液和排料、排洗涤液的通道。操作时物料自滤框上角孔道流入滤框中，通过滤布沿板上的沟渠自下端小孔排出。框内形成滤饼，滤饼装满后，放松活动端板，移动板框将滤饼除去，洗净滤布和滤框，重新装合。多数情况滤饼装满后还需洗涤，有时还需用

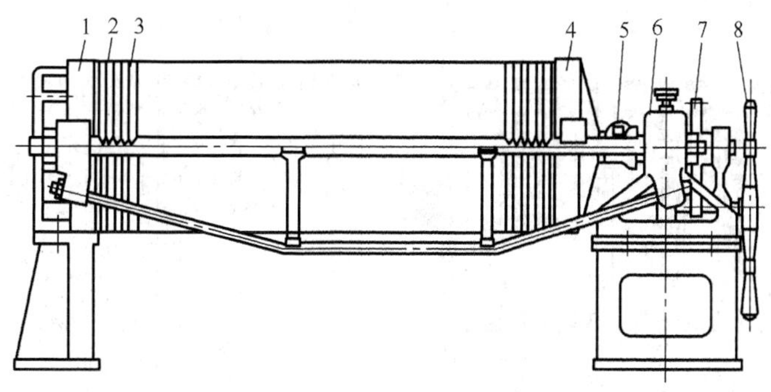

图 10-2　手动小型板框压滤机外形

1. 固定端板；2. 滤板；3. 滤框；4. 活动端板；5. 活动接头；6. 支承；7. 传动齿轮；8. 手轮

压缩空气吹干。所以，板框压滤机的一个工作周期包括装合，过滤，洗涤（吹干），去饼，洗净等过程。其中过滤和洗涤过程的情况见图 10-4。

2）板框过滤机的型号

国产板框过滤机有 BAS、BMS 和 BMY 等型号。型号意义为 B——板框压滤机，A——暗流式，M——明流式，S——手动压紧。型号后面的数字表示过滤面积（m^2）、滤框尺寸（mm）、滤框厚度（mm）。例如：BAY40—635/25 是表示暗流式油压压紧板框压滤机，其过滤面积为 $40m^2$，框内尺寸为（635×635）mm，滤框厚度为 25mm；滤框块＝40/（0.635×0.635×2）＝50（块）；滤板为50－1＝49（块）；板内总体积＝0.635×0.635×0.025×50＝$0.5m^3$。

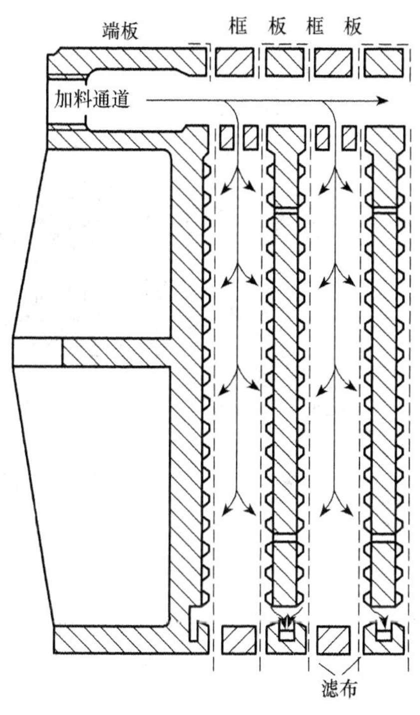

图 10-3　滤板与滤框的工作情况

2. 自动板框过滤机

自动板框过滤机是一种新型的过滤设备，它在板框压紧、卸饼、清洗等操作中可自动完成，劳动强度小，辅助操作时间短。

图 10-5 是 IEP 型自动板框过滤机的工作原理图。其结构与普通板框过滤机大体相同。只是板与框各有 4 个角孔，滤布是首尾封闭的整体，并配有自动控制操作系统。

过滤时，悬浮液从板框上部两个角孔形成的通道并行压入滤框，滤液穿过滤框两侧的滤布，沿滤板表面沟槽流入下部角孔形成的通道，滤饼则在滤框内形成。洗涤滤饼也按过滤流向进行。洗饼完毕，油压机将板框拉开，并使滤框下降。然后开动滤饼推板，框内滤饼将以水平方向推出落下，传动装置带动环形滤布绕一系列转轴旋转，以达到洗涤滤布的目的，最后使滤框复位，重新夹紧，完成一个操作周期，全部操作过程可在 10min 内完成。表 10-4 为 IEP 型自动板框过滤机规格。

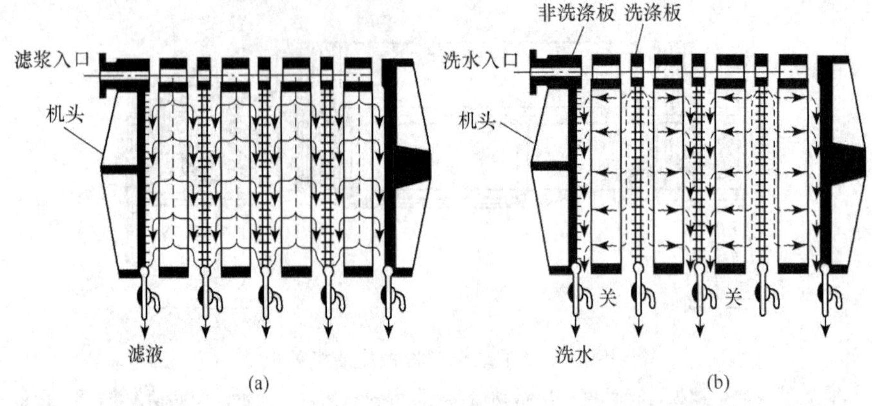

图 10-4 板框过滤机的过滤和洗涤过程

a. 过滤；b. 洗涤

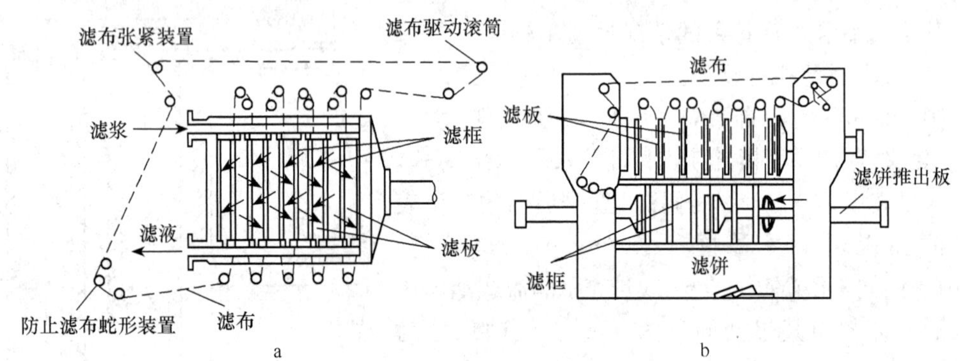

图 10-5 IEP 自动板框过滤机工作原理图

a. 过滤与滤饼；b. 降框、卸饼及洗刷滤布

表 10-4 IEP 型自动板框过滤机规格

框外部尺寸/mm	800×800			1000×1000			1250×1500		
框数/个	20	30	35	20	40	60	30	50	60
总过滤面/mm²	19.1	28.6	33.4	31.0	62.0	93.0	104.6	172.3	209.1
框总体积/L	286	428	500	465	929	1394	1568	2614	3236
全长/mm	3000	5000	6000	3000	7000	8700	7850	7850	8700
全宽/mm	1400			1600			2300		
全高/mm	2500			3000			4000		

自动过滤机结构复杂，价格昂贵，在一定程度上限制了它的应用和发展。

10.2.2 真空过滤机

真空过滤设备以大气与真空之间的压力差作为过滤操作的推动力。生物工业中，用得较多的是转筒式真空过滤机。

1. 转筒真空过滤机的结构与操作

真空转鼓过滤机的过滤面是一个以很低转速旋转（通常 1～2r/min）的、开有许多小孔或用筛板组成的圆筒（转鼓），面外覆有金属网及滤布，将此转鼓置于液槽中，转鼓内部抽真空，在滤布上即形成滤饼，滤液则经中间的管路和分配阀流出。

整个工作周期是在转鼓旋转一周内完成的，根据过滤要求，转鼓旋转一周可以分为四个区，其工作示意图见图 10-6。为了使各个工作区不互相干扰，用径向隔板将其分隔成若干过滤室（故称多室式），每个过滤室都有单独的通道与轴颈端面相连通，而分配阀则平装在端面上。分配阀分成Ⅰ～Ⅳ四个室，分别与真空和压缩空气管路相连。转鼓旋转时，每个过滤室相续与分配阀的各室相接通，这样就使过滤面形成四个工作区。

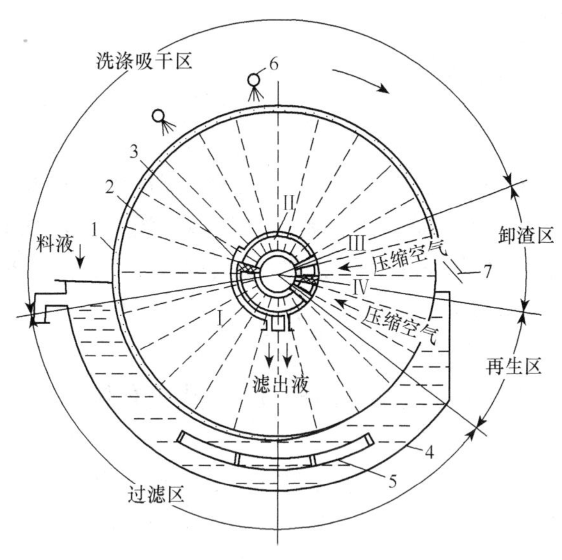

图 10-6　真空转鼓过滤机工作示意图

1. 转鼓；2. 过滤室；3. 分配阀；4. 料液槽；5. 摇摆式搅拌器；6. 洗涤液喷嘴；7 刮刀

（1）过滤区。浸没在料液槽中的区域，这个区内的过滤室与分配阀的Ⅰ室相接通（Ⅰ室连接真空管路），在真空下，料液槽中悬浮液的液相部分透过过滤层进入过滤室，经分配阀流出机外进入贮槽中，而悬浮液中的固相部分则被阻挡在滤布表面形成滤饼。

为了防止悬浮液中固相的沉降，料液槽中设有摇摆搅拌器，搅拌器有自己单独的传动装置。

（2）洗涤吸干区。在此区内用洗涤液将滤饼洗涤并吸干，以进一步降低滤饼中溶质的含量。有些特殊设计的转鼓过滤机上还设有绳索（或布）压紧滤饼（图 10-6）或用滚筒压紧的装置，用以压榨滤饼、降低液体含量并使滤饼厚薄均匀防止龟裂。洗涤液用喷嘴均匀喷洒在滤饼层上，以透过滤饼置换其中的滤液，再经过一段吸干段进行吸干。

此区与分配阀的Ⅱ室相接通。Ⅱ室以不同于Ⅰ室的管路与真空系统相连接。

（3）卸渣区。这个区与分配阀的Ⅲ室相接通，在Ⅲ室通入压缩空气，压缩空气促使滤饼与滤布分离，然后用刮刀将滤饼清除。

（4）再生区。为了除去堵塞在滤布孔隙中的细微颗粒，压缩空气通过分配阀的Ⅳ室进入再生区的滤室，吹落这些微粒使滤布再生。对发酵液的过滤大多采用预涂助滤剂或在用刮刀卸渣时保留一层滤饼预流层，这种场合就不用再生区。

因为转鼓不断旋转，每个滤室相继通过各区即构成了连续操作的一个工作循环。

分配阀控制着连续操作的各工序，分配室的紧密性与耐用性很重要，它直接影响过滤工作的好坏。

真空转鼓过滤机的工作流程见图 10-6，这是一种绳索压紧并将滤布引出转鼓进行卸料的过滤机。洗涤过程分二次，先用新鲜洗涤液（水）进行洗涤，排出的洗出液中含有少量滤液，然后将此洗出液作为前一次的洗涤液进行洗涤，这样可以提高洗出液的浓度，洗涤水量也相应减少。

2. 真空转鼓过滤机的型号及类型

1）型号

国产真空转鼓过滤机的型号有 GP 及 GP-X 型，GP 型为外滤面刮刀卸料多室式真空转鼓过滤机，GP-X 型为外滤面绳索卸料真空转鼓过滤机。例如 GP2-1 型过滤机的代号是过滤面积为 $2m^2$，转鼓直径为 1。目前过滤面积有 1、2、5、$20m^2$ 等数种，转鼓直径有 1m、1.75m 及 2.6m 等数种。

2）真空转鼓过滤机的类型

除了常用的多室式外滤面真空转鼓过滤机外，尚还有其他多种类型，本书只简单介绍以下两种类型的过滤机。

（1）单室式。单室式真空转鼓过滤机的特点是将转鼓分几室，不用分配阀。各个工作区是这样形成的，将空心轴内部分隔成对应于各工作区的几个室，空心轴外部用隔板焊成与转鼓内壁接触的两个部分：一部分通真空，另一部分通压缩空气；空心轴固定不转动，而当转鼓旋转时与空心轴各室相连通，可形成不同的工作区。

单室式真空转鼓过滤机由于不分室和不用分配阀，所以结构简单，机件少；但转鼓内壁要求精确加工，否则不易密合而引起真空泄漏。这种设备的真空度较低，适用于悬浮中固含量不多的形成滤饼较薄的场合。

（2）内部给液式（或称内滤面式）内部给液式真空鼓过滤机的过滤面在转鼓的内侧，因而加料、洗涤、卸渣等均在转鼓内部进行。这种类型的设备结构紧凑，外部简洁，不需另设料液槽，可减轻设备自重，没有料液搅拌器，只需一套传动装置（传动转鼓的），对于易沉淀的悬浮液非常适用。缺点是工作情况不易观察，检修不便；由于它的卸料区需在顶部，所以在整个转鼓内侧圆周上有很大一部分过滤面积不能利用（通常作为清洗滤布用），从而使过滤面积相应减少。

第三节 离心分离设备

离心机是利用转鼓高速转动所产生的离心力来实现悬浮液、乳浊液分离或浓缩的分离机械。

离心机最重要的技术特性之一是它的分离因数。它是粒子在离心力场中所受到的离心力与重力之比，即

$$f=\frac{v^2/R}{g}\approx\frac{Rn^2}{900} \tag{10-5}$$

式中 f——离心分离因数；

v——转鼓边缘线速度，m/s；

R——转鼓半径，m；

n——转鼓转速，r/min；

g——重力加速度，9.81m/s^2。

显然，f 值越大，表示离心力越大，其分离能力越强。由上式知，离心机的转鼓直径大，则分离因数大，但转鼓直径的增大对转鼓的强度有影响。高速离心机的特点是转鼓直径小，转速高可达 15000r/min。

工业上根据离心分离因数大小将离心机分为三类：①普通离心机，$f<3000$，一般为 600～1200，转鼓直径大，转速低，可用于分离 0.01～1.0mm 固体颗粒。②高速离心机，$f=3000\sim50000$，转鼓直径小，可用于乳浊液的分离。③超速离心机，$f>50000$，转速高（可达 50000r/min），适用于分散度较高的乳浊液的分离。

离心分离设备在生物工业应用十分广泛，酿造工业中用于分离葡萄酒或啤酒中的酵母菌体细胞，制药行业用于提纯各种蛋白质产物等。离心分离设备的优点是分离速度快，分离效率高，液相澄清度好。缺点是设备投资高，耗能大。表 10-5 列举了某些用于生物分离的离心机。

表 10-5 用于生物分离的离心机

发酵产物	微生物名称	微粒大小/μm	相对生产能力/%	离心机类型
面包酵母	酵母菌	5～8	100	喷嘴碟片式
啤酒、果酒	酵母菌	5～8	60～80	喷嘴碟片式
单细胞蛋白	假丝酵母	3～7	50	喷嘴蝶片式、螺旋式
柠檬酸	黑曲霉	3～10	30	螺旋式、间歇排渣式
抗菌素	霉菌	1～10	20	螺旋式
抗菌素	放线菌	10～20	7	间歇排渣式
酶	枯草杆菌	1～3	7	喷嘴碟片式
疫苗	梭状芽孢杆菌	1～3	5	间歇排渣式

按作用原理不同，离心机分为过滤式离心机和沉降式离心机两大类。前者转鼓上开有小孔，有过滤介质，在离心力作用下，液体穿过过滤介质经小孔流出而得以

分离，主要用于处理悬浮液固体颗粒较大，固体含量较高的场合。后者转鼓上无孔，不需过滤介质，在离心力的作用下，物料按密度的大小不同分离沉降而得以分离。

过滤式离心机的分离原理与上节讨论的过滤设备基本相同。下面主要介绍生物工业中常用的几种沉降式离心分离设备。

一、管式离心机

管式离心机具有一个细长而高速旋转的转鼓。加长转鼓长度的目的在于增加物料在转鼓内的停留时间。这类离心机分两种，一种是 GF 型，用于处理乳浊液而进行液-液分离操作，另一种是 GQ 型，用于处理悬浮液而进行液-固分离的澄清操作。用于液-液分离操作是连续的，而用于澄清操作是间歇的。澄清操作时沉积在转鼓壁上的沉渣由人工排除。

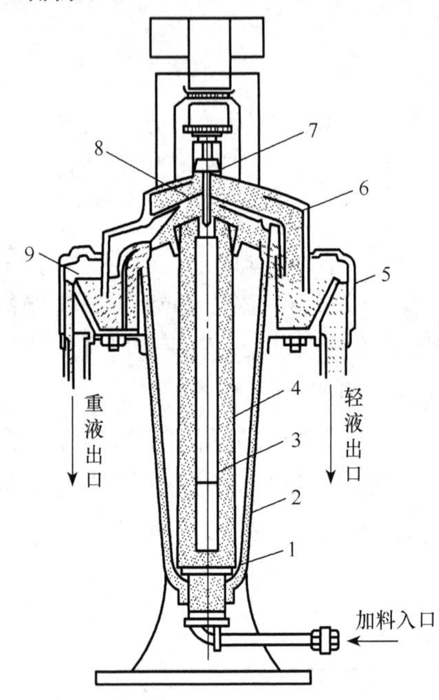

图 10-7　管式离心机结构

1. 折转挡板；2. 固定机壳；3. 十字形挡板；4. 转鼓；5. 轻液室；6. 排液罩；7. 驱动轴；8. 环状隔盘；9. 重液室

图 10-7 所示，离心机的转鼓由三部分组成，顶盖、带空心轴的底盖和管状转鼓。在固定的机壳 2 内装有管状转鼓 4。通常转鼓悬挂于离心机上端的挠性驱动轴 7 上，下部由底盖形成中空轴并置于机壳底部的导向轴衬内。离心机的外壳是转鼓的保护罩，同时又是机架的一部分，其下部有进料口。上部两侧有重液相和轻液相出口。用于澄清操作的 GQ 型离心机的顶盖只有一个液相出口，其他结构与 GF 型相同（即把 GF 型的重液相出口堵塞，便可用于澄清操作）。

操作时，待处理的物料在一定压力（3×10^4 Pa 左右）下由进料管经底部空心轴进入鼓底，靠圆形折转挡板 1 分布于鼓的四周。为使液体不脱离鼓壁，在鼓内设有十字形挡板 3，液体在鼓内由挡板被加速到转鼓速度，在离心力场下，乳浊液（或悬浮液）沿轴向上流动的过程中被分层成轻液相和重液相（或液相和固相）。并通过上方环状溢流口排出。改变转鼓上端环状隔盘 8 的内径可调节重液相和轻液相的分层界面。

处理悬浮液时，可将管式离心机的重液口关闭，只留有中央轻液溢流口，则固体在离心力场下沉积于鼓壁上，达到一定数量后，停机以人工清除。

管式离心机转鼓直径小，转速高，一般为 15000r/min，分离因数大，可达 50000，为普通离心机的 8～24 倍。因此分离强度高，可用于液-液分离和微粒较小的悬浮液的澄清。表 10-6 为 GF-105 型和 GF-150 型管式离心机的技术规格。

表 10-6　管式离心机的技术规格

名称＼型号	GF-105 型	GF-150 型
转鼓直径/mm	105	150
高/mm	750	750
转速/(r/min)	15000	13500
液面上沉降面积/m^2	0.071	0.118
液面处分离因数	13000	15835
鼓壁处分离因数	3780	5400
转鼓壁厚/mm	5	7.5
操作体积/L	6.3	11
装卸限度/kg	10	15
电机功率/kW	2.8	7
分离乳浊液	连续操作	连续操作
分离悬浮液	间歇操作	间歇操作

二、碟片式离心机

碟片式离心沉降机是应用最为广泛的离心沉降设备。它具有一密闭的转鼓，鼓中放置有数十个至上百个锥顶角为 60°～100°的锥形碟片，碟片与碟片间的距离附于碟片背面的、具有一定厚度的狭条调节和控制，一般碟片间的距离为 0.5～2.5mm，当转鼓连同碟片以高速旋转时（一般为 4000～8000r/min），碟片间悬浮液中的固体颗粒因有较大的质量，先沉降于碟片的内腹面，并连续向鼓壁的方向沉降，澄清的液体则被迫反方向移动，最终在转鼓颈部进液管周围的排液口排出。

碟片式离心机既能分离低浓度的悬浮液（液-固分离），又能分离乳浊液（液-液分离或液-液-固分离）。两相分离和三相分离的碟片形式有所不同，对于液-固或液-液两相分离所用的碟片为无孔式，它们的工作原理见图 10-8。液-液-固三相分离所用的碟片在一定位置带有孔，以此作为液体进入各碟片间的通道，孔的位置是处于轻液和重液两相界面的相应位置上，见图 10-8。

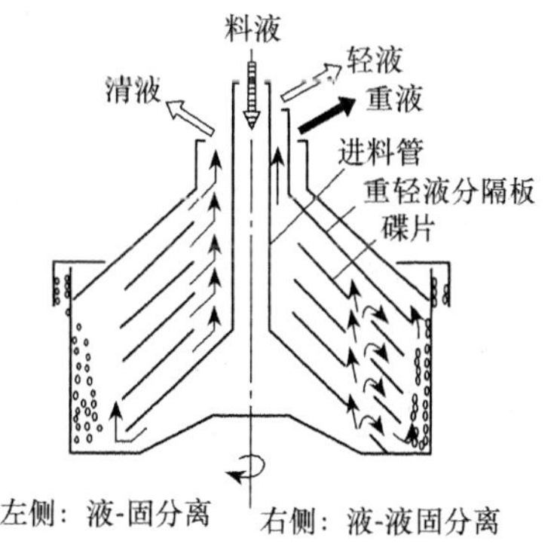

图 10-8　液-固分离和液-液-固分离的工作原理

根据排出分离固体的方法不同，碟片式离心机可以分为两大类。

1. 喷嘴型碟片式离心机

喷嘴型碟片式离心机具有结构简单、生产连续、产量大等特点。排出固体为浓缩液，为了减少损失，提高固体纯度，需要进行洗涤；喷嘴易磨损，需要经常调换；喷嘴易堵塞，能适应的最小颗粒约为 0.5μm，进料液中固体含量为 6%～25%最合适。

2. 自动分批排渣型碟片式离心机

这种离心机的进料和分离液的排出是连续的，而被分离的固相浓缩则是间歇地从机内排出。离心机的转鼓由上下两部分组成，上转鼓不做上下运动，下转鼓通过液压的作用能上下运动。

操作时，转鼓内液体的压力进入上部水室，通过活塞和密封环使下转鼓向上顶紧。卸渣时，从外部注下高压液体至下部水室，将阀门打开，将上部水室中的液体排出；下转鼓向下移动，被打开至一定缝隙而卸渣。卸渣完毕后，又恢复到原来的工作状态。

这种离心机的分离因数为 5500～7500，能分的最小颗粒为 0.5μm，料液中固体含量为 1%～10%，大型离心机的生产能力可达 $60m^3/h$，排渣结构有开式和密闭式两种，根据需要也可不用自控而用手控操作。

这种离心机适用于发酵液中回收菌体、抗生素及疫苗的分离，也可应用于化工、医药、食品等工业。表 10-7 为碟片分离机的型号和技术规格。

表 10-7　碟片分离机的型号和技术规格

技术规格 \ 型号	DP-400J 离心机	D-350 离心机	DH-350Y 自动排渣离心机
转鼓内径/mm	400	350	350
碟片数目/个	75～79	80	114
转速/(r/min)	6500	6000	6500
最大分离因数	9200	7050	—
碟片锥角/°	—	70	80
碟片间隙/mm	0.6	0.5	0.5
喷嘴直径/mm	1.2，1.3	1.0，1.2	
喷嘴数目/个	12	8	12 个排渣口
生产能力/(m^3/h)	12	8	1
电动机功率/kW	13	10	7.5

三、应用举例

以胎盘为原料用德国产 CEPA101 型离心机分离纯化胎盘白蛋白和胎盘球蛋白。该离心机圆柱形转子室内径 142mm，筒长 727mm，额定工作转速 14 000r/min，最大分离因数为 15500，离心生产能力可达 3000L/h。分离纯化胎盘血丙种球蛋白及白蛋白的工艺流程见图 10-9。

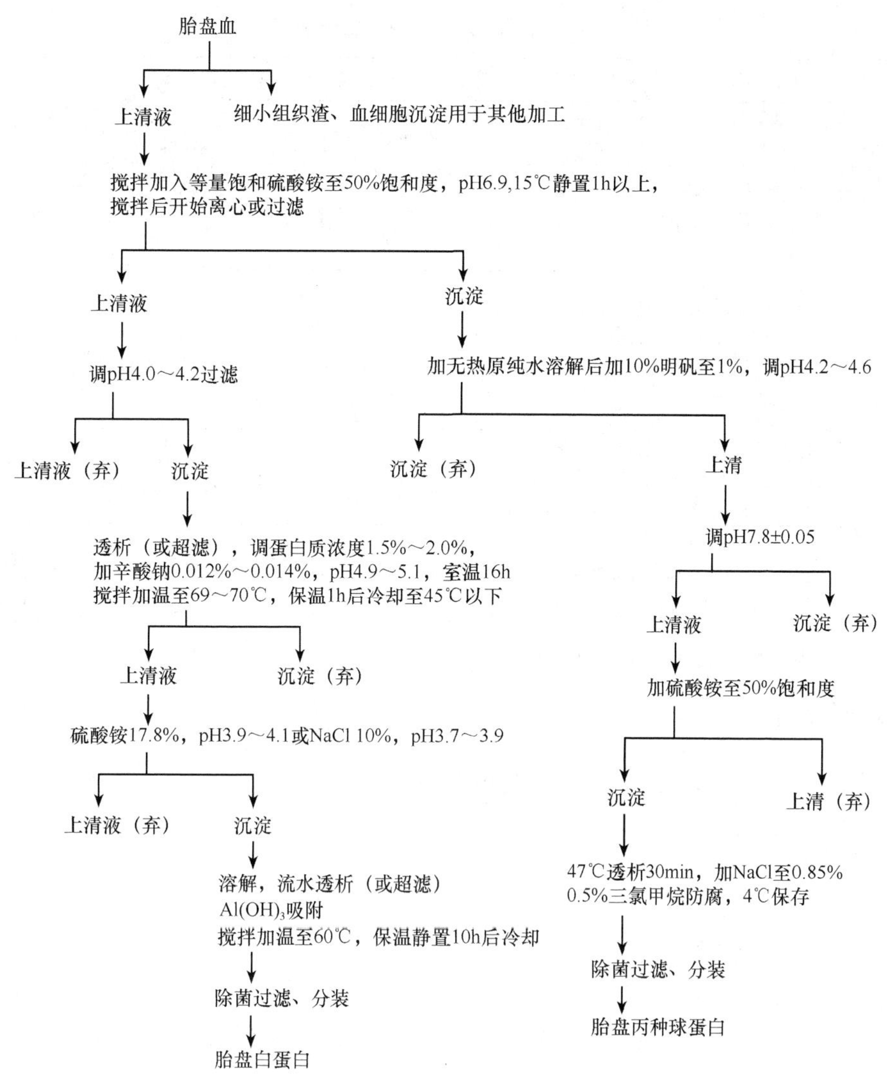

图 10-9　分离纯化胎盘血丙种球蛋白及白蛋白的工艺流程

第四节　膜分离设备

膜分离技术是 20 世纪 60 年代以后发展起来的高新技术，它是以选择性透过膜为分离介质，当膜的两侧存在某种推动力（如压力差、浓度差、电位差等）时，原料侧组分选择性地透过膜，以达到分离，提纯的目的。现已大规模工业应用的膜分离是反渗透、超滤、微滤和电渗析，其中反渗透、超滤、微滤相当于过滤技术，用以分离含溶液中的大分子或是悬浮液微粒的液体。表 10-8 为常用膜分离过程主要特点。

表 10-8 膜分离过程主要特点

过　程	分离目的	透过组分	截留组分	推动力	膜类型
微滤	溶液脱粒子 气体脱粒子	溶液 气体	0.02～10μm	压力差 100kPa	多孔膜
超滤	溶液脱大分子 大分子溶液脱小分子	小分子溶液	1～20nm 大分子	压力差 100～1000kPa	非对称膜
纳滤	溶剂脱有机组分、脱高价离子、软化、脱色、浓缩、分离	溶剂、低价小分子溶质	1nm 以上溶质	压力差 500～1500kPa	非对称膜或复合膜
反渗透	溶剂脱溶质、含小分子溶质溶液浓缩	溶剂、可被电渗析的截留组分	0.1～1nm 小分子溶质	压力差 1000～10000kPa	非对称膜或复合膜

膜分离与传统的分离方法相比，具有设备简单、节约能源分离效率高，易自动控制等优点，膜分离通常在常温下操作，不涉及相变，这对处理热敏性的食品，制药和生物工业产品来说具有独特的适用性。

一、膜分离设备

在选择膜分离设备时应考虑的问题包括：

(1) 分离类型。

(2) 生产量。

(3) 操作时的应变性。

(4) 保养难易程度。

(5) 操作方便与否。

目前世界范围内广泛应用并有定型的膜分离设备主要有四种：板框式、螺旋盘绕状、管式和中空纤维式。

1. 板框式膜分离器

这种膜分离器的结构类似板框过滤机，所用的膜为平板式，厚度为 50～500μm，因此将之固定在支撑材料上。支持物呈多孔结构，对流体阻力很小，对欲分离的混合物呈惰性，支持物还具有一定的柔软性和刚性。

板框式膜分离器由导流板、膜和支承板交替重叠组成。图 10-10 为一种板框式膜分离器的部分示意图。料液从下部进入，由导流板导流流过膜面，透过液透过膜，经支撑板面上的多孔流入支撑板的内腔，再从支撑板外侧的出口流出；料液沿导流板上的流道与孔道一层层往上流，从膜分离器上部的出品流出，即得浓缩液。

在板框式模分离器中，料液平均流速通常只有 0.5m/s，与膜接触的路程只有 150mm 左右，流动为层流。

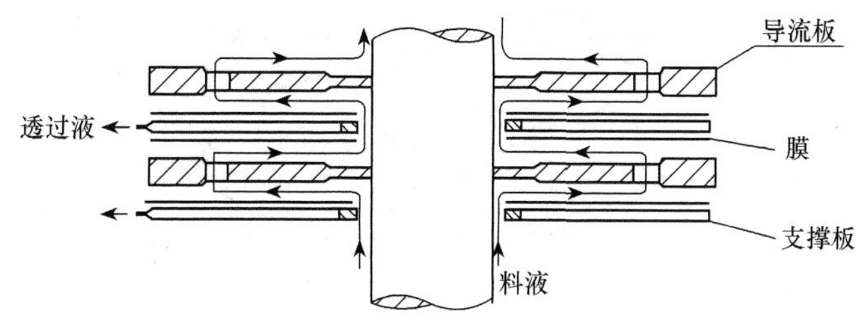

图 10-10　板框式膜分离器

2. 管状膜分离器

管式膜分离器由管式膜制成，其结构原理与管式换热器类似。有支撑的管状膜可以制成排管、列管、盘管等形式的膜分离器。由于外压式管状要求外壳耐高压，料液流动状况差，因此一般多用内压式管，见图 10-11。这类膜分离器的主要缺点是单位体积膜分离器内的膜面积少，一般为 33～330m^2/m^3。

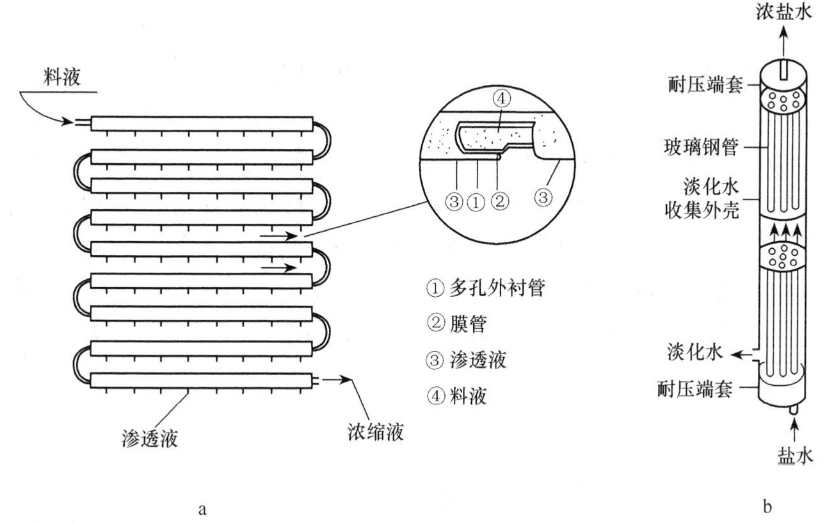

图 10-11　有支撑的管状膜分离器
a. 内压单管式；b. 内压管束式

3. 螺旋盘绕状膜分离器

平板膜沿一个方向盘绕则成螺旋盘绕膜，其结构与螺旋板式换热器类似。典型装置包括两个进料通道、两张膜和一个渗透通道。渗透通道为多孔支撑材料构成，置于两张膜之间，两侧封死，同时封死两个袋口中的一个，则开口的袋口与中央多孔管相接，膜下再衬上起导流作用的料液隔网，一起盘绕在中央管周围，形成一种多层圆筒状结构。如图 10-12 所示，进料液沿轴向方向流入膜包围成的通道，渗透液呈螺旋状流动至多孔中心管状流出系统。

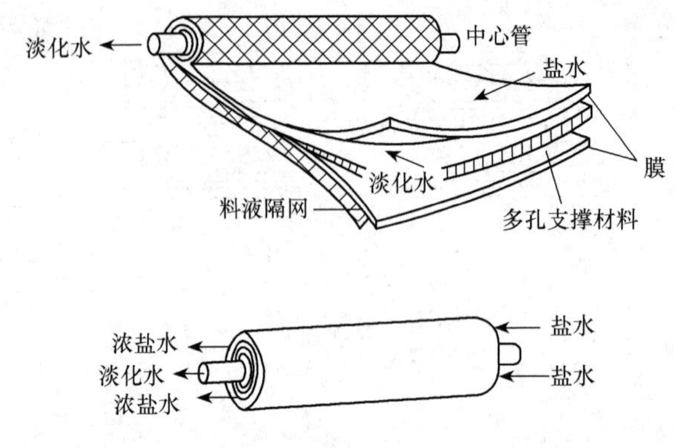

图 10-12　螺旋盘绕状反渗透膜组件示意图

螺旋盘绕状膜分离器在反渗透中应用广泛，大型组件填径 300mm，长 900mm，有效膜面积达 51m^2。与板框式膜分离器相比，它的填充密度高，膜在面积大，但清洗不便，更换不易。

4. 空心纤维膜分离器

空心纤维膜分离器为列管式，分毛细管膜分离器（图 10-13）和中空纤维膜分离器（图 10-14）。一般情况下，超滤、微滤等操作压力差小的过程可采用毛细管膜分离器，料液从一端进入，通过毛细管内腔，浓缩液从另一端排出，透过液通过管壁，在管间汇合后排出。

反渗透等压差较大的过程宜采用图 10-14 的中空纤维膜分离器。该膜分离器由几十万甚至几百万根纤维组成，这些中孔纤维与中心进料管捆在一起，一端用环氧树脂密封固定，另一端也用环氧树脂固定，却留有透过液流出的通道，即纤维孔道。料液进入中心管，并经中心管上的小孔均匀地流入中空纤维的间隙，透过液进入中空纤维管内，从纤维的孔道流出，浓缩液从纤维间隙流出。

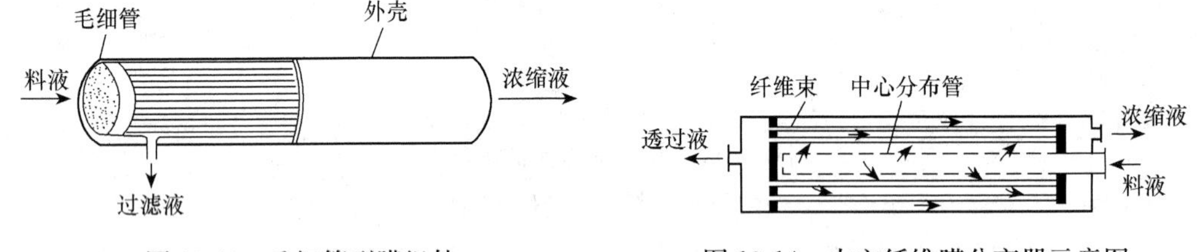

图 10-13　毛细管型膜组件　　图 10-14　中空纤维膜分离器示意图

中空纤维膜分离器设备紧凑，膜面积高达 16000～30000m^2/m^3，但由于纤维内径小，阻力大，易堵，因此料液走管间，透过液走管内。这类膜分离器膜面去污染困难，因此对料液处理要求高，且中空纤维一旦破损，无法更换。

二、超滤应用举例

超滤是一种膜分离技术，其膜为多孔性不对称结构。过滤过程是以膜两侧压差为驱动力，以机械筛分原理为基础的一种分离过程，使用压力通常为 0.01～0.03MPa，筛分孔径从 0.005～0.1μm，截留相对分子质量为 1000～500000。超滤自 20 世纪 20 年代问世以来，已发展成为重要的工业单元操作技术。广泛地用于某些含各种小分子可溶性溶质和高分子物质（如蛋白质、酶、病毒）等溶液的浓缩、分离、提纯和净化。

采用外压式聚砜中空纤维膜的超滤器在压力为 0.6～0.7kg/cm^2，工作温度为 15～26℃的条件下处理麦迪霉素发酵液后，可大大改善过滤液的色泽，透光度可提高 20%～30%。在进一步的萃取过程中，不再出现乳化层，提取回收率也高于原有工艺。

具体实例可见图 10-15。

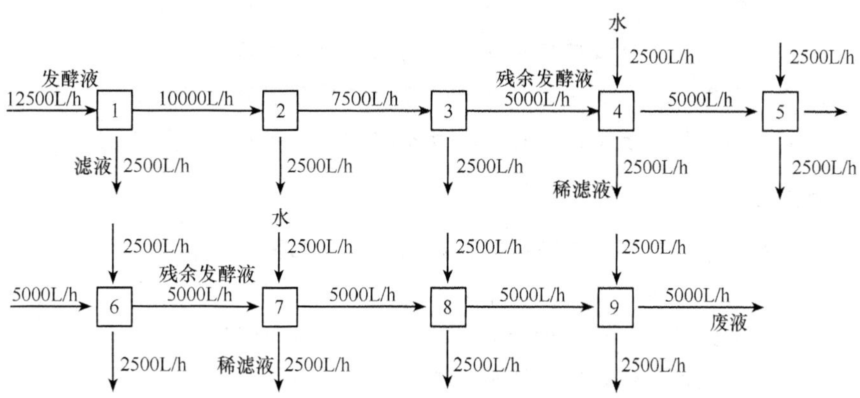

图 10-15　12.5m^3/h 青霉素发酵液 PERMAFLO 超滤系统工艺流程

思考与练习

1. 改变发酵液过滤特性的主要方法有哪些？并简述其机理。
2. 如何选择过滤器操作条件和提高过滤速度？
3. 简述发酵工业中常用的过滤设备的结构及特点。
4. 简述发酵工业中常用的离心分离设备的结构及特点。
5. 简述几种常见的膜分离设备的结构和特点。
6. 举例说明膜分离设备的应用。

第十一章　萃取与离子交换设备

知识目标

1. 了解萃取、浸取与离子交换在生物工业中的应用。
2. 了解常用萃取与离子交换分离设备的工作原理和选用原则。
3. 掌握萃取与离子交换操作原理和萃取操作过程的相关计算。

能力目标

1. 能正确分析萃取分离原理和进行萃取方式选择。
2. 能根据生产条件正确选择萃取分离设备和流程。
3. 能正确分析离子交换树脂的交换机理及影响交换速度的因素。
4. 能根据生产条件正确选择离子交换设备。
5. 具备一定萃取与离子交换分离设备的操作与管理能力。

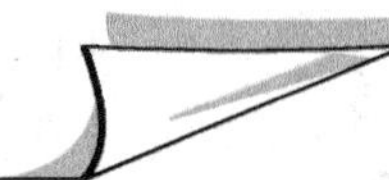

从发酵液或其他生物反应溶液中除去不溶性固体物质后，通常就进入产物提取阶段。萃取和离子交换是分离液体混合物常用的单元操作，在发酵和其他生物工程生产中应用相当广泛。萃取操作不仅可以提取和增浓产物，还可以除掉部分其他类似的物质，使产物获得初步纯化，故广泛应用在抗菌素生产上，适用于大规模生产。离子交换技术是根据物质的酸碱性、极性和分子大小的差异而分离的技术。离子交换法分离提纯各种发酵产物具有成本低、操作方便、节约大量有机溶剂等优点，在分离提纯蛋白质、氨基酸、核酸、酶等具有生化活性物质方面逐步取代其他较原始的方法。

第一节　萃取分离原理及设备

萃取一词可指任意两相之间的传质过程。在液-液萃取过程中常用有机溶剂作为萃取试剂，因此常将液-液萃取称为溶剂萃取。

溶剂萃取法是利用一种溶质组分（如产物）在两个互不相溶的液相（如水相和有机溶剂相）中竞争性溶解和分配性质上的差异来进行分离操作的。萃取操作的实质是利用欲分离组分在溶剂中与原料中溶解度的差异来实现的。在溶剂萃取中，欲提取的物质称为溶质，用于萃取的溶剂称为萃取剂，溶质转移到萃取剂中得到的溶液称为萃取液，剩余的料液称为萃余液。溶剂萃取是以分配定律为基础的。

一、溶剂萃取方式

溶剂萃取按其操作方式可分为单级萃取和多级萃取，后者又可分为错流萃取和逆流萃取，还可将错流和逆流结合起来操作。下面分别给予讨论。讨论中假定萃取和萃余相能很快达到平衡，且两相完全不互溶又能完全分离。

1. 单级萃取

单级萃取只包括一个混合器和一个分离器，如图 11-1 所示。料液 F 和溶剂 S 加入混合器中经接触达到平衡后，用分离器分离得到萃取液 L 和萃余液 R。设料液体积为 V_F，溶液的体积为 V_S，则经过萃取后，溶质在萃取相中的浓度为 c_1，在萃余相中的浓度为 c_2。则

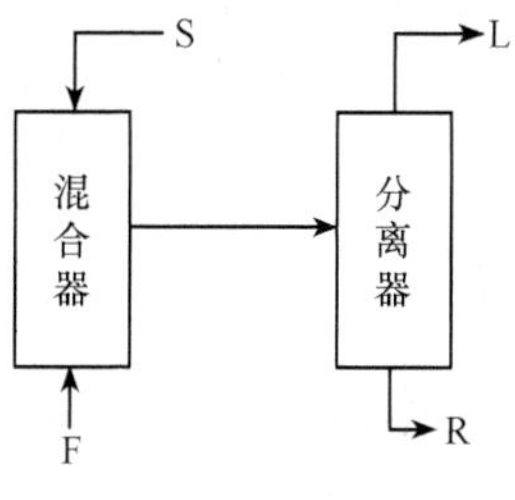

图 11-1　单级萃取

$$K = \frac{c_1}{c_2} \tag{11-1}$$

$$E = \frac{c_1 V_S}{c_2 V_F} = K \cdot \frac{V_S}{V_F} = K \cdot \frac{1}{m} \tag{11-2}$$

式中　K——分配系数，即萃取相中溶质浓度与萃余相中溶质浓度的比值；

E——萃取因数，即溶质在萃取相中的数量与在萃余相中的数量的比值；

m——体积浓缩倍数，即料液体积与溶剂体积的比值。

于是，未被萃取的分率 $\phi = \frac{\text{溶质在萃余液中的数量}}{\text{溶质总量}}$

即

$$\phi = \frac{c_2 V_F}{c_2 V_F + c_1 V_S} = \frac{1}{E+1} \tag{11-3}$$

而理论收得率为 $1-\phi$：

$$1-\phi = \frac{E}{E+1} = \frac{K}{K+m} \tag{11-4}$$

可见，K 值越大，理论收得率越高；而 m 值越大，$1-\phi$ 则越小。

2. 多级错流萃取

多级错流萃取是多个单级萃取的串联过程，即料液经一级萃取后，萃余液再与新鲜萃取剂接触再进行萃取。图 11-2 表示三级错流萃取过程。第一级的萃余液进入第二级作为料液，并加入新鲜萃取剂进行萃取。第二级的萃余液再作为第三级的料液，同样用新鲜萃取剂进行萃取。若加入每一级的新鲜萃取剂量相等，则每级的萃取因数与 E 相等。

由理论推导，经 n 级萃取后，未被萃取的分率 ϕ_n 为

$$\phi_n = \frac{1}{(E+1)^n} \tag{11-5}$$

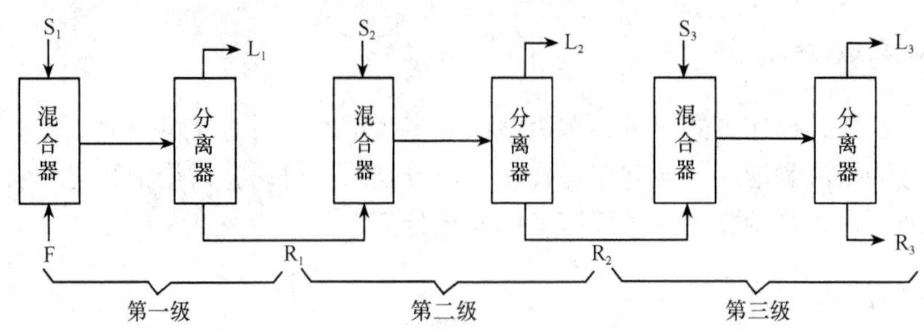

图 11-2　多级错流萃取

F. 料液；S. 溶剂；L. 萃取液；R. 萃余液；下标 1，2，3. 级别

理论收率为

$$1-\phi_n=\frac{(E+1)^n-1}{(E+1)^n} \tag{11-6}$$

萃取级数 n 可由式（11-7）求得

$$n=-\frac{\ln\phi_n}{\ln(E+1)} \tag{11-7}$$

可见，多级错流萃取的理论收率高于单级萃取，即萃取完全。例如当单级萃取 $E=4$ 时，由式（11-6）知，$1-\phi=80\%$，若改为两级错流萃取，每级萃取剂用量为单级的 1/2，则 $E_1=E_2=2$，于是 $1-\phi=89\%$。但多级萃取流程长，一般情况下，萃取剂用量大，因而得到的萃取液浓度低。

3. 多级逆流萃取

多级逆流萃取中，在第一级加入料液，并逐渐向下一级移动，而在最后一级加入萃取剂，并逐渐向前一级移动，即料液移动方向和萃剂移动方向相反，故称逆流萃取。图 11-3表示三级逆流萃取过程。

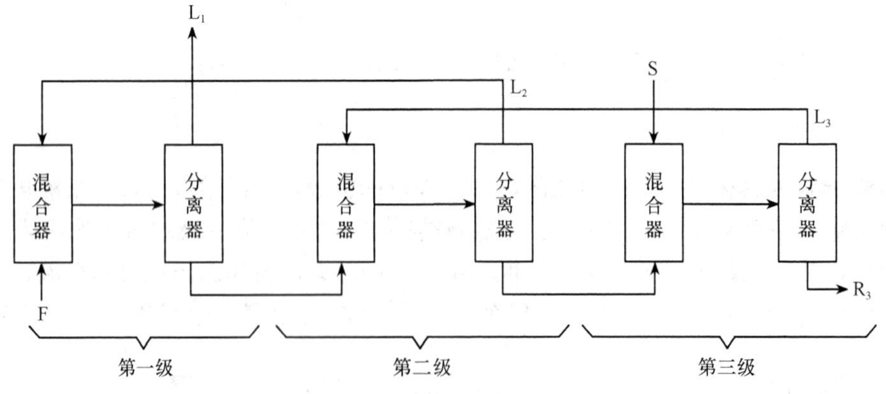

图 11-3　三级逆流萃取

可以推得，多级逆流萃取中，未被萃取的分率为

$$\phi=\frac{E-1}{E^{n+1}-1} \tag{11-8}$$

理论收率为

$$1-\phi=\frac{E(E^{n}-1)}{E^{n+1}-1} \tag{11-9}$$

理论级数为

$$n=\frac{\ln\left(\frac{E-1}{\phi}+1\right)}{\ln E}-1 \tag{11-10}$$

可以看出，多级逆流萃取与同级错流萃取相比，在相同的萃取剂用量下，可获得更高的收得率。如当$E=4$，$n=2$时，由式（11-9）得$1-\phi=95\%$。

在逆流萃取中，由于只在最后一级中加入萃取剂，故与错流萃取相比，萃取剂用量少，因而萃取液浓度高。

二、萃取操作过程及设备

液-液萃取设备应包括三个部分：混合设备、分离设备和溶剂回收设备。混合设备是真正进行萃取的设备，它要求料液与萃取剂充分混合形成乳浊液，欲分离的生物产品自料液转入萃取剂中。分离设备是将萃取后形成的萃取相和萃余相进行分离。溶剂回收设备需要把萃取液中的生物产品与萃取溶剂分离并加以回收。混合通常在搅拌罐中进行，也可将料液与萃取剂在管道内以很高速度混合，称管道萃取，也有利用喷射泵进行涡流混合，称喷射萃取。分离多采用分离因数较高的离心机，也可将混合与分离同时在一个设备内完成，称萃取机。大多数生物产品在pH变化较大时不稳定，这就要求混合分离能够快速进行，其次，由于料液中常含有可溶性蛋白质和糖，萃取过程中会产生乳化现象而影响分离，因此，各种类型的萃取分离塔是不适用的。溶剂回收利用各种蒸馏设备来完成，这里不再重复。

1. 混合设备

萃取操作中，用于两液相混合的设备有混合罐、混合管、喷射萃取器及泵等。

1）混合罐

混合罐的结构类似于带机械搅拌的密闭式反应罐，如图11-4所示。采用螺旋桨式搅拌器，转速为400～1000r/min；若用涡轮式搅拌器，转速为300～600r/min，为防止中心液面下凹，在罐壁设置挡板，罐顶上有萃取剂、料液、调节pH的酸（碱）液及去乳化剂的进口管，底部有排料管。料液在罐内的平均混合停留时间约1～2r/min。由于搅拌器的作用，罐内几乎处于全混流状态，使罐内两液相的平均浓度与出口浓度近似相等。

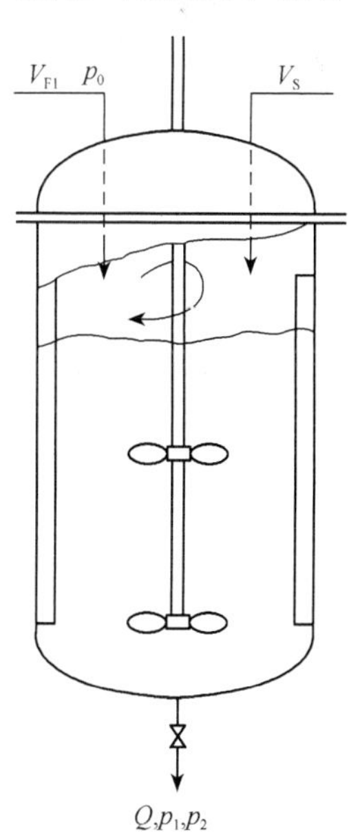

图11-4　混合罐

为了加大罐内两相间的传质推动力，可用带有中心孔的圆形水平隔板将混合罐分隔成上下连通的几个混合室（类似于萃取塔），每个室中都设有搅拌器。这样只有底部一个室中的混合液浓度与出口浓度相同。除机械搅拌混合罐外，尚有气流搅拌混合罐，即将压缩空气通入料液中，借鼓泡作用进行搅拌，特别适用于化学腐蚀性强的料液，但不适用搅拌挥发性强的料液。

2）混合管

通常采用混合排管。萃取剂及料液在一定流速下进入管道一端，混合后从另一端导出，为了保证较高的萃取效果，料液在管道内应维持足够的停留时间，并使流动呈完全湍流状态，强迫料液充分混合。一般要求 Re 为$(5\sim10)\times10^4$，流体在管内平均停留时间 10～20s。混合管的萃取效果高于混合罐，且为连续操作。

3）喷射式混合器

图 11-5 为三种常见的喷射式混合器示意图。其中 a 为器内混合过程，即萃取剂及料液由各自导管进入器内进行混合；b、c 则为两液相已在器外汇合，然后进入器内经喷嘴或孔板后，加强了湍流程度，从而提高了萃取效率。喷射式混合器是一种体积小效率高的混合装置，特别适用于低黏度、易分散的料液。这种设备投资小，但需要料液在较高的压力下进入混合器。

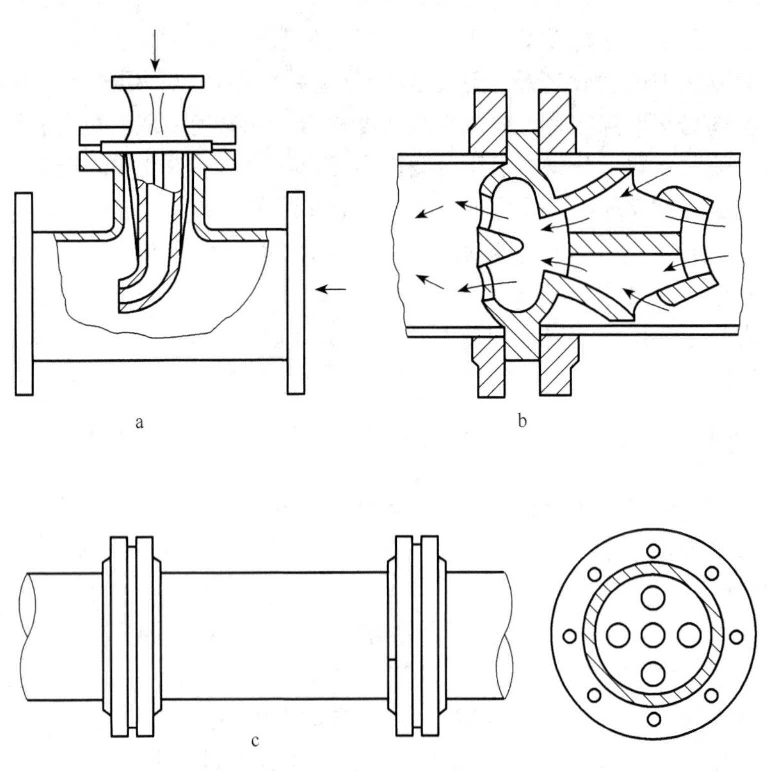

图 11-5　三种常见的喷射式混合器

a. 交错喷嘴混合；b. 同向射流混合；c. 混合孔板

另外，若两液相容易混合时，可直接利用离心泵在循环输送过程中进行混合。

2. 分离设备

由于欲萃取分离的发酵液中常含有一定量的蛋白质等表面活性物质，致使混合后形成相当稳定的乳浊液，这种乳浊液即使加入某些乳化剂，也很难在短时间内靠重力进行分离，一般采用分离因数很大的碟式高速离心机和管式超速离心机进行分离操作。

1）管式离心机

管式超速离心机的转速在 1000r/min 以上，有国产的 GF-105 型、1280 型，美国的 Sharpler 等。管式离心机具有一长管式转筒，筒底有料液与萃取剂组成的乳浊液进口管，筒顶有轻液溢流环，轻重液出口，其分离原理及结构已在上一章叙述。国产 GF-105 型管式离心机的主要技术特性参数如表 11-1 所示。

表 11-1　国产 GF-105 型管式离心机的主要技术特性参数

转筒内径/mm	100	转筒高度/mm	850
工作体积/L	8	溢流环内径/mm	30
转速/（r/min）	15000	最大分离因数	13750
生产能力/（L/h）	1000		

2）碟式离心机

常用的液-液分离碟片式离心机有国产的 DRY-400 型，前苏联的 CAK-3 型，前西德的 OEH-10006 及 OEP-10006 型，美国的 Delaval 等。表 11-2 列出了碟片离心机的技术特性。

表 11-2　几种常用碟片式离心机的技术特性

规格＼型号	DRY-400	CAK-3	OEP-10006	规格＼型号	DRY-400	CAK-3	OEP-10006
转鼓内径/mm	400	330	550	碟片锥顶角/(°)		80	
碟片外径/mm		250	400	转鼓转速/(r/min)	6650	4620	4060
碟片内径/mm		100	120	分离因素	9800	3900	5040
碟片数/个	80～92	75	150	最大生产能力/(m^3/h)	4	2.5	10
碟片间隙/mm	0.8	0.8		电动机功率/kW	13	3.5	11

国产碟片式离心机系用提圈调节鼓内轻重液相的分界半径。而 CAK-3 型则在鼓顶不同半径的同心圆上开有若干螺孔（共有 5 种同心圆）作为轻重液分界半径的调节装置。OEH-10006 及 OEP-10006 型的轻、重液相出口处均装有向心泵用以调节轻、重液相的分界半径。其中轻液相向心泵直径是固定的，而重液相向心泵的直径可以选择更换。向心泵是一个用螺套固定的机盖上的静止闭式叶轮，叶轮上有 2 个或 3 个由边缘向中心逐渐扩大的通道。因此，OEH 及 OEP 型向心泵是为多级萃取分离而设计的。

三、离心萃取机

1. 多级离心萃取机

多级离心萃取机是在一台设备中装有两级或三级混合及分离装置的逆流萃取设备。

图 11-6 是 Luwesta EK10007 三级逆流离心萃取机的示意图。分上、中、下三段，下段是第一级，中段是第二级，上段是第三级，每一段的下部是混合区域，中部是分离区域，上部是重液相引出区域。新鲜的萃取剂由第三级加入，待萃取料液则由第一级加入，萃取轻液相在第一级引出，萃余重液则在第三级引出。操作时转鼓转速为 4500r/min，料液最大处理量为 $7m^3/h$，料液进口压力为 5×10^5Pa，萃取剂进口压力为 3×10^5Pa。

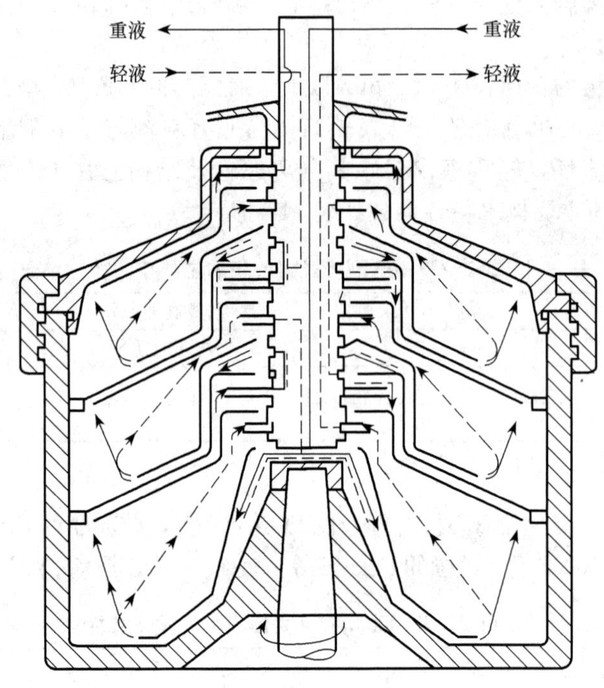

图 11-6　Luwesta 三级离心萃取机结构

2. 立式连续逆流离心萃取机

连续逆流离心萃取机是将萃取剂与料液在逆流情况下进行多次接触和多次分离的萃取设备。图 11-7 是 α-Laval ABE-216 型离心萃取机的结构。其主要部件为一由 11 个不同直径的同心圆筒组成的转鼓，每个圆筒上均在一端开孔，作为料液和萃取剂流动的通道，由于相邻筒之间开孔位置上下错开，使液体上下曲折流动。从中心向外数第 4～11 筒的外壁均焊有螺旋形导流板，这样就使两个液相的流动路程大为加长，从而延长了两液相的混合与分离时间，在螺旋形导流板上又开设大小不同的缺口，使螺旋形长通道中形成很多短路，增加了两液相之间的接触机会。

操作时，重液相（料液）由底部轴周围的套管进入转鼓后，沿螺旋形通道由内向外顺次流经各筒，最后由外筒经溢流环到向心泵室被排出。轻液（萃取剂）则同由底部的中心管进入转鼓，流入第十圆筒，从下端进入螺旋形通道，由外向内顺次流过各筒，最后从第一筒经出口排出。图 11-8 是 ABE-216 型离心萃取机液体流向图。表 11-3 列出了国产 LC-500 与 ABE-216 离心萃取机的技术特征。

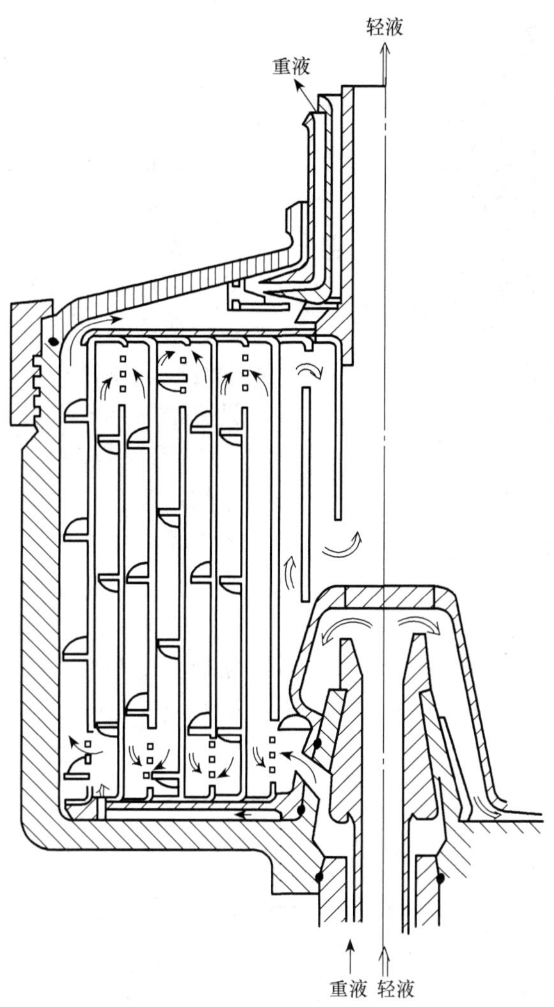

图 11-7　α-Laval ABE-216 离心萃取机结构

表 11-3　国产 LC-500 和 ABE-216 离心萃取机的技术特性

技术特性＼型号	LC-500	ABE-216
转鼓内径/mm	500	550
转鼓转速/(r/min)	4700	6408
容量/L	61	70
开孔数	40～50	90～95
孔直径/mm	8	6～9
开孔面积/cm^2	20～70	27～57
流道截面积/cm^2	24.8～57.8	9.8～23.3
处理量/(L/h)	螺旋带无缺口 4	螺旋带有缺口 5～6
转鼓存渣量	轻重液澄清区渣较少，停车时可用高流水冲走	轻重液澄清区均有渣子，停车时用高流水冲不出来
青霉素萃取收率/%	89.50	90.0

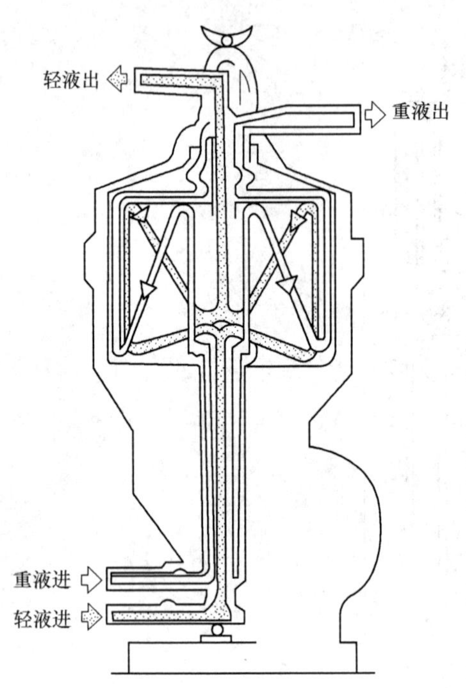

图 11-8　ABE-216 离心萃取机轻重液走向示意图

3. 倾析式离心机

近来发展的三相倾析式离心机可同时分离重液轻液及固体三相，已开始应用于生物工业中，图 11-9 是 20 世纪 80 年代德国 Westfalia 公司研制的三相倾析式离心机的结构图。它由圆柱-圆锥形转鼓、螺旋输送器、驱动装置、进料系统等组成。该机在螺旋转子柱的两端分别设有调节环和分离盘，以调节轻、重液相界面，轻液相出口处配有向心泵，在泵的压力作用下，将轻液排出。进料系统上设有中心套管式复合进料口，中心管和外套管出口端分别设有轻液相分布器和重液相布料孔，其位置是可调的。从而把转鼓柱端分为重液相澄清区、逆流萃取区和轻液澄清区。

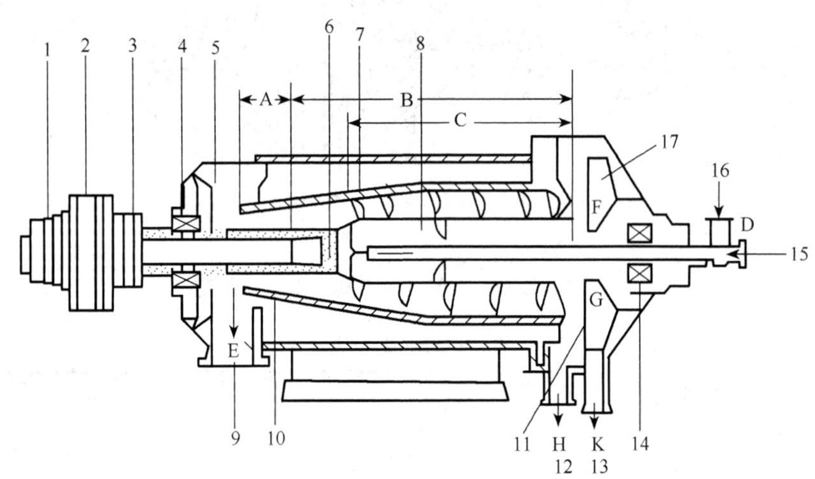

图 11-9　三相倾析式离心机结构

1. V 带；2. 差速变动装置；3. 转鼓皮带轮；4. 轴承；5. 外壳；6. 分离盘；7. 螺旋输送器；8. 轻相分布器；9. 排渣口；10. 转鼓；11. 调节环；12. 重液出口；13. 轻液出口；14. 转鼓主轴承；15. 轻相送料管；16. 重相送料管；17. 向心泵；A. 干燥段；B. 澄清段；C. 分离段；D. 入口；E. 排渣口；F. 调节盘；G. 调节管；H. 重液出口；K. 轻液出口

操作时，料液从重液相进料管进入转鼓的逆流萃取区后受到离心力场的作用，与中心管进入轻液相（萃取剂）接触，迅速完成相之间的物质转移和液-液-固分离。固体渣子沉积于转鼓内壁，借助于螺旋转子缓慢推向转鼓锥端，并连续地排出转鼓。而萃取液则由转鼓柱端经调节环进入向心泵室，借助向心泵的压力排出。

第二节　浸　　取

浸取或固液萃取是用溶剂将固体原料中的可溶组分提取出来的操作。进行浸取的原料，多数情况下是溶质与不溶性固体所组成的混合物，所得产物为浸出液。溶质是浸取所需的可溶组分，一般在溶剂中不溶解的固体，称为载体或惰性物质。

在生物工业、食品工业、医药工业中，浸取过程常作为提取有效成分的重要手段。如用温水从甜菜中提取糖，用有机溶剂从大豆、花生等油料作物中提取食用油，用水或有机溶剂从植物中提取医药物质等，都是浸取过程的应用实例。所使用的浸取溶剂是多种多样的，如表 11-4 所示。

表 11-4　浸取过程举例

产　　物	固　　体	溶　　质	溶　　剂
咖啡	粗烤咖啡	咖啡溶质	水
豆油	大豆	豆油	已烷
大豆蛋白	豆粉	蛋白质	NaOH 溶液，pH9
香料	丁香、胡椒、麝香草	香料成分	80%乙醇
蔗糖	甘蔗、甜菜	蔗糖	水
维生素 B	碎米	维生素 B	乙醇-水
玉米蛋白质	玉米	玉米蛋白质	90%乙醇
胶质	胶原	胶质	稀酸
果汁	水果块	果汁	水
鱼油	碎鱼块	鱼油	乙烷，丁醇，CH_2Cl_2
鸦片提取物	罂粟	鸦片提取物	CH_2Cl_2或超临界 CO_2
胰岛素	牛、猪胰脏	胰岛素	酸性醇
肝提取物	哺乳动物的肝	肽、缩氨酸	水
灰皮	畜皮	去胶质的蛋白质碳水化合物	$Ca(OH)_2$水溶液
低水分水果	高水分水果	水	50%的糖液
脱盐海藻	海藻	海盐	稀盐酸
去咖啡因的咖啡	绿咖啡豆	咖啡因	氯代甲烷、超临界 CO_2
中草药汁	中草药材	药用成分	水
药酒	中草药材	药用成分	酒

为了使固体原料中的溶质能够很快地接触溶剂，载体的物理性质对于决定是否要进行预处理是非常重要的。预处理包括有粉碎、研磨、切片。

动植物的溶质存在细胞中，如果细胞壁没有破裂，浸取作用是靠溶质通过细胞壁的渗透行径来进行的，因此细胞壁产生的阻力会使浸取速率变慢。但是，如果为了将溶质提取出来，而磨碎破坏全部细胞壁，这也是不实际的，因为这样将会使一些分子质量比较大的组分也被浸取出来，造成了溶质精制的困难。通常工业上是这类物质加工成一定的形状，如在甜菜提取中加工成的甜菜丝，或在植物籽的提取中将其压制加工成薄片。

固-液萃取操作主要包括不溶性固体中所含的溶质在溶剂中溶解的过程和分离残渣与浸取液的过程。在后一个过程中，不溶性固体与浸取液往往不能分离完全。因此，为了回收浸取后残渣中吸附的溶质，通常还需进行反复洗涤操作。

固液浸取设备按其操作方式可分为间歇式、半连续式和连续式。按固体原料的处理方法，可分为固定床、移动床和分散接触式。按溶剂和固体原料接触的方式，可分为多级接触型和微分接触型。

一、多级间歇逆流浸取器

在多级间歇逆流浸取器中，应用了许多间歇浸取器所组成的浸提器组，图 11-10 说明浸提器组的原理。这种浸提器组最初应用于制糖工业中，其后在单宁和药物的提取中也使用。在制糖工业中，从甜菜中提取糖，应用密封型的槽，从几个至 16 个并联安装，用 71～77℃的热水来提取糖。在槽内完全充满液体时，流体串联流过各槽。采用这种方法，可以从含糖 18％的甜菜中提取糖，糖的收率为 95％～98％，最终浸取液的浓度达 12％。

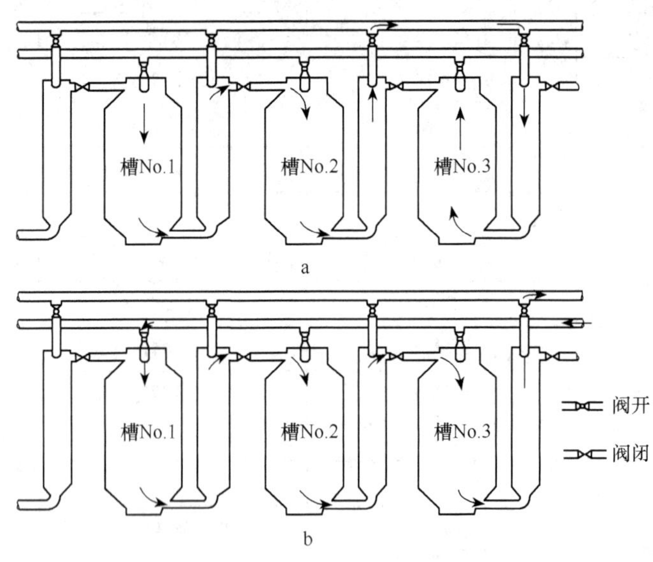

图 11-10　浸提器组的原理

a. 第三槽进料时；b. 第三槽排料时

二、移动床式连续浸取器

移动床式连续浸取器，如图 11-11 所示。它是包含一连串的带孔的料斗，其安排的方式犹如斗式提升机，这些料斗安装在一个不漏气的设备中。这种浸取器广泛用来处理那些在浸取时不会崩裂的子实。由图可见，固体物加到顶部的料斗中，而从向上移动的那一边的顶部的斗子中排出。溶剂喷洒在那些行将排出的固体物上，并经过料斗的向下流动，以达到逆向的流动。然后，又使溶剂最后以并流方式向下流经其余的料斗。典型的浸取器每小时大约转一圈。每个斗子约装载 360kg 子实。

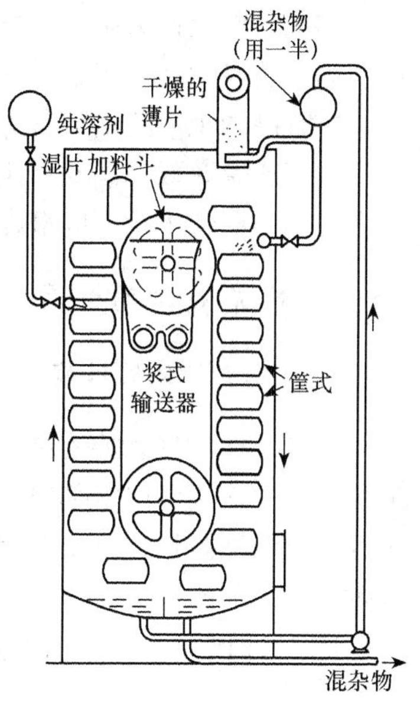

图 11-11　移动床式连续浸取器

三、浸取过程的应用实例

1. 大豆蛋白的提取

工业化大豆蛋白的提取工艺主要有三种，即：湿热浸取法、稀酸浸取法和含水乙醇浸提法。下面介绍湿热浸取法。

其生产工艺流程如下：

脱脂豆粉→粉碎→湿热处理→浸取→分离→洗涤→干燥→成品。

(1) 粉碎。将原料豆粕粉碎到 0.15～0.30mm。

(2) 热处理。将粉碎后的豆粕粉用 120℃左右的蒸汽处理 15min，或将脱脂豆粉与 2～3 倍的水混合，边搅拌边加热，然后冻结，放在－2～－1℃下冷藏。以上两种方法均可以使 70%以上的蛋白质变性而失去可溶性。

(3) 水洗。将湿热处理后的豆粕粉加 10 倍的温水，洗涤 2 次，每次搅拌 10min。

(4) 分离。过滤或离心分离。

(5) 干燥。可以采用真空干燥，也可采用喷雾干燥即可得到成品。

2. 糖蛋白的提取

儿丁质是一种中性黏多糖，具有抗肿瘤、止血、抗血栓等功能。

几丁质的提取方法如下：将蟹壳用水洗净，用 5%～6%盐酸于室温浸泡，不时搅拌，经 24h 以除去钙质，再用水浸泡 3 次，然后用 3%～4%氢氧化钠溶液煮沸 4～6h 以除去蛋白质。水洗后加入 0.5%高锰酸钾水溶液浸泡 1h，同样搅拌，经充分水洗后用 1%硝酸于 60～70℃充分搅拌处理 30～40min，得白色几丁质，经水洗干燥后得工业几丁质粗品。

第三节　超临界萃取

超临界萃取（SFE）是近 30 年来出现的一种分离工艺。由于它具有低能耗、无污染和适合处理易受热分解的高沸点物质等特性，使其在化学工业、能源、食品和医药等工业中广泛的应用。在过去的十几年中，无论在理论上还是在技术上，人们对该工艺的基本原理及其应用做了大量的研究和探讨。

超临界萃取作为一种分离工艺的开发和应用的根据是，一种溶剂对固体和液体的萃取能力和选择性在其超临界状态下较之在其常温常压条件下可获得极大的提高。

在食品加工和药物制备等方面，用有机溶剂的传统萃取工艺已很少应用，如过去一直用二氯乙烷萃取啤酒花和用正乙烷萃取豆油等。对健康无害和无腐蚀的超临界萃取工艺在食品和药物工业上的潜在应用，是目前最吸引人的地方。

一、超临界流体的性质

1. 超临界流体的性质

一种流体（气体或液体）当处在高于其临界点的温度和压力下，则被称之谓超临界流体。用它作为萃取溶剂时，常表现出十几倍、甚至几十倍于通常条件下流体的萃取能力和良好的选择性，除此以外，它所具有的某些传递性质，也使之成为理想的萃取溶剂。

表 11-5 例举了气体、超临界流体和液体的密度、黏度以及扩散系数三种性质。

表 11-5　气体超临界流体和液体性质的比较

性　质	相　态		
	气体	超临界流体	液体
密度/(g/cm³)	10^{-3}	0.7	1.0
黏度/cP	$10^{-3}\sim10^{-2}$	10^{-2}	10^{-1}
扩散系数/(cm²/s)	10^{-1}	10^{-3}	10^{-5}

注：超临界流体是指在 32℃和 13.78MPa 时的二氧化碳。

超临界流体的密度接近于液体，这使它具有与液体溶剂相当的萃取能力；超临界流体的黏度和扩散系数又与气体相近似，而溶剂的低黏度和高扩散系数的性质是有利于传质的。由于超临界流体也能溶解于液相，从而也降低了与之相平衡的液相黏度和表面张力，并且提高了平衡液相的扩散系数。超临界流体的这些性质都是有利于流体萃取，特别是有利于着眼传质的分离过程的。

普遍认为，超临界流体的萃取能力作为一级近似是与溶剂在临界区的密度有关。超临界萃取的基本想法就是利用超临界流体的特殊性质，使之在高压条件下与待分离的固体或液体混合物相接触，萃取出目的产物，然后通过降压或升温的办法，降低超临界流体的密度，从而萃取物得到分离。

被用做超临界萃取的溶剂可以分为非极性溶剂和极性溶剂两种。表 11-6 给出了一些常用超临界萃取剂的临界温度和临界压力。表中最后五个萃取剂为极性溶剂，由于极性和氢键的缘故，具有较高的临界温度和临界压力。

二氧化碳由于具有合适的临界条件，对健康无害，不燃烧、不腐蚀，价格便宜和易于处理等优点，是最常用的超临界萃取剂。

要充分利用超临界流体的独特性质，必须了解纯溶剂及其和溶质的混合物在超临界条件下的相平衡行为。我们先来看一下超临界纯溶剂的相图。图 11-12 为纯二氧化碳的压力-温度图。图中的 s、l 和 g 分别表示固、液和气相。饱和蒸汽曲线 lg 从三相点 T_{tr}

到临界点为止。溶解压力曲线 sl 从 T_{tr} 出发随压力升高而陡直上升。升华压力曲线 sg 则对超临界萃取无多大意义。

表 11-6　一些超临界萃取剂的临界性质

萃取剂	临界温度/K	临界压力/bar	临界密度/(g/cm^3)
二氧化碳	304.1	73.8	0.469
氙	289.7	58.4	1.109
乙烷	305.4	48.8	0.203
乙烯	282.4	50.4	0.215
丙烷	369.8	42.5	0.217
丙烯	364.9	46.0	0.232
环己烷	553.5	40.7	0.273
苯	562.2	48.9	0.302
甲苯	591.8	41.0	0.292
对二甲苯	616.2	35.1	0.280
三氟氯烷	302.0	38.7	0.579
氟三氯烷	471.2	44.1	0.554
甲醇	512.6	80.9	0.272
乙醇	513.9	61.4	0.276
异丙醇	508.3	47.6	0.273
氨	405.5	113.5	0.235
水	647.3	221.2	0.315

注：1bar=10^5Pa。

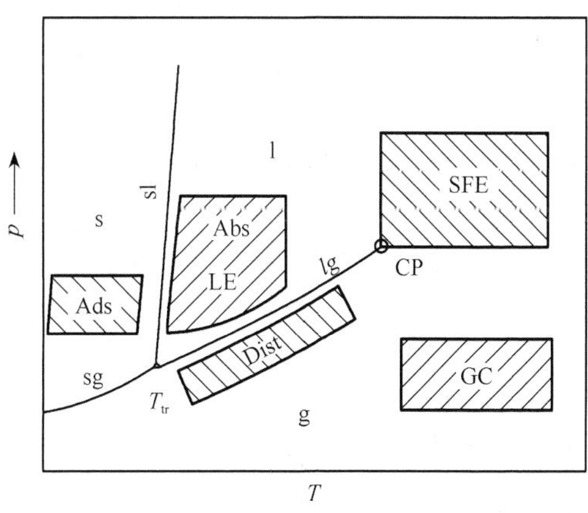

图 11-12　CO_2 的温度压力图

图 11-12 还给出了不同分离过程的大致操作范围。精馏操作通常接近于饱和蒸汽压曲线 lg；液相萃取和吸收过程则是在液相区内（蒸汽压曲线与溶解压力曲线之间）进

行，而吸附分离的操作区则是在溶解压力曲线的左侧。在气相色谱中，二氧化碳被当作流动相，其操作范围在高于室温和压力的气相区的。超临界萃取和超临界流体色谱操作则位于高于溶剂的临界温度和压力的区域内。

超临界萃取的实际操作范围，以及通过调节压力或温度改变溶剂密度，从而改变溶剂萃取能力的操作条件，可以通过图 11-13 加以说明。该图为二氧化碳的对比压力-对比密度图。超临界萃取和超临界流体色谱的实际操作区域即为图中阴影部分。大致在对比压力 $p_r>1$，对比温度 T_r 为 0.9 与 1.2 之间。在这一区域里，超临界流体有极大的可压缩性。溶剂密度可从气体般的密度（$p_r=0.1$）变化到液体般的密度（$p_r=2.0$）。由图可见，在 $1.0<T_r<1.2$ 时，等温线在相当一段密度范围内趋于平坦，即在此区域内微小的压力变化将大大改变超临界流体的密度。另一方面，在压力一定的情况下（如 $1<p_r<2$ 之间），提高温度可以大大降低溶剂的密度，从而降低其萃取能力，使之与萃取物得到分离。

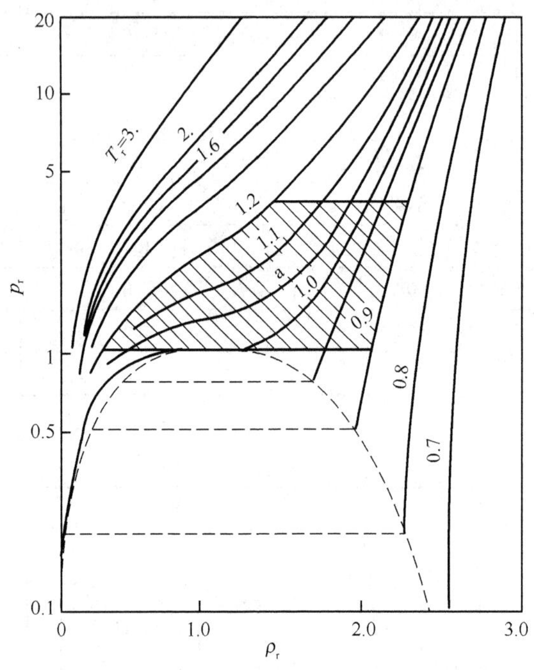

图 11-13　纯二氧化碳的对比压力-对比密度图

在分离过程中，精馏工艺是利用各组分的挥发度之差别而达到分离目的，而液相萃取则籍助于萃取剂与被萃取组分分子之间存在的亲和力将萃取组分从混合物中分开。超临界萃取则是在某种程度上综合了精馏与液相萃取的特征，形成了一个独特的分离工艺。由于这一分离过程需要有辅助剂（萃取剂）来进行，所以超临界萃取工艺更像液相萃取。实际上，超临界萃取是经典萃取工艺的延伸和扩展。超临界萃取工艺具有如下特点：

（1）超临界萃取同时具有精馏和液相萃取的特点，即在萃取过程中由于被分离物质间的挥发度的差异和它们分子间亲和力的不同，这两种因素同时发生作用而产生相际分离效果。如利用超临界萃取分离烷烃是以它们的沸点高低为序；超临界二氧化碳对咖啡因和芳香素具有不同的选择性等。

（2）超临界萃取具有独一无二的优点是它的萃取能力的大小取决于流体的密度，而流体密度很容易通过调节温度和压力来加以控制。

（3）超临界萃取的溶剂回收，方法简单并且大大节省能源。被萃取物可通过等温降压或等压升温的办法与萃取剂分离；而萃取剂只需再经压缩使可循环使用。

（4）高沸点物质往往能大量地、有选择性地溶解于超临界流体中而形成超临界流体相。由于超临界萃取工艺不一定需要在高温下操作，故特别适合于分离易受热分解的物质。

超临界萃取有其不利的因素。它的主要缺点是为了获得相当高的压力的超临界条件，设备投资将花费很大。事实上，由于高昂的设备投资，超临界萃取工艺只有在精馏和液相萃取应用不利的情况才予以考虑。

对于萃取有很高经济价格的中小规模生产，超临界萃取由于存在上述种种优点，将是一项很有发展前途的分离工艺。例如采用超临界流体萃取咖啡因、啤酒花、植物油、药物以及各种香料等。随着人们对超临界流体性质及其混合物相平衡热力学的深入了解，超临界萃取工艺会得到更为广泛的应用。

2. CO_2萃取剂特点

用超临界萃取方法提取天然产物时，一般用CO_2作萃取剂。这是因为：

（1）临界温度和临界压力低（$t_c=31.1℃$，$p_c=7.38MPa$），操作条件温和，对有效成分的破坏少，因此特别适合于处理高沸点热敏性物质，如香精、香料、油脂、维生素等。

（2）CO_2可看作是与水相似的无毒、廉价的有机溶剂。

（3）CO_2在使用过程中稳定、无毒，不燃烧，安全、不污染环境，且可避免产品的氧化。

（4）CO_2的萃取物中不含硝酸盐和有害的重金属，并且无有害溶剂的残留。

（5）在超临界CO_2萃取时，被萃取的物质通过降低压力，或升高温度即可析出，不必经过反复萃取操作，所以超临界CO_2萃取流程简单。

因此超临界CO_2萃取特别适合于对生物、食品、化妆品和药物等的提取和纯化。

在超临界状态下，CO_2具有选择性溶解。超临界CO_2对低分子、低极性、亲脂性、低沸点的成分如挥发油、烃、酯、内酯、醚，环氧化合物等表现出优异的溶解性，像天然植物与果实的香气成分，如桉树脑、麝香草酚、酒花中的低沸点酯类等。但由于CO_2是非极性物质，对具有极性集团（—OH、—COOH 等）较多的化合物，则越难萃取，故多元醇、多元酸及多羟基的芳香物质均难溶于超临界二氧化碳。强极性物质如糖、氨基酸的萃取压力则要在4×10^4kPa。化合物的相对分子质量越大，越难萃取。相对分子质量在200～400范围内的组分容易萃取，相对分子质量超过500的高分子化合物几乎不溶，高分子质量物质（如蛋白质、树胶和蜡等）则很难萃取。而对于相对分子质量较大和极性集团较多的中草药的有效成分的萃取，就需向有效成分和超临界二氧化碳组成的二元体系中加入第三组分，来改变原来有效成分的溶解度，在超临界液体萃取的研究中，通常将具有改变溶质溶解度的第三组分称为夹带剂（也有许多文献称夹带剂为亚临界组分）。一般地说，具有很好溶解性能的溶剂，也往往是很好的夹带剂，如甲醇、乙醇、丙酮、乙酸乙酯等。

二、超临界萃取的应用实例

超临界萃取的实例是用超临界二氧化碳咖啡豆中萃取咖啡因。超临界CO_2萃取咖啡因工艺分三个步骤首先用于干燥的超临界CO_2（323K 和 29MPa），从烘烤过的咖啡豆中萃取香料和芳香油，然后用湿CO_2萃取咖啡因，最后再将香料和芳香油加回到咖啡豆中去。改进之后的超临界CO_2有选择性地直接从原料中萃取咖啡因而不失其芳香味。咖啡因超临界萃取过程见图 11-14，将绿咖啡豆事先浸渍在水里，然后放在高压空器中通入 363K 和 16～22MPa 的CO_2（其$\rho_{CO_2}\approx0.4\sim0.65g/cm^3$）进行萃取，$CO_2$可循环使用。咖啡因从咖啡豆中向超临界流体相扩散，然后同CO_2一起进入水洗塔，用 343～363K 的水洗涤。约 10h 后，所有咖啡因都被水吸收，该水经脱气后进入蒸馏塔以回收咖啡因。萃取后的咖啡因含量从原来的 0.7%～3%下降到 0.02%。处理 1kg 原料咖啡需要 3～5L 水。从超临相回收咖啡因也可采用活性炭吸附而不用水洗，然后吸附的咖啡因再从活性炭中解吸出来。或者将咖啡豆和活性炭的混合物装入高压釜中，通入超临界CO_2进行萃取。活性炭颗粒很小，将咖啡豆之间的空隙填满。萃取 3kg 咖啡豆约需 1kg 活性炭。萃取操作条件为 363K 和 22MPa。此过程中，超临界相中的咖啡因直接进入活性炭而无须气体循环。5h 后可达要求的脱咖啡因纯度。活性炭和咖啡豆混合物可在降压通过一振动筛而予以分离。

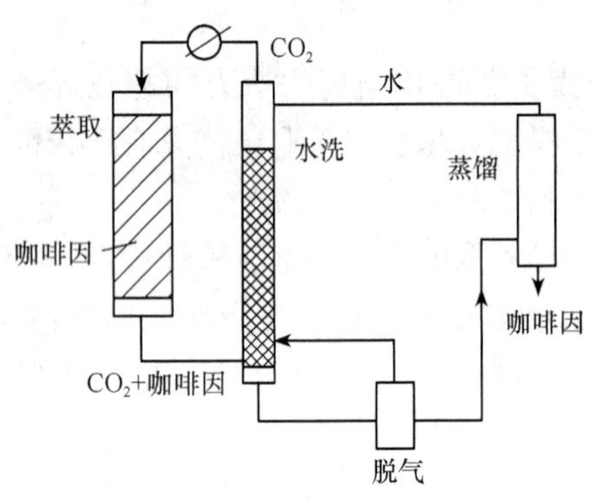

图 11-14　咖啡因超临界萃取流程

用超临界萃取的脱咖啡因工艺可借鉴于其他分离问题。如采用超临界CO_2萃取茶叶中咖啡因。操作时，首先将茶叶中芳香素用干燥的超临界CO_2萃取出来，然后用 50℃和 2.5×10^{13}Pa的超临界CO_2以水为添加剂萃取茶叶中的咖啡因，再真空干燥。最后，将第一阶段萃取出来的芳香素在一定温度和压力的超临界CO_2下加回到茶叶中去。经过这样处理的茶叶，咖啡因含量由原来 3%降低到 0.07%，而茶叶的其他芳香味基本不变。

第四节　离子交换分离原理及设备

离子交换法主要是基于一种合成的离子交换剂作为吸附剂，以吸附溶液中需要分离的离子。生物工业中最常用的交换剂为离子交换树脂，广泛用于提取氨基酸、有机酸、抗生素等小分子生物制品。在提取过程中，生物制品从发酵液中吸附在离子交换树脂上，然后在适宜的条件下用洗脱剂将吸附物从树脂上洗脱下来，达到分离、浓缩、提纯的目的。

离子交换法的特点是树脂无毒性且可反复再生使用，少用或不用有机溶剂，因而成本低，设备简单，操作方便。目前已成为生物制品提纯分离的主要方法之一。但离子交换法有生产周期长，pH 变化范围大，甚至影响成品质量等缺点。此外，离子交换树脂法还广泛用于脱色、硬水软化及制备无盐水等。

一、离子交换树脂分离原理

离子交换树脂是一种具有网状立体结构，且不溶于酸、碱和有机溶剂的固体高分子化合物。离子交换树脂的单元结构由两部分组成。一部分是不可移动且具有立体结构的网络架，另一部分是可移动的活性离子。活性离子可在网络骨架和溶液间自由迁移，当树脂处在溶液中时，其上的活性离子可与溶液中固性离子产生交换过程。这种交换是等摩尔质量进行的。如果树脂释放的是活性阳离子，它就能和溶液中的阳离子发生交换，称阳离子交换树脂；如果释放的是活性阴离子，它就能交换溶液中的阴离子，称阴离子交换树脂。

1. 交换机理

一般认为离子交换过程是按化学摩尔质量关系进行的，且交换过程是可逆的，最后达到平衡，平衡状态和过程的方向无关。因此，离子交换过程可以看作可逆多相化学反应。但和一般多相化学反应不同，当发生交换时，树脂体积常发生改变，因而引起溶剂分子的转移。设有一粒树脂放在溶液中，发生下列交换反应：

$$A^{+} + RB \rightleftharpoons RA + B^{+}$$

不论溶液的运动情况如何，在树脂表面上始终存在着一层薄膜，交换离子借于分子扩散通过薄膜（图 11-15），显然，溶液流运越剧烈，薄膜的厚度越小，则液体主体的浓度越均匀一致。一般说来，树脂的交换容量和颗粒大小无关。因此在树脂表面和内部都具有交换作用，和所有多相化学反应一样，离子交换过程包括五个步骤：

（1）A^{+} 自溶液中扩散到树脂表面。

（2）A^{+} 从树脂表面再扩散到树脂内部的活性中心。

（3）A^{+} 在活性中心发生交换反应。

（4）解吸离子 B^{+} 自树脂内部的活性中心扩散到树脂表面。

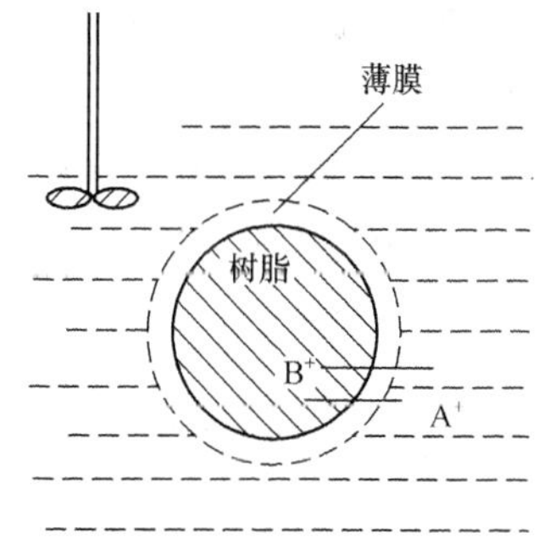

图 11-15　离子交换过程

（5）B^{+} 从树脂表面扩散到溶液中。其交换速度受最慢的一步所控制。根据电荷中性原则，步骤（1）和（2）同时发生且速度相等。即有 1molA^{+} 经薄膜扩散到达颗粒表面，同时必有 1molB^{+} 以相反方向从颗粒表面扩散到液体中，同样（2）和（4）同时发生，方向相反，速度相等。因此离子交换过程实际上只有三步：外部扩散、内部扩散和交换反应。离子间的交换反应速度一般很快，甚至难以测定，大多情况下交换反应不是控制步骤，越是趋向于内扩散控制。相反，液体流速慢，浓度大，颗粒小，吸附强，越是趋向于外扩散控制。

2. 离子交换的选择性

当溶液中同时存在着很多种离子时，树脂则对离子有选择吸附作用。一般来说，离子和树脂间亲和力越大，就越容易吸附，对无机离子而言，离子水合半径越小，这种亲和力越大，也就容易被吸附，这是因为离子在水溶液中都要和水分子发生水合作用形成水化离子；在常温下的稀溶液中，离子交换的选择性与化合价呈现明显的规律性：离子的化合价越高，就越容易被吸附；离子交换反应受溶液的 pH 影响很大。对强酸、强碱树脂来说，任何 pH 下都可进行交换反应，而弱酸、弱碱树脂的交换反应则分别在偏碱性、偏酸性或中性溶液中进行；对凝胶型树脂来说，交联度大，结构紧密，膨胀度小，促进吸附量增加；相反，交联度小，结构松弛，膨胀度大，吸附量减小；另外，离子交换反应是在树脂颗粒内外部的活性基上进行的，因此要求树脂有一定的孔道，以便离子的进出反应；离子交换树脂在水和非水体系中的行为是不同的。有机溶剂的存在会使树脂脱水收缩、结构紧密，降低吸附有机离子的能力，而相对提高吸附无机离子的能力。可见，有机溶剂的存在不利于有机离子的吸附。利用这个特性，常在洗涤中加适当有机溶剂以洗脱有机物质。

二、离子交换设备

根据离子交换的操作方式不同，可分为静态和动态交换设备两大类。静态设备为一带有搅拌器的反应罐，反应罐仅作静态交换用，交换后利用沉降、过滤或水力旋风将树脂分离，然后装入解吸罐（柱）中洗涤和解吸。这种设备目前较少有用，生产中多采用动态离子交换罐或交换柱。

动态交换设备按操作方式不同分间歇操作的固定床和连续操作的流动床两类。固定床有单床（单柱或单罐操作）、多床（多柱或多罐串联）、复床（阳柱、阴柱）及混合床（阳、阴树脂混合在一个柱或罐中）。根据溶液进入交换柱（罐）的方向又有正吸附（溶液在柱中自上而下流动）和反吸附（溶液自下而上流过）两种。连续流动床是指溶液及树脂以相反方向均连续不断流入和离开交换设备，一般也有单床、多床之分。

1. 离子交换设备的结构

1）常用离子交换罐

常用的离子交换罐是一个具有椭圆形顶及底的圆筒形设备。圆筒体的高径比一般为 2～3，最大为 5。树脂层高度约占圆筒高度的 50%～70%，上部留有充分空间以备反冲时树脂层的膨胀。其结构如图 11-16 所示。筒体上部设有溶液分布装置，使溶液、解吸液及再生剂均匀通过树脂层。筒体底部装有多孔板、筛网及滤布，以支持树脂层，也可用石英、石块或卵石直接铺于罐底来支持树脂。如图 11-17 所示，大石块在下，小石子在上，约分 5 层，各层石块直径范围分别是 16～26mm、10～16mm、6～10mm、3～6mm 及 1～3mm，每层高约 100mm。罐顶上有人孔或手孔（大罐可在壁上），用于装卸树脂。还有视镜孔和灯孔，溶液、解吸液、再生剂、软水进口可共用一个进口管与罐顶连接。各种液体出口、反洗水进口、压缩空气疏松树脂用进口也共用一个与罐底连接。

另外，罐顶有压力表、排空口及反洗水出口。

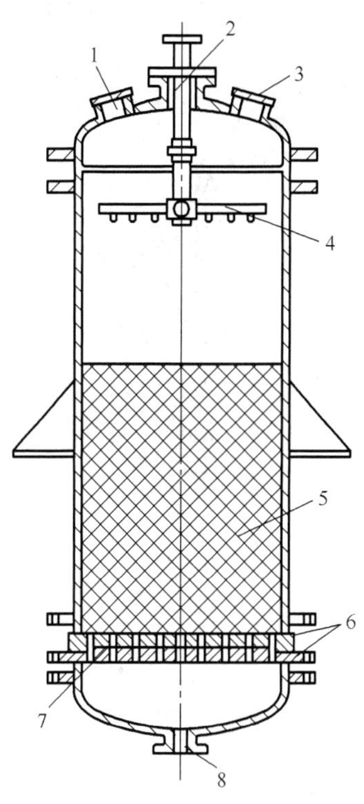

图 11-16　具有多孔支持板的离子交换罐

1. 视镜；2. 进料口；3. 手孔；4. 液体分布器；5. 树脂层；6. 多孔板；7. 尼龙布；8. 出液口

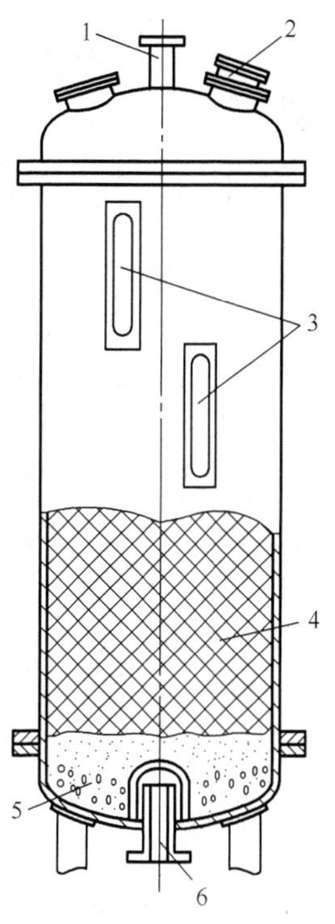

图 11-17　具有块石支持层的离子交换罐

1. 进料口；2. 视镜；3. 液位计；4. 树脂层；5. 卵石层；6. 出液口

交换罐多用钢板制成，内衬橡胶，以防酸碱腐蚀。小型交换罐可用硬聚氯乙烯或有机玻璃制成，实验室用的交换柱多用玻璃筒制作，下端衬以烧结玻璃砂板、带孔陶瓷、塑料网等以支持树脂。

几个单床串联起来便成为多床设备，操作时溶液用泵压入第一罐，然后靠罐内空气压力依次压入下一罐。离子交换的附属管道一般用硬聚氯乙烯管，阀门可用塑料、不锈钢或橡皮隔膜阀，在阀门和多交换罐之间常装一段玻璃短管，作观察之用。

2）反吸附离子交换罐

图 11-18 为反吸附离子交换罐的结构，溶液由罐的下部以一定流速导入，使树脂在罐内呈沸腾状态，交换后的废液则从罐顶的出口溢出。为了减少树脂从上部溢出口溢出，可设计成上部成扩口形的反吸附交换罐（图 11-19），以降低流体流速而减少对树脂的夹带。

反吸附可以省去菌丝过滤，且液-固两相接触充分，操作时不产生短路、死角。因此生产周期短，解吸后得到的生物产品质量高。但反吸附时树脂的饱和度不及正吸附的高，理论上讲，正吸附时可能达到多级平衡，而反吸附时由于返混只能是一级平衡，此外，罐内树脂层高度比正吸附时低，以防树脂外溢。

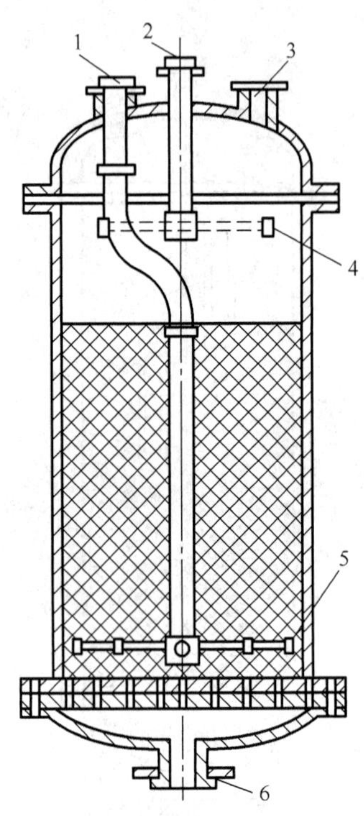

图 11-18　反吸附离子交换罐

1. 被交换溶液进口；2. 淋洗水、解吸液及再生剂进口；3. 废液出口；4、5. 分布器；6. 淋洗水、解吸液及再生剂出口，反洗水进口

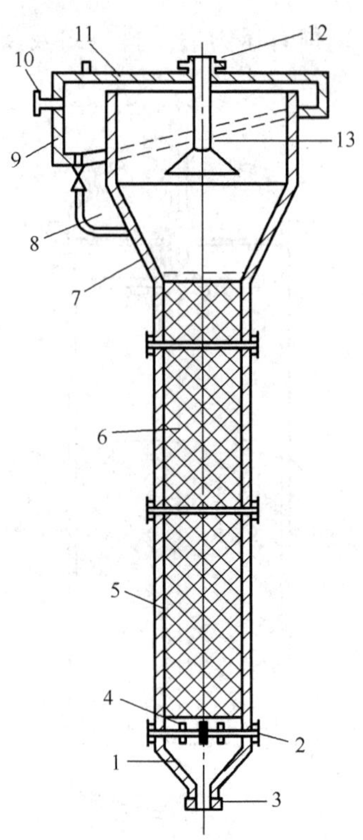

图 11-19　扩口式离子交换器

1. 底；2. 液体分布器；3. 底部液体进、出管；4. 填充层；5. 壳体；6. 离子交换树脂层；7. 扩大沉降段；8. 回流管；9. 循环室；10. 液体出口管；11. 顶盖；12. 液体加入管；13. 喷头

3）混合床交换罐

混合床内的树脂是由阳、阴两种树脂混合而成，脱盐较完全。制备无盐水时，可将水中的阳、阴离子除去，而从树脂上交换出来的 H^+ 和 OH^- 结合成水，可避免溶液中 pH 的变化而破坏生物产品。图 11-20 为混合床制备无盐水的流程，操作时，溶液由上而下流动；再生时，先用水反冲，使阳、阴树脂借重度差分层（一般阳离子树脂较重，二者密度差应为 0.1～0.13），然后将碱液由罐的上部引入，酸液则由罐底引入，废酸、碱液在中部引出，再生及洗涤结束后，压力空气将两种树脂重新混合，阳、阴离子交换树脂常以体积比 1∶1 混合，制备无盐水时流速约为 25～30m/h。

4）连续式离子交换设备

固定床正吸附离子交换操作中，交换仅限于很短的交换带中，树脂利用率低，生产周期长。若采用连续离子交换设备操作，则交换速度快，产品质量均匀、连续化生产、便于自动控制。但这种操作过程中树脂破坏大，设备及操作较复杂且不易控制，目前在软水及无盐水的中间规模生产中有所采用。图 11-21、图 11-22 是两种实验规模的连续离子交换设备。再生后的树脂由柱顶以一定速度加入，与柱底进入的溶液逆流接触，饱合树脂在柱底流出，废液则在柱顶流出。

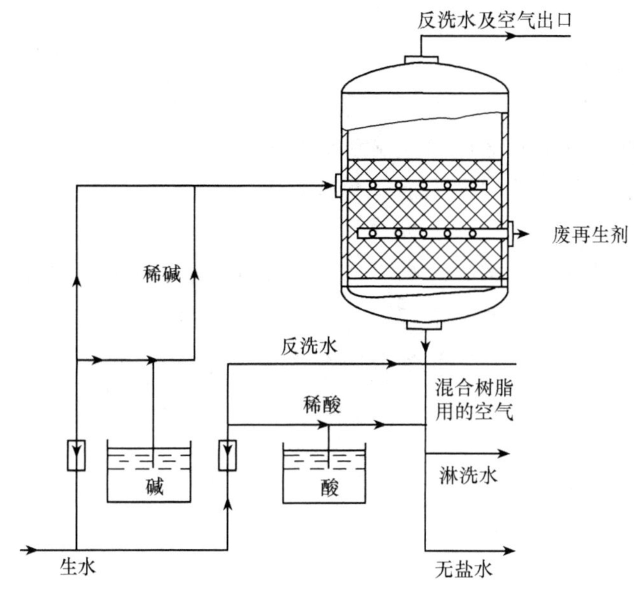

图 11-20　混合床制备无盐水的流程

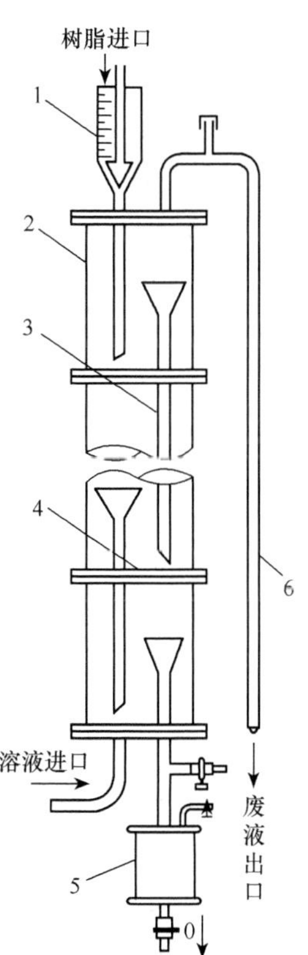

图 11-21　筛板式连续离子交换设备

1. 树脂计量管及加料口；2. 塔身；3. 漏斗形树脂下降管；4. 筛板；5. 饱和树脂受器；6. 虹吸管

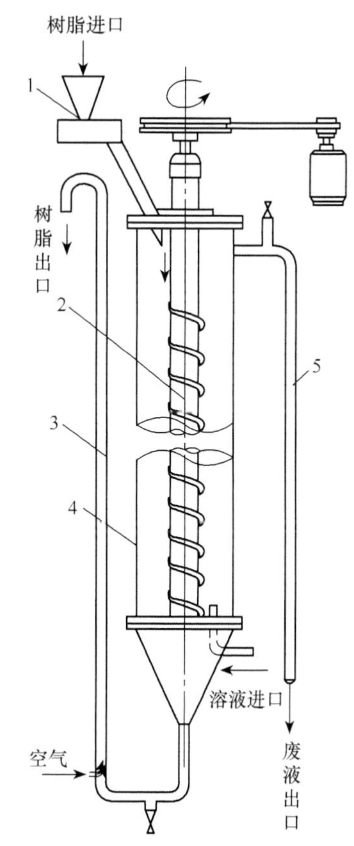

图 11-22　旋涡式连续离子交换设备

1. 树脂加料器；2. 具有螺旋带的转子；3. 树脂提升管；4. 塔身；5. 虹吸管

思考与练习

1. 分析多级错流萃取和多级逆流萃取的特点。
2. 萃取设备有哪些？简述它们的结构特点。
3. 浸取和萃取在操作上有何异同点？
4. 简述超临界萃取的原理，举例说明超临界萃取的设备组合和应用。
5. 简述离子交换树脂的交换机理及影响交换速度的因素。
6. 离子交换设备有哪些？简述它们的结构特点。

第十二章　蒸发和结晶设备

☞ **知识目标**

1. 了解蒸发和结晶设备在生物工业中的应用。
2. 了解常用蒸发和结晶设备的工作原理和选用原则。
3. 掌握蒸发和结晶设备操作原理和操作过程的相关计算。
4. 掌握蒸发和结晶过程的节能技术。

☞ **能力目标**

1. 能根据生产工艺要求正确选择蒸发和结晶设备。
2. 能读懂蒸发和结晶设备图与设备流程图。
3. 具备一定蒸发和结晶设备与过程的操作与管理能力。
4. 能根据蒸发和结晶设备与过程特点正确选择可行的节能方法。

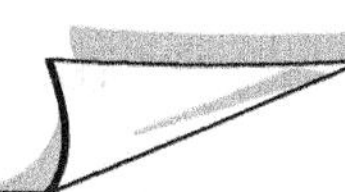

蒸发和结晶是重要的化工单元操作，在生物工业中用来提取和精制发酵产物。蒸发是使含有不挥发性溶质的溶液沸腾汽化并移出蒸汽，从而使溶液中溶质浓度提高的过程。结晶是将高浓度的溶液蒸发或过饱和溶液缓慢冷却和投入晶种使溶质慢慢形成晶体析出的过程。蒸发和结晶显著的区别是：蒸发只移走部分溶剂使溶液浓度增加，溶质没有发生相变。而结晶过程存在溶质相态的变化。

第一节　蒸 发 设 备

完成蒸发过程的设备统称为蒸发设备，它与一般的传热设备并无本质区别。但蒸发过程中，一方面要加热使溶液沸腾汽化，另一方面要把汽化产生的蒸汽（二次蒸汽）不断移走，这两项任务均由蒸发器完成，蒸发器由加热室和汽-液分离室两部分组成。

按照操作压力的不同，蒸发过程分为常压蒸发和减压蒸发（真空蒸发）。工业上的蒸发操作经常在减压下进行。采用减压蒸发的优点是：

（1）减压下溶液沸点降低，有利于处理热敏性物质。

（2）溶液沸点低，可以利用温度较低的低压蒸汽和废蒸汽作加热蒸汽。

（3）与常压蒸发相比，用相同的加热蒸汽需的传热面积小。

缺点是：

（1）溶液温度低，黏度大，总传热系数小。

（2）真空蒸发系统要求有真空减压装置，使系统的投资费用和操作费用增大。

生物工业中大部分产物是热敏性物质，这些物质要求在低温或短时间受热的条件下进行浓缩。生物工业中常采用薄膜蒸发器，在减压的情况下，让溶液在蒸发器的加热表面以很薄的液层流过，溶液很快受热升温、汽化、浓缩，浓缩液会迅速离开加热表面。膜蒸发浓缩时间很短，一般为几秒到几十秒。因受热时间短，能保持产品的质量。通常按膜的形成方法薄膜式蒸发设备分为下面几种。

1. 管式薄膜蒸发器

管式薄膜蒸发器的液膜是在管壁加热时形成的，按其流动的方向可分为：

（1）升膜式蒸发器。形成的液膜与蒸发的汽流的方向相同，由下而上的并流上升。

（2）降膜式蒸发器。形成的液膜与蒸发的汽流的方向相同，由上而下并流下降。

（3）升降膜式蒸发器。将同一蒸发器的加热管分成两程，溶液先以升膜式进行蒸发，再以降膜式进行蒸发。

2. 刮板式薄膜式蒸发器

刮板式薄膜式蒸发器的液膜是靠转动的刮板作用在蒸发器内壁形成。

3. 离心薄膜蒸发器

离心薄膜蒸发器是利用旋转的加热面，使进入加热面的溶液在离心力场作用下形成薄膜。

4. 循环式薄膜蒸发器

循环式薄膜蒸发器是溶液在加热管中多次蒸发的装置。

一、管式薄膜蒸发器

1. 升膜式蒸发器

升膜式蒸发器的结构如图 12-1 所示。是由蒸发加热室、分离器组成。原料液由加热室的下部进料管进入，在正常工作时，液面只达加热管高度 1/4～1/5。加热器管外通入蒸汽加热，溶液进入加热管即被加热、蒸发拉成液膜，浓缩液与二次蒸汽一并上升，从加热管上端排出切线方向进入分离器，浓缩液则从分离器底部排出，二次蒸汽进入冷凝器。

这种蒸发器浓缩物料的时间很短，对热敏性物料质量很少影响，特别对于发泡性黏度较小的热敏性物料比较适用。但不适用于黏度较大的（0.05Pa·s 以上）和受热后易产生积垢的，或浓缩后有结晶析出的物料。总传热系数 K 为 3887～15067kJ/(m^2·h·℃)，蒸发浓缩倍数一般为 5 倍。

对于加热管子直径、长度选择要适当。管径不宜过大，一般在 25～80mm 之间，管长与管径之比一般为 $L/D=100\sim500$，这样才能使加热面有足够成膜的气速。事实上由于蒸汽流量和流速是沿加热管上升而增加，因此管径越大，则管子需要越长。但长管加热器结构比较复杂，壳体应考虑热胀冷缩的应力对结构的影响，需采用浮头管板或在加热器壳体加膨胀圈。有时可采用套管办法来缩短管长。套管式升膜蒸发器如图 12-2所示，这是链霉素浓缩用的蒸发器，其外管 ϕ117mm×3mm，内管 ϕ89mm×3mm，则管子间隙为 11mm，而传热面积为内、外管子面积总和。由于间隙截面积小，而加热周边面积大，故溶液进入加热管后，很快就能吸收足够的热量，产生大量的蒸汽，并达到必要的气流速度，使溶液能沿着内、外管子壁面形成爬膜状况，故加热管较短，该设备只有 1.4m 而且也不能长，管子长了，浓缩比增大，在管子上部会出现喷射流或干壁现象。该蒸发器的传热面积为 5.5m^2，总传热系数约为 4.186×600kJ/(m^2·h·℃)，用于低温浓缩链霉素溶液，效果较好，能自然循环，操作方便。

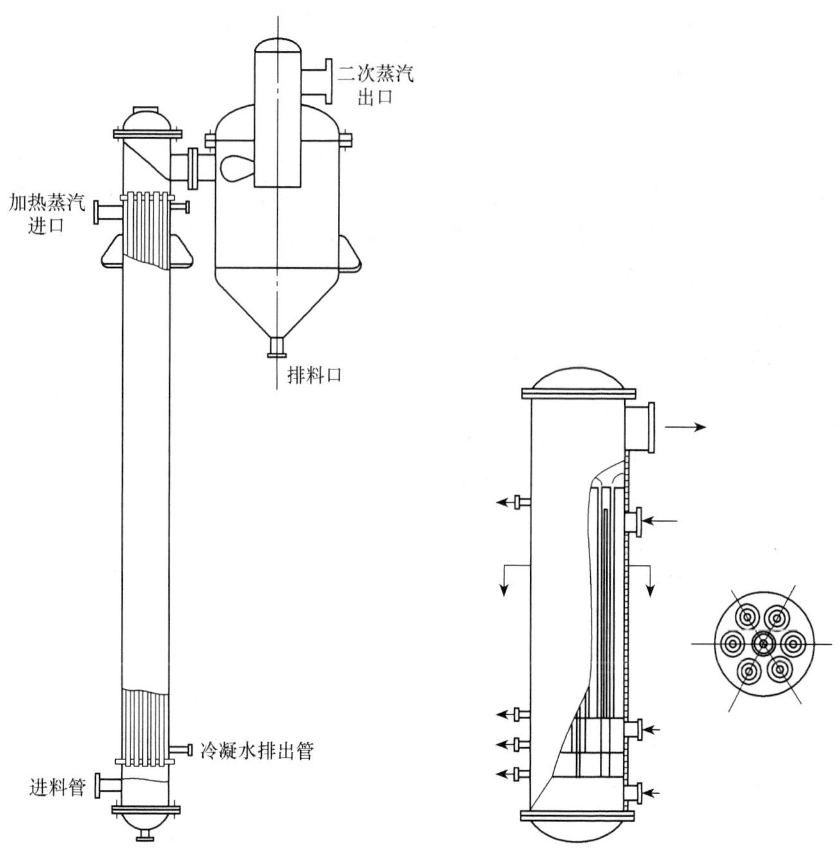

图 12-1　升膜式蒸发器　　图 12-2　套管式升膜蒸发器

升膜式蒸发器也采用大套筒形式，其结构如图 12-3 所示。外加热圆筒直径为 300mm，内加热圆筒直径为 282mm，圆筒间隙为 4mm。为保持各间隙一致成膜均匀，内圆筒上焊上 3 个支撑点，内、外加热面同时通入蒸汽加热时，蒸发液料即在筒间间隙爬膜上升。该设备用于低温浓缩核苷酸溶液效果良好。

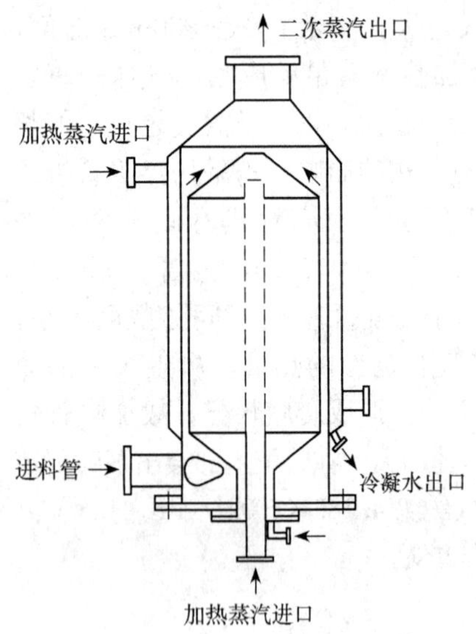

图 12-3 套筒式升膜蒸发器

2. 降膜式蒸发器

降膜式蒸发器中，物料溶液从加热管子上部进入，经分配器导流管进入加热管，沿管壁成膜状向下流。液体的运动是靠本身的重力和二次蒸汽运动的拖带力的作用，其下降的速度比较快，因此，料液在器内停留时间很短，对高度热敏和黏度大的料液特别有利。但关键的问题是液料的分配，当分配不够均匀时，则会出现有些管子的液量很多，液膜很厚，溶液蒸发的浓缩比很小；有些管子的液量很小，浓缩比就很大，甚至没有液体流过而造成局部或大部分干壁现象，影响蒸发器的传热或蒸发能力。为了使液体均匀分布于各加热管中，可采用不同的分配器，常用的方法有如下几种：

1）齿形溢流口

在加热管的上方管口，周边切成锯齿形，如图 12-4a 所示，以增加液体的溢流周边。当液面稍高于管口时，则可以沿周边均匀地溢流而下，由于加热管管口高度一致，溢流周边比较大，致使各管子间或管子的各向溢流比较均匀。但当液位差别比较大、液位高度有变化时，溶液分布还是不够均匀。

2）导流棒

在每根加热管的上端管口内插入一根呈人形的导流棒；如图 12-4b 所示。棒底的宽边与管壁成一定的均匀间距，液体在均匀环形间距中流入加热管内周边，形成薄膜。这样液体流过的通道不变，液体的流量只受管板上液面高度变化所影响，这样分布比较均匀，但遇有物料带粒时，则会造成堵塞的影响。

3）旋液导流器

使液体沿管壁周边旋转向下，这样可以减少管内各向物料的不均匀性，同时又可以增加液体流动速度，减薄加热表面的边界层，降低热阻，提高传热系数。使液体旋转进入加热管的方法如下：

(1) 螺纹导流管。如图 12-4c 所示，在加热管口插入刻有螺旋形沟槽的导流管，当液体沿着沟槽下流时，则使液体形成一个旋转的运动方向。沟槽的大小根据液料的性质而定，但若沟槽太小，则增加液料阻力，容易造成堵塞。

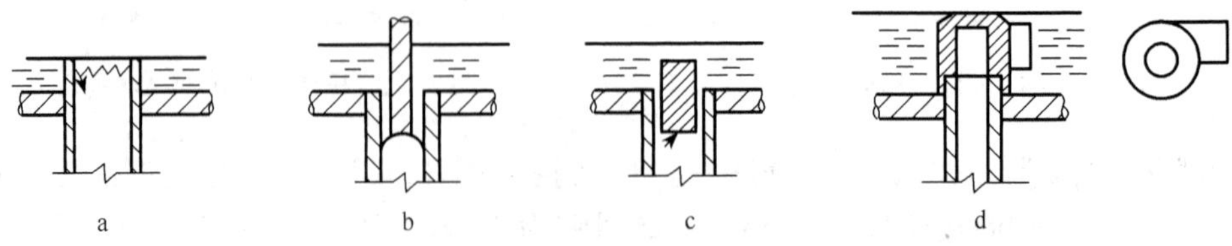

图 12-4 降膜蒸发器的各种分配器

（2）切线进料旋流器，如图 12-4d 所示，旋流器插放在各加热管口上方，液体从切线方向进入，产生离心力，形成靠壁旋流。在重力作用下，液体就成薄膜状沿管壁旋流而下，增加了液体湍流，提高了传热系数，但是设计时要注意各切线进口的均匀分布，否则会互相影响而造成进料不均匀。

4）分配筛板

分配筛板又称淋洒分配，是利用液体的自流作用进行分配，它在管板上一定距离水平安装一块筛孔板，筛孔对准加热管之间的管板，当筛板上保持一定液层时，液体从筛孔淋洒到管板上，液体离各加热管口距离相等，就沿管板均匀流散到各管子的边沿，呈薄膜状沿管壁下流。为保证液流的分布均匀，可采用二层或三层筛板，多次分配。这种分配设备简单，但只宜用做稀薄溶液的分配。对黏稠物料难以分配均匀。为避免二次蒸汽量过大，影响液膜下降而造成液泛，加热蒸汽温度不宜过高，蒸发管的高径比一般取 50～70，总传热系数 $K=3887\sim20934$kJ/(m^2·h·℃)。

3. 升降膜式蒸发设备

升膜与降膜式蒸发器各有优缺点，而升降膜蒸发器可以互补不足。升降膜式蒸发器是在一个加热器内安装两组加热管，一组作升膜式另一组做降膜式，如图 12-5 所示。物料溶液先进入升膜加热管，沸腾蒸发后，汽-液混合物上升至顶部，然后转入另一半加热管，再进行降膜蒸发，浓缩液从下部排入冷凝器，浓缩液从分离器下部出料。升降膜蒸发器具有如下的特点：

（1）符合物料的要求，初进入蒸发器，物料浓度较低，物料蒸发内阻较小，蒸发速度较快，容易达到升膜的要求。物料经初步浓缩，浓度较大，但溶液在降膜式蒸发中受重力作用还能沿管壁均匀分布形成膜状。

（2）经升膜蒸发后的汽-液混合物，进入降膜蒸发，有利于降膜的液体均匀分布，同时也加速物料的湍流和搅动，以进一步提高降膜蒸发的传热系数。

（3）用升膜来控制降膜的进料和分配，有利于操作控制。

（4）将两个浓缩过程串联，可以提高产品的浓缩比，降低设备高度。

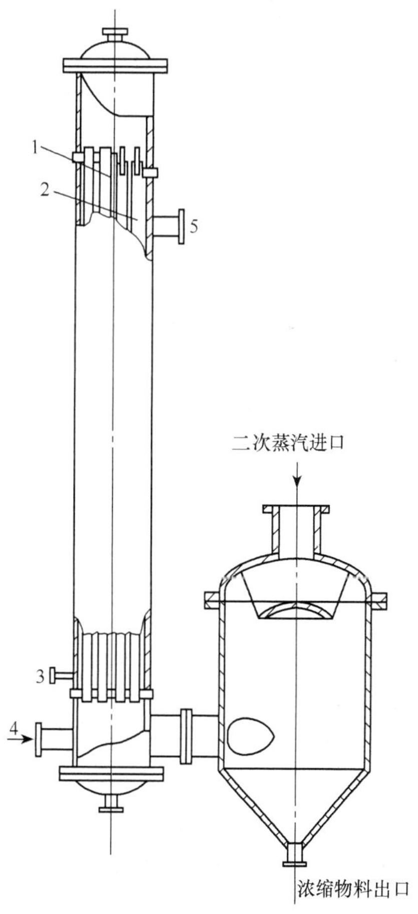

图 12-5　升降膜式蒸发器

1. 升膜管；2. 降膜管；3. 冷凝水排出管；4. 进料管；5. 加热蒸汽管

二、刮板式蒸发器

刮板式蒸发器是通过旋转的刮板使液料形成液

膜的蒸发设备，刮板式薄膜蒸发器如图 12-6 所示。具有一搅拌轴，轴上附有若干块刮板，用来将溶液刮至器壁加热面上，并增加液膜湍动性，以减小传热过程的液膜阻力并防止固体析出物粘壁。

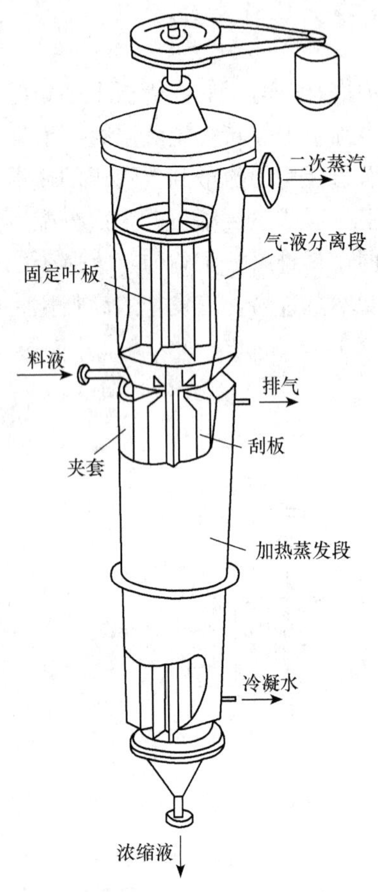

图 12-6 刮板式薄膜蒸发器

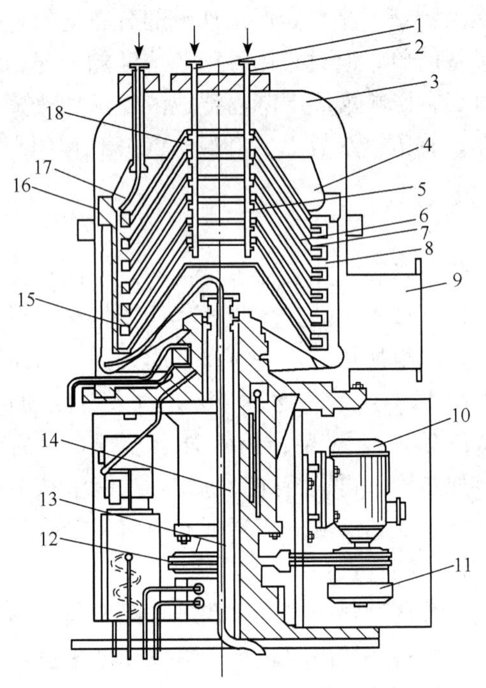

图 12-7 离心薄膜蒸发器结构

1. 清洗管；2. 进料管；3. 蒸发器外壳；4. 浓缩液槽；5. 物料喷嘴；6. 上碟片；7. 下碟片；8. 蒸汽通道；9. 二次蒸汽排出管；10. 电动机；11. 液力联轴器；12. 皮带轮；13. 排冷凝水管；14. 进蒸汽管；15. 浓液通道；16. 离心转鼓；17. 浓缩液吸管；18. 清洗喷嘴

蒸发器分为两段，下段有加热夹套，为加热蒸发段，上段有扩大的截面和固定的叶板，为气-液分离段。料液由加热蒸发段顶部加入，在器内以螺旋状的液膜形式下降，二次蒸汽所夹带的溶液被刮板甩至器壁，沿壁下降，会同料液重新被浓缩。

由于蒸发器有机械搅拌，便可处理高黏度甚至带有固体粒子的物料，在蒸发温度下，所处理的浓缩液黏度可高达 1Pa·s。对 $(1\sim5)\times10^{-3}$ Pa·s 的料液，总传热系数可达 25 121kJ/(m^2·h·℃)。

刮板式蒸发器直径 0.1～0.5m，相应的传热面积 0.1～4m^2，加热段高径比为 3～5，蒸发水量为 200L/(m^2·h)。刮板转速为 230～1600r/min，随传热面积增大，转速减小，线速度 4～10m/s，刮板与器壁间间隙要<1.5mm。

刮板式蒸发器生产能力小，具有传动件，需常维修，造价高。

三、离心式薄膜蒸发器

离心式薄膜蒸发器结构如图 12-7 所示。离心式薄膜蒸发器，是一种具有旋转的空心碟片的蒸发器，料液在碟片上形成 0.1～1mm 厚薄膜，由于离心力作用，加热时间仅 1min 左右。物料经过滤器，进入可维持一定液面的储槽，由螺杆将料液输送至蒸发器，由喷嘴将料液喷在离心盘背面，并在离心力作用下使其形成薄膜。离心盘中的夹层内，通入加热蒸汽。浓缩液在通过膨胀式冷却器时，冷却为成品，由浓缩液泵排出。二次蒸汽经板式冷凝器冷凝，再用真空泵抽出。

国产 LE-26 型离心薄膜蒸发器的技术参数如下：

离心盘外径	650mm
离心盘组数	6 组
加热面积	$2.6m^2$
离心盘转速	600r/min
电机功率	4kW
最大蒸发量	900kg/h
传热系数	1.5×10^4 kJ/(m^2·h·℃)
物料浓缩比	5～10
加热蒸汽消耗量	1.1～1.2kg 蒸汽/(kg 水分)

四、循环式薄膜蒸发器

循环式薄膜蒸发器是将溶液在加热管中进行多次蒸发的装置，当溶液通过一次蒸发达不到规定浓度时，可采用循环薄膜蒸发器。若为升膜式蒸发器，则将分离器分离出来的溶液引至加热管底部，与新鲜料液一起再经加热管加热和汽化；若为降膜式蒸发器，则须借助循环泵将分离器引出的溶液送往器顶重新进行分布和浓缩。但用升降膜器进行循环浓缩时，可不用循环泵。

自然循环式升膜蒸发器及其生产流程如图 12-8 所示。蒸发器附有蒸汽喷射泵，当表压 68.7×10^4 Pa 以上的高压蒸汽进入喷射泵后，将由分离器中排出的二次蒸汽吸入喷射泵，并与高压蒸汽混合后形成低压蒸汽，作为加热蒸汽用，这样既减轻二次蒸汽的冷凝负荷，又使部分二次蒸汽经升压后作为加热蒸汽用，节省了热能。

五、蒸发系统的节能技术

料液蒸发时，能耗非常大。采用蒸发的节能技术则可大大降低蒸发的能耗，蒸发节能技术主要有以下几种。

1. 多效蒸发

多效蒸发是降低能耗的最有效的方法，在工业上已广泛应用。

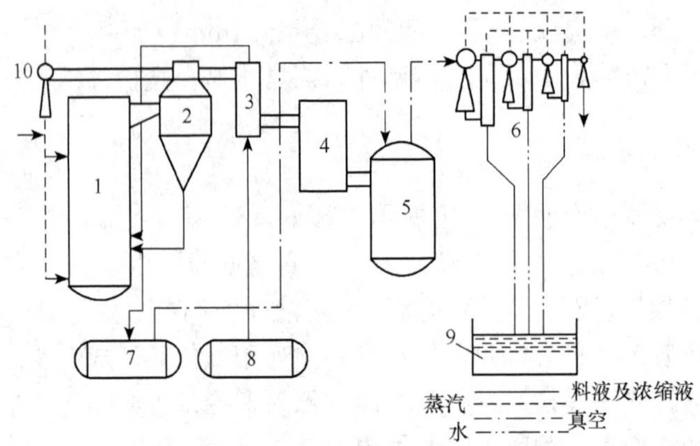

图 12-8 自然循环升膜蒸发器及其生产流程

1. 蒸发器；2. 分离器；3. 热交换器；4. 冷凝器；5. 真空罐；6. 四级喷射真空泵；7、8. 料液罐；9. 水池；10. 喷射泵

2. 二次蒸汽的再压缩

将蒸发器蒸出的二次蒸汽用压缩机压缩，提高它的压力，使它的饱和温度提高到溶液的沸点以上，然后送入蒸发器的加热室作为加热蒸汽，二次蒸汽压缩机称为热泵，这种方法称为热泵蒸发。采用热泵蒸发有时只需在蒸发器启动阶段供应加热蒸汽，一到操作进入稳态，不再需要加热蒸汽，仅需提供使二次蒸汽升压所需的功。热泵压缩二次蒸汽的能力是有限的，对于二次蒸汽所需压缩比不大的情况（溶液沸点升高不大的情况），这种方法的节能效果是很好的。

热泵主要有机械式和蒸汽喷射式两种。机械式热泵消耗电能将低压蒸汽压缩为较高压力的蒸汽，蒸汽喷射式热泵则是利用高压蒸汽压缩低压蒸汽，得到压力较高的混合蒸汽。热泵蒸发可以单独使用，也可与多效蒸发同时使用，进一步提高节能效果。图 12-9是 APV 公司的带热泵的七效降膜蒸发系统的流程图，该系统从料液中蒸发 1kg 水仅耗蒸汽 0.09kg，节能效果非常显著。

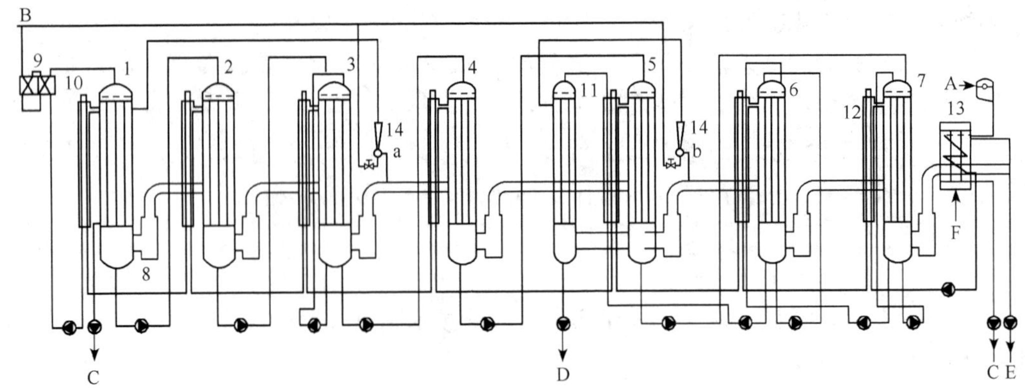

图 12-9 APV 七效降膜蒸发系统流程图

1～7. 第一效至第七效蒸发器；8. 汽液分离器；9. 巴斯德灭菌器；10. 换热器；11. 浓度调节蒸发器；12. 预热器；13. 冷凝器；14a、14b. 二次蒸汽压缩器；A. 进料；B. 生蒸汽；C、E. 冷凝水；D. 完成浓缩液；F. 冷却水

3. 额外蒸汽

将蒸发器蒸出的二次蒸汽用做其他加热设备的热源，称为额外蒸汽。因为用饱和水蒸气加热时，主要是利用蒸汽的冷凝潜热，所以把二次蒸汽作为额外蒸汽使用。就整个工厂来说，蒸发装置只是将高温的加热蒸汽转化为温度较低的二次蒸汽，蒸汽的冷凝潜热仍能完全利用，所以可以大大降低能耗。

4. 冷凝水显热的利用

蒸发器加热室排出的冷凝水温度较高，可以用来预热料液或加热其他物料，也可以用减压闪蒸的方法产生部分蒸汽与二次蒸汽一起作为下一效蒸发器的加热蒸汽。

在选择使用蒸发节能技术时应注意，采用节能技术必须增加相应的设备，这意味着必须增加设备投资。因此，只有当节能所降低的成本大于设备投资所增加的成本时，采用节能技术才是可行的。从目前的情况来看，随着能源短缺不断加剧，节能技术将会广泛应用。

第二节　结晶设备

一、结晶原理和起晶方法

结晶是工业发酵生产过程中重要的操作单元之一，广泛用于氨基酸发酵、有机酸发酵、核苷酸发酵、酶制剂发酵和抗生素发酵等提取和精制过程中。结晶是制备纯物质的有效方法。结晶过程具有高度选择性，只有同类分子或离子才能配合成晶体，因此析出的晶体很纯净。在工业发酵中许多发酵产品如柠檬酸、味精、核苷酸、酶制剂和抗生素等是纯净而又呈固体状态的，且具有一定结晶形状，结晶的目的就是为了获得更纯净的固体发酵产品。

1. 结晶基本原理

结晶是使溶质呈晶态从溶液中析出的过程。晶体系化学性均一的固体，具有一定规则的晶形，是以分子（或离子、原子）在空间晶格的结点上的对称排列为特征。按照结晶化学的理论，一个晶体是由许多性质相同的单位粒子有规律地排列而成，在宏观上具有连续性、均匀性。区别一个物质是晶态或非晶态，最主要的特点在于晶体的许多性质（如电学性质和光学性质），具有方向性或向量性，也就是说在晶体同一方向上具有相同性质。而在不同方向上具有相异性质，称为晶体的各向异性，一切晶体都有各向异性，此外，晶体还具有对称性。晶体以上的特性都是由于组成晶体的粒子排列具有空间点阵式周期性所引起的。因此，晶体的一般定义是许多性质相同的粒子（包括原子、离子、分子）在空间有规律的排列成格子状的固体，叫做晶体。每个格子常称为晶胞，每个晶胞中所含原子或分子数可依据测量计算求出。结晶态物质一般是固体。水合作用对结晶操作过程有很大影响，由于水合作用，物质由溶液中成为具有一定晶形的晶体水合物中析出，晶体水合物含有一定数量的水分子，称为结晶水。例如：味精的晶体是带有一个结晶水的棱柱形八面体晶体。

为了进行结晶，必须先使溶液达到过饱和后，过量的溶质才会以固体态结晶出来。晶体的产生最初是形成极细小的晶核，然后这些晶核再成长为一定大小形状的晶体，溶质浓度达到饱和浓度时，溶质的溶解度与结晶速度相等，尚不能使晶体析出。当浓度超过饱和浓度达到一定的过饱和程度时，才可能析出晶体。过饱和程度通常用过饱和溶液的浓度与饱和溶液浓度之比称为过饱和度。因此，结晶的全过程应包括形成过饱和溶液、晶核形成和晶体生长等三个阶段，溶液达到过饱和是结晶的前提，过饱和度是结晶的推动力。

物质在溶解时一般吸收热量，在结晶时放出热量，称为结晶热。结晶是一个同时有质量和热量传递过程。

溶解度与温度的关系可以用饱和曲线来表示，开始有晶核形成的过饱和浓度与温度关系用过饱和曲线来表示（图 12-10）。

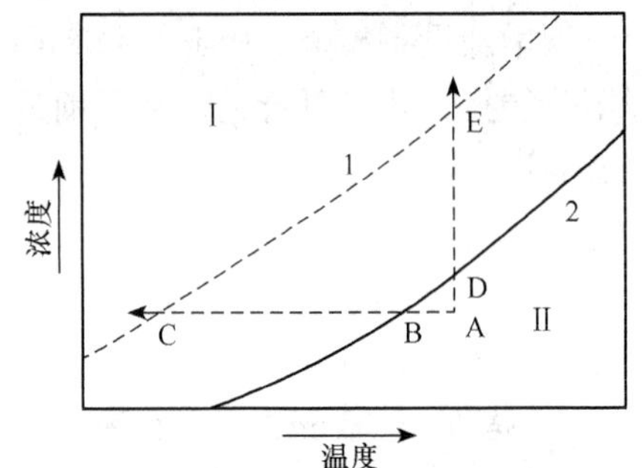

图 12-10　饱和曲线与过饱和曲线

Ⅰ. 不稳定区；Ⅱ. 稳定区；

1. 过饱和曲线；2. 饱和曲线

饱和曲线和过饱和曲线根据实验大体上相互平行，这样就把温度-浓度图分成三个区域：

（1）稳定（不饱和）区：不会发生结晶。

（2）不稳定（饱和）区：结晶能自动进行。

（3）介稳区：在稳定与不稳定区之间。结晶不能自动进行，但如在介稳定溶液中加入晶体，能诱导结晶产生，晶体能生长，这种加入的晶体称为晶种。

图 12-10 的点 A 是表示所代表的溶液，当将 A 所代表的溶液冷却，而溶媒量保持不变时（直线 ABC），则当达到点 C 时，结晶才能自动进行。另一方面，如将溶液在等温下蒸发（直线 ABC），则当达到点 E 时，结晶方能自动进行。进入不稳定区的情况很少发生，因为蒸发表面的浓度一般超过主体浓度，在这种表面上首先形成晶体，这些晶体能诱导主体溶液在到达 E 或点 C 前就发生结晶。在实际操作中，有时将冷却和蒸发合并使用。

对于相等的结晶产量，若在结晶过程中晶核的形成速率低，则产品的晶体大而数目少。介稳区决定晶体的成长，而不稳定区决定晶核的形成。介稳区的概念，对工业发酵生产中结晶操作很重要。在结晶过程中，如将溶液控制在介稳区而在较低的过饱和度之下，则在较长时间内只有少量的晶体产生，主要是原有晶核的成长，于是可得到颗粒较大而整齐的结晶；如将溶液控制在介稳区，但是在较高的过饱和度之内，或者使之到达不稳定区，则将大量的晶核产生，于是所形成的结晶体必定很小。所以适当控制溶液的过饱和度，可以帮助控制结晶操作。

2. 影响结晶的因素

（1）晶种：投放晶种，维持在介稳区结晶，可获得大颗粒结晶。

（2）温度：温度不同，则溶液的饱和度不同。

（3）杂质：有杂质存在，则产生的晶形不同。

（4）搅拌：发酵工业中常遇到高黏度溶液的结晶，通过搅拌，可以促进晶核成长。

3. 工业发酵中常用的结晶方法

结晶是工业发酵生产中发酵产品提纯的有效方法之一。结晶过程的生产规模可以小至每小时数克，也可以大至每小时数十吨，有效体积达 $300m^3$ 以上的结晶器已不罕见。结晶具有成本较低、设备较简单、操作方便等优点，因此在大规模生产中广泛应用。结晶的首要条件是过饱和，创造过饱和条件，在工业生产中常用的方法是热饱和溶液冷却，添加晶种结晶，将部分溶媒蒸发结晶，添加有机溶剂结晶、盐析结晶和等电点结晶等，现简述如下。

1）将热饱和溶液冷却，添加晶种结晶

将接有晶种的热饱和溶液缓慢冷却，温度进行控制，以使系统始终处于介稳区，系统因未能达到稳定区，不会自动生成晶核，也就是图 12-10 中直线 ABC 所代表的过程，当到达 C 点时，结晶才能自动进行。因为添加了晶种而不能达到 C 点，也即未能达到不稳定区，系统不会自动成核，这样就能得到一定大小较均匀的晶体。此法适用于溶解度随温度降低而显著减小的发酵产品的结晶。例如谷氨酸和柠檬酸等发酵产品的结晶。

2）将部分溶媒蒸发结晶

此法也就是图 12-10 直线 ADE 所代表的过程，适用于溶解度随温度变化不显著的发酵产品的结晶，例如灰黄霉素的丙酮萃取液真空浓缩除去丙酮后即可得结晶析出。此法又可分为直接添加有机溶剂法、挥发性有机溶剂蒸发法、冷冻真空干燥法等。

3）添加有机溶剂结晶

此法是调节溶液的 pH 或添加有机溶剂使生成新物质，其浓度超过它的溶解度。例如土霉素经 122 树脂脱色后的酸性滤液调 pH 至 4.5～4.6，即有土霉素游离碱结晶析出。又如青霉素丁酯提取液中加入乙醇-醋酸钾溶液，即生成青霉素钾盐，后者难溶于丁酯中而结晶析出。

4）盐析结晶

此法是添加一种物质于溶液中，以使溶质的溶解度降低，形成过饱和溶液而结晶的方法，通常称为盐析法。这种物质可以是有机溶剂或能溶于溶液中的物质。加入的有机溶剂必须和原溶剂能互溶。例如利用卡那霉素易溶于水、不溶于乙醇的性质，将卡那霉素脱色液加入 95%乙醇，添加量为脱色液的 60%～80%，搅拌 6h，卡那霉素硫酸盐即结晶析出。普鲁卡因青霉素结晶时，加入一定量的食盐，可以使晶体容易析出。

5）等电点结晶

此法是调节溶液的 pH 使之接近等电点，使溶质结晶析出。此法广泛应用于酶制剂和氨基酸及抗生素等发酵产品的结晶提纯。例如溶菌酶的结晶是将 5%溶菌酶水溶液加入 NaCl，以 NaOH 调 pH9.5～10.0 左右，在 4℃下冰冻 8h，溶菌酶的结晶即生成。

二、结晶设备

1. 结晶设备的类型和特点

结晶设备按改变溶液浓度的方法分为浓缩结晶设备、冷却结晶设备和其他结晶设备。

浓缩结晶设备是采用蒸发溶剂，使浓缩溶液进入过饱和区起晶（自然起晶或晶种起晶），并不断蒸发，以维持溶液在一定的过饱和度进行育晶，结晶过程与蒸发过程同时进行，故一般称为煮晶设备。

冷却结晶设备是采用降温来使溶液进入过饱和区结晶（自然起晶或晶种起晶），并不断降温，经维持溶液一定的过饱和浓度进行育晶，常用于温度对溶解度影响比较大的物质结晶。结晶前先叫溶液升温浓缩。

等电点结晶设备的形式与冷却结晶设备较相似，区别在于等电点结晶时溶液比较稀薄；可使晶种悬浮，搅拌要求比较激烈；同时要选用耐腐蚀材料，以防调整 pH 加酸的腐蚀作用；传热面多采用冷却排管。

按结晶过程运转情况的不同，可分为间歇式结晶设备和连续结晶设备两种。间歇式结晶设备比较简单，结晶质量较好，结晶收率高，操作控制也比较方便，但设备利用率较低，操作的劳动强度较大。连续结晶设备比较复杂，结晶粒子比较细小，但具有收率高、能耗低、母液少、自动化程度高、设备占地面积小及操作人员少等优点。由于连续结晶器具有较高的生产效率，一套连续结晶器往往可以取代数套乃至数十套间歇结晶器，相应配套设备的数量也大大减少。对于医药产品的结晶，由于连续结晶器都是全密闭的，结晶器可以布置在 GMP 车间的外面，而仅将离心机、烘干和包装布置在 GMP 车间的里面，这将极大地减少 GMP 车间的面积，从而降低整个工程的投资。连续结晶器还可以方便地与机械压缩泵组合，在低温下进行蒸发结晶，不但不需要蒸汽，而且无需冷冻水。节能的同时也避免了庞大的冷冻机投资。

2. 设计结晶设备应注意的条件

设计结晶设备时应考虑溶液的性质、黏度、杂质的影响，结晶温度结晶体的大小、形状以及结晶长大速度特性等条件，以保证结晶良好，结晶速度快。

通常结晶设备应有搅拌装置，使结晶颗粒保持悬浮于溶液中，并同溶液有一个相对运动，以形成薄晶体外部境界膜的厚度，提高溶质质点的扩散速度，加速晶体长大。搅拌速度和搅拌器的形式应选择得当，若速度太快，则会因刺激过剧烈而自然起晶，也可能使已长大了的晶体破碎，功率消耗也增大；太慢则晶核会沉积。故搅拌器的形式与速度要视溶液的性质和晶体大小而定。一般趋向于采用较大直径的搅拌桨叶，较低的转动速度。如味精煮晶时，一般采用 6～15r/min，柠檬酸结晶时，用 8～10r/min，粉状味精结晶时，用 20～28r/min，等电点结晶时，用 28～36r/min。

搅拌器的类型很多，设计时应根据溶液流动的需要和功率消耗情况来选择。如某厂在一个等电点结晶槽安装两档二直叶式搅拌器，由于溶液较稀，加入晶种粒子较粗，运转过程晶种悬浮较小，故得出的谷氨酸结晶细小，收得率较低，且槽底结晶沉积不均匀，后将直叶改成倾斜，使溶液在搅拌时产生一个向上的运动，增加晶种悬浮运动，减少晶种沉积，这样结晶粒子明显增大，提高了收得率。对于一般煮晶锅多采用锚式搅拌，配合溶液在沸腾时的自然循环，可使晶体悬浮。立式结晶多采用框式搅拌器，卧式结晶箱多采用螺旋式搅拌器。

当晶体颗粒比较小，容易沉积时，为了防止堵塞，排料阀要采用流线形直通式，同时加大出口，以减少阻力，必要时安装保温夹层，防止突然冷却而结块。为防止搅拌轴的断裂，应安装保险装置，如保险连轴销等。遇结块堵塞、阻力增大时，保险销即折断。因此，应防止断轴、烧坏电动机或减速装置等严重事故。其他如排气装置、管道等应适当加大或严格保温，以防止结晶的堵塞。

3. 结晶设备

冷却搅拌结晶设备比较简单，对于产量较小，结晶周期较短的，多采用立式结晶箱。对于产量较大，周期比较长的，宜采用卧式结晶箱。设备应具有：冷却装置，如冷却排管或冷却夹套；促使晶核悬浮和溶液浓度一致、使结晶均匀的搅拌装置。

1）立式搅拌结晶箱

图 12-11 所示为最简单的一种分批式立式搅拌结晶箱，它的操作容易，常用于生产量较小的柠檬酸结晶。其冷却装置为蛇管，蛇管中通入冷却水或冷却盐水。浓缩后55℃的柠檬酸净制液相对密度为 1.34～1.38，浓度接近 81%（质量），从上部流入结晶箱，同时启动两组框式搅拌器搅拌，使溶液冷却均匀。搅拌器转速为 8r/min，对于 0.5～$1m^3$ 的结晶箱，可用 1.6～2.2kW 的电动机带动。初期可采用快速冷却，1～2h 内降至 40℃，然后以每小时 2～3℃的速度降温，结晶以后再次减慢速度，直至冷却到 20℃，结晶时间一般为 96h，这样得到的柠檬酸结晶颗粒比较粗大均匀。结晶成熟后，晶体连同母液一起从设备的锥底排料孔放出。

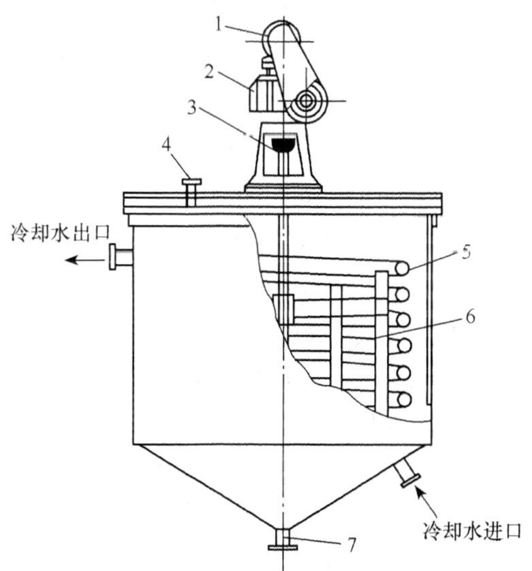

图 12-11　分批式立式搅拌结晶箱

1. 电动机；2. 减速器；3. 搅拌轴；4. 进料口；
5. 冷却蛇管；6. 框式搅拌器；7. 出料口

2）卧式搅拌结晶箱

卧式搅拌结晶箱通常是半圆底的卧式长槽或敞口的卧放圆筒长槽，可应用于谷氨酸钠的助晶和葡萄糖的结晶。由于它的体积较大，转速很慢（通常在 10r/min 以下），所以晶体在其中不易破碎。卧式结晶箱中还设有一定的冷却面积，因此既可作结晶用，也可作蒸发结晶操作的辅助冷却结晶器（晶体在其中继续长大），又可作为结晶分离前的晶浆储罐。用于葡萄糖结晶的结晶箱是一个敞口卧放圆筒长槽，其结构如图 12-12 所示。圆筒直径为 1.27m，开口弦宽 0.634m，槽身长 2.8m，总体积为 3.5m^3，槽身高度的 3/4 处外装夹套，可以通水进行冷却。槽内装有螺纹形的搅拌桨叶二组，桨叶宽度 0.04m，螺距 0.6m，桨叶与槽底距离为 3～5cm，一组桨叶为左旋向，另一组为右旋向，搅拌时可使两边物料都产生一个向中心移动的运动分速度，或向两边移动的运动分速度。搅拌器由电动机通过涡杆涡轮减速后带动，由于葡萄糖液黏度很大，搅拌转速很慢，一般为 0.45r/min 和 1.6r/min。槽身两端端板装有搅拌轴轴承，并装有填料密封装置，以防止溶液渗漏。

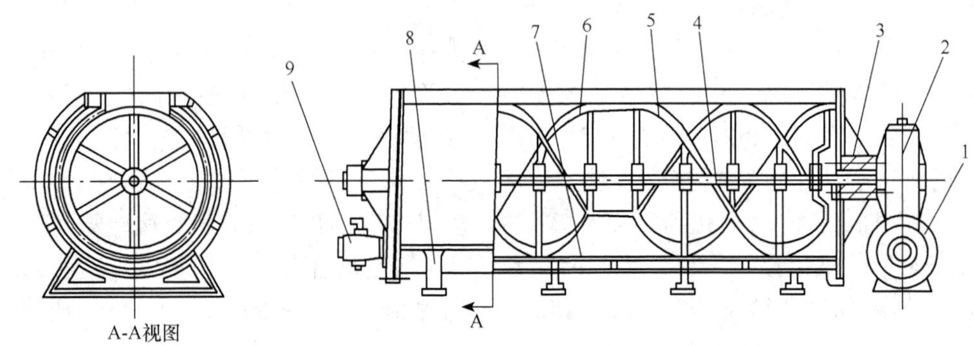

图 12-12　卧式搅拌结晶箱

1. 电动机；2. 涡杆涡轮减速箱；3. 轴封；4. 轴；5. 左旋搅拌桨叶；6. 右旋搅拌桨叶；7. 夹套；8. 支脚；9. 排料阀

转速快慢是按需要而定的，此设备装有两档速度，可以适应当高温浓缩糖液进入结晶箱时的迅速冷却结晶，或迅速与上批留下的晶种均匀混合，使箱内溶液的浓度均匀。但是当温度从 50℃降到 42～43℃时，溶液中晶体比较多，溶液黏度比较大，进入保温结晶阶段时，可改用 0.45r/min 的慢速搅拌，以减少功率消耗。

由于味精、葡萄糖要求卫生条件较高，凡与料液接触部分均采用紫铜或不锈钢制成，强度要求较高的搅拌轴和搅拌桨叶，也采用衬包紫铜片，以保证产品质量。卧式结晶箱的特点是体积大，晶体悬浮搅拌所消耗的动力较小，对于结晶速度较快的物料可串联操作，进行连续结晶。连续操作的最佳控制是使溶液在进口处即开始生成晶核，进入设备后很快就生成足够的晶核，这些晶核悬浮在溶液中，随着溶液在槽中的慢慢移动长大成晶体，最后从结晶槽的另一端排出。

3）真空煮晶锅

对于结晶速度比较快，容易自然起晶，且要求结晶晶体较大的产品，多采用真空煮晶锅进行煮晶，如谷氨酸钠（味精）等的结晶就采用这种设备。

煮晶锅的结构比较简单，是一个带搅拌的夹套加热真空蒸发罐，如图 12-13 所示，整个设备可分为加热蒸发室、加热夹套、汽液分离器、搅拌器等四部分。煮晶锅凡与产品有接触的部分均匀采用不锈钢制成，以保证产品质量。

加热蒸发室为一圆筒壳体，下部焊上加热夹套，夹套高度通过计算蒸发所需的传热面积而定，夹套宽度 30～60mm，夹套上装有进蒸汽管，安装于夹套的中上部，使蒸汽分布均匀，进口要加装挡板，以防止直冲而损坏内锅，夹套上还装有压力表、不凝气体排除阀和冷凝水排除阀，冷凝水排除阀安装在夹套的最低位置，以防止冷凝水的积聚，降低传热系数。

煮晶锅上部顶盖多采用锥形，上接汽-液分离器，以分离二次蒸汽所带增的雾沫，一般采用锥形除泡帽与惯性分离器结合使用。分离出的雾液由小管回流入锅内，二次蒸汽在升汽管中的流速为 8～15m/s。

搅拌装置的类型很多，目前多采用锚式搅拌器。一般与锅底的间距为 2～5cm，转速通常是 6～15r/min。

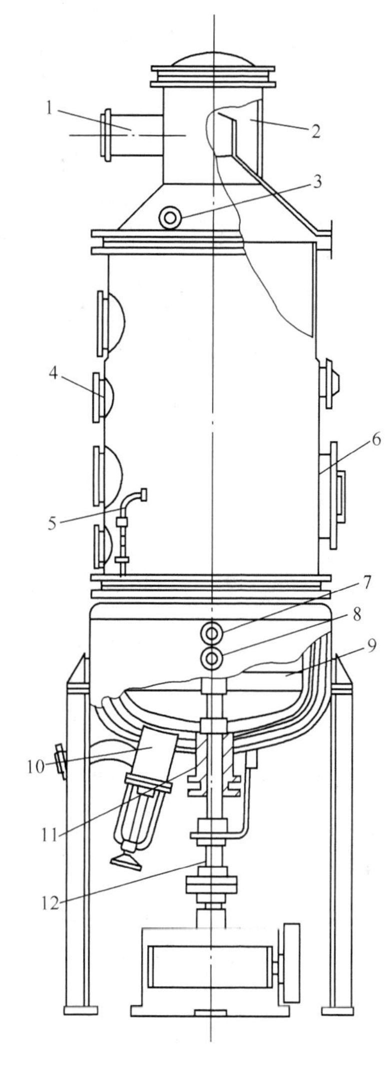

图 12-13　真空煮晶锅

1. 二次蒸汽排出管；2. 汽液分离器；3. 清洗孔；4. 视镜；5. 吸液孔；6. 人孔；7. 压力表孔；8. 蒸汽进口管；9. 锚式搅拌器；10. 排料阀；11. 轴封填料箱；12. 搅拌轴

4) DTB (draft tube and baffle，导流筒-挡板) 型结晶器

DTB 型结晶器是一种效能较高的结晶器，在化工、食品、制药等工业部门得到广泛应用。经过多年运行的考察，证明这种类型的结晶器性能良好，能生产较大的晶粒（粒度可达 0.6～1.2mm)，生产强度较高，器内不易结晶疤。它已成为连续结晶器的主要类型之一，可用于真空冷却法、蒸发法、直接接触冷冻法及反应法的结晶操作，它的构造如图 12-14 所示。

在导流筒下端缓慢旋转的螺旋桨的推动下，器内晶浆形成接近良奶的循环混合。环型挡板将结晶器分隔为晶体生长区和澄清区，挡板与器壁间的环隙为澄清区，在澄清区中搅拌的影响实际上已消失，使晶体得以从母液中沉降分离，只有微晶可随母液从澄清区的顶部排出器外，从而实现对微晶量的控制。结晶器的上部是汽液分离空间，以防止雾沫夹带而造成溶质的损失。

器内设置了导流筒，形成了循环通道，只要很低的压头（1～2kPa）就能在器内实现良好的内循环，并使晶浆密度高达 30%～40%。对于真空冷却法和蒸发法结晶，沸

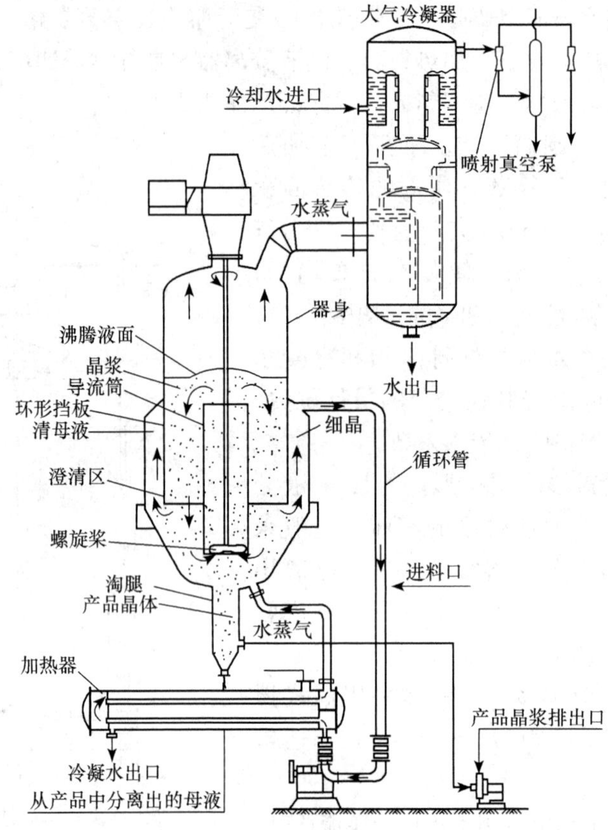

图 12-14 具有淘析腿的 DTB 型结晶器

腾液体表面层是产生过饱和度趋势最强的区域，在此区域中存在着进入不稳定区而大量产生晶核的危险。导流筒则把高浓度的晶浆直接送到此处，从而有效地消耗不断产生的过饱和度，使溶液的过饱和度只能处于较低的水平。

旋转叶轮对晶体的碰撞成核是二次成核的主要来源，由于 DTB 型结晶器循环流动所需要的压头很低，螺旋桨可以在很低的转速下工作（功率消耗很低），这也是 DTB 型结晶器能够产生粒度较大的晶体的原因之一。

DTB 型结晶器还设有母液外循环通道，用于过量微晶的消除及产品的淘洗。

结晶器单位体积的晶体产量取决于过饱和度、晶体的生长速率及晶体的表面积，而晶体的表面积又与晶浆密度及晶体粒度等有关。DTB 结晶器中流体力学条件较好，对传质速率控制的结晶过程具有较高的生长速率；高密度的晶浆也为结晶提供较大的生长表面。在一般的结晶器中，人们总是小心地将过饱和度压低，唯恐出现大量的晶核，而在 DTB 结晶器中由于循环强度很大，器内各种的过饱和度及晶浆密度都较均匀，允许按过饱和度的上限控制操作条件，这是它具有较高生产强度的原因。

结晶器内结晶疤的现象是危及设备正常运行的主要原因。蒸发法及真空冷却法结晶器最易产生结晶疤的部位是沸腾液面处和结晶器的底部。DTB 型结晶器良好的内循环使底部不会结疤。至于沸腾液面处，一则是因为过饱和度较低，再则，导流筒把液面处的沸腾范围约束在离开器壁的区域内，使得近器壁处的结晶倾向也大为减弱。在正常情况上，这种结晶器可连续运行3个月到1年，而不需清理。

5) DP型结晶器

它与DTB型在构造上很相近，可看作是对后者的改进型。DP型除了在导流筒内设有螺旋桨外，在导流筒外侧的环隙中也设有一组螺旋桨叶，向下推送环隙中的循环液。内外两组桨叶共同组成一个大直径的螺旋桨，中间一段导流筒与大螺旋桨制成一体而同步旋转，上下两段则固定不动，加大了螺旋桨的直径后，在维持相同的循环液量的前提下，可大幅度地降低它的转速，这样就降低了功率的消耗。更重要的是在很大程度上降低了二次成核的速率，晶体平均粒度增大，生产能力提高，其他优点与DTB型相似。所以，它是一种比较好的结晶器类型。但大螺旋桨的制造较困难，是个缺点。DP型结晶的结构如图12-15所示。

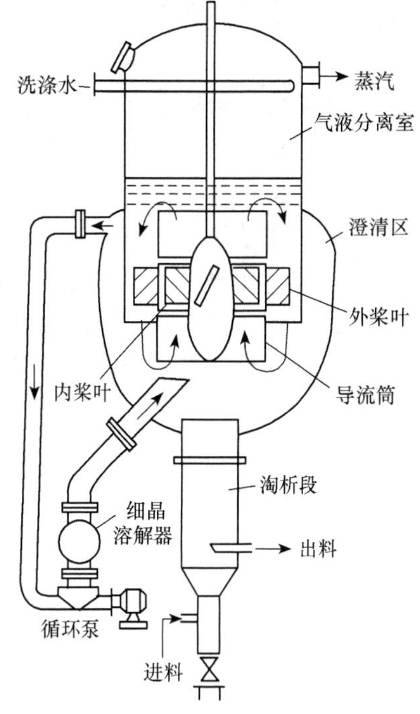

图12-15　DP型结晶器

三、结晶操作的注意事项

(1) 维持稳定的过饱和度，防止结晶器在局部范围内（例如蒸发面、冷却表面、不同浓度的两流股的混合区内）产生过大的过饱和度。

(2) 尽可能减低晶体的机械碰撞能量及概率，以避免产生新晶核。

(3) 结晶器液面应保持一定的高度，如果液面太低，会破坏悬浮液床层，使过饱和度越过介稳区，产生大量晶核。

(4) 应防止系统带气，否则会破坏晶浆床层，使液面翻腾，溢流带料严重。

(5) 应限制晶体的生长速率，即不以盲目提高过饱和度的方法，来达到提高产量的目的。

(6) 将含有过量细晶的母液取出后加热或稀释，使细晶溶解，然后送回结晶器。

(7) 从结晶器中及时移除过量的微晶。产品按粒度分级排出，使符合粒度要求的晶粒能作为产品及时排出，而不使其在器内继续参与循环。

(8) 避免快速冷却及过大之过饱和度，以防止大量晶核产生。

(9) 母液温度不宜相差过大，避免过饱和度过大，晶核增多。

(10) 调节原料溶液的pH或加入某些具有选择性的添加剂以改变成核速率。

(11) 操作工应认真负责，在结晶操作上要勤检查、稳定工艺，保证生产在最佳程序下进行。

思考与练习

1. 生物工业的蒸发操作为什么经常在减压下进行?
2. 简述各类真空蒸发设备的结构和特点。
3. 蒸发操作是高能耗过程，如何降低它们的能耗?
4. 简述结晶基本原理。
5. 工业发酵中常用的起晶方法有哪几种?
6. 设计结晶设备应注意的问题。
7. 结晶设备有哪些? 指出其结构和特点。

第十三章 干燥设备

☞ **知识目标**

1. 了解干燥操作在生物工业中的应用。
2. 了解常用干燥设备的工作原理和选用原则。
3. 掌握干燥设备操作原理和操作过程的相关计算。
4. 掌握干燥过程的节能技术。

☞ **能力目标**

1. 能根据生产工艺要求正确选择干燥过程与设备。
2. 能读懂干燥设备图与设备流程图。
3. 具备一定干燥设备与过程的操作与管理能力。
4. 能根据干燥设备与过程特点正确选择可行的节能方法。

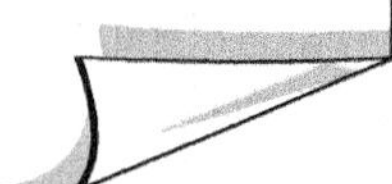

干燥往往是生物产品分离的最后一步。干燥的主要目的是除去某些原料、半成品及成品中的水分或溶剂，以便于加工、使用、运输、贮藏等。由于许多生物产品，如柠檬酸、酶制剂、单细胞蛋白、抗生素等均为固体产品，因此干燥操作在生物化工中十分重要。

第一节 固体物料干燥机理及生物工业产品干燥的特点

一、固体物料干燥机理

物料中所含水分的性质取决于水分与物料的结合方式。根据物料中水分除去的难易程度，将其分为游离水分和结合水分。

游离水分多存在于生物产品的细胞外及多孔物料的毛细管中，它与物料的结合力极弱，游离水能够在原料中流动，与普通水有相同的蒸汽压，在干燥过程中，游离水易于除去。结合水主要有渗透水分、结构水分等，它与物料的结合力较强，结合水不能随意流动，它有更高的汽化潜热，比游离水的饱和蒸汽压低，这就降低了水汽向空气扩散的传质推动力，所以，结合水比游离水更难以除去。在干燥过程中，首先排除的是结合力较弱的游离水，其次是结合水。

固体物料的干燥包括两个过程：一是热量由气体传递给湿物料，使其温度升高；二

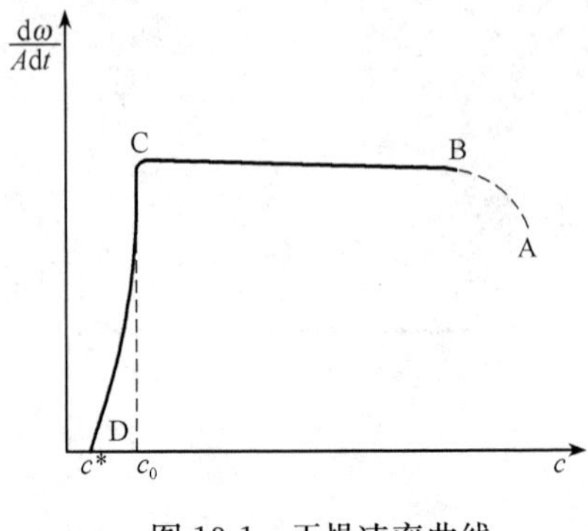

图 13-1　干燥速率曲线

是物料内部的水分向表面扩散，并在表面汽化被气流带走。因此，干燥操作属传热传质同时进行的过程。干燥操作中，常用干燥速度来描述干燥过程，其定义是单位时间内单位干燥面积上所能汽化的水分量。一般情况下，干燥速度曲线随湿物料与水结合情况的不同而不同，但干燥速度曲线的基本形状是相同的。恒定干燥条件下典型的干燥速度曲线如图 13-1 所示。从图中明显地看出干燥过程分为两个阶段，图中 ABC 段为第一阶段，若不考虑短暂的预热阶段（即 AB 段），则此阶段的干燥速度基本是恒定的，称为恒速干燥阶段。CD 段表示第二阶段，在这一阶段中，随着物料湿含量的减少，干燥速度则不断降低，称为降速干燥阶段。两干燥阶段交点处所对应的湿含量，称为物料的临界湿含量，以 c_0 表示。

1. 恒速干燥阶段

在这一干燥阶段中，由于干燥条件恒定，空气的温度和湿度不变，则空气的湿球温度不变，又由于物料表面全部为游离水分所润湿，则湿物料的表面温度便等于空气的湿球温度，所以，空气温度与湿物料表面温度的差值维持不变，传热速率恒定，干燥过程在恒温下进行。另外，恒定干燥条件下，湿物料表面处的水蒸气压等于空气湿球温度下水的饱和蒸汽压，并且它与空气中的水蒸气分压之差维持恒定，则传质速率恒定，湿物料中的水分能以恒定速率向空气中传递。可见，恒速阶段的干燥速度取决于物料外部的干燥条件（空气温度、湿度及流速等）。与物料湿含量无关，与物料类别无关，物料的干燥速度大约等于纯水的汽化速度这一阶段，主要排除游离水分。

2. 降速干燥阶段

物料湿含量降至临界点以后，开始进入降速干燥阶段。在这一阶段中，湿物料表面水分逐渐减少，表明水分由物料内部向物料表面传递的速率小于湿物料表面水分的汽化速率。物料的湿含量越小，水分由物料内部向表面传递的速率就越慢，干燥速度就越小。另外，在这一阶段中，空气传递给湿物料的热量，一部分用于水分的汽化，而剩余的热量，则使物料的温度升高，因此，干燥在升温下进行。降速干燥阶段的干燥速度主要取决于物料本身的结构、形状及大小等特性，而与外部的干燥条件关系不大，这一阶段主要排除结合水分。

二、生物工业产品干燥的特点

生物产品的干燥机理与一般化学工业产品的干燥基本相同，但生物制品特殊的干燥条件往往不被普通物料的干燥所应用。

生物制品一般为热敏性物质。物料在干燥过程中温度高或受热时间长，都将影响产品的稳定性或使产品受到不同程度的破坏，因此，用于生物工业产品干燥的设备必须是快速高效的，加热温度不宜过高，产品与干燥介质的接触时间不能太长，且干燥产品应保持一定的纯度，在干燥过程中不得有杂质混入。如酶制剂等细胞蛋白产品的干燥，如果干燥条件不当，会使酶活力下降，产品质量受到损失。

一般蛋白酶在45～50℃即开始失活，55℃时失活已非常严重，从物理上讲，当温度升高时，酶分子上的质点将具有更高的能量，最终将脱离保持蛋白质结构的化学键而失活。有些活性酶对温度更敏感，在30℃范围内即完全失活。

干燥过程所引起产物的失活或变质与干燥温度、维持时间、活化能有关。干燥的时间越长、温度越高，产物失活的活化能越低，则产物变质的可能性越大。

这种情况下，采用喷雾干燥、气流干燥、沸腾干燥或冷冻干燥是比较合适的。另外，有些产品如味精、柠檬酸等结晶状物质，要求干燥过程中，应尽量避免结晶体受到磨损，此时采用固定床干燥是适宜的。啤酒酿造中绿麦芽的干燥则有其特殊的要求，除减少水分外，还要求烘焙过程中麦芽产生特有的色、香、味，保存一定的麦芽酶活力，获得溶解度好的粉质麦芽。

三、干燥设备的选型原则

确定合理的干燥方法，选择适宜的干燥设备应以所处理物料的化学物理性质、生物化学性能及其生产工艺为依据。例如物料的黏稠性、分散性、热敏性、失活性能等。就热敏性而言，生物工业制品的干燥设备有以下几种类型：

（1）瞬时快速干燥设备，如滚筒干燥设备、喷雾干燥设备、气流干燥设备、沸腾干燥设备等。这类设备干燥时间短，气流温度高，但被干燥的物料温度不会太高。

（2）低温干燥设备，如真空干燥设备、冷冻干燥设备。其特点是在真空低温下进行，更适用于高热敏性物料的干燥，但干燥时间较长。另外还有其他类型的干燥设备。如红外干燥器、微波干燥器等。大多情况下，由于生物制品具有热敏性的特点，因此，干燥设备最好选择快速瞬时干燥设备或低温干燥设备。具体地讲，可按下列原则选型。

1. 产品的质量要求

许多生物工业制品都要求保持一定的生物活性，避免高温分解和严重失活，因此，干燥设备的选型首先应满足产品的质量要求。如高活性且价格昂贵的生物制品（例如乙肝疫苗等）则必须选择真空干燥或冷冻干燥设备。

2. 产品的纯度

生物产品的大都要求有一定的纯度，且无杂质或杂菌污染，则干燥设备应能在无菌和密闭的条件下操作，且应具有灭菌设施，以保证产品的微生物指标和纯度要求。

3. 物料的特性

对于不同的物料特性，如颗粒状、滤饼状、浆状、水分的性质等应选择不同的干燥设备。例如颗粒状物料的干燥可考虑选择沸腾干燥或者气流干燥，结晶状则应选择固定床干燥，浆状可选择滚筒干燥或喷雾干燥等。

4. 产量及劳动条件

依据产量大小可选择不同的干燥方式和干燥设备。如浆状物料的干燥，产量大且料浆均匀时，可选择喷雾干燥设备，黏稠较难雾化时可采用离心喷雾或气流喷雾干燥设备，产量小时可用滚筒干燥设备。另外，应考虑劳动强度小，连续化、自动化程度高，投资费用小，便于维修、操作等。

表 13-1 为生物工业中常用的各种类型的干燥设备。

表 13-1 生物工业常用的干燥设备

<table>
<tr><th>设备类型</th><th>干燥物料</th><th>设备类型</th><th>干燥物料</th></tr>
<tr><td>固定床干燥</td><td>啤酒酿造用绿麦芽</td><td>压力式喷雾干燥</td><td>酵母</td></tr>
<tr><td>卧式沸腾干燥
沸腾造粒干燥</td><td>柠檬酸晶体、酵母、抗生素</td><td>离心式喷雾干燥</td><td>酶制剂、酵母</td></tr>
<tr><td>气流干燥</td><td rowspan="4">葡萄糖、味精、酶制剂（颗粒状）
味精、抗生素、葡萄糖四环素等
蛋白酶、核苷酸、抗菌素等</td><td>喷雾干燥与振动流化干燥</td><td>酶制剂（颗粒状）
酵母、单细胞蛋白</td></tr>
<tr><td>旋风式气流干燥</td><td>滚筒干燥</td><td>青霉素钾盐、土霉素等</td></tr>
<tr><td rowspan="2">气流式喷雾干燥</td><td>真空干燥</td><td rowspan="2">抗肿瘤抗生素、乙肝疫苗等</td></tr>
<tr><td>冷冻干燥</td></tr>
</table>

第二节 非绝热干燥设备

非绝热干燥分常压干燥和真空干燥两种情况，常压干燥主要用于啤酒生产中麦芽干燥，真空干燥是一种在真空条件下操作的接触式干燥过程，与常压干燥相比，真空干燥温度低，水分可在较低的温度下汽化蒸发，不需要空气作为干燥介质，减少空气与物料的接触机会，故适用于热敏性和在空气中易氧化物料的干燥。但真空干燥生产能力低，需要专门的抽真空系统。这里只介绍真空干燥设备。

真空干燥设备一般由密闭干燥室、冷凝器和真空泵三部分组成，生物工程中常用于维生素、热敏性的产品等生产中。常用的真空干燥设备有真空箱式干燥器、带式真空干燥器、耙式真空干燥器、双锥回转真空干燥器。

一、真空箱式干燥器

这种干燥器主要为一真空密封的干燥室，干燥室内部装有供加热介质通入的中空盘架（由加热管、加热板、夹套或蛇管等间壁组成）。被干燥的物料均匀地散放于活动的托盘中，托盘置于盘架上。在干燥过程中，真空的形成可直接用水力喷射器或蒸汽喷射器获得，若采用往复式真空泵或机械油泵时，则应在干燥箱或真空泵间装一个冷凝器，以冷凝干燥中产生的水蒸气，避免水气抽入泵内。一般干燥室内可维持 9.3×10^4Pa（700mmHg）左右的真空度，若干燥温度在 40～70℃时，应以热水加热为宜。真空干燥箱系间歇式操作。盘架和干燥盘应尽可能做成表面平滑，以保证良好的热接触。在这种干燥器中，初期干燥速率甚快，而后期干燥速率较慢。

二、带式真空干燥器

带式真空干燥设备主要用于液状和浆状物料的干燥，图 13-2 所示由封闭的不锈钢料带、加热滚筒、冷却滚筒、加热装置及抽真空系统组成。不锈钢带在真空室内绕过一加热滚筒和一冷却滚筒。湿物料加在下方钢带上，由加热滚筒和辐射加热器一起加热。当钢带绕过冷却滚筒时，干燥后的制品被冷却，并由刮刀刮下。

三、耙式真空干燥器

耙式真空干燥器是一种间歇操作的干燥器，结构如图 13-3 所示，在一个带有蒸汽夹套的圆筒中装有水平搅拌轴，轴上有许多叶片以不断翻动物料。蒸发的水蒸气和不凝性气体由真空系统排除，干燥结束后，切断真空并停止加热，使干燥器与大气相通，然后将物料由底部卸料口卸出。这种真空干燥器是通过间壁传导供热，密闭操作，对糊状物料适应性强，物料的原始含水量可在很宽的范围内波动，但生产能力较低。

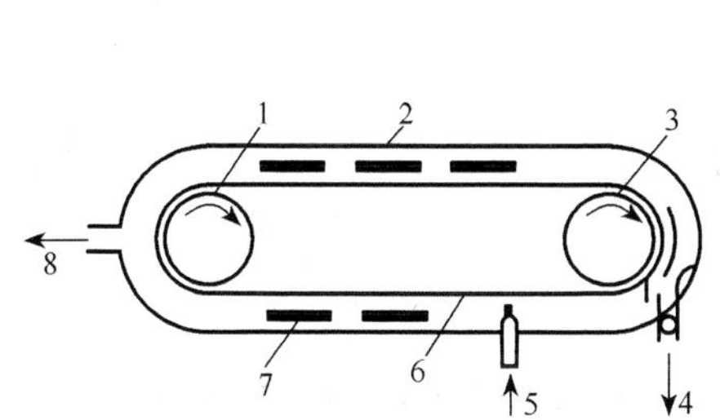

图 13-2 带式真空干燥器

1. 加热滚筒；2. 真空室；3. 冷却滚筒；4. 制品出口；5. 原料进口；6. 不锈钢带；7. 辐射加热器；8. 抽真空系统

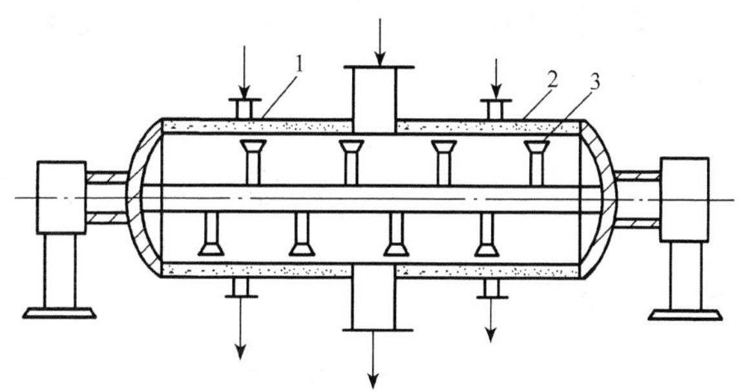

图 13-3 耙式真空干燥器

1. 外壳；2. 蒸汽夹套；3. 水平搅拌器

四、双锥回转真空干燥器

1. 工作原理

SZG 双锥回转真空干燥器为双锥形的回转罐体，罐内在真空状态下，向夹套内通蒸汽或热水进行加热，热量通过罐体内壁与湿物料接触。湿物料吸热后，蒸发的水气通过真空泵经真空排气管被抽走。由于罐体内处于真空状态，且罐体的回转使物料不断地上下、内外翻动，故加快了物料的干燥速度，提高了干燥效率，达到了均匀干燥的目的。

2. 特点

此设备的配套装备有真空系统、溶媒回收系统、清洗灭菌系统等。由于此设备操作简单，间歇生产易于调节，可以进行在线清洗和在线灭菌，因此成为中小型抗生素原料药企业的首选干燥器，像青霉素、洁霉素、金霉素、咖啡因等加工都可选用。干燥机内部结构简单，清扫容易，物料能全部排出，操作简便。能降低劳动强度，改善工作环境。同时因容器本身回转时物料亦转动，但器壁上不积料，故传热系数较高，干燥速率大，不仅节约能源，而且物料干燥均匀充分，质量好。

设备选择时主要考虑两个中空轴的同心度和空心轴的密封问题，为保证设备运转平稳，同心度要求轴端跳动量＜0.01mm，空心轴的密封效果主要是防止润滑剂或填料污染药品。

3. 应用范围

双锥回转真空干燥器是集混合-干燥于一体的新型干燥机，是流化技术用于液态物料干燥的一种方法。此设备在 20 世纪 80 年代由上海医药工业研究院开发，并很快在全国抗生素行业得到推广。后来又出现了单轴回转干燥器、多维旋转干燥器、倾斜式回转干燥器等类似产品。适用于医药、食品、化工等行业的粉、粒状物料的真空干燥和混合，尤其适用有下列要求的物料：不能接受高温的热敏性物料，容易氧化、有危险的物料，需回收溶剂和有毒气体的物料，对结晶形状有要求的物料要求残留挥发物含量极低的物料。

第三节　绝热干燥设备

一、气流干燥设备

气流干燥是一种连续式高效固体流态化干燥方法。它是利用热的空气与粉状或粒状的湿物料接触，使水分迅速汽化而获得干燥物料的方法。由于干燥时间很短，气流干燥时间一般为 1～5s，故又称为瞬间干燥或急骤干燥。气流干燥适用于潮湿分散状态颗粒物料的干燥，如生物工业中味精、柠檬酸、四环类抗生素等的干燥。

1. 气流干燥的特点

(1) 干燥强度大。由于气体在干燥管内流速大，一般为 10～20m/s，气-固间存在一定的相对速度，因而固体物料与空气之间产生剧烈的相对运动，使物料表面的气膜不断更新，大大降低了传热和传质的气膜阻力。一般干燥器全管平均体积传热系数为 4200～13000kJ/(m^3·h·℃)。

(2) 干燥时间短。物料在干燥管内仅停留 1～5s 即可达到干燥要求。因此对于热敏性物料仍可采用较高的介质温度。如制药厂用 140℃的热空气干燥青霉素，130℃热空气干燥四环素。酶制剂厂利用 130℃的热空气干燥淀粉酶，对产品质量均无影响。

(3) 适用性广。可使用于各种粉粒状、碎块状物料的干燥，粒径范围为 0.1～10mm，湿含量可大至 30%～40%。

(4) 设备结构简单，占地面积小，生产能力大。例如味精厂的旋风干燥器，

ϕ560mm×1370mm，生粉产量是 630kg/h。

（5）气流干燥对物料有一定的磨损，因此不适合于对晶形有一定要求的物料，且热能利用程度较低，一般热利用率仅为 30%左右。

2. 气流干燥器

气流干燥器的类型很多，目前我国常用的可分为长管式气流干燥器，其长度在 10～20m；短管式气流干燥器，其长度为 4m 左右；旋风气流干燥器和短管旋风气流干燥器等。

典型的气流干燥器是一根几米至十几米的垂直管，物料及热空气从管的下端进入，干燥后的物料则从顶端排出，进入分离器与空气分离。操作过程中，热空气的流速应大于物料颗粒的自由沉降速度，此时物料颗粒即以空气流速与颗粒自由沉降速度的差速上升。用于输送空气的鼓风机可以安装在整个流程的头部，也可装在尾部或中部，这样就可使干燥过程分别在正压、负压情况下进行。图 13-4 是长管气流干燥味精的流程。

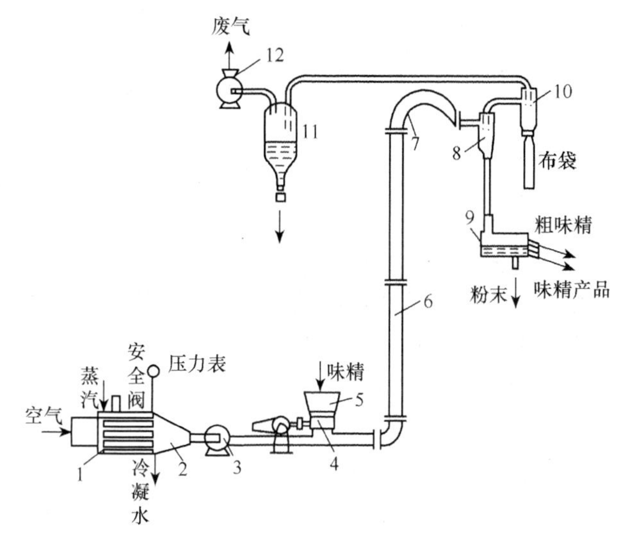

图 13-4　长管气流干燥味精流程

1. 空气过滤器；2. 空气加热器；3. 鼓风机；4. 加料器；5. 料斗；6. 干燥管；7. 缓冲管；8. 分离器；9. 振动筛；10. 二次分离器；11. 湿式收集器；12. 排风机

空气过滤器：过滤介质为铁丝网，铁丝可用油浸过，使尘粒容易粘在上面。

空气加热器：多采用螺旋翅片式，也可用列管式加热器，加热蒸汽压力一般为 0.2～0.3MPa，加热后空气温度为 80～90℃。

干燥管：常为圆形长管。为了充分利用气流干燥中颗粒加速段较强的传热传质作用，可采用管径交替缩小与扩大的脉冲式气流干燥管（图 13-5）。当颗粒进入小管径的干燥管段时，高速流过，使颗粒加速运动。加速终了时，颗粒又接着进入大管径的干燥管内，由于气流速度的降低，导致颗粒速度的减慢，直至减速终了时，干燥管径再次缩小，如此重复交替的进行，使颗粒不断地加速减速，从而强化了传热传质速率。

旋风式气流干燥器没有长管式那样的长管，因此不需高层的厂房，操作也较简便。旋风式干燥器具有一个圆筒形的筒身，带有物料的气流在上部以切线方向进入干燥器，在干燥器内呈螺旋状向上至底部后再折向中央排气管排出（图 13-6）。筒身处必要时可附有蒸汽夹套。气流在中央排气管中的流速一般为 20m/s 左右，而在环管中的流速约 3m/s 左右，即筒身直径 D_1 与中央管直径 D 之比约为 2.77。

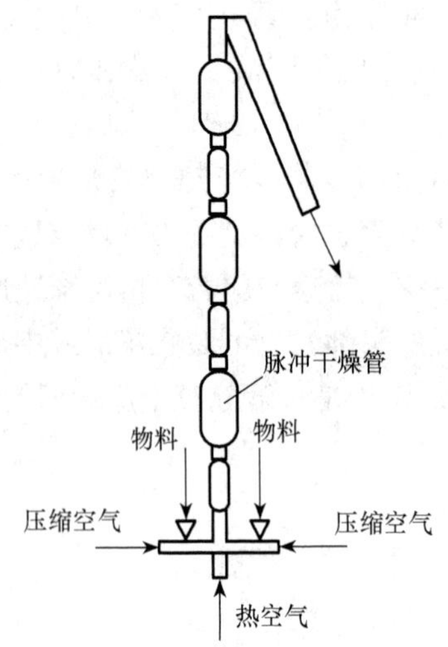

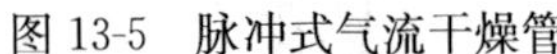

图 13-5　脉冲式气流干燥管

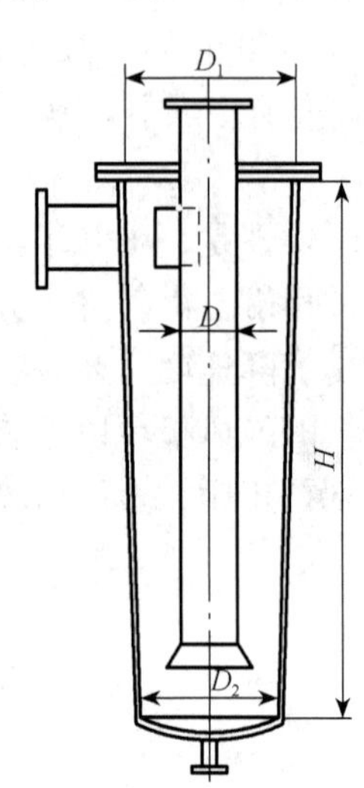

图 13-6　旋风式气流干燥器

旋风干燥器的进口管常做成矩形，高宽之比为 1.7～3.0。为了使气流在干燥器下部加速运动，圆筒横截面自上而下可逐渐收缩，其底部直径 $D_2=D_1-0.05H$，排气管的入口制成喇叭形，有利于物料的进入。

干燥器一般用不锈钢板制成，内壁要光滑，外部有良好的保温层，常用石板泥保温，厚度约为 50mm。

加料器有螺旋加料器和文丘里加料器等。常用的为螺旋加料器，这种加热器不泄漏且不易堵塞。文丘里管加料器的工作原理是利用管截面缩小时，产生的负压将物料吸入，但这种加料器长时间使用会使物料在边上粘住易堵塞，对黏性不大的物料可采用这种加料器。

旋风式气流干燥具有利用流态化与壁传导热的原理，当气流夹带粉粒物料从切线方向进入旋风干燥器，沿热壁产生的旋流运动，使有良好的传热。物料在气流中处于半悬浮及悬浮状态，因此，在雷诺数较低的情况下，颗粒周围的气体边界层处亦能呈高度湍流状态。另外，由于物料旋转碰撞运动而粉碎，使气固相的接触面积加大，强化了干燥，在负压下仅几秒钟就达干燥的目的。

图 13-7 是干燥四环素的旋风式气流干燥流程：气流管长为 1500mm，直径为 200mm；旋风干燥器高为 1370mm，直径为 400mm；一级旋风分离器高为 1060mm，直径为 300mm；二级旋风分离器高为 1100mm；直径为 300mm；袋滤器面积为 4.5m²；加热器加热面积为 40m²；鼓风机功率为 10kW，转速为 200r/min；干燥室温度约为 75～80℃；物料在干燥室停留时间约为 3s；生产能力有 40kg/h。

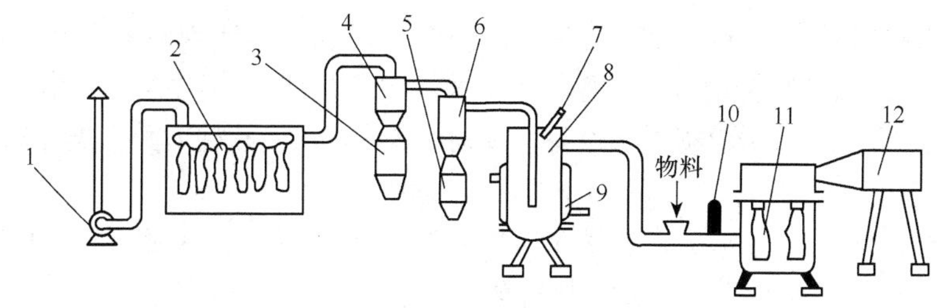

图 13-7　旋风干燥流程

1. 鼓风机；2. 袋滤器；3、5. 干料箱；4、6. 旋风分离器；
7、10. 热电偶；8. 干燥室；9. 加热夹套；11. 空气过滤器；12. 空气加热器

二、喷雾干燥原理及设备

在工业发酵中对于某些悬浮液和黏滞液体，需要干燥而又不允许较高温度时，例如酶制剂粉、链霉素粉及其他药品或各种热敏性物料，多采用喷雾干燥方法。

1. 喷雾干燥原理及特点

喷雾干燥是利用不同的喷雾器，将悬浮液或黏滞的液体喷成雾状，使其在干燥室中与热空气接触，由于物料呈微粒状，表面积大，蒸发面积大，微粒中水分急速蒸发，在几秒或几十秒钟内获得干燥，干燥后的粉末状固体则沉降于干燥室底部，由卸料器排出而成为产品。

喷雾干燥的特点是：

（1）干燥速度快、时间短，一般为 3～30s，由于料液雾化成 20～60μm 的雾滴，其表面积相应高达 200～5000m^2/m^3，物料水分极易汽化而干燥。

（2）干燥温度较低，对产品的热影响小。虽然采用较高温度的热空气，但由于雾滴中含有大量水分，其表面温度不会超过加热空气的湿球温度，一般为 50～60℃，加之物料在干燥器内停留时间短，因此物料最终温度不会太高，非常适合于热敏性物料的干燥，生物和药物的质量基本上能接近真空下干燥的标准。

（3）喷雾干燥机基本保持与液滴近似的球状，制品具有良好的分散性和溶解性，成品纯度高。

（4）可从液体原料直接获得粉粒制品，一般来说，高速离心喷雾干燥机的粒径在 60～125μm（即 250～120 目）范围，压力喷雾干燥的粒径在 125～250μm（即 120～60 目）范围。

（5）改变液体原料的含水量或喷雾干燥的条件等，即可在一定范围内调整产品内的残余水分、粒度、松密度等，生产过程简化，控制管理都很方便。

但喷雾干燥的容积干燥强度小，故干燥室体积大，热量消耗多，一般蒸发 1kg 水分约需 6000kJ 热量，相当于消耗 2.5～3.5kg 的蒸汽。

2. 喷雾干燥设备

喷雾干燥的关键是料液的雾化，它关系到喷雾干燥技术经济指标、产品质量。理想

的喷雾器要求喷雾粒子均匀，结构简单、产量大、能耗小。实现料液雾化的喷雾器有压力式喷雾器、气流式喷雾和离心式喷雾器三种，由此形成压力喷雾干燥塔，气流喷雾干燥塔和离心喷雾干燥塔三类喷雾干燥设备。生物工业中，以后两种喷雾干燥设备应用较多。

1）气流喷雾干燥设备

气流喷雾是依靠压力为0.25～0.6MPa的压缩空气高速通过喷嘴时，将料液吸入并被雾化。喷嘴孔径一般为1～4mm，故能够处理悬浮液和黏性较大的料液，如核苷酸、蛋白酶的喷雾干燥。气流喷雾干燥塔的结构如图13-8所示，上部为圆柱形，下部为圆锥形，塔直径与高度之比为1∶(2.4～3)，直径与锥体高度之比为1.3～1.6，空塔时的气流速度约为0.15～0.2m/s，回风管空气流速约为10～12m/s。干燥室由1mm左右厚度的不锈钢衬里焊接而成，外部有保温层，塔顶部装有空气分配盘，塔内设有气流喷雾器，塔的下部有螺旋排风管。

气流喷雾器有两种形式，一种为内部混合式，即气体与料液在喷嘴内部混合后喷出，喷出雾滴比较均匀，另一种是外部混合式，即气体与料液在喷嘴外面混合喷成雾滴。常用的是内部混合式，其结构如图13-9所示。喷嘴上有螺旋槽，空气经螺旋槽时以切线方向进入形成湍流，将料液喷成雾状。由于气流式喷雾是利用高速气流对料液产生摩擦分裂作用而把液滴拉成细雾的，所以，气流式喷雾某些高黏度的溶液时所得到的产品往往不是粉状而是絮状。

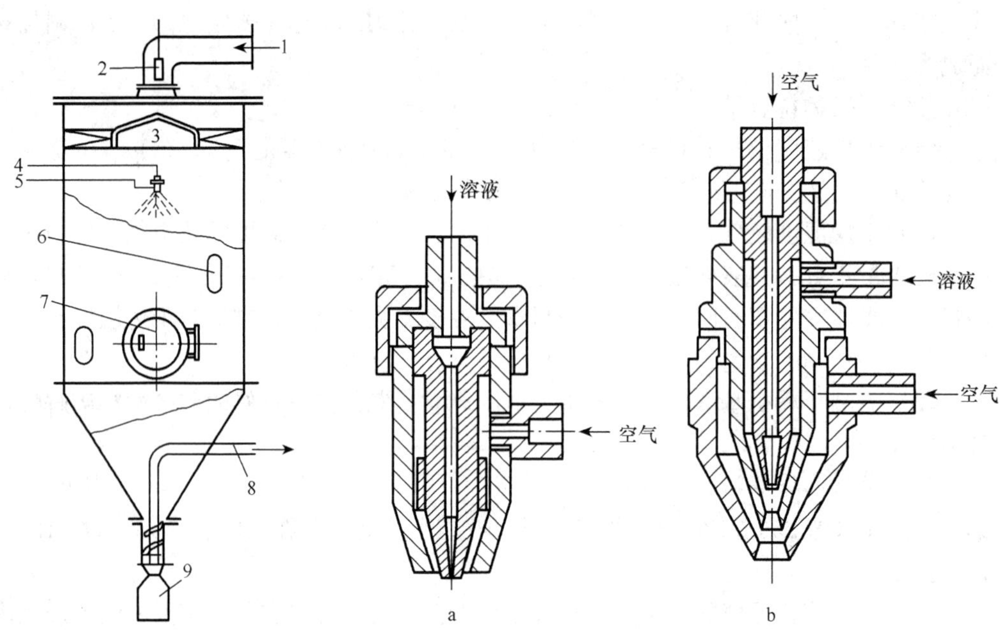

图13-8 气流喷雾干燥塔

1. 热空气入口；2. 温度计；3. 扩散盘；4. 物料入口；5. 压缩空气入口；6. 视镜；7. 人孔；8. 废气出口；9. 成品贮罐

图13-9 气流喷雾器

a. 双流式喷嘴；b. 三流式喷雾

分配盘的形式有旋风扩散式、叶片旋风式，其作用是使空气形成旋流与雾滴接触，提高干燥效率。图13-10是叶片旋风式空气分配盘。由30个叶片均匀焊接于分配盘顶的周边，并与水平方向成 30°角，热风排出方向而定。

螺旋排风管是在回风管下部外侧焊上螺旋形的导风板，使气流沿螺旋导风板旋转向下，增大了气流阻力，使密度较大的产品向下沉降，气-固两相分离，而密度较小的粉末状产品随废气沿回风管导入袋滤器。

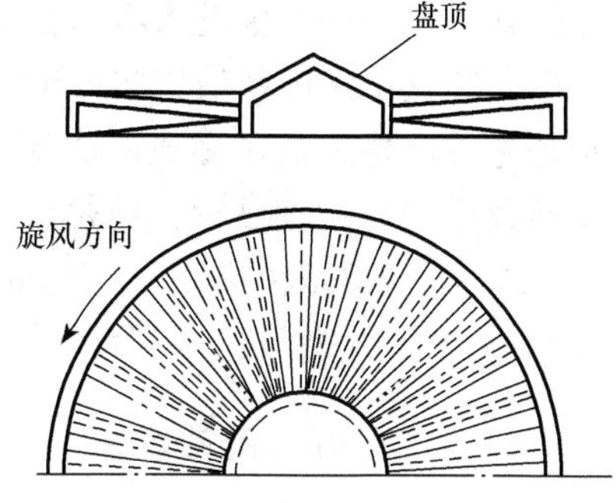

图 13-10　空气分配盘

2）离心喷雾干燥设备

离心喷雾干燥是利用在水平方向做高速旋转的圆盘给予料液以离心力，使其高速甩出，形成薄膜、细丝或液滴，同时又受到周围空气的摩擦、阻碍与撕裂等作用形成细雾而干燥的过程，目前酶制剂的干燥大多采用这种方法。离心喷雾干燥塔的顶部有热风盘、塔内有离心喷雾机（喷盘）等。

喷雾室的直径与离心喷雾机的转速有关，液滴直径与转速成反比，液滴射程（即喷矩）与液滴直径成正比，即转速小时，液滴射程大，而塔径是随射程的增大而增大，因此，喷盘转速越小，喷雾室直径就越大。喷矩的定义是，在某一半径的圆周内，有 90%～95%液滴下落，不再具有水平速度，这个半径距离即称喷矩。显然，只要干燥塔半径大于喷矩时，绝大部分液滴就不会碰壁。喷雾室内的截面风速一般以 0.1～0.4m/s 为宜。

喷盘的形式有平板形、皿、碗形、多翼形、喷枪形、锥形和圆帽形等。目前生物工业中主要用于后三种。结构如图 13-11 所示。其生产能力有 150L/h、500L/h、1000L/h，离心喷盘转速为 7275～7362r/min。喷枪形是由一组喷嘴（一般为 6 个）伸在离心盘外，如同翼轮一样，中心形成负压，被喷物料容易卷起，粘在顶壁上。锥形和圆帽形可避免这一不足，实践证明，后两种形式较好，圆帽式的喷孔出口向下倾斜 45°，避免被喷物料向上翻。锥型喷盘是一组喷嘴装在离心盘内，避免中心形成负压。喷盘和喷嘴的材料均用不锈钢制造，加工安装时要求做动平衡试验，如果质量不平衡，则产生较大振动而损坏轴承。

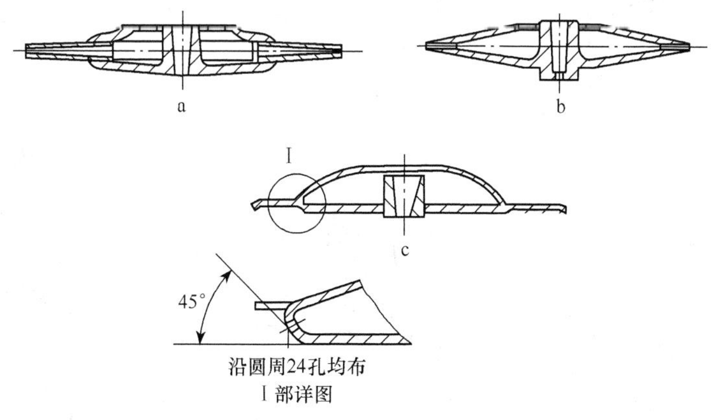

图 13-11　喷嘴的形式

a. 喷枪式喷盘；b. 锥形喷盘；c. 圆帽式喷盘（沿圆周 24 孔均布　Ⅰ部详图）

热风盘的作用是进塔后的热风分配均匀，否则会造成塔内局部粘壁。除部分热风从塔顶外风道固定均布的方形进风口进入塔内之外，大部分的热风是从热风盘（即内风道）通过风向调节板进入塔内。风向调节板向下倾斜的角度是可调的。进入塔内的热风风向与喷盘甩出的料液方向中可以相同，也可以相反，为了使热风在热风盘进入塔内的流速相等，热风盘常做成蜗壳形（图 13-12）。热风分配盘应与喷盘配合安装，尽可能使热风进口与喷盘靠近，使热风均匀分配进入喷雾室。热风分配盘的进口风速为 6～10m/s，出口风速一般为 8～12m/s。由于喷盘的高速旋转，中心形成负压，使甩出的物料卷起粘在喷雾机上，设计时可在喷雾机的周围通入少量热风，以避免粘壁。

3. 喷雾干燥的附属设备

1）空气加热器

由钢管制成的蒸汽加热排管组成，管外套有翅片，翅片与管子表面应接触紧密，这种加热器传热性能良好，管内蒸汽对管壁的传热系数为 42 000kJ/(m^2·h·℃)，而管壁对加热空气的传热系数仅为 21～210kJ/(m^2·h·℃)。安装时，切勿使空气仅仅从与翅片垂直的方向在翅片上掠过，而尽可能使空气从翅片空间的深处穿过，故翅片管不宜使管轴垂直于地面安装。

2）粉尘分离器

在喷雾干燥中，排出的废气带走一部分粉状产品，可通过旋风分离器收集，图 13-13 为一新型扩散式旋风分离器的结构。它与一般旋风分离器的区别是底部增设一个反射屏。在一般旋风分离器中，旋转气流达到锥底后又在中心部自上而下旋转，流向出口管，这时产生的旋涡能把已经沉降下来的粉尘重新卷起，而随出口旋转夹带出去，从而影响除尘效率，尤其对微细颗粒（<5～10μm）影响更大。加上反射屏以后，使已经分离下来的粉尘沿着反射屏与分离器之间的环隙落入料斗中，这就有效地防止了底部的返回气流把已经分离下来的粉尘重新卷起，因此，这种分离器的分离效率高。

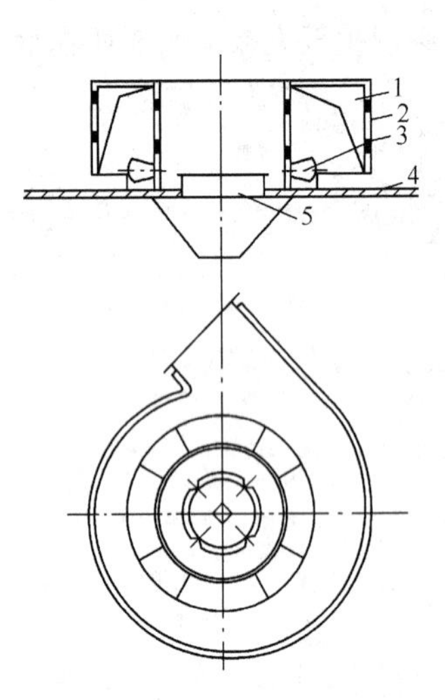

图 13-12　热风盘构造

1. 热风盘；2. 保温层；3. 风向调节板；4. 塔顶壁；5. 喷雾机座

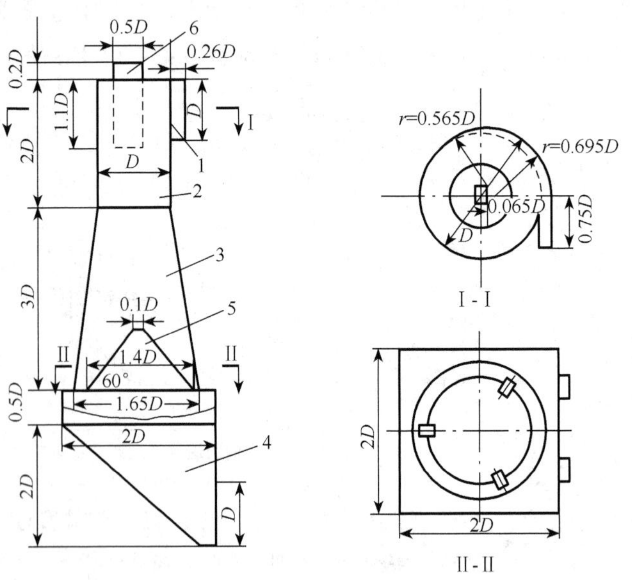

图 13-13　扩散式旋风分离器

1. 进口器管；2. 圆筒体；3. 倒锥体；4. 受尘斗；5. 反射屏；6. 排气管

三、流化床干燥原理及设备

1. 流化床干燥原理及特点

流化床干燥（也称沸腾干燥）是利用流态化技术，即利用热空气流使置于筛板上的颗粒状湿物料呈沸腾状态的干燥过程。流化床干燥中，热空气的流速与颗粒的自由沉降速度相等，当压力降近似等于流动层单位面积的质量时，床层便由固定态变化成流化态，床层开始膨胀，颗粒悬浮于气流中，并在气流中呈沸腾状翻动，但仍保持一个明确的床界面，颗粒不会被气流带走。干燥过程处在稳定的流态化阶段。

流化床干燥的特点是：

（1）传热传质速率大。由于颗粒周围的滞流层几乎消除，气-固间的传热效果优于其他干燥过程。体积传热系数一般都在 42000kJ/(m^2·h·℃）以上，是所有干燥器中体积干燥强度最大的一种。

（2）干燥温度均匀，易于控制。由于物料在干燥器中的停留时间可以控制，可使物料的最终含水量降到很低水平，且不易发生过热现象。

（3）干燥与冷却可连续进行，干燥与分级可同时完成，有利于连续化、自动化操作，且设备结构简单，生产能力高，动力消耗小，因此在生物工业中被广泛采用。流化床干燥主要用于颗粒直径为 30μm～6mm 间物料的干燥，颗粒过小时易于产生局部沟流，颗粒过大则要求较高的气流速度，引起流动阻力增大，动力消耗加大。

2. 流化床干燥设备

流化床干燥器有单层和多层两类。多层流化床干燥器由于控制要求很严格，且流动阻力大，生产中较少应用。单层流化床干燥器又分单室、多室两种。其次还有沸腾造粒干燥器等。单层单室流化床干燥器结构简单，操作方便，但物料在流化床中停留时间差异较大。这里着重介绍单层卧式多室流化床干燥器和沸腾造粒干燥器。

1）单层卧式多室流化床干燥器

卧式多室流化床干燥又称箱式流化床干燥，结构如图 13-14 所示，它具有长方形的横截面，底部为多孔金属网板，开孔率为 4％～13％，网板上方有若干块（一般为 4～7 块）直立的挡板把流化床隔成若干室，挡板可上下移动以调节与网板间的距离，每一小室下方有热空气进口支管，各支管热空气流量可根据不同要求用阀门控制。

操作时，湿物料由第一室开始逐步向下一室移动，已干燥的物料在最后一室经出料口排出。由于隔板的作用，使物料在箱内平均停留时间延长，借助物料与分隔板撞击作用，使它获得垂直方向的运动，从而改善了物料与热空气的混合效果。为了便于产品收最后一室也可以用温度较低的空气通入。这种干燥器对各种物料的适应性较大，但热效率较低。在生物工业中，常用于柠檬酸晶体和活性干酵母等的干燥。

2）沸腾造粒干燥器

干燥器的几何形状为一倒圆锥形，锥角 30°，结构如图 13-15 所示。由于是锥形流化床，沿床层气体流速不断变化，致使不同大小的颗粒能在不同的截面上达到均匀良好的沸腾，并使颗粒在床中发生分级，增大的颗粒先从下部排出，以免继续长大，而较小的颗粒在上面继续长大，并留在床层内以保持一定的粒度分布。

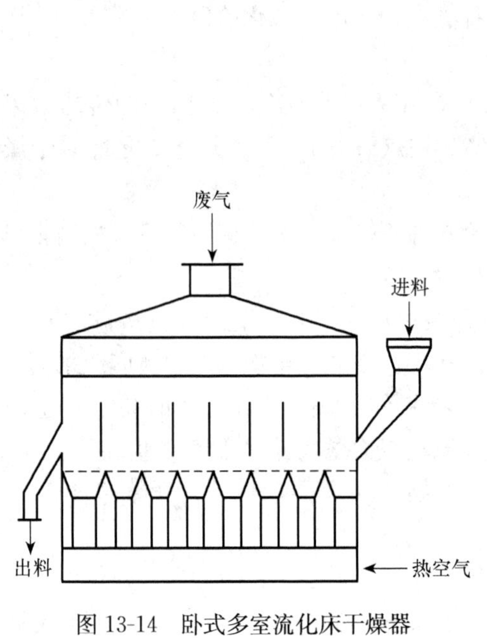

图 13-14 卧式多室流化床干燥器

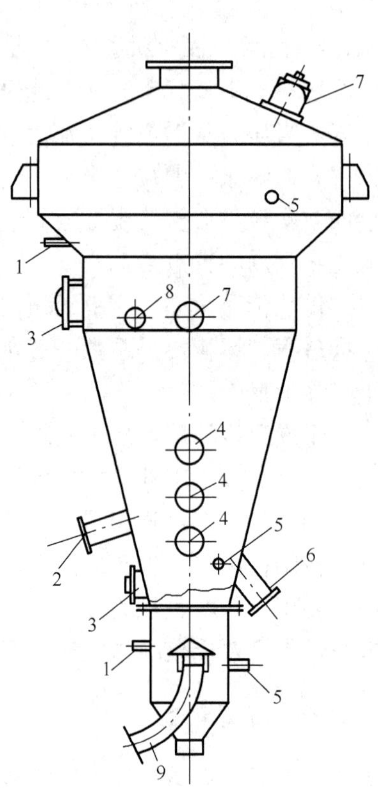

图 13-15 沸腾造料干燥塔

1. 测压器；2. 喷嘴；3. 人孔；
4. 窥镜；5. 测温口；6. 出料口；
7. 灯孔；8. 加料口；9. 热空气入口

操作时，料液与压缩空气一起经喷嘴喷入流化床（即采用气流式喷嘴），喷入的位置一般多采用侧喷，直径较大的锥形流化床可用 3～6 个喷嘴，同时沿器壁周围喷入。喷嘴结构有二流式和三流式的，中心管走压缩空气，内环隙走料液，外管走压缩空气。内管与外管间的环隙有螺旋线，形成压缩空气的导向装置，这种喷嘴雾化效果好。热风从干燥器底部的风帽上升，与雾化的液体相遇进行传热传质。废气从上部由排风机经旋风分离器排至大气中。料液一边雾化，一边加入晶核，在操作上称为返料，开始操作时必须预先在干燥器内加入一定量的晶核（称底料）才能喷入料液，以防止喷入的料液粘壁。加入晶核颗粒大小与产品粒度有关，晶核大者，产品颗粒大，返料量小时，则产品颗粒大，因此，可用调节返料量来控制床层的粒度分布。

沸腾造粒过程有三种情况，一种是料液在接触晶核之前，水分已完全蒸发，本身形成一个较大的固体颗粒，另一种是料液附在晶核的表面，然后水分蒸发，在种子表面形成一层薄膜，而使颗粒长大，第三种是雾滴附着在种子表面并与其他种子碰撞粘连在一起而成为大颗粒。生产上以第二种造粒机理最为理想。影响产品颗粒大小的因素有下列几种：

(1) 停留时间。物料在床内停留时间越长，则颗粒增长也越大，欲得到大颗粒产品，必须设法增加其停留时间。

(2) 摩擦作用。颗粒在沸腾床内剧烈运动，它们之间由于摩擦作用，造成产品粒度减小。气流量越大，摩擦越显著。

(3) 干燥温度。供料温度与床层温度存在一定差值，这种温差大小，影响干燥速率，从而也影响产品的粒度。

第四节　冷冻干燥及其他干燥设备

一、冷冻干燥原理及设备

1. 冷冻干燥原理及特点

冷冻升华干燥过程是将湿物料在较低的温度（−50～−10℃）下，冻结成固态，然后在高度真空（133～0.133Pa）下，将其中水分不经液态而直接升华成气态的干燥过程。冷冻升华干燥特别适合于处理青霉素、链霉素等抗生素，人造血浆、精制酶、生化药品等热敏物料。

根据热力学中的相平衡理论，水的三种相态（固态、液态和气态）之间达到平衡时要有一定的条件。由实验可知，随着压力的不断降低，冰点变化不大，而沸点则越来越低。靠近冰点，当压力下降到某一值时，沸点即与冰点相重合，冰就可不经液态而直接转化为气态，这时的压力称为三相点压力，其相应的温度称为三相点温度，实验测得水的三相点压力为 609.3Pa，三相点温度 0.0098℃。图 13-16 是水的物态三相图。

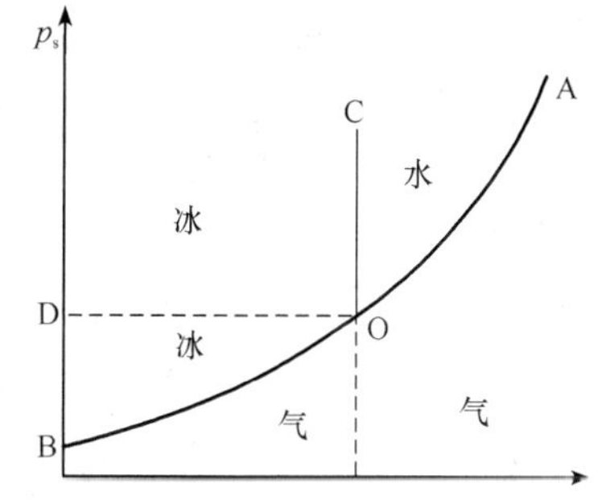

图 13-16　水的物态三相图

从图中可以看出，当干燥过程的压力控制在 609.3Pa 以上（即 OD 线以上）时，冰需先转化为水，水再转化成气，即先溶化、后蒸发。当压力控制在 OD 线以下时，冰将由固态直接升华为气态。OB 线称为升华曲线，OA 线称为汽化曲线，OC 线则称为溶化曲线。因此，干燥过程的工艺参数控制在 OD 线以上时，属于真空蒸发干燥，反之，当工艺参数控制在 OD 线以下时，则为真空冷冻干燥。或者说，实现真空冷冻干燥的必要条件是干燥过程的压力应低于操作温度下冰的饱和蒸汽压。常控制在相应温度下冰的饱和蒸汽压的 1/2～1/4。如−40℃时干燥，操作压力应为 2.7～6.7Pa。

冷冻干燥也可将湿物料不预冻，而是利用高度真空时水分汽化吸热而将物料自行冻结。这种冻结能量消耗小，但对液体物料易产生泡沫或飞溅现象而遭致损失，同时也不易获得多孔性的均匀干燥物。冷冻干燥过程中升华温度一般为−35～−5℃，其抽出的水分可在冷凝器上冷冻聚集或直接为真空泵排出。若升华时需要的热量直接由所干燥的物料供给，这种情况下，物料温度降低很快，以致于冰的蒸汽压很低而使升华速率降低。一般情况下，热量由加热介质通过干燥室的间壁供给，供给湿物料的热量既要保证一定的干燥速率，又要避免冰的溶化。

与其他干燥相比，冷冻干燥具有以下特点：

（1）干燥温度低，特别适合于高热敏性物料的干燥，如抗生素类、生物制品等活性物质的干燥。又因在真空下操作，氧气极少，物料中易氧化物质得到了保护，因此，制品中的有效物质及营养成分损失很少。

（2）能保持原物料的外观形状。物料在升华脱水前先进行预冻，可形成稳定的固体骨架。干燥后体积形状基本不变，不失原有的固体结构，无干缩现象。

（3）冻干制品具有多孔结构，因而有理想的速溶性和快速复水性。干燥过程中，物料中溶于水的溶质就地析出，避免了一般干燥方法中因物料水分向表面转移而将无机盐和其他有效成分带到物料表面，产生表面硬化现象。

（4）冷冻干燥脱水彻底（一般低于2%～5%），质量轻，产品保存期长，若采用真空密封包装，常温下即可运输、保存，十分简便。

但冷冻干燥需要较昂贵的专用设备，干燥周期长，能耗较大，产量小、加工成本高。

2. 冷冻干燥流程及设备

冷冻干燥过程分为两个阶段，第一阶段，在低于溶点的温度下，使物料中的固态水分直接升华，大约有98%～99%的水分在这一阶段除去。第二阶段中，将物料温度逐渐升高甚至高于室温，使水分汽化除去，此时水分可以减少到0.5%。冷冻干燥系统主要由四部分组成，即冷冻装置、真空装置、水气去除装置和加热部分（干燥室），用于生物制品的冷冻干燥流程如图13-17所示。预冷和干燥均在一个箱内完成。待干燥的物料放入干燥室1内，开动预冷用冷冻机10对物料进行冷冻，随之开启冷凝器2和真空装置5、6、7，实现升华干燥操作。加热器8以作冷凝器内化霜之用。第一阶段升华干燥结束后，开启油加热循环泵11对干燥室加热升温，使之汽化排除剩余的水分。这种冷冻干燥系统为间歇式操作，设备结构简单，投资少，但效率不高，适用于$50m^2$以下的设备。另一种为连续式冷冻干燥系统，即冷冻部分在速冻间完成，升华除水则在干燥室内进行，这类系统效率高，产量大，但设备复杂，投资较大。

1）冷冻部分

冷冻干燥中，冷冻及水气的冷凝都离不开冷冻过程。常用的制冷方式有蒸气压缩式制冷、蒸气喷射式制冷、吸收式制冷三种方式。其中最常用的是蒸气压缩式制冷。流程如图13-18所示。

整个过程分为压缩、冷凝、膨胀和蒸发四个阶段。液态的冷冻剂经过膨胀阀后，压力急剧下降，因此进入蒸发器后急剧吸热汽化，使蒸发器周围空间的温度降低，蒸发后的制冷剂气体被压缩机压缩，使之压力增大，温度升高，被压缩后的制冷剂气体经冷凝器后又重新变为液态制冷剂，在此过程中释出的热量，由冷凝器中的水或空气带走。这样，制冷剂便在系统中完成了一个制冷循环。

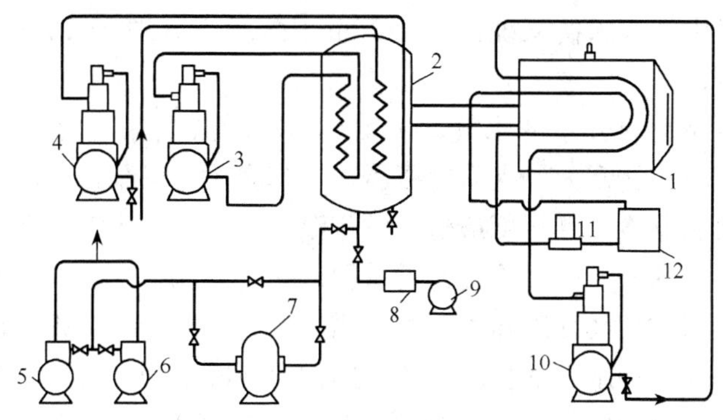

图 13-17　LGJ-II A 型冷冻干燥机流程图

1. 干燥室；2. 冷凝器；3、4. 冷凝器用冷冻机；5、6. 前级泵；7. 后级泵；
8. 加热器；9. 风扇；10. 预冻用冷冻机；11. 油循环泵；12. 油箱

常用的制冷剂有氨、氟利昂、二氧化碳等。若蒸发温度高于−40℃，可用单级制冷压缩机，以 F-22 为制冷剂。若要达到最低温度应采用双级制冷压缩机系统，流程见图 13-19。双级系统以氨为制冷剂时，最低蒸发温度可达−50℃，以 F-22 为制冷剂时，则可达−70℃。在此要指出的是，为确保人类生存的地球环境不再恶化，氟利昂将要被新型的环保制冷剂所取代。

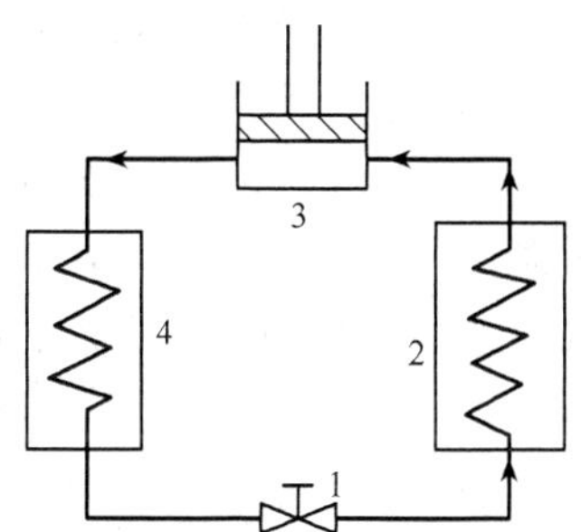

图 13 18　蒸气压缩制冷流程图

1. 膨胀阀；2. 蒸发器；
3. 压缩机；4. 冷凝器

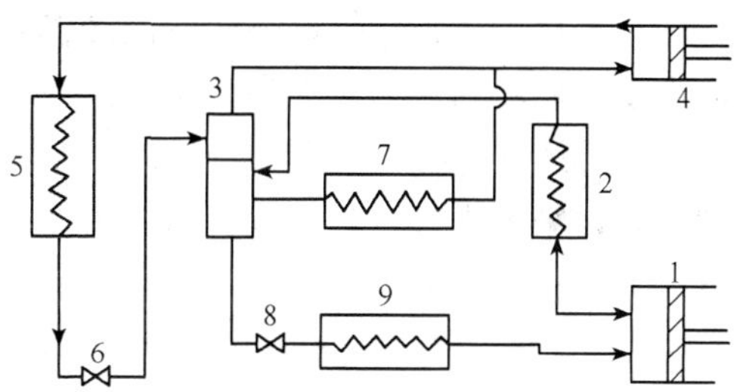

图 13-19　双级压缩制冷系统

1. 低压汽缸；2. 中间冷凝器；3. 分离器；4. 高压汽缸；
5. 冷凝器；6、8. 膨胀器；7. 高压蒸发器；9. 低压蒸发器

在冷冻系统中，一般都要通过载冷剂作为传热介质，常用的载冷剂有空气、氯化钙溶液（冷点−55℃）、乙醇（冰点−12℃）

2）真空部分

冷冻干燥时干燥箱中的压力应为冻结物料饱和蒸气压的 1/2～1/4，一般情况下，干燥箱中的绝对压力约为 13～1.3Pa，质量较好的机械泵可达到的最高真空极限约为 0.1Pa，如国产的 2X 型旋片式真空泵的极限真空可达 0.07Pa，完全可以用于冷冻干燥。多级蒸气喷射泵也可达到较高的真空，如四级喷射泵可达 70Pa，五级可达 7Pa。但蒸气喷射泵不太稳定，且需大量 1MPa 以上的蒸气，其优点是可直接抽出水气而不需冷凝器。扩散泵是可以达到更高真空度的设备。在实际操作中，为了提高真空泵的性能，可在高真空泵排出口再串联一个粗真空泵。

真空泵的容量大致要求使系统在5～10min内从大气压降至130Pa以下。

3）水气去除部分

冷冻干燥中冻结物料升华的水气，主要是用冷凝法去除。所采用的冷凝器有列管式、螺旋管式或内有旋转刮刀的夹套冷凝器，冷却介质可以是低温的空气或乙醇、最好是直接用制冷剂膨胀制冷，其温度应低于升华温度（一般应比升华温度低20℃），否则水气不能被冷却，冷却介质应在冷凝器的管程或夹套内流动，水气则在管外或夹套内壁冻结为霜。带有刮刀的夹套冷凝器可连续把霜除去。一般冷凝器则不能，故在操作中霜的厚度不断增加，最后使水气的去除困难。因此，冷冻干燥设备的最大生产能力往往由冷凝器的最大负霜量来决定。一般要求霜的厚度不超过6mm。冷凝器还常附有热风装置，以作干燥完毕化霜之用。

如不用冷凝器，也可用大容量的真空泵直接将升华后的水气抽走，但此法很不经济，因为在真空下，水气的比容很大。

4）加热部分——干燥室

加热的目的是为了提供升华过程中的升华热（溶解热＋汽化热）。加热的方法有借夹层加热板的传导加热、热辐射面的辐射加热及微波加热等三种，传导加热的加热介质一般为热水或油类，其温度应不使冻结物料溶化，在干燥后期，允许用较高温度的加热剂。

干燥室一般为箱式，也有钟罩式、隧道式等，箱体用不锈钢制作，干燥室的门及视镜要求十分严密可靠，否则不能达到预期的真空度，对于兼作预冻室的干燥室，夹层搁板中除有加热循环管路外，还应有制冷循环管路，箱内有感温电阻，顶部有真空规管，箱底有真空隔膜阀。为了提高设备利用率，增加生产能力，出现了多箱间歇式、半连续隧道式及连续式冷冻干燥器。图13-20为一隧道式冷冻干燥器。升华干燥过程是在大型隧道式真空箱内进行，料盘以间歇方式通过隧道一端的大型真空密封门再进入箱内，以同样的方式从另一端卸出，提高了设备利用率。

图13-21所示为一种连续式冷冻干燥器，采用辐射加热，辐射热由水平的加热板产生，加热板又分成不同温度的若干区段，每一料盘在每一温度区停留一定时间，这样可缩短干燥总时间。操作中，预冻制品利用输送带从预冻间送至干燥器入口真空密封门前1处，由这里提升到2处，接着料盘被推入密封门3处，关闭密封门抽气，当密封室达到干燥箱内的真空度时，密封室到干燥箱的门打开，料盘进入干燥箱，同时料盘提升到4处，密封门半闭。破坏密封室的真空度，准备接收下一料盘的进入。如此，每一次开关密封门就将一只新料盘送入干燥室，干燥结束后，料盘被推到出口升降机6上，再输送到密封室7，于是出口密封门关闭，密封室内真空破坏，通空气的出口门打开，料盘被推至外面的运输系统，全部料盘进出和输送的动作，完全实现自动化操作。

图13-22为另一种连续式冷冻干燥器，不用料盘来进行颗粒制品的干燥。经预冻的颗粒制品，从顶部两个入口密封之一轮流地加到顶部的圆形加热板上。干燥器的中央立轴上装有带铲的搅拌臂。旋转时，铲子搅动物料，不断地使物料向加热板外方移动，直至从加热板边缘落下到直径较大的下一加热板上。这时铲子又迫使物料向中心方向移动，一直移到加热板内缘而落入第三块加热板上，直到从最低一块加热板掉落，并从两个出口密封门之一卸出。

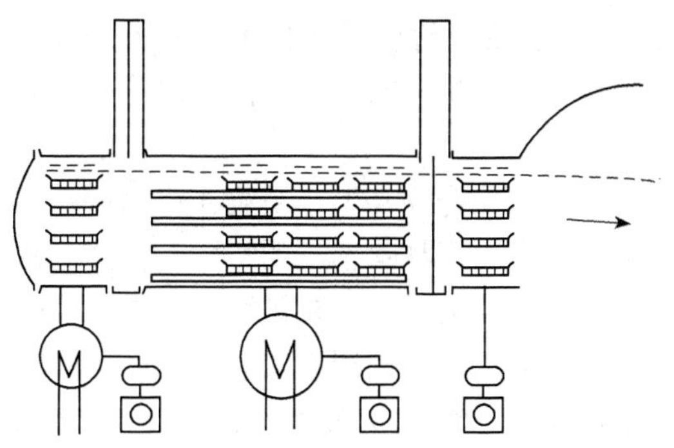

图 13-20　隧道式冷冻干燥器

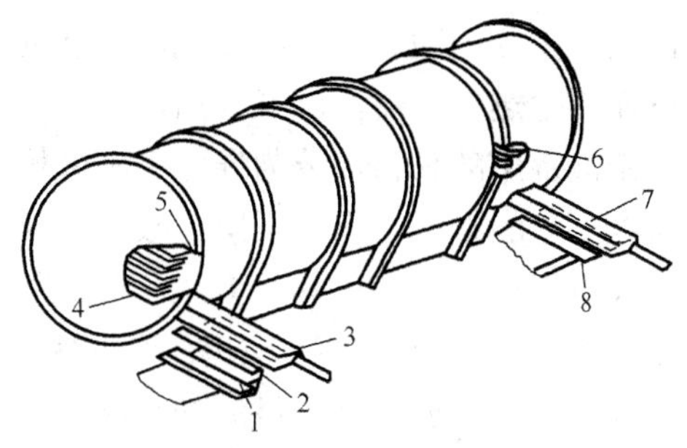

图 13-21　连续冷冻干燥器

1. 入口真空密封门前处；2. 提升处；3. 入口真空密封门；4. 料盘提升处；5. 干燥室；6. 升降机；7. 密封室；8. 出口密封门前处

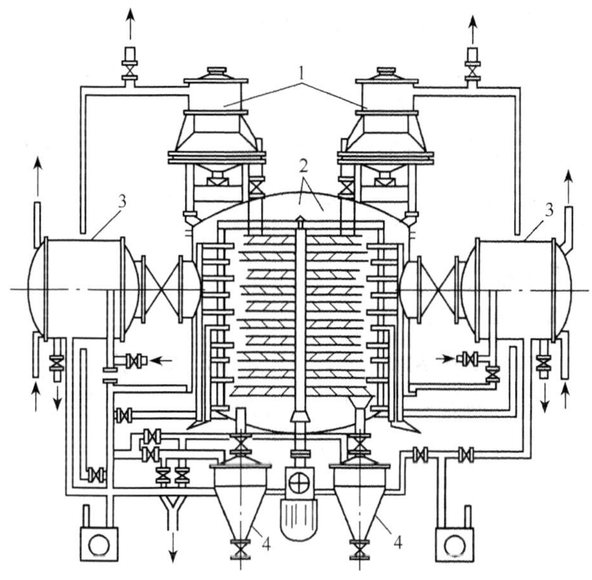

图 13-22　连续式冷冻干燥器

1. 入口密封门；2. 干燥室；3. 冷阱；4. 卸料室

这种干燥器加热板的温度可固定于不同的数值，使冷冻干燥按一种适当的温度程序来进行。设备侧方有两上独立的冷阱，通过大型的开关阀与干燥室连通。

二、微波干燥原理及设备

1. 微波干燥原理

微波是指频率在 300～300000MHz 或波长 0.001～1m 的高频电磁波，工业上只使用 915H_z 和 2450H_z 两个频率。微波加热干燥实际上是一种介电加热干燥，微波干燥在食品行业有较广泛的应用。当待干燥的湿物料置于高频电场时，由于湿物料中水分具有极性，则分子沿着外电场方向取向排列，随着外电场高频率变换方向（如每秒钟 50

次)，则水分子会迅速转动或做快速摆动。又由于分子原有的热运动和相邻分子间的相互作用，使分子随着外电场变化而摆动的规则运动受到干扰和阻碍，从而引起分子间的摩擦而产生热量，使其温度升高。

微波常用的材料可分为导体、绝缘体、介质、磁性化合物几类。微波在传输过程中会遇到不同的材料，产生反射、吸收和穿透现象，这取决于材料本身的特性，如介电常数、介电损耗系数、比热、形状和含水量等。导体能够反射微波，在微波系统中常用的传输装置——波导管，就是矩形或圆形的金属管，一般由铝或黄铜制成。绝缘体可以穿透并部分反射微波，吸收微波的功能小，连续干燥中常用的输送带就是涂聚四氟乙烯。介质的性能介于金属与绝缘体之间，它具有吸收、穿透和反射的性能。其中吸收的微波便转化成热量。微波干燥与普通干燥法的主要区别在于，微波干燥属于内部加热干燥法，电磁波深入到物体内部，把物料本身作为发射体，使物料内、外部都能均匀加热干燥。它具有以下特点：

(1) 加热干燥时间比较短。由于微波能深入物料内部，热量产自物料内部分子间的摩擦，而不是一般情况下的热传导，因此水分子从物料中心向两侧扩散的路程比接触传导加热要少 1 倍，干燥过程非常迅速。

(2) 干燥均匀。由于微波干燥是内部加热法，不管物料形状复杂程度、含水量多少，都加热均匀，干燥物料表里一致，另外，由于物料中水的介电常数大，吸收能量多，因此水分蒸发快，热量不会集中于干燥的物体中。

(3) 便于控制。利用微波加热，无升温过程，开机数分钟可正常生产，停机后也不存在“余热”现象，便于实现自动控制。

(4) 热效率高。物体本身作为发热体，设备可以不辐射热量，避免了环境的高温，改善了劳动条件。但微波干燥设备费用高，耗电量大，且须注意劳动保护，防止强微波对人体的损害。

2. 微波干燥设备

微波炉的外形似箱，故也称箱式加热器，它是利用驻波场的微波加热干燥设备，结构如图 13-23 所示，主要由矩形谐振腔、输入波导、反射板、搅拌器等组成。谐振腔是由金属构成的矩形中空六面体，其中一面装有反射板和搅拌器，还有一面装有支撑加热物料的底板，侧壁上设有炉门和排湿孔。炉门的结构有特殊要求，密闭性要好，微波能量的泄漏应在安全范围内。物料在微波炉里加热蒸发的水分通过风机由排湿孔排出。否则会影响干燥效率。图 13-24 为平板形连续式微波干燥设备，物料通过输送带不断送入，干燥后的制品由输送带不断送出，实现连续化生产。

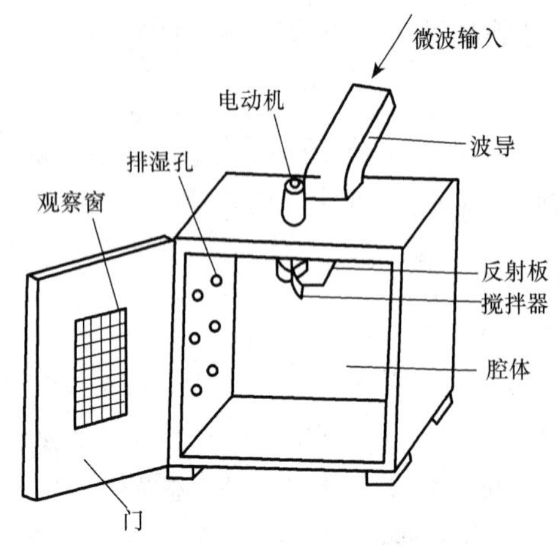

图 13-23　箱式微波炉示意图

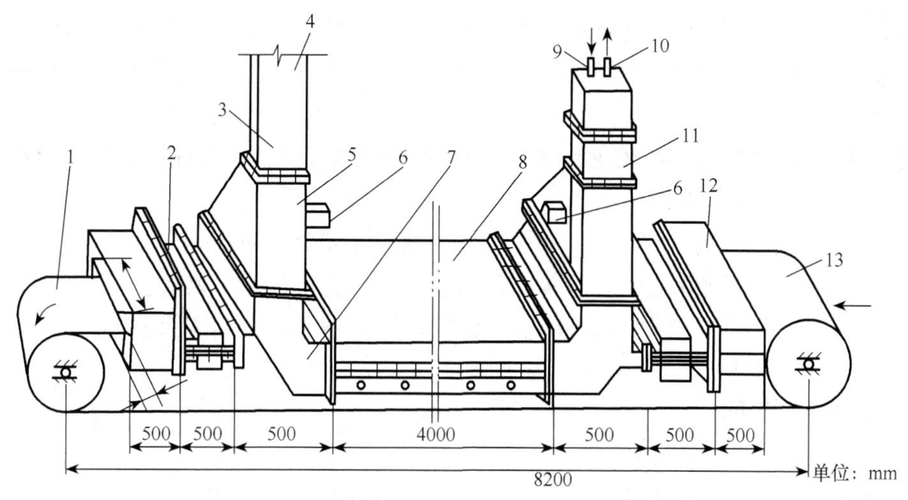

图 13-24　平反形连续微波干燥器

1. 输送器；2. 抑制器；3. BJ22 标准波导；4. 接波导输入口；5. 锥形过滤器；6. 接排风机；7. 放大直角弯头；8. 主加热器；9. 冷水进口；10. 热水出口；11. 水负载；12. 吸收器；13. 进料

三、干燥设备发展展望

在自动控制方面，随着微型计算机技术和自动控制技术的不断进步与发展，干燥领域已引入了计算机自动检测与控制技术，而且对计算机自动测控系统的要求也越来越高，各种灵活的组态软件应运而生。MCGS（monitor and control generated system，通用监控系统）是一套用于快速构建和生成计算机监控系统的组态软件，它能够基于 Microsoft（各种 32 位 Windows 平台）上运行，通过对现场数据的采集处理，以动画显示、干燥报警处理、流程控制、实时曲线、历史曲线和报表输出等多种方式向用户提供解决实际工程问题的方案，它充分利用了 Windows 图形功能完备、界面一致性好、易学易用的特点，比以往使用专用机开发的工业控制系统更具有通用性，在干燥领域将有着更广泛的应用。

在干燥设备类型上，将以热风加热常压干燥设备、真空干燥设备为主，其他诸如远红外线干燥设备、微波干燥设备等特殊领域的用户也将逐步扩大应用数量。在食品、药品干燥方面，对真空冷冻干燥设备中的较大规格设备需求量将会增加，具有功能组合（如造粒-干燥、过滤-干燥、混合-造粒-干燥）的设备需求量也将增多。

四、干燥设备系统的节能减排

干燥是一种高能耗的操作。发达国家，如法国、英国、瑞典等，据资料记载高达 12%～15%的工业能耗用于干燥方面。2008 年中国 GDP 总能耗中煤炭消费量 27.4 亿 t，据报道，我国干燥消耗的能量约占总能耗的 12%左右，消耗了 3.288 亿 t 煤炭，今后将迅猛增长。因此降低干燥能耗是一项十分重要而有意义的工作。

干燥过程对环境也不友好，污染程度不可忽视，在应用最广的各类干燥设备中有 3/4 以上是热风干燥，这类设备对环境的污染主要来自干燥设备热源，绝大部分没有脱硫和可靠除尘设备。不仅热效率低、而且污染严重。另一污染来源是干燥过程与产物的气体、粉尘排放。一些细微粉尘污染尤其严重。这些极细颗粒被人体吸收后很难清除、危害极大。

提高干燥过程的能源利用效率和防治对环境的污染是相辅相成的。可从系统和单机考虑节能减排，重点考虑以下途径：

(1) 余热回收。冷凝水回收、烟气余热回收、排风余热回收等。

(2) 节能型干燥设备。热泵干燥、太阳能干燥、复合加热干燥等。

(3) 热源系统。节能环保热风炉、气化炉、燃生物质炉、利用余热等。

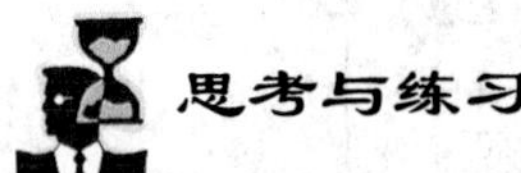

思考与练习

1. 固体物料的干燥由哪两个过程组成？其干燥机理是什么？
2. 生物工业产品干燥有何特点？在选择干燥设备时应注意什么？
3. 简述常用的干燥设备的原理、特点、结构及适用范围。
4. 干燥操作是高能耗过程，探讨降低能耗的方法。

第十四章　蒸馏设备

知识目标

1. 了解蒸馏操作在生物工业中的应用。
2. 了解常用酒精蒸馏设备的工作原理和选用原则。
3. 掌握酒精蒸馏设备操作原理和操作过程的相关计算。
4. 掌握酒精蒸馏过程的节能技术。

能力目标

1. 能根据生产工艺要求正确选择酒精蒸馏过程与设备。
2. 能读懂酒精蒸馏设备图与设备流程图。
3. 具备一定酒精蒸馏设备与过程的操作与管理能力。
4. 能根据酒精蒸馏设备与过程特点正确选择可行的节能方法。

蒸馏是分离液体混合物的典型化工单元操作，它利用液体混合物中各组分挥发性的不同，达到将各组分分离的目的。

生物工程的工业产品中采用蒸馏方法提取或提纯的有：白酒、酒精、甘油、丙酮、丁醇以及某些萃取过程中的溶剂回收。

我们以酒精的蒸馏提纯为例，介绍蒸馏设备。

酒精蒸馏包括两个过程：一是将酒精和所有易挥发性物质从发酵醪液中分离出来的过程，称之为粗馏；二是进一步提高酒精浓度，并除去粗酒精中的杂质，使之成为各种规格的成品酒精，称之为精馏。在酒精蒸馏生产实践中，通常将上述两个过程组合成一个蒸馏系统。在该系统中，粗馏塔馏出的粗酒精（气相或液相）作为过程的一个中间产物，送入精馏塔进一步提纯，经过精馏得到成品酒精和杂醇油等副产物。最典型的酒精蒸馏由两组塔设备组成，即粗馏塔和精馏塔。根据不同的原料和对产品规格的要求，可增加排醛塔和甲醇塔等辅助塔设备。如薯干原料的酒精发酵醪液中含有较多的甲醇，可在精馏塔后加一座脱甲醇塔以生产优级酒精；糖蜜原料的酒精发酵液中含有较多的醛类物质，所以在粗馏塔和精馏塔之间加一座排醛塔，同样还可以在精馏塔后加一座甲醇塔，组成三塔或四塔蒸馏工艺流程。

第一节　蒸馏分离提纯原理

一、酒精分离提纯的基本原理

对于发酵成熟醪中的酒精分成用蒸馏方法分离提纯的原理，一般可用气-液相平衡图加以说明。例如酒精与水的混合液，其蒸溜原理可用图 14-1 表示。

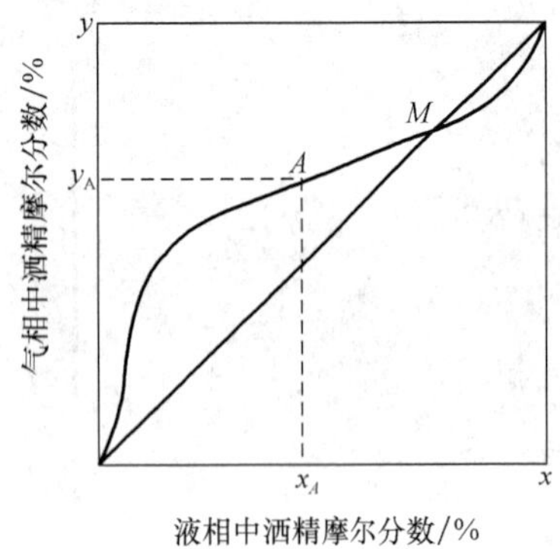

图 14-1　气、液相中酒精含量

图 14-1 中不同的液相组成（摩尔分数）用 x_1，x_2，x_3，…表示，在沸点温度气相组成（摩尔分数）用 y_1，y_2，y_3，…表示，这个相对的 x、y 值可由实验测定，画在坐标图上，图 14-1 的 y-x 图是在一定的压强下绘出的。

x 代表混合液中酒精（易挥发组分）的含量，y 代表与原液相组成 x 相平衡的气相中酒精含量。在气相中易挥发组分含量较多，即 $y>x$，这种物理性质，使得酒精-水混合液能利用蒸馏方法进行分离提纯，最终获得较高浓度的酒精产品。

如果原来混合液组成为 x，达到沸点时发生部分汽化，由于气相组成 $y>x$，所以剩下的混合液的组成 $x_1<x$。将这种部分汽化的操作一直进行下去，最后的混合液则含有绝大部分难挥发组分——水，从而达到分离混合液的目的。

如果原来混合气组成为 y，使其部分冷凝，则得到混合液的组成 $x<y$，混合液中含有难挥发组分较多，减少了气相中的难挥发组分，相对地增加了气相中的易挥发组分，使 $y_1>y$，将这种部分冷凝的操作一直进行下去，最后剩下的气相，再全部冷凝，就得到绝大部分易挥发组分——酒精产品。这种单独使用部分汽化或部分冷凝的方法，来分离液体混合物的操作称为简单蒸馏。如果多次地运用部分汽化和部分冷凝的方法使混合液分离为纯组分，这样的操作称为精馏。多层塔板的精馏塔的精馏过程就是同时并多次地运用部分汽化和部分冷凝原理使混合液达到分离提纯目的的实例。

气-液相平衡曲线与对角线有个交点 M，M 点的气相与液相的组成是相同的，此点称为示性点，对应的混合液称为恒沸混合液。恒沸混合液由于两相组成相同，蒸馏操作的物理基础已不存在，所以不能用普通的蒸馏方法来分离，而需采用特殊的分离方法——恒沸蒸馏方法。

二、挥发系数与精馏系数

蒸馏过程所以能将成熟醪中所含的酒精完全分离出来，并得到高浓度的酒精，就是利用成熟醪所含各种物质的挥发性的不同。将两种或两种以上挥发性不同的物质组成混合溶液，将它们加热至沸腾，这时液相组分与气相组分往往不同，气相比液相含有较多的易挥发组分，剩下的液相就含有较多的难挥发组分。对于酒精中各种不同杂质的分离情况，可用挥发系数和精馏系数来确定。

1. 挥发系数 K

挥发系数 K 是表示某物质在该溶液中的挥发性能的强弱，也说明通过一次简单蒸馏后浓缩的倍数。挥发系数是指酒精在水溶液中的含量与这种沸腾溶液的蒸气中酒精含量之比。例如，用 $a\%$表示酒精与水的混合液中酒精含量，与其平衡的蒸气中的酒精含量为 $A\%$，则挥发系数可表示为

$$K_A = \frac{A}{a}$$

假设酒精与水的混合液中，酒精的体积分数为 10%，与其沸腾溶液平衡的蒸气中的酒精体积分数为 51%，则

$$K_A = \frac{51}{10} = 5.1$$

这说明酒精的挥发系数为 5.1，表示酒精在气相中的浓度是在液相中的浓度的 5.1 倍。酒精与其中某些杂质的挥发系数见表 14-1。

表 14-1　酒精与其杂质的挥发系数

酒精体积分数/%	酒精挥发系数 K_A	杂质挥发系数 K_n								
		异戊醇	异戊酸异戊酯	乙酸戊酯	异戊酸乙酯	异丁酸乙酯	乙酸乙酯	乙酸甲酯	甲酸乙酯	乙醛
10	5.10	—	—	—	—	—	29.0	—	—	—
15	4.10	—	—	—	—	—	21.5	—	—	—
20	3.31	5.63	—	—	—	—	18.0	—	—	—
25	2.68	5.55	—	—	—	—	15.2	—	—	—
30	2.31	3.0	—	—	—	—	12.6	—	—	—
35	2.02	2.45	—	—	—	—	10.5	12.5	—	—
40	1.80	1.92	—	—	—	—	8.6	10.5		—
45	1.63	1.50	—	3.5	—	—	7.1	9.0	—	4.5
50	1.50	1.20	—	2.8	—	—	5.8	7.9	—	4.3
55	1.39	0.98	—	2.2	—	—	4.9	7.0	12.0	4.15
60	1.30	0.80	1.30	1.7	2.3	4.2	4.3	6.4	10.4	4.0
65	1.23	0.65	1.05	1.4	1.9	2.9	3.9	5.9	9.4	3.9
70	1.17	0.54	0.82	1.1	1.7	2.3	3.6	5.4	8.5	3.6
75	1.12	0.44	0.65	0.9	1.5	1.8	3.2	5.0	7.8	3.7
80	1.08	0.34	0.50	0.8	1.3	1.4	2.9	4.6	7.2	3.6
85	1.05	0.32	0.40	0.7	1.1	1.2	2.7	4.3	6.5	3.5
90	1.02	0.30	0.35	0.6	0.9	1.1	2.4	4.1	5.8	3.4
95	1.004	0.23	0.30	0.55	0.8	0.95	2.1	3.8	5.1	3.3

表 14-1 中的数据表明，各种杂质的挥发系数有以下变化规律：

（1）一切杂质挥发系数随着酒精浓度的增加而减少，包括酒精也符合此规律。

（2）当酒精的体积分数为55%时，除异戊醇外，一切杂质的挥发系数 K_n 值均大于1。

（3）有些杂质的挥发系数 K_n 始终>1，有些则在酒精浓度增高时，挥发系数 K_n 由于>1变成<1。

从表14-1的数据看出，溶液中的酒精挥发系数与该溶液中的其他杂质的挥发系数不同。在酒精的精馏过程中，由于酒精在水溶液中的浓度的变化，杂质的挥发系数也在变化，因此，可采用蒸馏的方法分别去除这些杂质。

根据挥发系数 K_n 的变化情况，可以了解杂质在塔内的运动情况。例如当塔中某种杂质的挥发系数 $K_n>1$ 时，表明这种杂质在蒸气中的含量比液体中大，也就是说在塔内的移动方向是向上的，它在塔内的分布情况是越往上浓度越大，即集中在塔的顶部。如当某种杂质挥发系数 $K_n<1$ 时，则情况相反，它的塔内移动方向是向下的，越往下浓度越大，即集中在塔底部。如当某杂质在酒精浓度低时 $K_n>1$，随着酒精浓度增加，K_n 逐渐减小，在某一酒精浓度时，其 $K_n=1$，最后变得小于1，则这种杂质的运动方向是在酒精浓度低时向上移动，当酒精浓度高时向下移动，它会在塔中部 $K_n=1$ 处聚集。

由上可知，杂质挥发系数能反映出杂质在塔内的移动和分布情况，且杂质挥发系数与酒精浓度有密切关系，杂质挥发系数 K_n 随着沸腾液体中酒精含量的增加而不断降低。

杂质挥发系数 K_n 还不能说明某些杂质在精馏过程中与乙醇分离的难易程度，这是因为乙醇在蒸气中含量总是高于在液体中含量，即酒精挥发系数 K_A 始终大于1。如能将乙醇与杂质两者的挥发系数直接进行比较，则可以更清楚地动态表明杂质与乙醇的可分离程度，为此引进一个精馏系数 K' 的概念。

2. 精馏系数

所谓精馏系数，就是指杂质的挥发系数和酒精的挥发系数之比，用式子可表达如下：

$$K'=\frac{K_n}{K_A}$$

可用精馏系数 K' 确定杂质在塔内集聚的区域。

当 $K'>1$ 时，则蒸气中杂质含量比酒精含量多，所以杂质聚集在气相中。

当 $K'<1$ 时，则气相中杂质含量比酒精含量少，杂质聚集在液相中，较难挥发。

当 $K'=1$ 时，杂质平均分布在气相和液相中，在这种情况下，要把杂质与酒精分离是比较困难的，只能用化学方法处理。各种杂质的精馏系数见表14-2。

为了进一步理解挥发系数和蒸馏系数的概念，现举例说明如下。

例如在酒精体积分数为75%的酒精水溶液中，每100mL的酒精含1g乙酸乙酯和1g戊醇，试计算蒸气中乙酸乙酯和戊醇的含量。已知条件为 $K_{乙酸乙酯}=3.2$，$K_{酒精}=1.12$，$K_{戊醇}=0.44$，根据精馏系数的计算方法可得到如下结果。

表 14-2 粗酒精中杂质的精馏系数

酒精体积分数/%	异戊醇	异戊醇异戊酯	乙酸戊酯	异戊酸乙酯	异丁酸乙酯	乙酸乙酯	乙酸甲酯	甲酸乙酯	乙醛
1	3.26	—	—	—	—	—	—	—	—
10	—	—	—	—	—	5.67	—	—	—
25	2.02	—	—	—	—	5.43	—	—	—
30	1.30	—	—	—	—	5.43	—	—	—
40	1.05	—	—	—	—	4.77	5.83	—	—
50	0.80	—	1.866	—	—	3.86	5.26	—	2.68
60	0.615	1.0	1.307	1.76	3.23	3.3	4.92	8.0	3.08
70	0.44	0.7	0.94	1.45	1.96	3.07	4.61	7.26	3.05
80	0.36	0.463	0.74	1.20	1.30	2.77	4.25	6.6	3.34
90	0.26	0.343	0.688	0.882	1.07	2.37	4.01	5.68	3.34
95	0.22	0.299	0.548	0.797	0.897	2.09	3.78	5.08	3.29

$$K'_{乙酸乙酯}=\frac{3.2}{1.12}=2.86 \qquad K'_{戊醇}=\frac{0.44}{1.12}=0.39$$

由该溶液释放的蒸气中，含酒精量为75%×1.12=84%。在这种蒸气的冷凝液中，每100mL酒精含戊醇量为0.39×1=0.39（g），乙酸乙酯含量为2.86×1=2.86（g）。从这一结果可以看出，头级杂质乙酸乙酯在蒸气中的含量有所增加，而尾级杂质戊醇的含量减少。

3. 酒精精馏

发酵成熟醪经蒸馏后所获得的粗酒精，杂质较多。为了除去粗酒精中的杂质，进一步提高酒精含量，则利用气-液两相的互相接触，反复进行部分汽化和部分冷凝，使粗酒精分离成高浓度的纯净酒精。这一过程的实质是利用传质和传质原理，是使其多次汽化和多次冷凝的简单蒸馏过程的集合。

如图14-2所示，图中1、2、3、4…各釜中装有不同浓度（$\cdots x_4>x_3>x_2>x_1$）的酒精，各釜中的沸腾温度也依次递减。假如釜底用间接蒸气加热，发生的酒精蒸气组成y_1与釜中液相组成x_1，$y_1>x_1$。将釜1发生的蒸气引入釜2作为热源，这蒸气部分冷凝时放出的潜热使釜2中的液体部分汽化，汽化的酒精蒸气组成为y_2，$y_2>y_1$。各釜同时进行，结果是顶釜中的酒精蒸气的组成高，而底釜残留液中的酒精组成低。

由于各釜内汽化的蒸气中酒精组分大于釜中液相中的组分，经过一段时间的蒸馏，各釜中液相酒精组分越来越少，必将导致汽化的蒸气中酒精组分也相应地降低，则顶釜的蒸气浓度也越来越低，使操作不能保持稳定。所以，应将顶釜汽化的蒸气冷凝液回流一部分至塔釜，并逐釜下流。同时在底釜中又不断添加原混合液，就可使各釜中气、液两相的组成保持不变，操作达到稳定持久。顶釜内汽化的蒸气中酒精组成就稳定。即酒精-水溶液获得分离，达到精馏的目的。

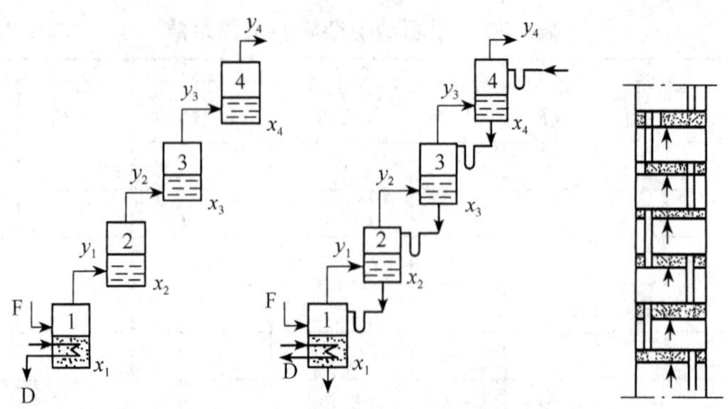

图 14-2　精馏的基本示意图

将顶釜的酒精蒸气在冷凝器冷凝后所得的部分冷凝液回流至顶釜的操作称为回流。回流入顶釜的那部分冷凝液称为回流液。回流液的引入是维持精馏操作连续稳定的必要条件。

工业生产上的精馏装置称为精馏塔；它是由多块层板组成，每一块层板代替了上述的一个釜。

第二节　粗馏塔

在酒精蒸馏中，所用的主要设备有粗馏塔、精馏塔、冷凝器、杂醇油分离器等。蒸馏塔是一个关键设备，是整个酒精厂中基建投资最大、结构与加工最复杂的设备。该设备选用是否适当将直接影响酒精的质量和产量。

粗馏塔的主要作用就是从发酵成熟醪中将酒精成分提取出来。粗馏塔处理的对象是成熟醪，其中含有许多固形物，黏度大，易起泡，腐蚀性强。要求蒸馏之塔板：

（1）处理能力大。

（2）塔板效率高。

（3）塔板压降低。

（4）操作弹性大。

（5）结构简单，制造成本低。

（6）能够满足工艺的特定要求，如不易堵塞，抗腐蚀等。国内许多酒精厂家的粗馏塔大多采用鼓泡形塔板（如泡罩塔板和 S 形塔板）。有些厂家则采用了斜孔塔板、浮阀波纹筛板等喷射形塔板。

一、粗馏塔板类型及结构

1. 泡罩塔

泡罩（也称泡盖）塔在工业上已有 100 多年的应用历史，是一种比较成熟的蒸馏设备。该塔操作十分稳定，当负荷有较大的变动时都能较稳定的操作。该塔板也适宜处理易起泡的液体，对设计的准确性也无过高的要求。尽管泡罩塔板结构较复杂，塔板效率偏低，压降大，但由于在各种条件下都能稳定地操作，所以国内不少酒精厂家的粗馏塔仍然采用泡罩塔板。

1）塔体结构

酒精蒸馏所采用的泡罩塔主要由塔体、塔板、升气管等部件组成，如图 14-3 所示，塔体结构是由数个塔节组成的，每个塔节由法兰连接成塔。在一个塔节中通常装有 3～4 块塔板。泡罩塔的塔体，近年来大多数已采用不锈钢制造。

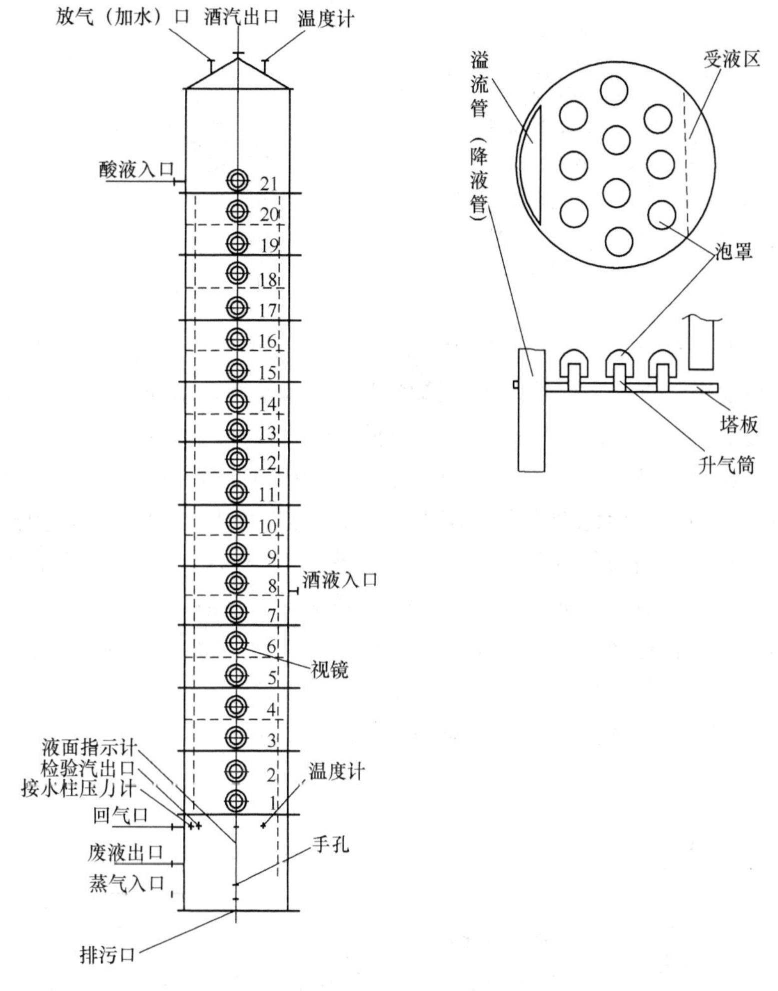

图 14-3　泡罩塔

2）塔板结构

泡罩塔的塔板主要由隔板和组装在其上面的泡罩构成。泡罩的结构有多种类型，常见的有圆形、长条形和六角形。泡罩的结构如图 14-4 所示。

条形泡罩是泡罩塔中应用得较普遍的一种，它与圆形泡罩相比其主要优点是制造简单，便于安装和维护检修，能保证液流均匀和较高的塔板效率。但单位塔板面积上鼓泡周边则比圆形泡罩小。条形泡罩用于塔径在 1m 以上的蒸馏塔，较为合适。条形泡罩的排列方式，采用并列形式较好。

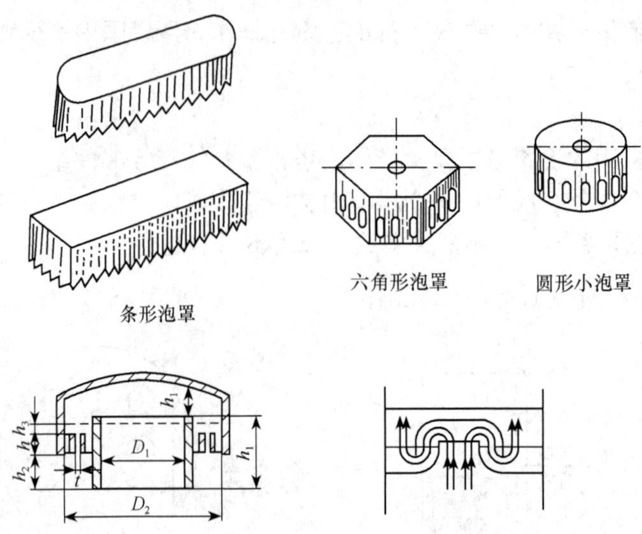

图 14-4 泡罩的结构和气体流动

圆形泡罩通常有两种类型，即大泡罩和小泡罩。有些塔板上只安装一个大泡罩，这种塔板结构，清洗较方便，比较适合于蒸馏含杂质和悬浮物较多的物料。小泡罩的尺寸较小，每块塔板上装有几个到几十个泡罩。这种塔板结构较复杂，但气液接触较好，鼓泡周边长，传质效果比大泡罩好，且结构紧密，可减少塔板间距，小泡罩塔板一般以三角形排列为好。其缺点是易造成堵塞和塔的清洗困难，因此，较适用于含杂质和悬浮物较少的物料。

通常在塔板上装有升气管和溢流堰（或溢流管），升气管的顶部装有泡罩，泡罩一般用螺帽固定在升气管上，而升气管则安装在塔板上。在泡罩塔中，上升气体经过升气管，在泡罩齿缝的作用下，分散于液体中（图 14-4）。气流分散越好，其传质效率越高。溢流堰的作用是维持塔板上的液面高度。

泡罩塔的主要优点为操作稳定，塔内物料或蒸气不稳定时，对其影响不大，不会造成塔板效率严重下降的情况。

2. S（SD）型塔板

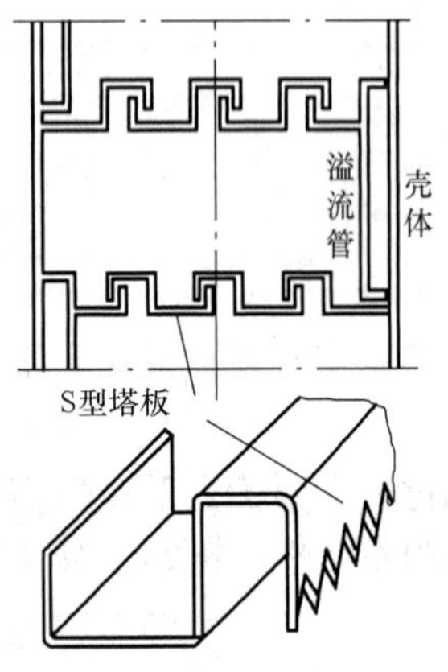

图 14-5 S 型塔板结构

SD 型塔板 1980 年开始在我国酒精工业中使用，并逐渐改进为 S 型塔板。

S 型塔板是由数个 S 型的泡罩互相搭接而成。

如图 14-5 所示，这种塔板结构属于单流向式塔板，即塔板上的气体流动方向与液体流动方向一致。其目的是减少液面落差，使气体分布均匀，减少塔板阻力。该塔板的开孔面积比圆形泡罩塔板大，因此空塔速度增大，比泡罩塔板的生产能力提高 20%左右。

S 型塔板操作的稳定性及塔板效率均不次于圆形泡罩塔板，在 20 世纪 80 年代初已被应用于酒精工厂作粗馏塔。S 型塔板结构简单，制造方便，自身就有加强板面刚性的优点，不需另设支撑梁与架，可以用很薄的钢板制成，节约了材料。若用不锈钢或紫铜板材则塔板厚度 3～4mm 即可，所以重量也较轻。但 S 型塔板类似于泡罩塔，其缺点是板压降大，生产能力仍受一定限制。需要注意的是，当用作粗馏塔时，在生产负荷太小的情况下，固相杂质容易沉积，不能很好排除，为此在停机时应用蒸汽冲洗，排除沉积在塔板上的固相杂质。

3. 浮阀波纹筛板

浮阀波纹筛板如图 14-6 所示。研制单位是江南大学。它是一种新型穿流式塔板。是在普通波纹筛板的基础上，在波峰处增加一定数量的与波峰同弧形的条状阀片。波峰可供蒸气通过，波谷可供液体分布下流。条状浮阀以适应汽液负荷的变化可调整蒸气流量。

此种塔板不设溢流管，上下相邻两层板的安装方位成 90°交错。液体分布均匀，整个板面无死角，板效率高，生产能力大。且具有自净排杂的作用和不易堵塞、操作稳定等特点。

此种塔板除用于粗馏塔外，也可用于精馏塔和排醛塔。

4. 斜孔塔

斜孔塔的板效率较高，生产能力大，弹性系数大。随着糖化酶（或液体曲）的使用，自动化控制和操作人员素质的提高，有的厂家将斜孔塔用于酒精粗馏塔，效果不错。

斜孔塔是在原苏联的鱼鳞板塔的基础上经改造而成的。其结构如图 14-7 所示。塔板上冲有一排排整齐的斜孔，每一排孔口都朝着一个方向，相邻两排孔口方向相反。故相邻两排孔口的气体方向反向喷出。这种可以减少甚至消除液体被不断加速的现象，又可避免因气流对冲而造成往上直冲的现象。因而塔板上液层均匀，气液接触良好，雾沫夹带少，允许的气体负荷高。由于可采用较高的气流速度，板上液层的湍流程度加大，喷射状又增加了气液两相的传质效果。因此斜孔塔板效率较高，生产能力大。如若发酵成熟醪中无纤维状及大颗粒杂质，该塔板用于粗馏塔自净作用较好，且无堵塞现象。

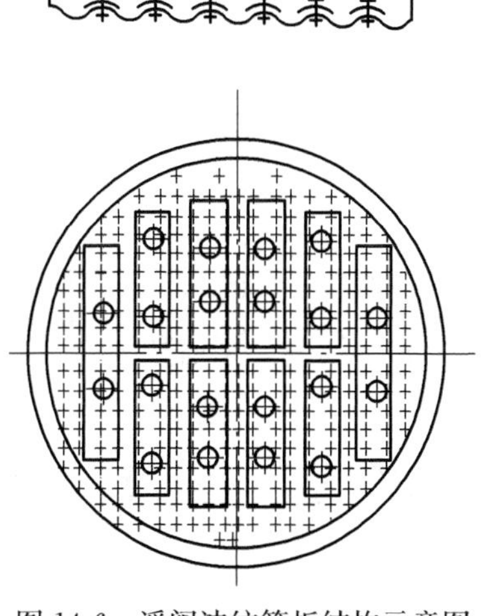
图 14-6　浮阀波纹筛板结构示意图

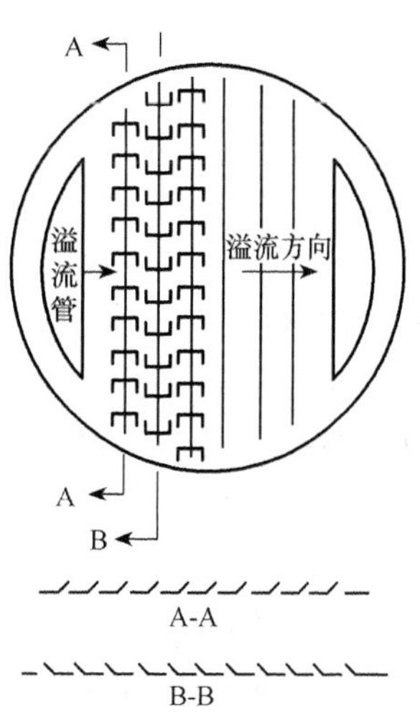

图 14-7　斜孔板结构示意图

二、粗馏塔的计算

1. 确定实际塔板数

$$实际塔板数=\frac{理论塔板数}{塔板效率}$$

不同类型的塔板，其塔板效率也大不相同。我国粗馏塔多采用多泡罩塔板，其塔板效率约为50%。通常粗馏塔的理论板数为8～10层。工厂中实际用的多为20～25层。进料在塔顶。

2. 板间距的选择

板间距即相邻两块塔板之间的距离。板间距随空塔蒸气速度、料液的起泡性和塔板类型而变化。空塔速度大，板间距也要大，才能防止雾沫夹带。成熟醪起泡性强，故粗馏塔的板间距一般不低于330mm。根据经验，多泡罩粗馏塔一般可取400mm左右。

3. 塔径计算

塔径是决定产量的主要因素。当蒸气速度一定时，塔径大，产量也大。塔径的计算是根据上升蒸气量和蒸气速度按下式计算：

$$\phi=\sqrt{\frac{4V}{\pi v}} \tag{14-1}$$

式中 V——粗馏塔内上升蒸气量，m^3/s；

v——塔内上升的蒸气速度，m/s；

ϕ——塔径，m。

塔内蒸气速度与板间距和泡沸深度（酒精蒸气穿过液层的深度）有关。塔板间距小，泡沸深度大，蒸气速度宜小。否则会产生雾沫夹带，影响塔板效率。酒精粗馏塔的蒸气速度可按下列经验公式计算：

$$v=\frac{0.305H_T}{0.06+0.05H_T}-12Z \quad (m/s) \tag{14-2}$$

式中 H_T——板间距，m；

Z——泡沸深度（$Z=\frac{1}{2}h+h_3$），m；

h——泡罩齿缝高度，m；

h_3——缝顶至液面的距离，m。

粗馏塔进料温度低于进料层沸腾温度，故塔内上升蒸气量大于塔顶上升蒸气量。粗馏塔内上升的蒸气量可按下式计算：

$$q_{m,v_2}=q_{m,L}+q_{m,v_1}-q_{m,F}$$

式中 q_{m,v_2}——粗馏塔内上升的蒸气量，kg/h；

$q_{m,L}$——粗馏塔内的溢流量，kg/h；

q_{m,v_1}——粗馏塔顶上升蒸气量，kg/h；

$q_{m,F}$——粗馏塔进醪量，kg/h。

一般酒精粗馏塔进料层在塔顶层，塔顶压力一般控制在0.11MPa（绝对），其蒸气密度为0.934kg/m³。因此，塔内上升蒸气的体积流量为

$$V=\frac{q_{m,L}+q_{m,v_1}-q_{m,F}}{3600\times0.934} \tag{14-3}$$

第三节　精　馏　塔

酒精精馏塔有两个作用，一是把从粗馏塔过来的粗馏酒精气体或液体提浓到产品要求的浓度；二是分离净化其杂质，使产品质量达到所要求的标准。精馏塔由两段组成，上段是精馏段，下段为脱水段，以粗馏酒精蒸气或其液体的进口为界。

对于精馏塔的要求：塔板效率高；生产能力大；压降小；操作范围广；结构简单；操作方便；加工容易等。我国酒精行业多采用小型多泡罩塔、浮阀塔、斜孔塔、筛板塔、导向筛板塔等。

一、浮阀塔的结构

浮阀塔的构造如图14-8所示，塔板效率比泡罩塔高，且结构简单，在一些酒精工厂应用的效果较好。浮阀的结构类型有条状和盘状，其中以盘式应用较广。盘式浮阀塔板的结构，是在蒸馏塔板上开有许多升气孔，每个孔的上方装有可浮动的盘式阀片。在浮阀上装有3条支腿来控制其浮动范围。目前，最常用的是V型浮阀。几种浮阀的结构及特点如表14-3所示。

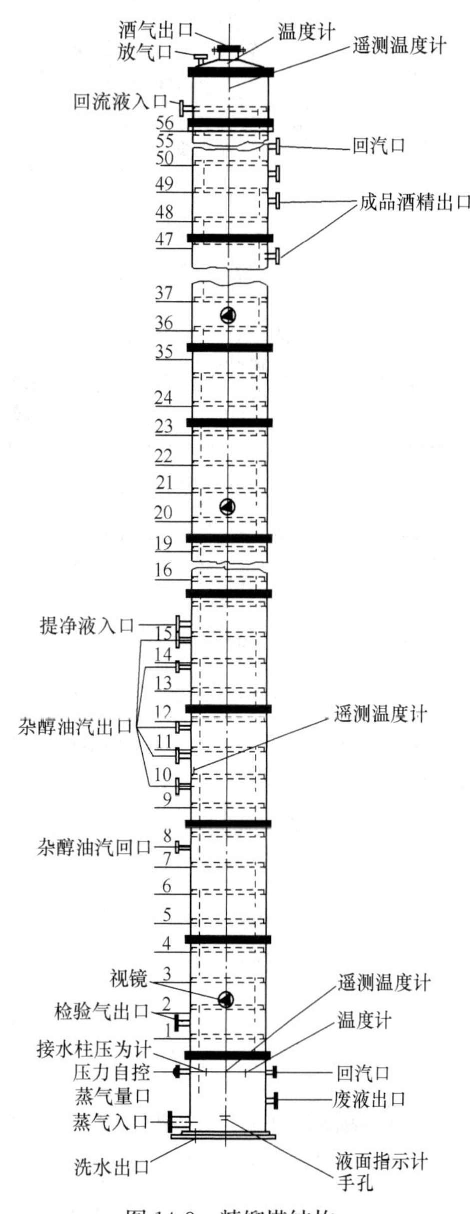

图14-8　精馏塔结构

由于阀孔直径比浮阀直径稍大，故浮阀能在阀孔中上下活动。当没有酒精蒸气上升时，浮阀落在塔板上，这时开度很小，例如V-1型最小开度为2.5mn，当上升酒精蒸气穿过阀孔时，浮阀被顶起，气流从水平方向喷射，使气、液两相进行接触。浮阀在较低的气速下，塔板出现鼓泡层和清液层，此时塔板的泄漏及鼓泡同时产生。随着气速的增加清液区域相应缩小，当达到某一临界速度时，塔板全部处于

鼓泡或泡沫状态，如再提高气速，则塔板的压力降将随气速的增加而增加，因此浮阀塔正常操作气速应在临界速度以下。

表 14-3　我国常见的浮阀类型

类型	F1 型（V-1 型）	V-4 型	V-6 型
简图			
特点	①结构简单，制作方便，省料；②有轻阀（25g）、重阀（33g）、两种，我国已有标准（JB1118—1968）	①阀孔为文丘里型，阻力小，适用于负压操作；②只有一种轻阀（25g）	①操作弹性范围很大，适用于中型试验装置和多种作业塔；②结构复杂，阀质量 52g
类型	十字架型	A 型	V-O 型
简图			
特点	①性能与 V-1 型无显著区别；②对于处理污垢后或易聚合物料，性能较好；③制造与安装复杂	①性能及用途同 V-1 型，但结构稍复杂；②国外有做成多层的	塔板本身冲制而成，节省材料

浮阀 V-1 型在我国已经标准化。按 JB1118-68S 标准，浮阀直径为 38mm，阀片直径 48mm，支腿长 19.5～21.5mm，阀孔直径 39mm，塔板厚度 3～6mm。浮阀塔效率高是因为其气体上升速度快，所以在设计与操作时必须注意这一点，才能充分发挥浮阀塔的优点。

1. 浮阀塔板间距及塔板数

浮阀塔的气流速度大，因此板间距也相应要大。如果板间距小，雾沫夹带量大；板间距大，雾沫夹带量少。但板间距过大又会增加设备造价。当蒸馏泡沫多的醪液时，板间距应大些。我国一些酒精厂采用浮阀塔的板间距为 300～330mm。板间距的大小与塔径有一定的关系，通常板间距大，允许气速高，塔的效率也随之升高，这时塔径可以小些；反之塔径就要大些。生产中采用板间距较大，而塔径较小的塔是合适的。对于塔板数较多的塔才采用较小的板间距，适当增大塔径，以降低全塔的高度。

浮阀塔的塔板数可比泡罩塔少些。泡罩塔一般在 62 块塔板以上。但为了更好地分离杂质和保证成品质量，浮阀塔的塔板数不应低于 48 块。

2. 塔板开孔率及塔径

浮阀塔塔板的开孔率取决于阀孔气速，其气速一般为 7.5～9m/s。当塔的负荷一定时，开孔率大，阀孔气速就小。当阀孔气速＜4m/s 时，会出现严重泄漏。为了保证阀孔气速，通常应降低开孔率。如果开孔率过大，会使阀孔之间的距离变小，由阀孔吹出的气体互相干扰而产生对冲现象，使水平方向喷出的气流对冲成垂直方向而重叠上升，这样易产生雾沫夹带，并影响液体流速，使塔板上流体流动不均匀，降低塔板效率。若开孔率过小，气速过大也易引起雾沫夹带。开孔率可分两部分考虑，精馏段开孔率取12％～4％，提馏段取8％～9％。

浮阀塔的塔径主要由空塔气速和生产量来决定。浮阀塔采用的空塔气速较大，一般取0.9m/s。所以，在同等产量下其塔径比泡罩塔小20％左右。

3. 溢流装置

常用的溢流管有两种形式，即圆形和弓形降液管。其作用都是引导液体从上层塔板流到下层塔板，并维持塔板上一定的液位高度。当液体负荷小、塔径小时，可采用圆形降液管。但它的溢流截面积极小，溢流效果易受泡沫等因素的影响。现在大多数工厂采用弓形降液管，它的浸润周边长，降液能力大，气液分离效果较好，不易发生淹塔现象。

在设计时，溢流管面积占塔板面积的8％～9％，溢流堰长度不小于塔径的60％，一般应维持塔板上液层高度在50mm左右，所以溢流堰的高度约为42mm，溢流堰上的液层高度约为8～10mm。溢流液的高度不宜过高，否则会增加塔板上液层阻力。当塔板取较高气速时，降液管的截面积也要相应增大，否则会出现不平衡的现象。

4. 浮阀塔的主要特点

浮阀塔的主要优点是浮阀能上下自由浮动，自动调节气体流通的面积，因此操作范围广，其弹性负荷（最大负荷与最小负荷之比）为8～9。同时浮阀塔塔板的气液接触面积较泡罩塔大，而且相应雾沫夹带量小，故其处理能力比泡罩塔大20％～30％。而塔径要小10％～20％。因此，其处理能力和操作弹性较大。

由于气体在塔板上以水平方向喷出，雾沫夹带量小，而且通过阀片边缘时气体流速最大，使气体高度分散，气泡小，因此气、液触面积大，气体在液层中流经的路程较长，强化了传热过程，所以浮阀塔塔板效率比泡罩塔高10％～20％，是高效塔之一。

浮阀塔塔板上没有复杂结构。虽然浮阀有一定重量但其重量较轻，且液面梯度比泡罩塔要小，蒸气分配均匀，因此其动压头损失较小。由此可见其压力降较小。

浮阀塔由于气-液接触良好，液面落差很小，故其稳定性高，分离杂质的效果较好。

浮阀塔的主要缺点是，气-液沿阀孔周边喷出，仍然存在液混现象，阀间气流对冲，使局部气流加速而引起液沫夹带。同时当气缝很小时，不仅部分阀不能启动，而且阀孔仍有漏液现象，影响塔板效率和生产能力的进一步提高。尤其在大直径设备中，液面梯度加大后，液体入口堰处由于液层加厚而阀片不再开启或开启很小，以致有漏液现象，影响板面的利用率。由于浮阀容易卡住与磨损后而脱落，故必须采用不锈钢材质的阀及塔板，从而提高了设备费用。

二、筛板塔板

筛板塔是所有塔板中结构最简单的蒸馏塔板。其塔板是由开有大量均匀小孔（称为筛孔，孔径一般为2～6mm）的塔板和溢流管组成。如图14-9操作时，从下层塔板上升的气流通过筛孔分散成细小的流股，与板上液体相接触，并进行传热与传质。筛板塔正常操作的必要条件是通过筛孔的蒸气的速度和压强必须足以大过筛板上液层和压强，才能保证液体不会从筛孔流下而按规定从溢流管下流。否则会导致塔板效率降低。

当筛孔孔径过大，特别是在15mm以上时，气速低，漏液则多；气速高，液层会出现晃动、翻腾、激烈的上抛现象。所以筛孔塔板漏液与否，一定的筛孔取决于气流通过筛孔的速度。理论上讲，不论孔径大小，只要选取合适的气速，都能避免漏液。不过孔径大，且漏液及雾沫夹带较多。所以大孔筛板的操作范围比较窄。空塔速度一般在0.8m/s以上，孔速一般为13m/s左右。

开孔率的影响远较孔径的影响要大，对于口径为10mm的筛板，开孔率越大，气-液接触情况越差，漏液量大，板效率低。故开孔率以5%～6%为宜。对于小孔径（2～6mm）的筛板，开孔率以不超过10%为好。

筛板塔的优点是：

（1）结构简单，易于加工，造价低，约为泡罩塔板的40%。

（2）处理能力大，比相同塔径的泡罩塔可增加10%～20%。

（3）塔板效率高，比泡罩塔高15%～20%。

（4）塔板压降小，液面落差小。

缺点是：

（1）操作弹性小，小筛孔易堵塞。

（2）塔板安装要求高。塔板的安装要求非常水平，否则气液接触不匀。

（3）操作水平要求高。操作压力要求非常稳定，因此操作不易控制。

（4）开停机不易操作，特别是停机时，层板上的液体会全部从筛孔下流。

人们通过科学研究和生产实践，对筛板塔的设计进行了改进。研究成功一种导向筛板塔。由美国林德公司首创，又称林德筛板。参阅图14-10。

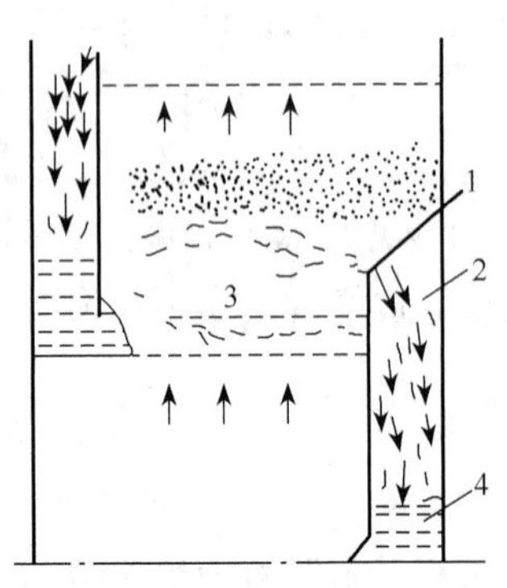

图14-9　筛板塔

1. 溢流堰；2. 降液管；3. 泡沫层；4. 清液层

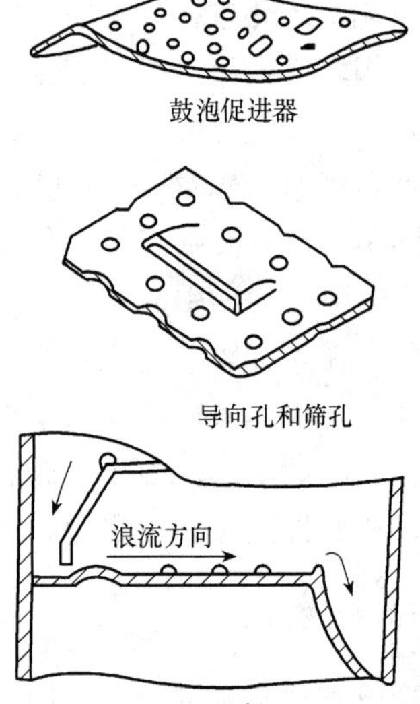

图14-10　导向筛板的结构示意图

普通筛板和其他塔板一样，在液体进口区都有一个非活化区，在此没有气体鼓泡，泄漏量也大。造成非活化区的原因是液面落差的存在和由于液体经过溢流管时已将气体分离出去，使进口区的液层厚而密实，气体难于穿过。据研究，非活化区通常占塔板有效截面积的 20%～30%。是影响塔板效率的重要因素。

针对以上缺点，导向筛板塔板做了两点改进。在原普通筛板的基础上，首先是在液体的进口区，将塔板向上凸起，成为斜的增泡台（称为鼓泡促进器）。其次是在直径较小的塔板上增加了百叶窗式的导流孔。在直径较大的塔板上采用变向的导流孔。如图 14-6 所示。经改进后的导向筛板塔板，增加了有效的鼓泡面积，减少了液面落差，有利于气体的均匀分布；消除了塔板边缘区的液体滞留，改进了塔板的流动状态。因此一般将导向筛板塔作为精馏塔或排醛塔。

我国某厂日产酒精 100t，精馏塔采用了导向筛板塔。精馏段塔径 1.9m，38 层塔板。提馏段塔径 1.2m，16 层塔板（共 54 层塔板）。塔板间距均为 350mm。塔板材质为紫铜板，塔身用碳钢。经多年使用，该塔运行良好，产量比原泡罩塔提高 40%以上，比泡罩塔节省投资 50%。

三、酒精蒸馏生产过程中的节能措施

酒精粗蒸馏耗用热能占酒精生产总热能耗的 60%左右，投入的大量热能都为馏出的酒精气或排出的废糟废水所带出，热效率很低，采用多效蒸馏，使热能多次利用。理论上二效蒸馏节能 50%，三效为 66.7%，四效为 75%，效数再增加，节能效果提高小，投资增加过大，因此选用多效蒸馏，要因厂制宜，讲究经济实效。酒精蒸馏过程可采用的节能措施如下。

1. 降低回流比（回流酒精量和产酒精量之比）

为了节能实际回流比多用 1.2，甚至 1.1。

（1）增加精馏塔塔板数，提高精馏效率，降低实际回流比。

（2）采用新型高效塔板或填料。我国酒精工业醪塔多数采用 S 型塔板，精馏塔多数用浮阀，其次为导向筛板、斜孔等。

2. 提高预热醪温

工厂常用酒精气预热醪温到 60℃左右，再利用酒精糟预热醪温到 70℃，最高可以到 82℃。

3. 汽相过塔

汽相过塔比液相过塔节省蒸气，使蒸气消耗降到 1300kg/(t 酒精）以下。

4. 优化蒸馏工艺操作，使蒸馏稳定运行

（1）进料出料均选择适当的板级，采用适当稍多的提馏段塔板，进行微机调控。

（2）正常分油，使精馏段中部塔板中杂醇油和酯的含量稳定在一个较低的范围。

思考与练习

1. 分析蒸馏分离提纯的基本原理。
2. 简述粗馏塔板类型及结构。
3. 精馏塔有什么作用？
4. 精馏塔有哪些？指出其结构和特点。

第十五章　设备与管道的清洗与灭菌

☞ **知识目标**

1. 了解生物工业常用的清洗剂、消毒灭菌剂。
2. 了解清洗剂的分类及作用原理。
3. 了解设备、管路、阀门的清洗过程。
4. 掌握CIP清洗系统的清洗过程。
5. 了解设备及管路的灭菌过程。

☞ **能力目标**

1. 能根据生产工艺要求正确选择清洗剂、消毒灭菌剂。
2. 具备一定CIP清洗系统的操作及管理能力。
3. 具备一定清洁程度、灭菌程度的检验能力。
4. 具备一定设备及管路灭菌的操作及管理能力。
5. 具有对设备及管道的清洗与灭菌的过程进行技术改造的基本能力。

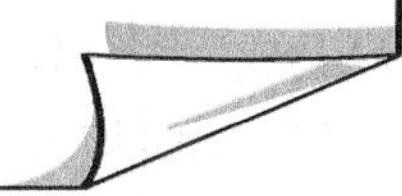

在生物工业生产过程中，设备、管道的卫生要求十分严格，清洗与灭菌也十分必要。这是因为：一是生物工业加工设备和管道的清洁无菌可使潜在的污染危险降到最低限度。例如，培养基贮罐、发酵罐中的残留组分会成为细菌、杂菌良好的营养源，它们可利用此营养源迅速繁殖。在下一次使用时，就会大大增加发酵染菌的危险，使产品的品质、质量难以保证。二是保证一定的卫生要求。在许多行业，特别是与人的生命息息相关的一些产品（食品、药品、饮料等），几乎每个国家都有相应的法规、标准。

第一节　常用清洗剂、清洗方式及设备

一、生物工业常用清洗剂

清洗剂的种类繁多，如表面活性剂、吸附剂、酶制剂、酸-碱清洗剂等，但大多为水溶性，主要目的是降低成本，但对于生物工业、食品、制药、饮料等行业所用之水应是饮用水质，甚至更高，如蒸馏水、重蒸馏水等。考虑到去离子水可提供较好的清洁效果，故设备管道的最后清洗多使用去离子水。

（一）清洗剂

清洗方法从原理上可分为物理方法和化学方法两大类。物理法是指在清洗过程中没有新物质生成的方法。物理法主要包括借助机械力、声波、热力、光等以及单纯物理溶解的清洗方法。而化学清洗法是指在清洗中有新物质生成的方法。化学法包括酸-碱反应、还原反应、配位反应、电化学、酶及微生物等清洗方法。清洗剂应具有能溶解或分解有机物，并能分散固形物，具漂洗和多价螯合作用，清洗速度快，对生物与环境无毒或低毒，而且还具有一定的杀菌作用。生物工业常用的清洁剂多采用化学清洁剂。

在工业清洗实践中，人们习惯于把一切主要借助化学制剂的溶解、反应、分散、乳化、吸附而清洗除污垢的方法统称为化学清洗法。把污垢清洗中所用到的化学制剂统称为化学清洗剂。把用以提高清洗效率，调节清洗液的 pH 和泡沫，改变或清除气味和颜色，抑制腐蚀产生与酸雾的生成，螯合金属离子等添加剂称为化学清洗的助剂。把机械力、热力、光、电能和声波等作为化学清洗剂作用的强化手段，也可单独作为物理清洗手段加以应用。

生物工程设备需溶解蛋白质和脂肪时，烧碱是其中较好的一种，而硅酸钠是一种良好的水溶液分散剂，它对于稠厚的积垢如细胞的残渣的分散十分有效；表面活性剂同时因具备亲水、亲油两个基团，故具有润滑、增溶、乳化、分散和洗涤等用途。另外，磷酸钠因具有良好的分散性和乳化性，故具有良好的漂洗性能。

在生物工程设备的清洗中，酸的使用较少，只用于溶解碳酸盐积垢和某些金属盐积垢。硝酸能使金属表面钝化，可用于焊接表面的防腐蚀。

螯合剂借助与污垢中的金属离子发生配位反应，使污垢转变成为易溶于清洗剂的螯合物（如 EDTA），它常用在锈垢及无机盐垢的清洗中。

用于清洗罐或管道的典型清洗剂，如表 15-1 所示。

表 15-1 典型洗涤剂溶液配方 单位：g/L

应用场合	罐 CIP 清洗系统	管道清洗
0.1mol/L NaOH	4.0	—
Na_3PO_4	0.2	—
表面活性剂	—	0.1
三聚磷酸钠	—	1.0
Na_2SiO_3	—	0.4
Na_2CO_3	—	1.2
Na_2SO_4	—	1.2

此外，对于一些有机污垢，可选择酶制剂（蛋白酶、脂肪酶等）加入清洗液中，加快相应污垢的清除。

生物工程清洗中应根据清洗体系及清洗环境的要求，可适当添加各种功能的助剂，如消泡剂、助洗剂、缓蚀剂等，使设备在有限的工期内，较彻底地除去污垢。

各种常用工业污垢清洗方法的应用和特点如表 15-2 所示。

表 15-2　各种常用工业污垢清洗方法

清洗方法		应用场合	主要特点
机械法	手工工具法	局部、小面积污垢	简便、劳动强度大、效率低、质量较差
	风动电动工具法	可用于较大面积污垢的清除	效率高于手工工具法
	胶球清洗法	清除管内污垢	—
	高压水喷射法	各种污垢的清洗	不使用化学品，不造成环境污染，应考虑水的循环使用
	干冰喷射法	各种污垢清洗	不使用化学品和水，不造成环境污染，金属表面不易返锈
	吸引法	在设备表面的附着力较小的污垢	简便，但是需要其他使污垢松动的方法配合
热力法		主要清除蜡、旧有机物、无机盐等可燃烧或易变形的污垢	简便、成本低、不适用于易燃烧、易变形的材料清洗
溶剂法		油污及其他有机污垢，被清洗的设备材料应不溶解于溶剂	清洗效率高，但是大多数溶剂易燃、易爆，对环境有污染
表面活性剂法		主要清洗油溶性污垢	用量少，效率高，成本低可清洗设备的死角
酸洗法		清洗能与酸作用的污垢，主要是锈垢、无机盐垢	效率高、成本低、除垢彻底，可清洗设备的死角，有操作人员和设备的安全与环境污染问题
熔融法	酸熔融剂	难溶于水的碱性或两性氧化物和氢氧化物垢	操作温度较高
	碱熔融剂	难溶于水或酸中的酸性污垢	操作温度较高
其他	包括酶制剂、吸附剂、螯合剂、杀菌灭藻剂、污泥剥离剂等，应用于特定的污垢清除		

（二）消毒杀菌剂

通常，生物工程设备、管道多采用加热蒸汽杀菌。只有当设备、管道不能耐高温时，才使用化学消毒法。最常用的化学消毒剂是 NaClO 或 5%～15%的 NaClO 水溶液。因为它分解能放出氯气，而氯气是强力杀菌剂，也可作为油脂垢和蛋白质垢的清除剂、细菌和藻类的杀菌剂（杀生剂）。近年来，一种高效、安全、氧化性更强的二氧化氯（ClO_2），因其优越的性能逐渐取代 NaClO。通常将 ClO_2 配成浓度为 2%（质量/体积）的稳定性溶液。其杀菌能力是氯的 2.5～2.6 倍，杀病毒和孢子时更为有效，杀灭细菌的效果也很显著，不与氨或大多数胺反应，用量小（2.0mg/L），pH 适用范围 6～10，现已用于循环冷却水系统的杀菌清洗以及发酵罐的清洗。除此之外，季铵盐杀生剂中最常见的两种药剂是洁尔灭和新洁尔灭。其杀生作用不是最强，但由于其毒性小，且具有杀菌灭藻的性能，故在循环冷却水系统中应用广泛，使用浓度通常为 50～100mg/L，适宜 pH 是 7～9。

（三）特殊清洁试剂

在某些场合，需要把与有机物表面紧密结合的蛋白质分离洗脱出来。例如色谱分离柱树脂的处理。这类树脂较易被强碱等强力洗涤剂破坏。在此场合下可使用高浓度（约6mol/L）尿素和氯化胍等化合物洗脱蛋白质，而不损坏分离介质。

二、设备、管路、阀门等清洗

清洗设备传统的方法是将设备拆卸下来用人工或半机械法清洗，这样的结果是劳动强度大，费工耗时，对操作人员的安全性不易保障，清洗与拆装非生产辅助的时间长，且对产品的质量也容易造成影响，效率低下。现在大规模的生产已普遍采用CIP清洗系统（clean in place），即在位清洗、就地清洗，是在不拆卸、不挪动设备的情况下，用机械使高浓度清洗剂在封闭的清洗管线中循环，使整个清洗过程实现半自动化或自动化，但对于一些特殊设备还需人工清洗。

（一）管件和阀门的清洗

典型的管件清洗操作程序如表15-3所示。

表15-3 典型的管件清洗操作程序

操作步骤	清洗时间/min	温度
1. 清水淋洗	5～10	常温
2. 洗涤剂淋洗	15～20	常温～75℃
3. 清水淋洗	5～10	常温
4. 杀菌剂淋洗	15～20	常温
5. 去离子水淋洗	5～10	常温

通常清洗过程中液体流速在1.5m/s时可获满意的清洗效果。实验结果证明，洗涤剂湍动程度越好，其洗涤效果越好。但洗涤剂流速高于1.5m/s，会产生副作用；清洗时间也无须太长，过长（超过20min）也不会明显提高清洗效果。另外，洗涤剂清洗时不可使用太高的温度，因在较高的温度下易导致残留糖分的焦化，蛋白质的变性及酯的聚合反应等。这些产物难以除去。实践证明，75℃左右应是操作的最高温度，在生物反应过程完毕或发酵结束，应马上对设备、管路、管件进行清洗，否则残留物干固后会增加清洗难度。

设备清洗结束后，应及时将洗涤水排干净并使之干燥后备用，这样可避免设备内在某处积水而导致微生物繁殖。

（二）罐的清洗

对于罐的洗涤，小型罐常用的方法是一定浓度的清洗剂充满浸泡，常用于去除金属表面的油污、锈垢或水垢。而大型罐，常用的方法是在罐顶喷洒清洗剂，利用喷洒清洗剂的冲击力使污垢解离分散，达到清洗效果。这不仅可节约大量的清洗剂，而且可使用较低浓度的清洗剂便可达到良好的清洗效果。其形式有两类即球形静止喷洒器和旋转式喷射器。前者结构较简单，设备费用也较低，没有传动部件，可提供连续的表面喷射，但因喷射压力不高，故所达到的喷射距离有限，对器壁的清洗主要是冲洗作用而非冲击作用；而旋转式喷射器可在180°的回转中进行喷射清洗，故在较低的喷洗流速下获得较大的有效喷射半径，且冲击洗涤速度也比球形静止喷洒器大得多，但喷嘴易堵塞，因有传动部件故设备投资大，制造、维修技术要求高。

典型的罐清洗流程与管件的清洗类似。当罐内设有 pH 和溶氧电极等传感器对清洗剂敏感时，应先将这些传感器拆卸下来另外进行单独清洗，然后待罐清洗好后重新装上。

近年来，随着高压水射流清洗技术的日益成熟，其清洗范围、被清洗的设备和所清洗的垢层等方面也日益广泛。在生物工程领域，高压水射流已应用于各类换热器、蒸发器、反应塔、反应釜、管道等的清洗。根据附着物形态选用不同的压力，对黏着性污垢一般选用 20～30MPa 压力，对硬质垢选用 30～70MPa 的压力，对于特殊硬垢或近乎堵塞管道的可采用 150MPa 或者更高压力。对于某些较硬附着物也可先用化学试剂溶解或者软化，再用高压水射洗清洗去除。

在罐或管路洗涤过程中，必须按规程小心操作，避免把有腐蚀性的洗涤剂淋洒到头或者手等身体部位上，更应注意的是必须考虑设备的热胀冷缩是否会产生真空（当加热洗涤后转为冷洗涤时会产生真空作用），为避免损坏设备，应在罐内装设真空泄压装置，为安全起见，所有水泵都应设有紧急停止按钮。

（三）生物加工下游过程设备的清洗

在回收细胞或用于液体除渣、澄清常采用的碟片式离心机，若细胞浆不太黏稠时，设备的清洗较为简便，否则往往采用人工清洗的方法，才能获得较好的清洗效果。

对错流的微滤或超滤系统，需常常采用 CIP 清洗系统。但长时间使用之后，一层硬实的胶体层将在膜表面形成，且有些胶体分子能进入膜孔中，影响过滤效率。此时应用清水和清洗剂轮换清洗。必要时，最好能对膜分离系统进行反向流动洗涤（视膜能否承受反洗压力而定），以便在泵输送的作用下用清洗剂将残留在膜孔中的胶体分子洗脱出来。

色谱柱的清洗有其特殊性。一般情况下，柱内填充的 HPLC 介质对高 pH 比较敏感，所以不能用 NaOH 等强碱性清洗剂洗涤，而用弱碱性 Na_2SiO_3 代替。若色谱系统使用的是软性介质时，只能在较低的压力和流速下进行清洗，且可适当地延长清洗时间。

（四）辅助设备的清洗

辅助设备，如泵、换热器、过滤器的清洗比较简单。但必须注意下面的两个问题：

（1）换热器的清洗：无论何种类型的热交换器设备，若是用于培养基的加热或者冷却，不可避免的在热交换器的器壁上产生结垢或者焦化，不易清洗。为了尽量避免此现象，可选择培养基走管内，适当提高培养基的流速，强化传热。需清洗时，可根据设备的材质分别选用盐酸、硝酸、氨基磺酸或者有机酸进行清洗；同时配合相应的缓蚀剂。

（2）空气过滤器：常被发酵罐冒出的泡沫污染，不易清洗干净，必要时需用人工拆修。

（五）去致热物质、微生物污泥的清洗

在生物工程药物生产中，从产物中去除致热物质和内毒素十分重要。实践表明，确保设备的清洗和不被杂菌污染是除去致热物质和内毒素的有效方法。通常清洗过程用 0.1mol/LNaOH 浸洗比较有效。

生产设备器壁上有时会附着一些微生物污泥，通常用氯气的方法去除，但有时效果不好，此时可采用酸洗或者加剥离剂结合的方法去除。

三、CIP清洗系统及设备

生物工厂的生产线必须时刻保持无菌状态，往往采用CIP灭菌生产方式。CIP清洗技术具减轻工人劳动强度，防止操作失误，提高清洗效率，安全可靠等优点，大大提高生产管理水平。

CIP清洗系统有多种形式，传统上是一种一次性洗涤系统。通常分为预洗、碱洗、水洗、灭菌四个阶段。对于高温下运转的设备有时还要加酸洗和中和水洗阶段。随着科学技术的发展进步，一次性洗涤已被重复利用所代替（保证不发生交叉感染为前提）。且广泛应用于各个行业。一次性使用系统适用于那些储存寿命短、易变质的消毒剂，或者是设备中有较高水平的残留固型物致使消毒剂不宜重复使用。一次性使用系统是较小型的固定的单元装置。若某生产设备只用于生产单一产品，可采用重复利用，不仅可节省清洗剂用量，而且可减少排污对环境的污染。

如图15-1所示是一典型重复利用的CIP系统。它具有的特点：

（1）在同一装置中同时进行清洗-杀菌，适合对生产罐体和配管同时进行清洗、消毒杀菌。在罐体中采用洗液喷射方式清洗，而在配管中洗液形成紊流效果的清洗。

（2）操作程序控制完全自动化，只需把必要的控制程序输入控制器便可随时开启，是一种需时短、省力、可靠性高的清洗-杀菌装置。

（3）经济效率高。这套装置在设计时均考虑将清洗用水、洗涤剂、杀菌剂以及蒸汽的消耗都保持最小。尽量减少清洗操作费用。

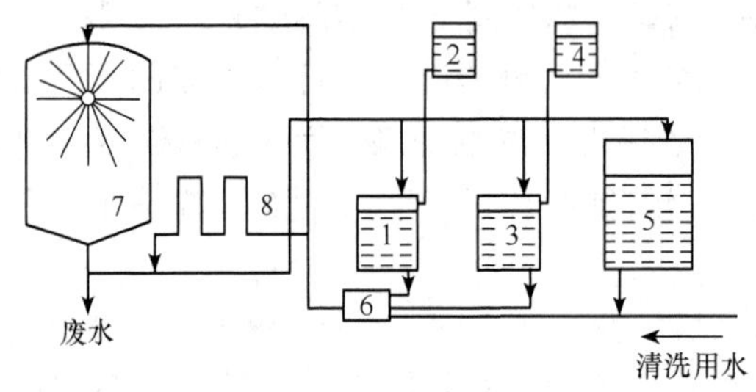

图15-1　CIP清洗系统

1. 稀释洗涤剂罐；2. 浓缩洗涤剂罐；3. 稀释杀菌剂罐；4. 浓缩杀菌剂罐；
5. 清洗用水罐；6. 程序控制装置；7. 生产部分缸体；8. 生产部分传输管线

整个程序包括以下几步：

（1）预洗工序。将冷水或温水送入生产罐中，经过10～15min清洗，污垢被分散解离，所形成的废水被排出罐外。

（2）洗涤工序。通常以NaOH为主要成分，浓度为0.2%～1%的强碱性水溶液清洗20min。由于在预洗工序中大部分污垢已被清除，因此在此工艺中碱性洗液的消耗较少，且可以把用过的碱液回收，适当补充碱液浓度，可循环使用。

（3）中间冲洗工序。把生产罐中附着的残留碱液用冷水冲洗干净，大约进行

20min，目的为减少杀菌液的负担。

（4）杀菌工序。用有效氯浓度为150～200mg/L的次氯酸钠水溶液进行大约15min的杀菌。由于杀菌剂消耗较少，可以加以回收并适当补充，调整到原来的浓度，重复使用。

（5）最后冲洗工序。再用无菌水冲洗5min。全部清洗-杀菌工艺大约共需1h。这是一种可靠性很高的清洗系统。

近年来还研究开发了集一次性和循环使用于一体的混合系统。这种单元设备是对罐和管道的CIP系统而设计，由设置的程序实行控制，实现整个系统的自动化控制。不同清洗剂配比混合组成的清洗液对设备的洗涤时间和温度有所不同，如图15-2所示是一简单的混合洗涤系统。

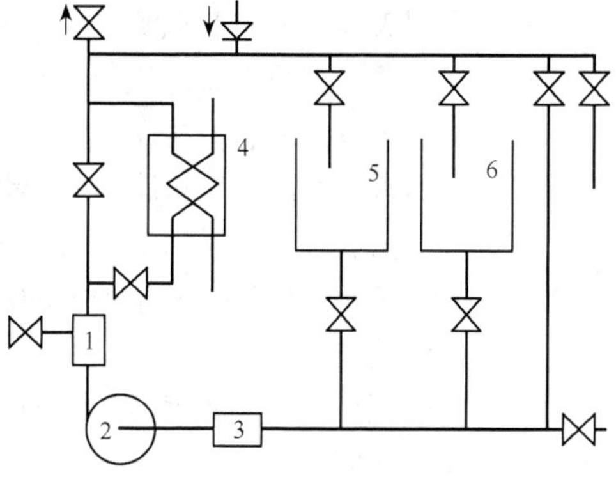

图15-2　多次使用的CIP洗涤系统

1. 过滤器；2. 循环泵；3. 喷射器；4. 混合加热罐；5. 洗涤剂罐；6. 回水回收罐

该系统包含洗涤剂及水的回收罐、循环泵、过滤器等。预洗用水可使用回收水，用完后可直接排放掉或储留一段时间以进行中间洗涤然后再排放。控制一定循环时间，确保洗涤温度在预定的范围内。洗涤剂及漂洗用水循环使用一定次数，当其所含的污脏物达到一定浓度后，就不宜回收而需排放废弃。

四、清洁程度的确认

在清洗作业完成之后，经常需要对被清洁表面的清洁度进行检验、评价。一般利用表面的各种性质作为检验、评价的依据，以确保设备的卫生程度符合要求，防止交叉感染。同时还需检查清洗结果，常用在清洗过的样本表面滴一滴酚酞试剂看其是否变为粉红色确定是否残留碱性清洗剂。检验系统和方法包括设备检验、操作检验、成效检验。

（一）清洁程度的检验

正确地测定清洁对象的清洁程度有一定的难度。由于形状复杂或多种材料构成的清洗对象，其污垢分布常是不均匀的。因此局部表面测定的结果不一定能完全代表整体的污垢及清洁程度。例如测定物体表面附着的微生物数目，多是用清洁的布擦拭一定面积的清洗对象表面，并将此布拿去进行微生物培养，根据它上面的细菌数目确定微生物污染的程度。但如果培养结果，细菌个数为零，并不能绝对保证整个对象物上微生物也是零。

在工业清洗工艺的现场要采用一些能提高测定准确性的方法，以污染最严重的部位为标准进行测定，试验通常进行3次，且每次均要求设备处于正常的操作状态，并符合要求。如果这部位在清洗后达到所要求的洁净度，其他部位肯定已达到更好的洁净度。在清洗工厂大型设备时往往都采用这种方法。

（二）简易定性评价洁净度的方法

在清洗现场除用视觉、触觉进行定性评价之外，还经常使用以下定性方法：

（1）擦拭法。用干燥洁净不起毛的布（如纱布）对物体表面擦拭，根据布脏的程度进行判断，本法简便但不精确。

（2）水滴法。在一定的条件下，滴在表面上的水滴（一定体积）的直径越大，洁净度越高，即把表面上形成的水滴直径大小和形状作为比较洁净度的依据。

（3）水雾法。用喷雾器把均匀的微粒状的水滴喷射到清洗后的干燥表面上，通过形成水滴的情况可以判断它的洁净度。当表面十分洁净时，微粒状水滴会在表面上均匀地润湿铺层，而且干燥后凝聚水膜周边形状呈规则的圆形。

（4）呼气法。对着干燥的清洁对象表面呼气，水蒸气在表面冷凝时，会形成混浊的雾斑。表面洁净时产生的雾斑是均匀的；反之则不均匀。当表面十分平滑洁净时雾斑会在很短时间内消失。

（5）肉眼观察法。用放大镜和检测管等仪器观察表面的油脂、铁锈等污垢，也可用照射在物体表面的反射光的强度了解污染情况，事先应对不同洁净度的样品定出标准，然后把待测样品与已知样品进行比较。这种方法的优点是测定速度快，对于颗粒状的污垢效果较好，但对薄膜状污垢的判断准确性较差。

（三）定量的检验

1. 清洗后蛋白质残留量的检验

将标准浓度的蛋白质溶液润湿某表面后再干燥，置于某管路或容器中作实验表面；按操作流程对上过实验的表面的管路或容器进行洗涤；取出实验表面并把水甩开；用硝化纤维纸压在表面上检查蛋白质残留状况；将此硝化纤维纸浸入考马斯亮蓝（coomassie blue）液后置于 HAc 溶液中过夜，根据蓝色的深浅就显示出蛋白质残留的量。

2. 清洗后残留细胞的检验

取一试验表面，在上涂布已知的微生物细胞再干燥，置于某管路或容器中；按操作流程对上述试验的表面的管路或容器进行洗涤；取出试验表面并把水甩干；将试验表面通过影印法在固体培养基上培养；对平面上的残留活菌计数。除上述的方法外，还可以将已知数量（浓度）的试验微生物细胞与蛋白质污脏物混合涂布在某一试验表面，然后进行清洗，表面上涂培养基，培养后通过计数，比较清洗前后微生物的数量即可得到清洗效果。近年来，ATP 生物荧光法及荧光测定法因其操作快捷简便，已开始应用。

第二节　设备及管路的灭菌

生物工业工厂中，多采用经济、操作控制方便的蒸汽加热灭菌方法，将微生物细胞及孢子全部杀死。由于灭菌设备的种类、规格不同，所采用加热蒸汽的温度和时间不同。

一、发酵罐及容器的灭菌

发酵罐和容器在使用前必须经耐压和气密性试验。通常在设备安装完毕后需进行 24h

的气密试验，维持温度不变，检查压强是否稳定。同样，每次检修后也需如此。实际上，每次灭菌前这样检查太费时，通常可用30min检查罐的压强是否改变来确定气密性。

罐和容器包括空罐、管道的蒸汽加热灭菌过程。先进行气密性试验确认无渗漏，从有关管道通入蒸汽，使管内蒸汽压力达到0.147MPa，维持45min，灭菌过程中打开阀门、边阀排净空气，对于大型或者结构较为复杂的罐和容器，也可采用抽真空法排除空气。并使蒸汽通过，达到死角灭菌。注意在保压过程中，应不断的排除蒸汽管路及罐内的蒸汽冷凝水。灭菌完毕，关闭蒸汽阀，待罐内压力低于空气过滤器压力时，打开无菌空气进口阀，通入无菌空气保持罐压0.098MPa。以确保罐内蒸汽冷凝后不致形成真空而导致二次污染，待用。发酵罐或其他容器上灭菌蒸汽管路的安排比较简单，通常蒸汽进口装在罐顶，冷凝水排出阀在罐底，无菌空气分布器从罐底进入，如图15-3所示。

二、空气过滤器的灭菌

过滤器的灭菌主要是采用饱和蒸汽，为避免过滤介质被冷凝水堵塞而造成蒸汽通过困难，所以进入空气过滤器的蒸汽尽量采用饱和干蒸汽，否则，应注意冷凝水的排除。

较为理想的空气过滤器加热灭菌流程如图15-4所示。在进空气管道上加装蒸汽进口管，可使蒸汽顺利通过管路和过滤介质，彻底加热灭菌，同时蒸汽冷凝水不会积聚于过滤器或管路中保证灭菌彻底的安全性。

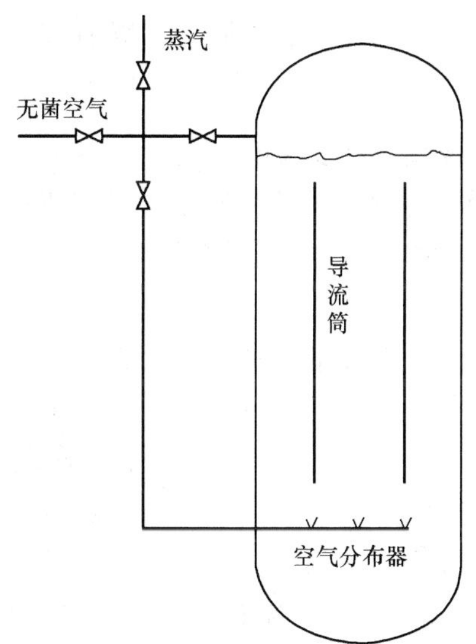

图15-3　发酵罐空气分布器的蒸汽灭菌管路

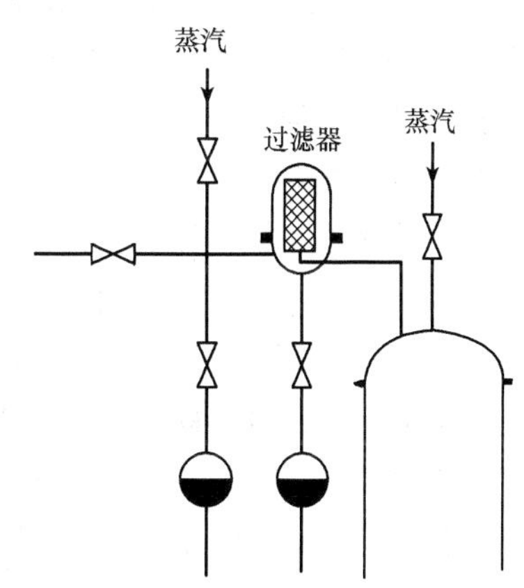

图15-4　空气过滤器加热灭菌配置

空气过滤器和分过滤器灭菌操作：排出过滤器中的空气，从过滤器上部通入蒸汽，并从上、下排气口排气，维持压力约0.174MPa，灭菌2h。灭菌完毕，通入压缩空气将内部水分吹干。

三、管路和阀门的灭菌

管路及阀门本身的彻底灭菌是确保生物工程生产高效率的一环。生物工程工厂所选择的阀门均应利于清洗、维护和灭菌。由于隔膜阀具有严密可靠，阀杆不与物料接触的优点，故工厂多用的是隔膜阀。但阀膜间仍有缝隙是其缺点。如图 15-5 所示。对隔膜阀进行蒸汽加热灭菌有以下三种形式。第一种形式是蒸汽直接通过阀门，故阀门与管路均充满蒸汽，可保证灭菌彻底这是一种最佳的形式。第二种形式是利用隔膜阀上面附加取样用的或排污用的小阀，通过此小阀通入蒸汽或放出蒸汽冷凝水，这样也可使隔膜两边均充分灭菌。而第三种形式则是确保阀门接管的盲端管长与管径之比不大于 6 倍，且需保证管内不积存冷凝水。最后一种方法很容易发生灭菌的不彻底，故生产中采用不多。如图 15-6 所示的就是最后一种情形。隔膜阀需定期检查和更换。

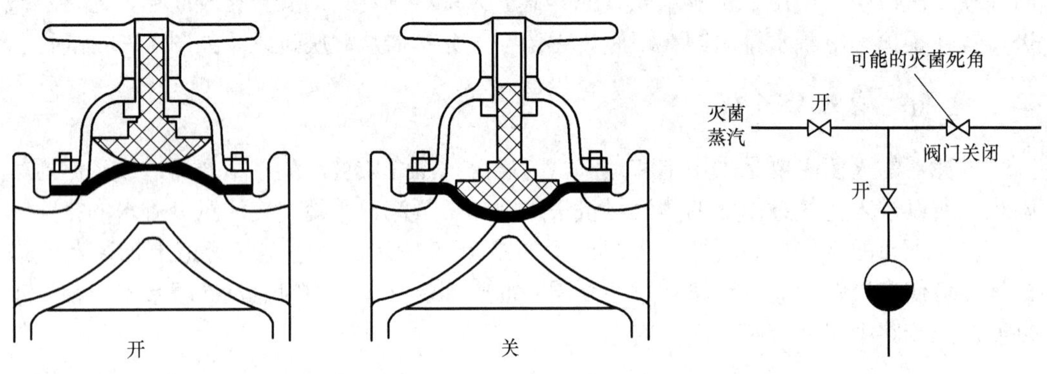

图 15-5　隔膜阀的结构简图

图 15-6　阀门接管的盲端管长与管径关系

为了保证设备与管路的的彻底灭菌，管路系统在设计安装时，应具有一定的斜度，通常取 1∶100 或更大。其主要目的使蒸汽冷凝水排净或不积聚；对于水平安装的管道，一般在最低点安装排污阀，同时，为避免管路较长时中间下垂而形成凹陷点，长管路必须设有足够的支撑点。

对于输送较长的管路，为便于清洗和加热杀菌，应尽量减少管道并使之简化，有些尽可能合并后与罐相连（如有的工厂将空气管、进料管、出料管合为一条管与发酵罐连接，做到一管多用），弯头、阀门等管件尽可能减少，同时尽可能减少其最高点和最低点，且应在每个最低点设排污阀；在最高点设加热蒸汽进管，这样才能保证蒸汽杀菌的彻底性。

当有多个罐时，每个罐及其管路尽可能分开灭菌（共同阀控制），保证蒸汽能够达到所有需要灭菌的地方。可提高系统灭菌操作的灵活性与安全性。如图 15-7 所示。1 是培养基储罐，2 是发酵罐，当罐 1 的已灭菌并冷却至所需温度的培养基要送往灭菌后的空罐 2 中时，先须对管路进行灭菌（阀均关闭）。先依次打开 E、D、C、B，然后开启蒸汽阀，通入蒸汽进行杀菌。杀菌结束，先关闭阀 E，后关闭阀 B，并开启阀 F 以免管路因蒸汽冷凝而产生真空后引入二次污染。最后可打开阀 A，将罐 1 中的培养基送至发酵罐 2。

对于某些蒸汽可能达不到的死角（如阀）要装设与大气相通的旁路（排气口）。在灭菌操作时，将旁路阀门打开，使蒸汽流畅通过。对于接种、取样、补料等操作管路要配置单独的灭菌系统，使能在发酵罐灭菌后或发酵过程中可单独进行灭菌。如图 15-8

所示。为典型的气升环流式发酵罐的清洗与灭菌管路图。

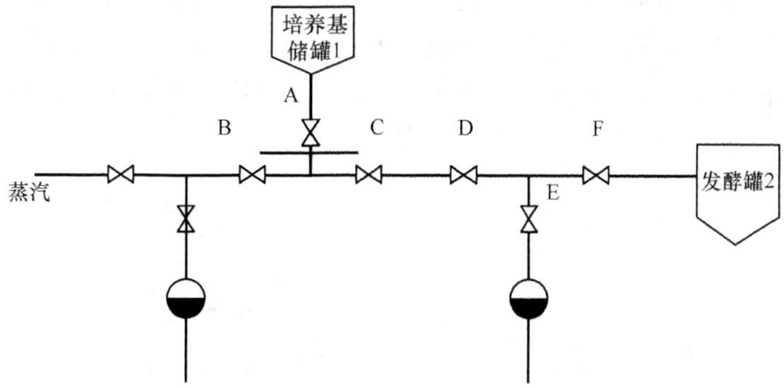

图 15-7　灭菌操作的灵活性与安全性

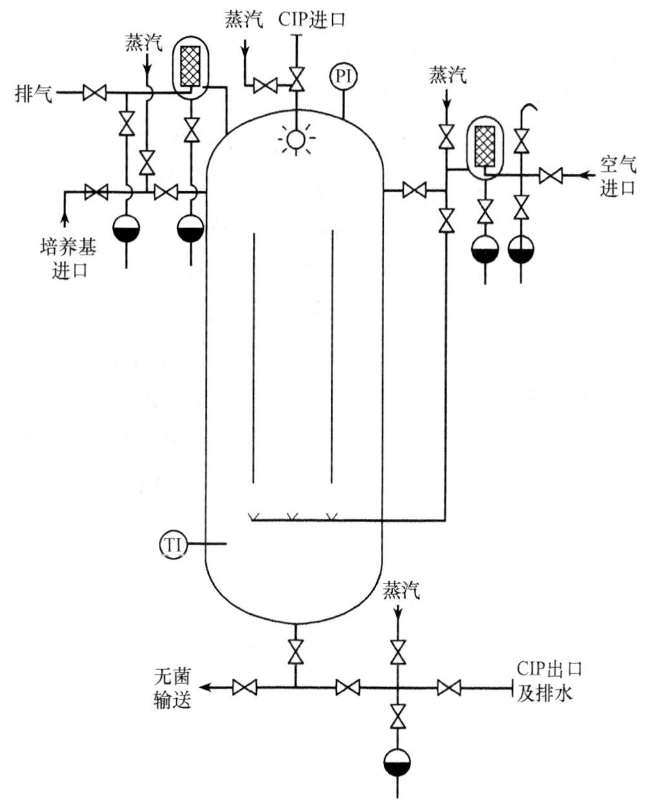

图 15-8　通气发酵罐清洗与灭菌管路图

四、管路死角与消除

管路会因死角内潜伏的杂菌灭菌时没有被杀死而引起连续染菌，影响正常生产，所谓死角是指灭菌时因某些原因灭菌温度达不到或不易达到要求的局部位置。管道中常发现的死角有下列三种：

(1) 种子罐放料管的死角：种子罐放料管的死角及改进如图 15-9 所示。图 15-9（左）表示有一小段管道因灭菌时罐内有料液，阀 3 不能打开，存在蒸汽不流通的一个死角，解决办法是在阀腔的一边或另一边装上一个小阀，灭菌打开小阀使蒸汽通过管道进行灭菌，如图 15-9（右）所示。类似这种管路中的死角还存于接种管、尿素管、消泡管与发酵罐连接处，在生产中要加于注意和解决。

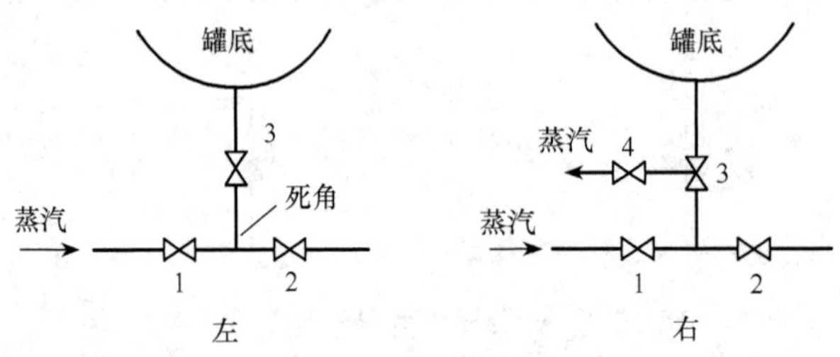

图 15-9　种子罐放料罐的死角及改进

(2) 管道连接的死角：管道连接有螺纹连接、法兰连接和焊接等。生物工程工厂一般不采用螺纹连接，原因是螺纹连接容易产生松动而有缝隙，是微生物隐藏的死角。而多用法兰或焊接连接，加工安装时要保持连接处管道内壁畅通、光滑、密封性好，以避免和减少管道染菌的机会。例如法兰和管子焊接时受热不匀，使法兰翘曲密封面发生凹凸不平现象而造成渗漏与死角；垫片的孔径要和管内径一致，过大或过小均易积存物料，形成死角；法兰安装时没有对准中心，也会造成死角。目前消灭管道死角的较好方法是利用焊缝连接法，但焊缝一定要光滑，焊缝有凹凸现象也会产生死角。

(3) 排气管的死角：发酵罐罐顶排气管弯头处如有堆积物，其中隐藏的杂质不容易彻底消灭。当发酵罐内的发酵液发酵时，受搅拌的震动或排气的冲击就会一点点地剥落下来造成污染。另外排气管的直径太大，灭菌时蒸汽流速过小，也会使管中耐热菌不能全部杀死。故排气管要尽量避免弯管出现并保持管径与罐的尺寸有一定的比例。

五、灭菌程度的检验

设备及管道经蒸汽灭菌后，灭菌效果如何，是否已彻底灭菌，必须进行检验。及时发现问题或针对问题及时查找原因，这些都是生物工程工厂常遇到的问题。灭菌效果的检验通常有两种方法，一是直接利用微生物培养法；另一种是间接法，即灭菌蒸汽的温度和压强监控法。

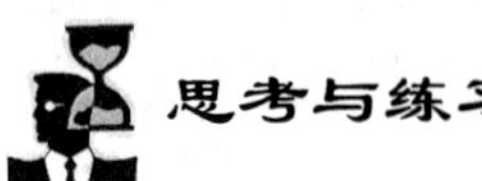

思考与练习

1. 试述生物工业常用清洗剂的分类。
2. 试述 CIP 清洁过程。
3. 简单定性评价洁净度有哪些方法？
4. 生物工业中，设备及管路的灭菌多采用哪种方法？为什么？杀菌过程中应注意什么问题？

第十六章　物料输送设备与产品包装设备简介

☞ 知识目标

1. 了解固体物料输送常用的设备及原理。
2. 了解气流输送的原理及流程。
3. 了解液体物料输送常用的设备及原理。
4. 掌握瓶装啤酒包装工序的生产流程。
5. 了解瓶装啤酒包装所用的设备及原理。

☞ 能力目标

1. 能根据输送物料的性质正确选择配套的输送设备。
2. 能读懂物料输送的设备流程图。
3. 能对液体物料输送所用之泵进行正确地选择。
4. 能读懂瓶装设备的设备流程图。
5. 具有对物料输送设备进行技术改造的基本能力。

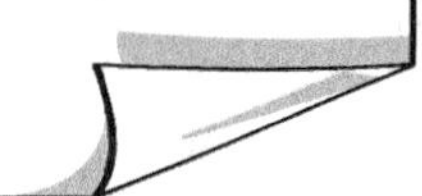

第一节　固体物料的输送设备

生物工程工厂中常用的机械输送设备有：带式运输机、斗式提升机、螺旋提升机和气流输送系统。

一、带式运输机

带式运输机是借助一根移动着的、封闭的环行带来输送物料。在运动着的带的一端，放上被运送的物料，物料借与带子的摩擦力随带子前进，然后在另一端或规定位置借助重力或卸料装置卸料。带式输送机的优点为结构比较简单，操作连续，输送能力大，动力消耗低，输送距离可以调节，适用性广。它不仅可以用来输送细散的块状和粒状物料，如谷物、瓜干，也可以用来输送成件的大体积的物料，如麻袋包、箱瓶等。不足之处是只能做直线输送，若改变输送方向，需多台机联合使用。

1. 带

最常用的是橡胶带，有的也用塑料带、钢带。橡胶带的内层是若干层帆布组成，各层帆布之间用橡胶胶合，带的上下及两侧覆有橡胶保护层。帆布层数越多，带越宽，承受的拉力也越大。但是，层数太多，带柔韧性减少，带不能很好的与鼓轮相贴，易走偏。

国产的橡胶带有2～12层帆布，带宽300～1600mm等多种规格。常用运输宽带为300、400、500、600mm等。

2. 托辊

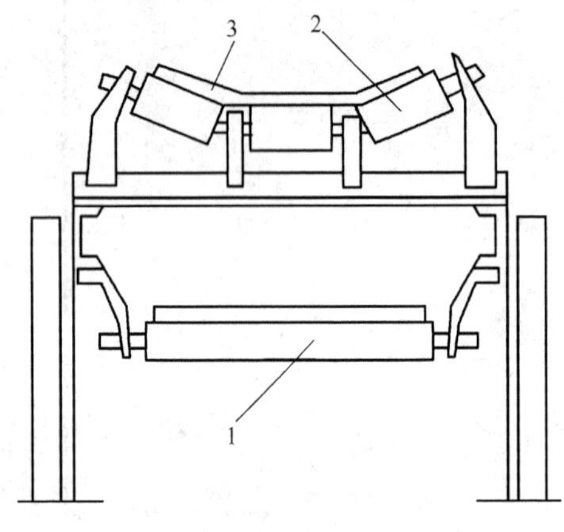

图 16-1　上下托辊

1. 下托辊；2. 上托辊；3. 胶带

由于带很长，所以必须在胶带下面安装托架以限制胶带下垂。托辊分上托辊和下托辊，上托辊分直形与槽形，而用于返回的下托辊只有直形一种，见图16-1。托辊的间距与宽度和所运送的物料有关，对于松散物料，间距可取1～1.5m。

3. 鼓轮

带式运输机两端的轮称为鼓轮。卸料端通常是电机减速器带动，为主动轮，该轮旋转，借摩擦力作用带动胶带运动。另一端的鼓轮作拉紧胶带和转向的作用，又称从动轮。

鼓轮通常是用生铁铸造或用钢板焊接成的空心轮，其宽度应较胶带的宽度大100～120mm。

4. 传动装置和张紧装置

传动装置主要包括电动机和减速器。其形式主要有开式和闭式。由于开式易损坏又不安全，多采用闭式。张紧装置的作用是给胶带一定的张力，防止胶带在鼓轮上打滑而形成主动轮的空转而降低效率。常用的张紧装置有重锤式和螺旋式两种，螺旋式利用手动的螺旋来调节从动轮的前后位置，使胶带具有一定的张紧力。

5. 加料装置和卸料装置

为保证物料均匀地落到运输带上，常用漏斗式加料器，此漏斗上下口均为矩形，漏斗出口应不超过宽带的0.7倍为宜。除此之外还有螺旋式加料器。

物料从胶带上卸下有两种形式，末端卸料和中途卸料。末端卸料不需任何卸料装置；中途卸料方式可用挡板。挡板斜角通常取30°～45°为宜。

几种轻便移动式运输机定型产品规格如表16-1所示。

表 16-1　几种轻便移动式运输机定型产品规格

规格＼型号	移动式 300 型	移动式 400 型			移动式 500 型		
					102-1	102-2	102-3
有效输送长度/m	4	5	7	10	10.25	15.52	20.52
输送速度/(m/s)	1	1.25			1.2		
最大倾斜角/(°)	6.6	18			9～20		
输送量	10t/h	30t/h			$108m^3/h$		
电机功率/kW	1.1	1.1	1.1	1.5	2.8	2.8	4.5
滚筒直径/mm	250	250	250	—	—	—	—

二、斗式提升机

它是用胶带、链条或钢索等绕性物作牵引件，将一个个料斗用螺钉每隔一定间距固定在其上，牵引件由上下鼓轮张紧并带动运行，物料从提升机下部加入斗内，料斗口向上，升至顶部时，料斗的运动方向改变，物料从斗内卸出，达到将低处物料送至高处的目的。顶部的转动轮为主动轮，与减速器、电动机相连，下部的转动轮为从动轮（也称张紧轮），装有螺旋式、重锤式张紧装置，机械的运行部件均装在机壳内，防止灰尘飞出。机壳上开有小窗供观察用，如图 16-2 所示。

目前我国生产的斗式提升机的型号有 D 型、HL 型、PL 型。其中，D 型是采用橡胶带为牵引构件；HL 型是以锻造的环形链条为牵引构件；PL 型是采用板链为牵引构件。

1. 料斗

一般为薄钢板用冲压或焊接成型，分深斗、浅斗和尖角型（槽式斗）三种类型。深斗、浅斗形状如图 16-3 所示。深斗，容量大，装料多；但不易将物料排尽，特别是潮湿和黏性物料。与此相反，浅式排料却很好。而槽式斗卸料时料顺导槽而下，不易侧滚。

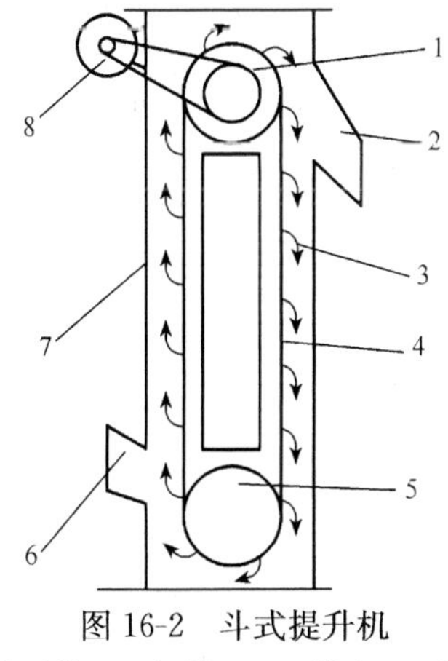

图 16-2　斗式提升机

1. 主动轮；2. 卸料口；3. 料斗；4. 输料带；5. 从动轮；6. 进料口；7. 外壳；8. 电动机

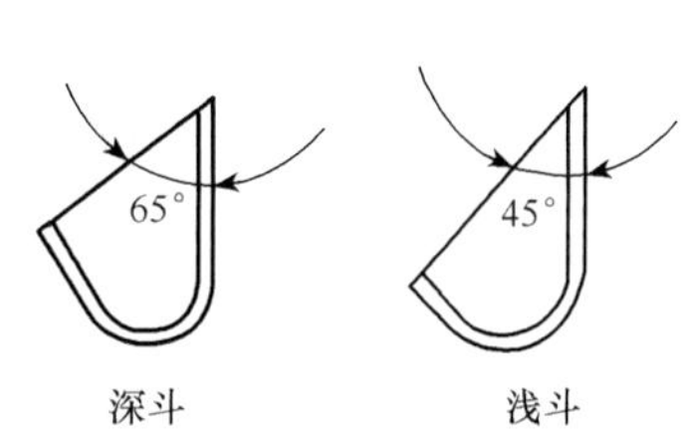

图 16-3　料斗形状

2. 料斗带

最常用的料斗带是胶带，其次为链条。胶带与带式运输机的胶带相同，带宽比料斗的宽度大35～40mm。链条具较强牵引力，但运行平稳性较差。

3. 装料和卸料

斗式提升机的装料方式分为掏取式和喂入式两种。如图16-4所示。斗式提升机的卸料主要为离心式和重力式。如图16-5所示。离心式卸料适用于干燥松散且磨损小的物料。重力式卸料适用于潮湿或较重而不易甩出的物料。

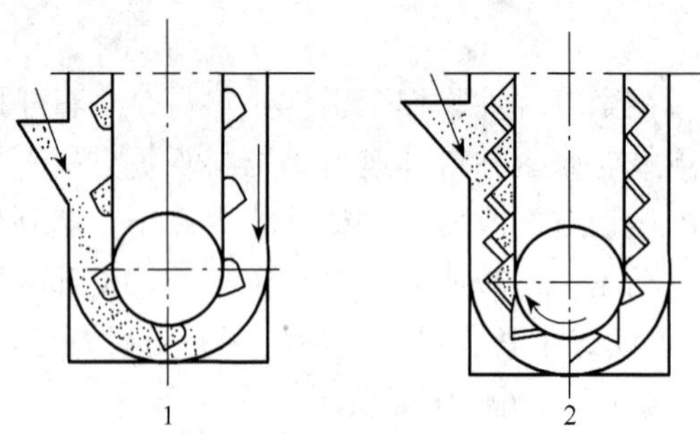

图16-4　斗式提升机的装料方式
1. 掏取式；2. 喂入式

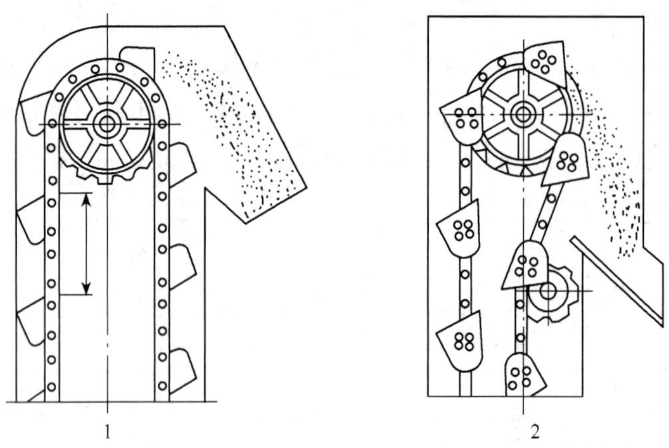

图16-5　斗式提升机的卸料方式
1. 离心式；2. 重力式

4. 转鼓

转鼓主要有两类，皮带轮和链轮，上下两轮直径相同。

常用D型斗式提升机技术性能见表16-2。

表 16-2　常用 D 型斗式提升机技术性能表

提升机型号	D160		D250		D350		D450	
	深斗	浅斗	深斗	浅斗	深斗	浅斗	深斗	浅斗
	S制	Q制	S制	Q制	S制	Q制	S制	Q制
输送量/(m^3/h)	8	3.1	21.6	11.8	42	25	69.5	48
输送物料粒度极限/mm	25		35		45		55	
料斗 料斗宽度/mm	160		250		350		450	
料斗 容量/L	1.1	0.65	3.2	2.6	7.8	7.0	15.0	14.5
料斗 斗距/mm	300		400		500		640	
输送胶带 宽度/mm	200		300		400		500	
输送胶带 层数	4		5		4		5	
输送胶带 外层厚度/mm	1.5/1.5		1.5/1.5		1.5/1.5		1.5/1.5	
每米长度料斗及带重量/kg	4.72	3.8	10.2	9.4	13.9	12.1	21.3	21.3
料斗运行速度/(m/s)	1.0		1.25		1.25		1.25	
转动滚筒转速/(r/min)	47.5		47.5		47.5		37.5	
电机功率/kW	2.2		5.5		7.5		10	

三、螺旋输送机

螺旋输送机又称搅龙，主要由机槽和传动装置构成。如图 16-6 所示。当轴旋转时，螺旋把物料沿着料槽推动，在运动中物料以滑动形式沿槽移动，将物料推送至出料口。

螺旋是由转轴和装在轴上的叶片构成，生物工程工厂常用的有全叶式和带式两种。全叶式结构简单，推动和输送量都大，效率高，适用于松散物料。对黏稠物料可使用带式。螺旋与机槽间保持一定间隙，一般为 5～10mm，间隙太大输送效率降低。

机槽分为圆形和半圆形两种。如图 16-7 所示。机槽多用 3～6mm 钢板制成。

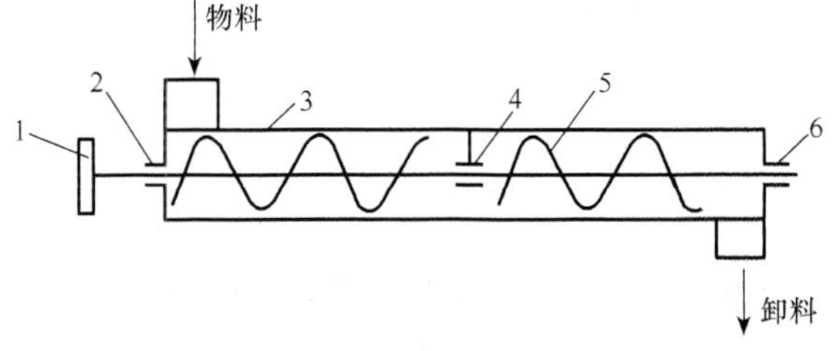

图 16-6　螺旋输送机

1. 皮带轮；2. 轴承；3. 机槽；4. 吊架；5. 螺旋；6. 轴承

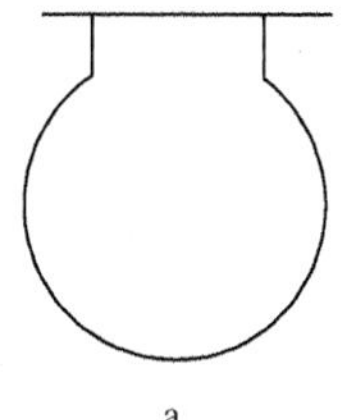

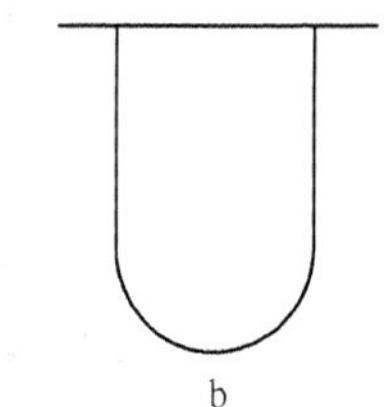

图 16-7　料槽形式

a. 圆形料槽；b. 半圆形料槽

常用的螺旋直径系列（mm）有：150、200、250、300、400、500、600；

常用的螺旋运输机转速系列有（r/min）：20、30、35、45、60、75、90、120、150、190。

四、气流输送系统及设备

气流输送又称风力输送、气力输送。它在各工厂中应用极为广泛。生物工程工厂利用气流输送瓜干、大麦、大米、玉米、高粱、豆类等，都收到良好的效果。

（一）气流输送原理

气流输送，是借助气流在密闭管道中的高速流动，使物料在气流中被悬浮输送到目的地。根据经验分析，要想得到完全悬浮的气流输送，必须有足够的气流速度，以保证气流输送的正常进行。但是，过大的气速也是没有必要的，因为这将造成很大的输送阻力和较大的磨损。

（二）气流输送流程

气流输送流程主要有：真空式、压送式和混合式三种。

1. 真空式输送流程（吸引式）

如图 16-8 所示，真空输送方式是将真空泵安装在系统尾部，通过其抽气作用，使整个管路处于负压状态，将气流和物料从吸嘴吸入输料管，然后经分离器将物料从气流中分离出来，再经卸料器卸出。而从分离器分离出来的空气，再经净化、除尘之后，排入大气。

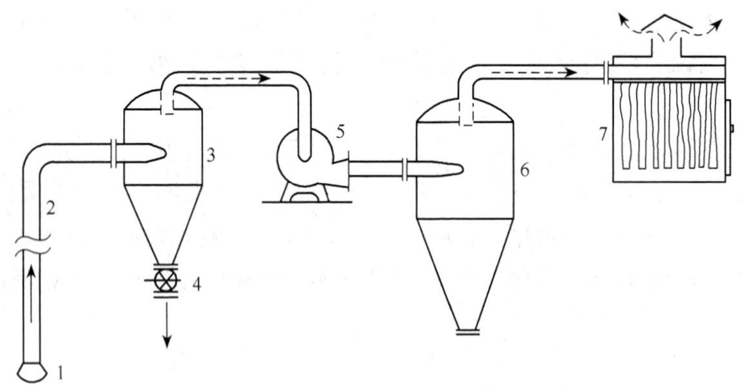

图 16-8　真空式输送流程

1. 吸嘴；2. 输料管；3. 分离器；4. 闭风器；5. 真空泵；6. 除尘器；7. 袋式除尘器

由于输送系统为真空，消除了物料、粉尘的外漏，保持了室内的清洁和周围的工作环境。

2. 压送式输送流程（压力式）

如图 16-9 所示，压送式输送方式是将压缩机安装在系统的首部，风机启动后，空气即被压入管道，从料斗下来的物料与空气混合送至分离器，经卸料器卸出。空气则经净化、除尘之后，排入大气。

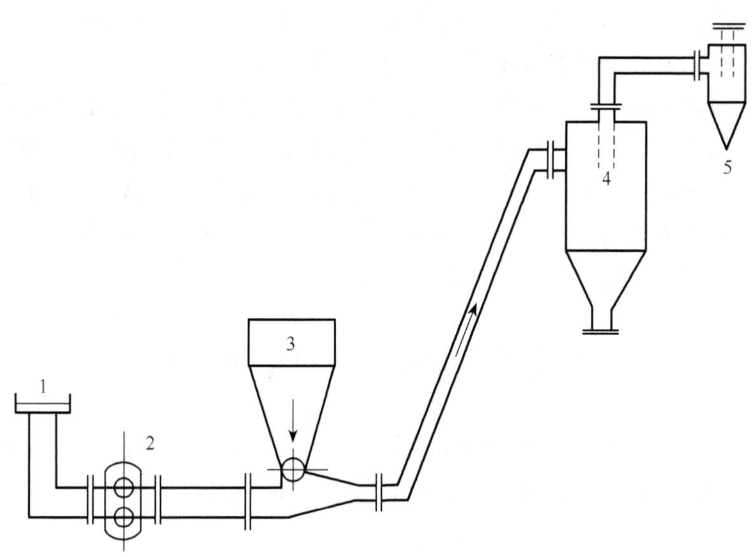

图 16-9　压送式输送流程

1. 空气粗滤器；2. 鼓风机；3. 料斗；4. 分离器；5. 除尘器

3. 混合式输送流程

将真空输送和压送输送结合起来，就组成了混合式输送系统。如图 16-10 所示。它集中了两个系统的优点。

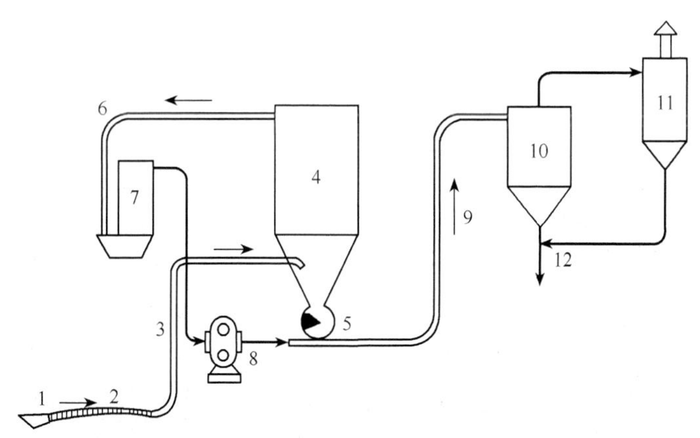

图 16-10　压力真空输送流程

1. 吸嘴；2. 软管；3. 固定管；4. 分离器；5. 加料器；6. 吸出排风管；7. 过滤器；8. 鼓风机；9. 固定管；10. 分离器；11. 除尘器；12. 排料口

4. 几种流程的比较

(1) 当从几个不同的地方，向一个卸料点送料时，真空输送系统最合适。而从一个加料点向几个不同的地方送料时，压送系统最适合。

(2) 真空系统加料处，不需要加料器，而排料处要装有封闭较好的卸料器，防止在排料时发生反吹现象。与此相反，压送系统在加料处要装有封闭较好的加料器，防止在加料处发生反吹现象，而排料处不需要排料器，可自行卸料。

(3) 输送量相同时，压送系统较真空系统采用较细的管道。这是因为它的操作压强差为真空系统的 1.5 倍左右。压送式若在加料处封住物料反吹的话，一般最大的操作压强可在 6.86×10^4～8.34×10^4Pa（表压）以上。但真空式通常最大操作压强为 5.33×10^4Pa。

选择气流输送流程时，应对输送物料的性质、形状、尺寸、大小、输送能力、输送的距离等情况做详细了解，结合具体条件，综合考虑。

第二节　液体物料的输送设备

生物工程工厂中所输送液体的性质比较复杂，有黏稠状的悬浮液、有腐蚀性强的液体，而温度压力又有高有低，故要求所选的输送设备应满足具体的要求，才能保证生产的顺利进行。

生物工程工厂液体物料的输送设备多采用离心泵、往复泵，除此之外，还有螺杆泵、旋转泵、液体喷射泵等。本节中主要介绍离心泵和往复泵等。

一、泵的分类和特点

生物工程工厂使用最广泛的是离心泵，因为它体积小、效率高、运行可靠、适应性强，易于控制。往复泵为容积式泵，它的流量与压头无关，调节往复泵的流量，可采用改变往复次数、冲程大小或采用支路调节的方法来实现。常用泵的类型及特性见表 16-3。

表 16-3　常用泵的特性

指标		叶片泵			容积式泵	
		离心泵	轴流泵	旋涡泵	往复泵	转子泵
流量	均匀性	均匀			不均匀	比较均匀
	稳定性	不稳定，随管路情况变化而变化			恒定	
	范围/(m^3/h)	1.6～30000	150～245000	0.4～10	0～600	1～600
扬程	特点	对于一定流量，只能达到一定的扬程			对应一定流量可达到不同扬程，由管路系统确定	
	范围	10～2600m	2～20m	8～150m	0.2～100MPa	0.2～60MPa
效率	特点	在设计点最高，偏离越远，效率越低			扬程高时，效率降低较小	扬程高时，效率降低较大
	范围/%	50～90	70～90	25～50	70～85	60～80
结构特点		结构简单，造价低，体积小，重量轻，安装检修方便			结构复杂，振动大，体积大，造价高	同离心泵

二、常用泵

（一）离心泵

离心泵的主要部件是叶轮、泵壳和轴封装置，如图 16-11 所示。离心泵启动前，必须将所送液体把泵灌满。电机启动后，泵轴带动叶轮高速旋转，在离心力的作用下，液体由叶轮中心被甩向边缘并获得机械能，经能量转换，最终以较高的压强沿泵壳的切向流至排出管。叶轮内的液体被抛出后，叶轮中心形成低压区，在吸入侧液面压强与泵吸入口及叶轮中心区之间的压强差的作用下，液体流向叶轮。只要叶轮不断转动，液体就会连续地吸入和排出。

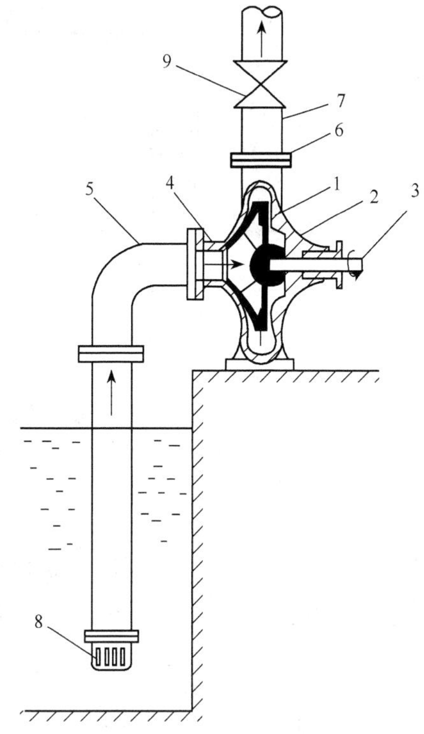

图 16-11　离心泵装置简图

1. 叶轮；2. 泵壳；3. 泵轴；4. 吸入口；5. 吸入管；6. 排出口；7. 排出管；8. 底阀；9. 调节阀

（二）往复泵

往复泵是是由泵缸、活塞、活塞杆、传动机构构成。活塞在缸内由曲柄连杆机构带动做往复运动。当活塞自左向右移动时，泵缸内体积增大，形成低压。储液池内的液体受大气压的作用，被压进吸口管，而排出阀在排出管中液体压强作用下被关闭。当活塞从右向左移动时，缸内液体受挤压，吸入活门被关闭，排出活门打开，缸内液体被排出。

图 16-12 所示为单动泵，活塞往复运动一次，即吸入和排出液体一次，其作用是间歇的、周期性的。若用双动泵或三动泵，可实现连续输送过程，如图 16 13 所示。与离心泵不同，往复泵吸液是靠工作室容积扩张造成低压吸入的，所以启动时不需灌泵。另外往复泵流量固定，流量与压头之间无关系，因此没有像离心泵那样的特性曲线。

往复泵的效率一般都在 70%以上，它适用于压头高流量较大的液体输送。例如：酒精厂连续蒸煮用泵所输送的粉浆固形物含量高、黏度大，输送压头高，流量要求稳定，故多选双缸双动往复泵或三动泵，可保证不堵塞，高压头和稳流量。流量用调速电机调节。

（三）旋转泵

旋转泵是依靠泵内一个或多个转子的旋转改变操作容积来吸入和排出液体，故又称为转子泵。

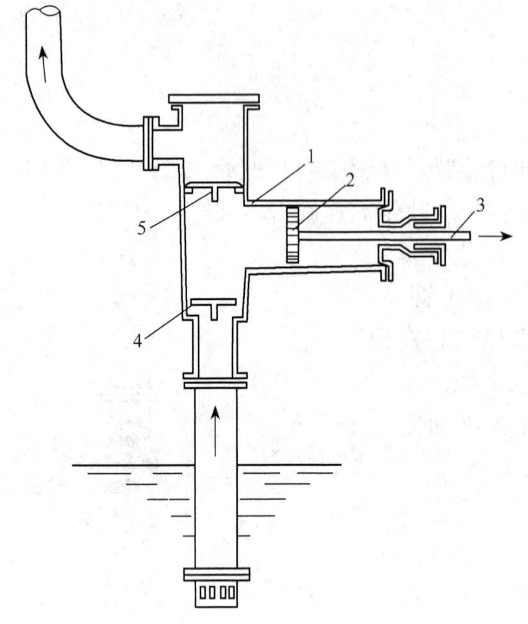

图 16-12 往复泵示意图

1. 泵缸；2. 活塞；3. 活塞杆；4. 吸入阀；5. 排出阀

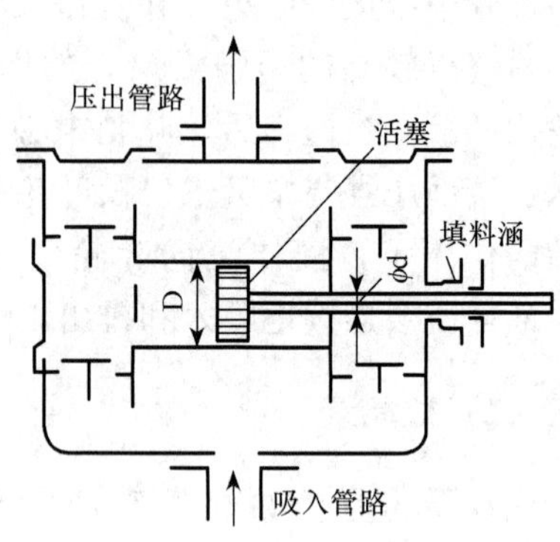

图 16-13 双泵往复泵示意图

1. 齿轮泵

如图 16-14 所示，泵壳为椭圆形，内装两个相互啮合的齿轮，其中一个为主动轮由传动机构直接带动，当齿轮按图中箭头方向旋转时，下端两齿轮向两侧拨开产生空的容积，并形成低压区吸入液体，而上端齿轮在啮合时容积减少，于是压出液体并排出。液体的吸入和排出是在齿轮的旋转位移中发生的。齿轮泵的压头高但流量小，适用于输送高黏度的液体；但不能输送含有固体颗粒的悬浮液。

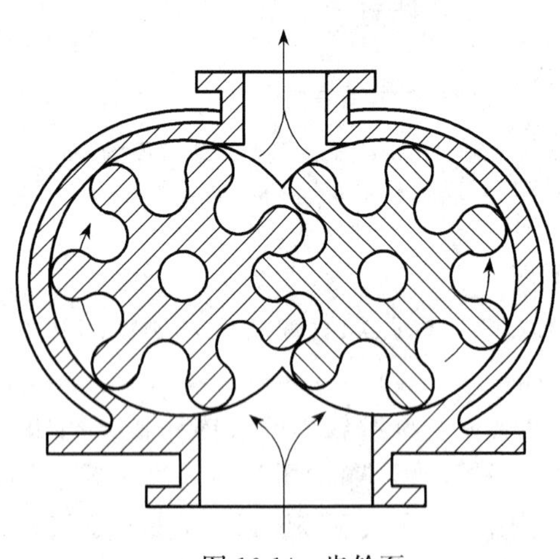

图 16-14 齿轮泵

2. 螺杆泵

螺杆泵分为单螺杆泵、双螺杆泵、三螺杆泵、五螺杆泵等。单螺杆泵、双螺杆泵如图 16-15所示。螺杆在具有内螺旋的泵壳中偏心转动，使液体沿轴向推进，最后挤压到排出口。螺杆越长，转速越高，则出口液体压强越高。螺杆泵的压头高、效率高、无噪声，适用于高压下输送黏稠性液体。

三、泵类型的选择

泵类型的选择，应根据装置的工艺参数、输送介质的物理性质（相对密度、黏度、蒸气压、腐蚀性及毒性等）、化学性质（酸碱性等）、操作周期、泵的结构特性（流量、

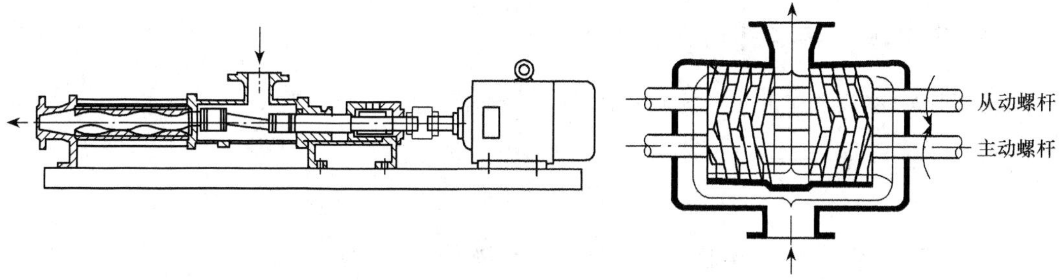

图 16-15 螺杆泵

a. 单螺杆泵；b. 双螺杆泵

扬程、压头、允许吸上高度等）等因素合理选择。除以下情况外，应尽可能选用离心泵。

（1）有计量要求时，选用计量泵。

（2）扬程要求高，但流量小且无合适小流量高扬程离心泵可选用时，可选用往复泵；如汽蚀要求不高时，也可选用旋涡泵。

（3）扬程很低，流量很大时，可选用轴流泵。

（4）介质黏度较大时，可考虑选用往复泵或转子泵。

（5）介质含气量＞5%，流量较小且黏度低时，可选用旋涡泵。如允许流量有脉动，可选往复泵。

（6）对启动频繁或灌泵不便的场合，应选用具有自吸性能的泵，如自吸式离心泵。

选择具体型号时，其流量、扬程、吸上高度都应适当增加 10%～20%的余量。

第三节 产品包装设备简介

包装是生物产品出厂销售前的最后一道工序，如啤酒发酵结束后，经过过滤灌装杀菌后才能进入市场；味精生产经干燥后，也需分装等。国家标准（GB/T4122.1—1996）中确认：包装是为在流通过程中保护产品，方便储运、促进销售，按一定技术方法而采用的容器、材料及辅助物等的总体名称。也指为了达到上述目的而采用容器、材料和辅助物的过程中施加一定技术方法等的操作活动。生物产品通过包装，可避免产品在流通中免受外界环境的影响，而保持质量和减少经济损失，并进一步延长生物产品的保藏期，有利于消费者使用。

生物产品常用的包装材料主要有纸包装材料、塑料包装材料、金属包装材料、玻璃包装材料、陶瓷包装材料、复合包装材料和其他包装材料。

包装设备是指完成全部或部分包装过程的机器设备。对于液体产品，其过程包括灌装、压盖、贴标、杀菌、装箱等主要工序。以及与其相关的前后工序，如洗瓶、堆垛、拆卸等。此外还包括在包装件上盖印和计量等附属设备。对于固体制剂包装，如生物药物包装，用一台包装机器就可完成塑料硬片加热、成型、充填、与铝箔热封合、打字（批号）、压断裂线、冲裁和输送等包装过程。对于粉状产品，包装一般由计量、封口等过程组成。本节以液体（啤酒）包装为例简要介绍常用的包装设备。

一、瓶装啤酒包装工序的生产流程

瓶装啤酒包装工序的生产流程如图 16-16 所示。

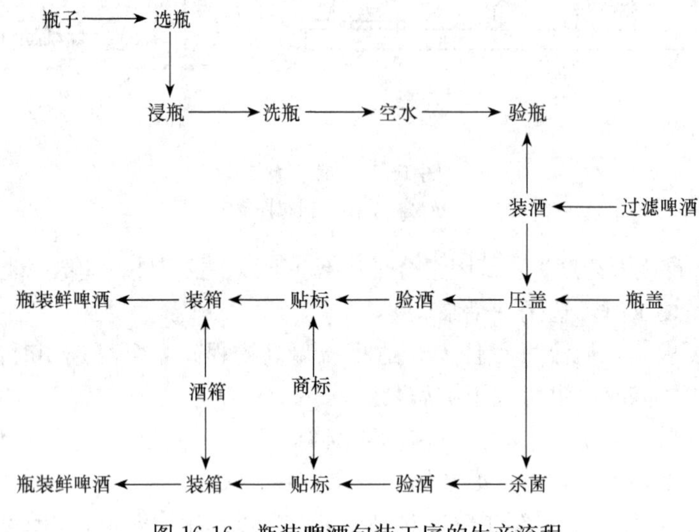

图 16-16　瓶装啤酒包装工序的生产流程

二、洗瓶设备

对于新瓶，在空瓶出厂时包装严密、无污染的情况下，不需要洗涤消毒。但对于回收瓶，必须进行充分的清洗以保证产品达到无菌而不被污染。其洗瓶设备的基本方式是浸、刷、冲，工业生产中的大型设备往往是三种方式的结合。

目前多数洗瓶机为浸冲式，有的以浸为主，利用多次浸入洗液与倾出加强振动效果，只有一次冲入洗液；有的则浸冲并重，一浸多冲，或采用多槽，每槽一浸一冲，每槽碱液浓度不同或相同，温度不同，以保证瓶不至因温度突变而炸裂。如图 16-17 所示。

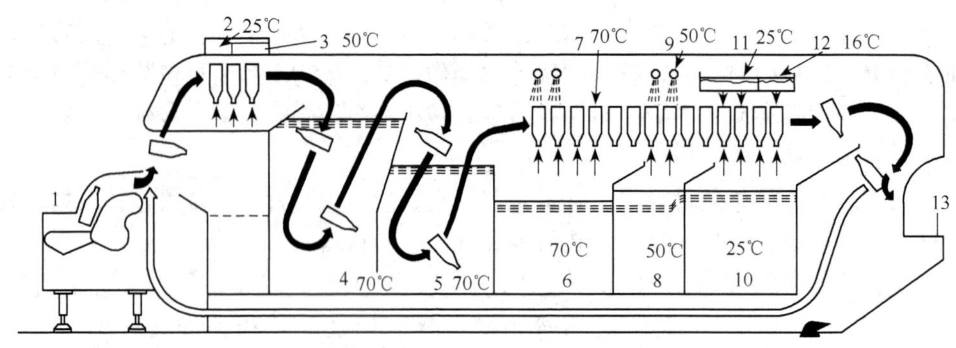

图 16-17　浸洗瓶过程流程图

1. 进瓶；2. 第一次淋洗预热（25℃）；3. 第二次淋洗预热（50℃）；
4. 清洗剂浸瓶Ⅰ（70℃）；5. 清洗剂浸瓶Ⅱ（70℃）；6. 清洗剂喷淋（70℃）；
7. 高压清洗剂瓶外喷淋（70℃）；8. 高压水喷洗（50℃）；9. 高压水瓶外喷洗（50℃）；
10. 高压水喷洗（25℃）；11. 高压水瓶外喷洗（25℃）；12. 清水淋洗（15～20℃）；13. 出瓶

啤酒等饮料瓶过去多用碱液清洗，目前有的已改用含表面活性剂的清洗剂清洗。表 16-4为一种清洗啤酒瓶的清洗剂配方。

表 16-4　啤酒瓶清洗剂参考配方

成　　分	含量/%	成　　分	含量%
氢氧化钠	15～40	二磷酸三单乙醇胺盐	0.5～1.5
三聚磷酸钠	20～40	碳酸钠	适量
偏硅酸钠	5～10	水	余量
C_{10}～C_{18}烷醇聚氧乙烯醚	0.5～1.5		

三、灌装封盖设备

灌装机有多种形式，按运动形式分为直线式间歇运动、旋转式连续运动；按灌装方式分为常压灌装、负压灌装、正压灌装和恒压灌装；按计量方式分为流量定时式、量杯容积式、计量泵注射式等。若用塑料瓶，现代装置则常在吹塑机上成型后于模具中立即灌装和封口，再脱模出瓶，这样更容易实现无菌生产。

经灌装后，保持合理的灌装高度和一致的水平，瓶顶空处应保持最低的空气量，防止空气中氧气对产品的氧化作用，压盖后应封闭严密，以保证内容物的质量。

灌装时的温度过高或温度相差太大，都会使产品不稳定，灌装困难；灌水阀不好会切破瓶口；轧盖机构太松将会封盖不严，太紧则会抓破瓶口；传送设备要平滑，破碎的玻璃瓶要及时清理出，以避免引起故障造成停车。这些因素在灌装时都应加以考虑。

（一）量杯式负压灌装机

量杯式负压灌装机如图 16-18 所示。负压式灌装由盛液量杯、托瓶装置及无级变速装置组成。它是一个真空室和玻璃瓶相通，瓶中的空气首先被抽出形成负压，液体储罐中装有计量杯当与瓶子接通后，常压状态下的料液即流入瓶中，达到预定液面。该机的优点是：量杯计量，负压灌装，料液与其他接触的零部件无相对机械摩擦，保证料液在灌装过程中的澄清

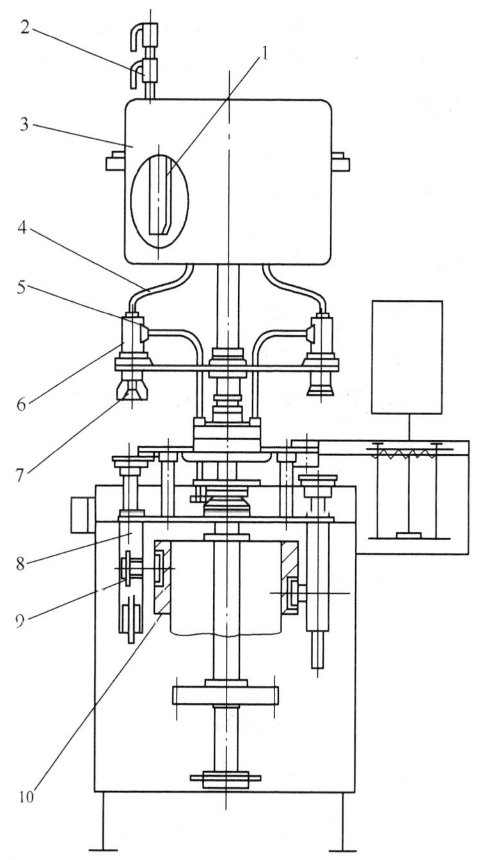

图 16-18　量杯式负压灌装机

1. 计量杯；2. 进液调节阀；3. 盛料桶；4. 橡胶管；5. 真空吸管；6. 瓶肩定位套；7. 橡胶喇叭口；8. 瓶托；9. 滚子；10. 升降凸轮

度。目前这种灌装机多用于啤酒，由于啤酒怕氧化，所以瓶子抽空后灌注，可以更少地与空气接触，降低溶解氧。灌装机的保压气体也最好选用二氧化碳气。

（二）压盖设备

压盖设备是与灌装机配套使用的设备。料液灌装后必须在洁净区内立即封口，避免产品的污染和氧化。生物工厂的产品，玻璃瓶的包装仍占多数。玻璃瓶的封口从用玻璃球封口，发展到有内螺口塞、外螺口金属盖，直到皇冠盖等。

皇冠盖封盖机分为两个部分，位于机器上端是料斗，它有转动的轴使盖易于滑下；下端是一组轧盖环，以滑道连接，采用压缩空气吹送。料斗通往滑道中间有一个选盖器，它是一个使盖立放通过的门。由于皇冠盖上面的直径小，下面有张开的牙直径大，当通过一侧窄一侧宽的门时，把盖分成两组，每组盖的上、下部的朝向是一致的。经过一个180°转弯角的滑道，改变另一组的朝向，合并于前一个滑道。

轧盖环是一个内部成锥形的环，当滑道送来的盖于瓶口吻合之后，由于瓶子上升或轧盖环下降，使盖张开的牙被轧盖环内部锥形壁挤拢。调节轧盖的松紧度是轧盖好坏的关键，太松则封盖不严易漏气，太紧则易扎坏瓶口，压盖应严密端正，不得有单边隆起现象。

瓶盖内有垫片，一般利用软木片（中央粘贴一片铝箔或塑料片）、橡皮垫片或塑料垫片，垫片应具有良好的弹性。

四、杀菌设备

杀菌工序对保证产品在灌装后的质量非常关键，有利于长期保存；保证产品的生物稳定性；对于啤酒杀菌的要求是在最低杀菌温度和最短杀菌时间内，杀灭酒内可能存在的生物污染。不必要的提高杀菌温度或延长杀菌时间对啤酒质量都是很不利的。

（一）隧道式喷淋杀菌机的类型

（1）单层运输轨道：瓶子进口与出口在设备两端，从一端进，另一端出。

（2）双层运输轨道：瓶子先经上层加热和杀菌，降温阶段在下层，进口与出口在设备同一端。

（3）V型单层运输轨道：瓶子的进口与出口在相邻的同一方向。

（二）喷淋杀菌的操作过程

图16-19是一隧道式喷淋杀菌机，由轨道运送瓶子到杀菌机连续运行的平板轨道上，进入杀菌机后，利用不同区域，不同温度的水进行预热、杀菌、冷却。各喷淋区域升温情况举例如表16-5所示。

喷淋时采用软水喷淋，压力为2～3kg/cm^2，以防喷嘴堵塞或在容器表面上结垢。必要时，水中添加螯合剂如聚磷酸盐，用量为5～10mg/kg；也可适当加些碱液，使pH接近8；保持洁净；由于喷淋水可循环使用，破瓶残液混入水中易引起微生物污染，也可适当加些防腐剂。

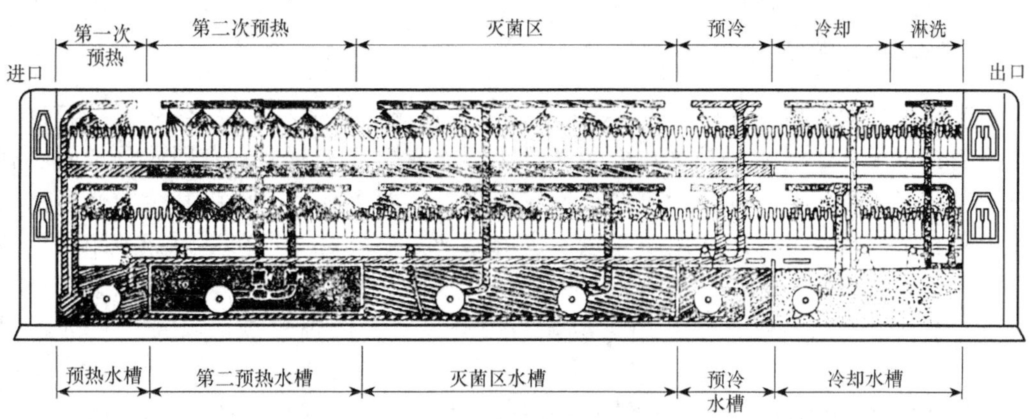

图 16-19　隧道式喷淋杀菌流程示意图

表 16-5　各喷淋区升温情况

预热水温/℃	升温水温/℃	杀菌水温/℃	降温（Ⅰ）水温/℃	降温（Ⅱ）水温/℃	冷却水温/℃
40	60	65	60	40	<25
预热时间/min	升温时间/min	杀菌时间/min	降温时间/min	降温时间/min	冷却时间/min
6	6～10	26～30	6～7	6～7	6～10

五、检验机

在装瓶线上，洗后的空瓶和轧盖后的成品都应当检验、除抽样作内容物的检验外，逐个瓶作肉眼检查是必要的。尤其是空瓶的检验更为重要。空瓶检查严格，就可避免不合格的瓶子去装成品，这不仅保证了成品的质量，也保证了灌装的顺利进行。空瓶检验的主要内容是：

肉眼检查空瓶时，在传送带上安装灯光和白色背幕，便于辨别（主要看瓶壁）。在上端有时安装 45°角的反光镜，可以从镜中反映出瓶口和瓶底。但人工检查速度不能太快（100～200 瓶/min）而且由于眼睛易疲劳，检验者应 30min 轮换一次。

利用光电检查空瓶可以获得很高速度（800 瓶/min）。将回收瓶放在传送带上，当空瓶进入检瓶机时，脱离金属传送带，进入透光底盘上，聚焦后瓶口射出，上方为接受器，利用电压的变化（或波长）将不透光的杂质、污垢瓶检出，由真空吸出机构与好瓶分开。其灵敏度可调节，检瓶机也可以自行调节适应同时进入机器的不同色泽的瓶子。但瓶子底薄厚不均，刻有凸字花纹等会产生干扰，增大误差率。检瓶机可同时检查瓶口破裂，瓶中残留液体。

较新的检瓶机是利用照像记忆法，把被检的瓶子与储存在电脑中的不合格瓶对比，可以分辨不透光杂质和透光的玻璃碎片，可克服瓶底薄厚不均以及刻有凸字花纹等误认现象。

成品检验除杂质外，装瓶液面过低、过高、轧盖失误、瓶子外面有无泥污、不洁的附着物，瓶盖是否漏气、漏酒等也要同时检出。液面的检查也可用机械（如声波）法检查。

六、贴标机和盖上打印机

啤酒与其他食品、饮料、药品一样，要求每瓶产品都需标明品名商标、制造厂、生产日期批号等。其方法是采用专用瓶、专用盖或贴标来实现。专用瓶是指瓶上有凸字或印字表现品名、商标、制造厂或仅表现一、两个标名，而将其余的标名在盖上、商标上表现。专用瓶适用于大量生产的品种。专用盖是指在皇冠盖上印刷了品名、商标、制造厂等标名，并喷码，标明出厂日期。更换品种时，只需换盖。贴标的方法适用通用瓶或通用盖，商标应贴得整齐美观，商标用纸应具备一定的耐湿性能。

贴标机有多种形式。贴标的效率不仅决定于机械好坏，关键还在于纸标的质量和黏着剂的质量。贴标机应能迅速调整机件运转，以适应不同的商标和容器。黏着剂多利用混合配方，要求具有初触玻璃黏力强、流动性好且贴后易干燥等性能。

日期和批号，不能预先印刷，需要打印机构或喷码机构。在纸标上打印较为容易，还可以预先打好再贴标。普通打码机是将号码直接喷在纸标、瓶盖或包装盒上，并表明保质期。

七、装箱

根据箱子的特点、啤酒的打包包装可以用装塑料箱机、装纸板箱机、装托盘外加收缩薄膜的包装机、全自动装箱机、装箱与堆垛箱联合机、装箱与卸箱两用机等。机械装箱过程示意图如图 16-20 所示。

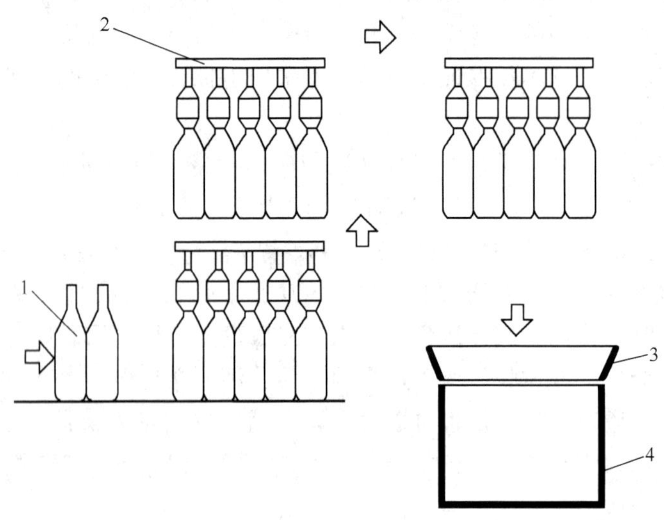

图 16-20　机械装箱过程示意图

1. 酒瓶；2. 气夹头；3. 导向器；4. 箱子

思考与练习

1. 机械输送各有什么优缺点？什么情况下应采用机械输送？
2. 气流输送有几种输送方式？试比较各流程的特点。
2. 生物产品常用哪些包装材料？
3. 啤酒包装设备有哪些？各起什么作用？

第十七章　生物工程供水与制冷系统及设备

☞ 知识目标

1. 了解生物工厂水处理系统及设备。
2. 了解水杀菌的方法和原理。
3. 了解生物工厂制冷系统的制冷剂与载冷剂。
4. 了解制冷系统设备的工作原理。
5. 掌握水软化的方法及原理。

☞ 能力目标

1. 能根据生产工艺要求正确选择配套水处理系统。
2. 能根据水质状况正确选择水软化的设备。
3. 能根据水质状况正确选择水杀菌的设备。
4. 能正确读懂制冷系统设备流程图和配套制冷设备。
5. 具有对水处理、制冷系统设备进行技术改造的基本能力。

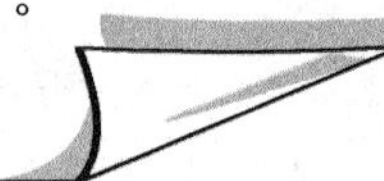

生物工程生产过程中需要大量的水，如酿造酒类、针剂药物、口服液等，其产品成分中大部分是水，有些生物产品尽管以固体形式存在，如味精、柠檬酸等，但在其一系列生产过程中都离不开水，从原料的浸渍、溶解、蒸煮、糖化、发酵、发酵过程中的冷却、分离到杀菌等都大量用水。水质的好坏，直接影响成品的质量。因此，在生物产品生产过程中需要对工艺用水进行处理。

第一节　水处理设备

生物工业的水处理系统按欲达到的目的可分为三个阶段。一是除去水中的固体悬浮物、沉降物和各种有机物、浮游生物及部分微生物等，常采用过滤、沉淀等方法；二是除去水中的各种离子，即水的软化，常用化学试剂法、电渗析等方法；三是水的杀菌处理，利用氯、臭氧、紫外线、反渗透等除去水中的微生物，制得无菌水。

一、水的过滤装置

（一）砂滤棒过滤器

砂滤棒过滤器的外壳是用铝合金铸成的锅形的密封容器，分上、下两层，中间以隔板隔开，容器内安装一至十根砂滤棒，隔板上（下）为待滤水，隔板下（上）为砂滤水。操作时，待处理水在外压作用下通过砂滤棒的微小孔隙，进入棒筒内，水中粒子在砂滤棒的表面。滤出的水可达到基本无菌。国产砂滤棒过滤器规格如表 17-1 所示。

表 17-1　国产砂滤棒过滤器规格

型　　号	规格高×直径×厚/mm	每台砂滤棒根数/(根/台)	压强为 196kPa 时的流量/(kg/h)
101 型铝合金滤水器	800×500×20	101 型滤棒 19	1500
106 型铝合金滤水器	450×320×10	106 型滤棒 12	800
112 型铝合金滤水器	400×300×10	112 型滤棒 6	500
108 型铝合金滤水器	320×260×10	108 型滤棒 7	250
单支压力滤水器	280×70×50	109 型滤棒 1	30

砂滤棒在使用前均需消毒处理。一般用 75%酒精或 0.25%新洁尔灭或 10%漂白粉注入砂滤棒内，堵住出水口，振荡，使消毒液棒内壁充分接触，数分钟后倒出。砂滤棒在使用一段时间后，砂芯外壁逐渐挂垢而降低滤水能力，此时需停机，卸出砂芯，堵住滤芯出水口，浸泡在水中，用水砂纸轻轻擦去表面污垢层，至砂芯恢复原色，安装重新使用。安装时，凡是与净水接触的部分都要进行消毒。

当用水量较少，原水中只含少量固体分子及其他杂质时，可采用砂滤棒过滤器。

（二）活性炭过滤器

活性炭为多孔性不规则颗粒，用于水处理的规格微孔径为 2～5nm，借助其巨大的表面吸附作用和机械过滤作用以除去水中的多种杂质。常用于电渗析法、离子交换树脂法的前处理，防止树脂被污染。

活性炭过滤器的结构与一般机械过滤器相似，如图 17-1 所示。

过滤器底部填装 0.2～0.3m 厚、粒径为 1～4mm 的石英层作为支持层（有时下部再装大颗粒石英砂），石英砂上装 1.0～2.0m 厚的活性炭层。操作时，水由顶部导入，在重力作用下自然下降过滤，过滤水由底部排出。表 17-2 列出部分过滤器的规格。

表 17-2　部分活性炭过滤器的规格

规格 φ/mm	处理水量/(m^3/h)	层高/mm	质量/kg
1500	17.7	2000	1765
2000	31.4	2000	3140
2500	49.0	2000	4900
3000	70.0	2000	7065

同砂滤棒过滤器一样，过滤器运行一段时间后，因截污量过多，暂时失去活性，需反冲再生，其步骤：

（1）反冲。清水以 8～10L/(m^2 · s) 的流量从底部进入，反向冲洗 15～20min。

（2）蒸汽吹洗。也是从底部通入 0.3MPa 的饱和蒸汽吹洗 15～20min。

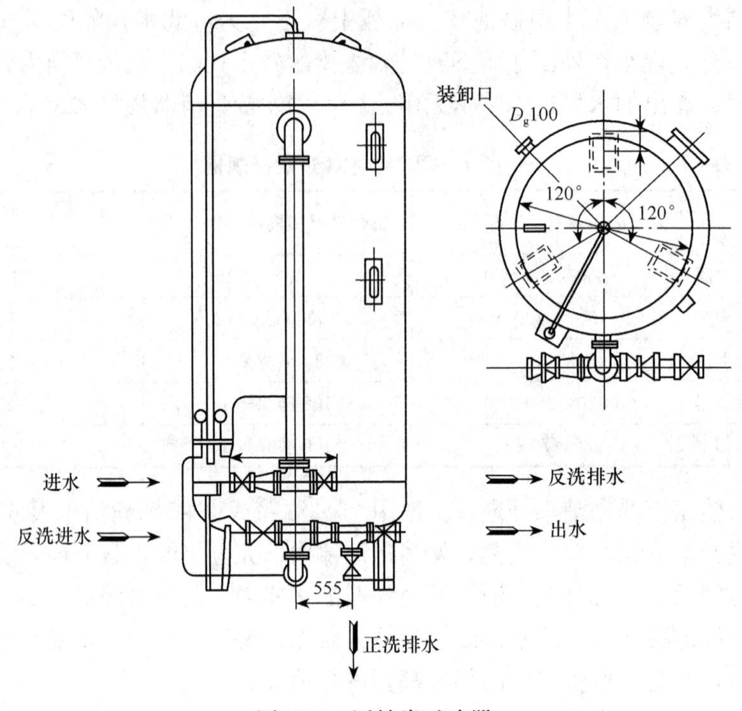

图 17-1　活性炭过滤器

(3) 淋洗。用 6%～8%NaOH 溶液（约 40℃）从顶部通入洗涤，洗涤用量约为活性炭体积的 1.2～1.5 倍。

(4) 正洗。原水至顶部通入冲洗至出水符合规定的水质要求。

（三）中空纤维超滤装置

属于膜分离设备。其结构、性能见第 10 章第 10.4 节膜分离设备。

二、水的软化

降低或除去钙、镁等离子的过程称为水的软化，现代工业中常用的方法有电渗析法、反渗透法和离子交换树脂法等。

（一）电渗析装置

电渗析装置是通过具有选择性和良好导电性的离子交换膜在外加直流电场作用下，使原水中阴、阳离子分别通过阴离子交换膜和阳离子交换膜而达到除去离子的目的。电渗析工作原理如图 17-2 所示。

进入 1、3、5、7 室的水中离子，在直流电场作用下定向移动。阳离子向阴极移动，透过阳膜进入极水室及 2、4、6 室；阴离子向阳极移动，透过阴膜进入 2、4、6、8 室。因此，从第 1、3、5、7 室洗出来的水中，阴、阳离子都会减少，成为淡水。而进入第 2、4、6、8 室的水中离子在外电场作用下也要定向移动。阳离子移向阴极，但受阴膜的阻挡而留在室内；阴离子移向阳极，但受阳膜的阻挡而留在室内。而第 1、3、5、7

室中的阴、阳离子都要穿过膜进入其中，所以从第 2、4、6、8 室流出来的水中，阴、阳离子数目都比原水中的多，成为浓水。

由此可见，电渗析器工作时，从其 1、3、5、7 室流出淡水，而从 2、4、6、8 室流出浓水，分别汇集，最后得到一股淡水和一股浓水。

电渗析器有立式和卧式两种形式。其基本部件均是由离子交换膜、电极、隔板、极框、压紧装置等组成，如图 17-3 所示。

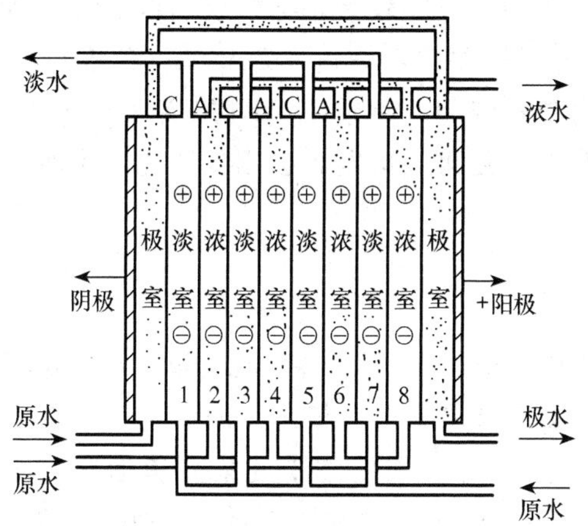

图 17-2　多层膜电渗析器工作原理

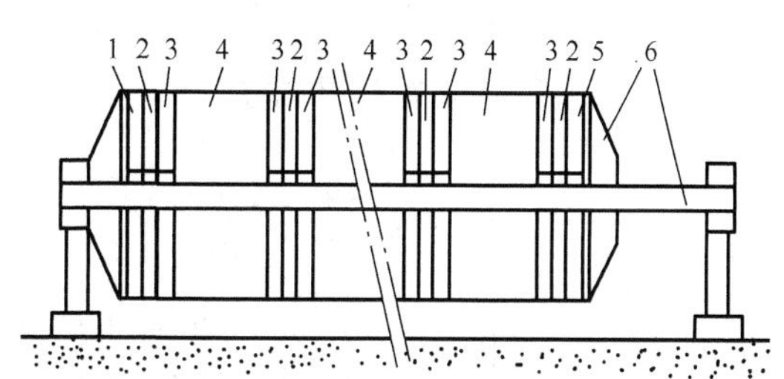

图 17-3　立式电渗析器装置图

1. 阳极室；2. 导水极；3. 压紧框；4. 膜堆；5. 阴极室；6. 压滤机式压紧装置

1. 离子交换膜

离子交换膜是一种由具有离子交换性能的高分子材料制成的薄膜。按其透过性能分为阳离子交换膜和阴离子交换膜。能透过阳离子的称阳离子交换膜，能透过阴离子的称阴离子交换膜。目前常用的阳离子交换膜为磺酸基型，带负电荷，吸收水中的阳离子，并让其通过该膜，而阻止负离子通过。阴离子交换膜为季铵基型，带正电荷，吸收水中的阴离子，并让其通过该膜，而阻止正离子通过该膜。

2. 隔板

隔板放在阴阳膜之间，作为水流通道，隔开两膜。隔板上有进水孔、出水孔、布水槽、流水槽及过水槽。因布水槽的位置不同将隔板分为淡水室隔板和浓水室隔板。所用材料是厚度为 1.5～2mm 的聚氯乙烯硬板，也有的是采用橡胶材料。

3. 电极

电极通电后形成外电场，使水中的离子定向移动，电极的质量直接影响电渗析效果。阳极常采用耐腐蚀性材料，如石墨、铅、二氧化铅等，而阴极采用不锈钢。

4. 极框

极框用来保持电极与离子交换膜间的距离，分别位于阴、阳极的内侧，从而构成阴极室和阳极室，是极水的通道。其作用保持极水分布均匀，水流畅通，带走电极产生的气体和腐蚀沉淀物，故极框厚度宜小不宜大，约为5～7mm。

5. 压紧装置

压紧装置主要是把交替排列的膜堆和极区压紧，使组装后不漏水。一般使用不锈钢板，用工字钢或槽钢固定四周，用分布均匀的螺杆拧紧。

电渗析装置对原水的水质有一定要求，若原水中悬浮物较多，会造成隔板中沉淀结垢，增加阻力，降低流量，所以原水水质应符合下列要求：浓度＜2mg/L；色度＜20度；含铁量＜0.3mg/L；含锰量＜0.1mg/L；有机耗氧量＜3mg/L（$KMnO_4$法）。若原水质严重污染，不符合条件，就不能直接用电渗析法处理，应配合适当预处理，才能收到良好效果。

（二）离子交换软化装置法

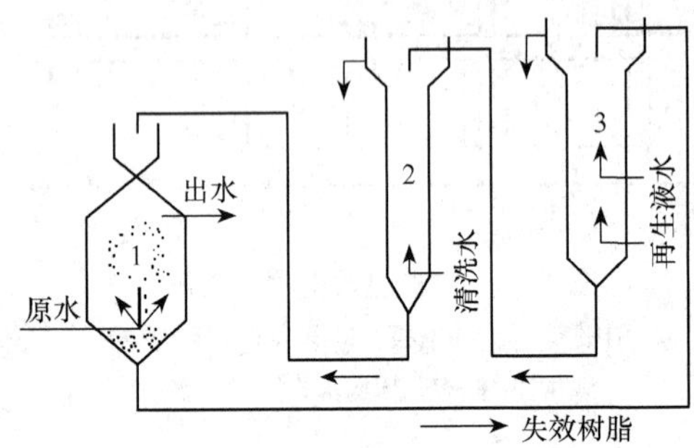

图 17-4　移动床离子交换示意图

固定床离子交换装置的结构、性能见第11章第11.4节离子交换分离原理及设备。固定床是离子交换水处理中的最简单形式，但是，树脂用量多，而利用率低，操作不连续。为提高树脂利用率及管理自动化，20世纪60年代出现了连续式离子交换装置，分为移动床式和流动床式。移动床其装置如图17-4所示。离子交换树脂装于交换塔1中，原水从下部流入，软水从塔上部洗出。这样自下而上的流动，交换一定时间（45～60min）后停止交换，而将交换塔中一定容量的失效交换剂送至再生塔3中再生，同时从清洗塔2向交换塔上部补充相同容积的已还原清洗的树脂，约10min后，交换塔又开始工作。由于交换塔上面始终有刚加入的新交换层，故出水水质稳定。交换剂及还原剂的利用率都比固定床高。其缺点是交换树脂磨损较大，耗电量较多。

流动床是完全连续工作的，它在进行交换的同时，不断从交换塔内向外输送失效的离子交换树脂。流动床的优点是出水水质高，且比较稳定，但需要的设备多，管理较复杂。

三、水的杀菌

杀菌是指杀灭水中的致病菌，并非将所有微生物全部杀灭。水杀菌的方法很多。目前常用的是氯杀菌、臭氧杀菌及紫外线杀菌等。

（一）臭氧杀菌

臭氧（O_3）是一种强烈的氧化剂，臭氧的瞬间灭菌比氯优越。它能氧化水中的无机物、有机物（包括微生物），破坏微生物的原生质，杀死微生物，同时可除去水臭、水色以及铁、锰。在欧洲，臭氧已广泛应用于水的杀菌，由于臭氧极不稳定，因此，要求随时制取并当场应用，大多数情况下，利用干空气或氧气进行高压放电制取臭氧。使用时，采用喷射法以增加臭氧与水的接触时间，使臭氧得以充分利用。臭氧杀菌的缺点：设备较复杂，成本较高。

臭氧杀菌流程如图 17-5 所示。

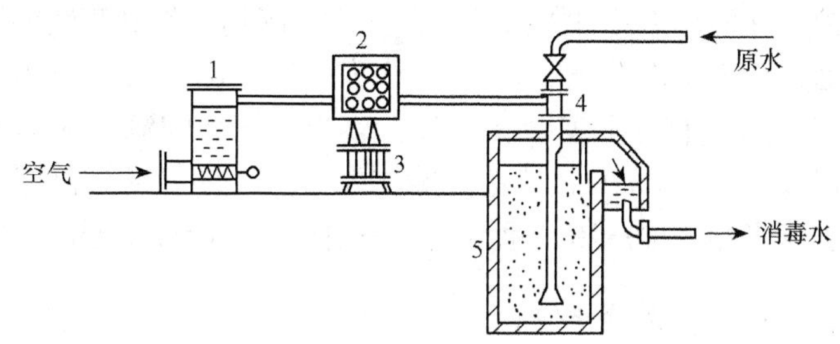

图 17-5　臭氧杀菌流程

1. 空气净化降温干燥塔；2. 臭氧发生器；3. 变压器；4. 喷射器；5. 消毒水池

（二）紫外线杀菌

微生物受紫外光照射后，其蛋白质和核酸吸收紫外光谱能量，导致蛋白质变性，核酸结构破坏，引起微生物死亡。波长为 260～295nm 的紫外光有杀菌能力，以 260nm 的效果为最佳。紫外线对清洁透明的水有一定的穿透力，故能使水杀菌。

当介质温度较低时，杀菌效果最差。当采用紫外线高压汞灯杀菌时，须装石英套管，使套管间形成一环状空气夹层，灯管能量能充分利用而不致影响杀菌效果。图 17-6 为隔水套管式紫外灯杀菌装置。一般水上灭菌多用低压汞灯，沉浸于水中多用高压汞灯。紫外线法杀菌时间短，能力强，设备简单，便于自动化控制。但它没有持续杀菌作用，灯管使用寿命较短。表 17-3 列出了部分紫外灯使用参数。

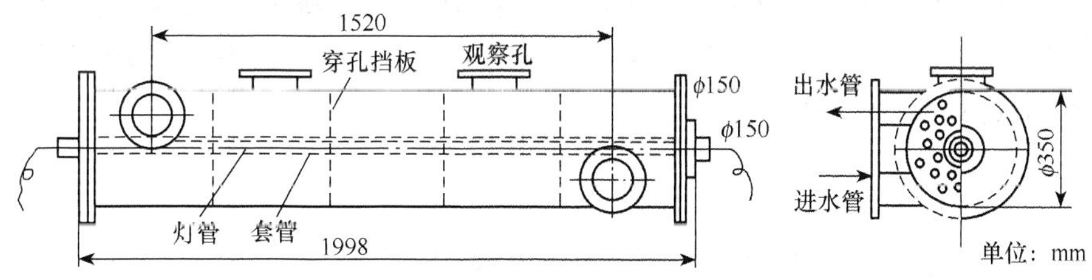

图 17-6　隔水套管式紫外灯杀菌装置

表 17-3　紫外高压汞灯使用参数

型　　号	AKX-1	X-1	X-3
处理水量/(m^3/h)	50	50	50
大肠菌数/(个/L)	10～500	60～1320	40～940
细菌个数/(个/L)	1500～12 740	50～2930	1000～3160
最大照射半径/mm	345	125	175
最短照射时间/s	339	57	10.3
灯管个数/个	3	3	1

第二节　生物工厂制冷系统与设备

制冷系统在工业发展中占有很重要的位置。生物工业、化学工业、食品工业等许多部门都要使用制冷。啤酒厂麦芽汁的发酵、糖化液的降温、果酒车间的降温、冷冻干燥等都需要制冷。通常冷冻范围在－100℃以内称为一般冷冻，低于－100℃为深度制冷。生物工业中，由于所用的制冷温度多在－15℃以内，例如啤酒发酵的温度都在0℃以上，啤酒过冷却温度为－1℃左右，味精厂冷冻等电点法的发酵液降温要求也在0℃以上。因此，生物工厂多用一般冷冻，也就是多采用单级式冷冻机制冷系统。

一、压缩式制冷循环的制冷原理

压缩式制冷循环实质上是一种逆向卡诺循环，其制冷过程分为压缩、冷凝、膨胀、蒸发四个阶段其流程如图17-7所示。

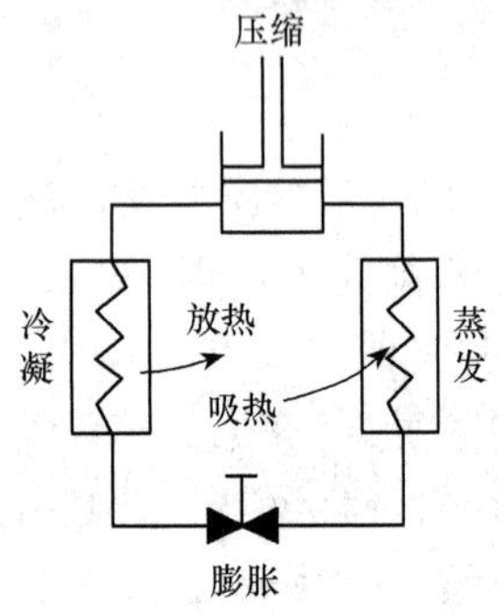

图17-7　制冷过程示意图

蒸发器内制冷剂饱和蒸气（通常为氨，称为工质）被压缩机吸入压缩，在冷凝器内被冷凝为液体而放出热量。液体制冷剂经过膨胀阀后，压力降低，低压液体慢慢吸收被冷却物质的热量而汽化为气体，蒸发后的气体又被压缩，压力升高，高压气体把热量传递给冷却水而冷凝为液体。形成一个反复的循环过程，从而使被冷却物质的温度降低。这就是制冷过程，为了使整个系统稳定循环，一般还都设置了油分离器、储氨罐、液氨分离器等附属设备。

图17-8为制冷机的工作原理简图。图中被冷却的物质为供热体，它具有的温度为T_0，较周围介质的温度T为低。较热的周围介质为受热体，供热体的热量由循环的制冷剂传递给受热体，制冷剂的循环过程是靠压缩机做功。制冷技术中的关键问题，就是使所消耗的功为最小。单级压缩制冷循环中制冷剂的状态变化如图17-9所示。

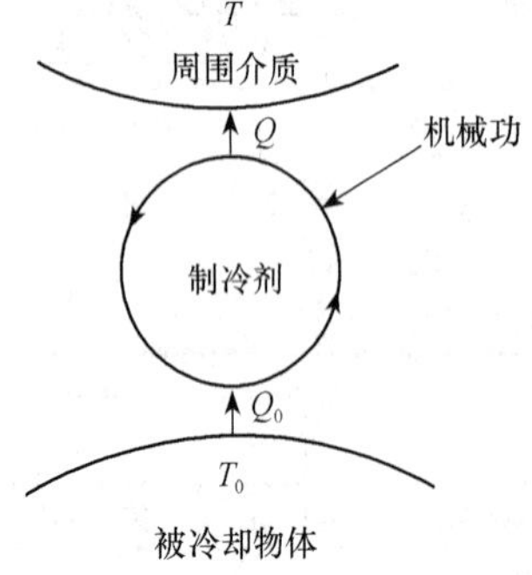

图17-8　制冷机工作原理示意图

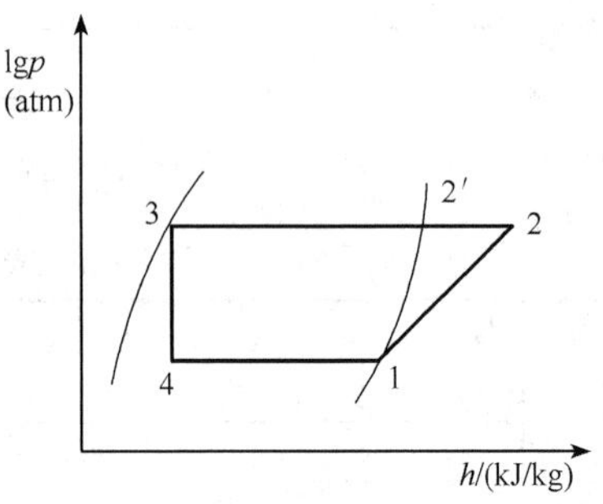

图17-9　单机压缩制冷压焓图

1→2 压缩过程；2→2′冷凝过程；2′→3 冷凝过程；3→4 膨胀过程；4→1 蒸发过程（1atm＝1.013×10^5Pa）

压缩式制冷循环中，制冷量 Q_0（制冷剂在蒸发器中吸收的热量）与压缩机所消耗的机械功 L 之比称为制冷效率，用 ε 表示：即

$$\varepsilon = \frac{Q_0}{L} = \frac{T_0}{T - T_0} \tag{17-1}$$

式中　Q_0——制冷量，kJ/h；

L——压缩机所消耗的功，kJ/h；

T_0——制冷剂在蒸发器内的蒸发温度，K；

T——制冷剂在冷凝器内的冷凝温度，K。

上式说明了制冷系数与工质的性质无关，仅决定于 T 和 T_0，当冷凝温度越小，蒸发温度 T_0 越大时，ε 越大。

制冷机的制冷量可用下式计算：

$$Q_0 = G \cdot q_0 \tag{17-2}$$

式中　G——制冷剂在制冷机中的循环量，kJ/h；

q_0——每 1kg 制冷剂的制冷量，kJ/kg。

根据制冷量 Q_0，制冷系数 ε，可计算出制冷机所需要的理论功率 N_T（绝热功率）。

$$N_T = \frac{Q_0}{3600 \cdot \varepsilon} \quad (\text{kW}) \tag{17-3}$$

应注意：制冷系统要求温度<−18℃，压缩机压缩比（压缩机出口压力与进口压力的比值）>8 时，应采用双级压缩系统。若此时不选双级而采用单级压缩机，则压缩机汽缸的进气系统大大降低，气缸温度过高，会引起操作条件恶化，很难达到制冷要求。

二、制冷剂与载冷剂

（一）制冷剂

制冷剂是制冷系统中借以吸取被冷却介质或（载冷剂）热量，并将热量传递给周围水或空气循环的工质。对制冷剂的要求可从热力学、物理化学、生理学和经济上四个方面考虑。应具备的条件：

（1）沸点低，正常沸点应低于 10℃；在蒸发器内的蒸发压力应等于或大于大气压力；冷凝压力不应过高，不超过 1.2～1.5MPa；单位容积产冷量应尽可能大；密度、黏度应尽可能小；导热系数、散热系数高；蒸发的比体积要小，蒸发潜热大；凝固点越低而临界温度越高越好。

（2）制冷剂能于水互溶；对金属无腐蚀作用；化学性质稳定，在高温下不分解，不会燃烧和爆炸；渗透性能较弱。

（3）对人的生命和健康不应有危害；无毒性，窒息性和刺激性。

（4）易于取得且价格低廉。

生物工厂常用的制冷剂有氨和几种氟利昂。氨由于单位溶剂产冷量比较大，价格低廉，易于获得，压力适中，故广泛用于冷冻厂、制药厂、酵母厂及其他生物工厂的制冷系统。

氟利昂是一种氟氯烃。甲烷（CH_4）和乙烯（C_2H_4）是获得各主要氟利昂的碳氢化合物的基础，目前氟利昂种类繁多，性能各异。多用于冰箱、空调机、双级压缩系统及冷库。氟利昂的共同特性，不易燃烧，绝热指数小，因而排气温度低，分子质量大，适用于离心式压缩机，但价格昂贵，渗透力强、放热系数低，单位体积制冷量小。其中氟利昂-12（F-12，CCl_2F_2）对于人体生理危害最小，是最常用的氟利昂。表 17-4 列出了几种常用制冷的性能。

表 17-4 常用的几种制冷剂的性能表

制冷剂名称	氨	F-11	F-12	二氧化碳
化学分子式	NH_3	CCl_3F	CCl_2F_2	CO_2
沸腾温度/℃	－33.4	－23.6	－29.8	－78.5
临界温度/℃	132.4	198	111.5	31
冰点/℃	－77.7	－111.1	－155.0	
临界压力（绝对）/MPa	11.43	4.38	4.01	7.39
制冷系数	4.87	5.23	4.7	2.56
使用温度范围/℃	－60～10	0～10	－60～10	－60～0

（二）冷媒（载冷剂）

冷媒是传递冷效应的物体。在制冷技术中，常用冷却后的盐水作为间接冷媒，使其在制冷系统中循环，以吸收周围介质的热量而产生冷效应。冷媒在制冷系统的蒸发器中被冷却，然后被泵送至冷却设备内，吸收热量后又返回蒸发器中，并将热量传递给制冷剂，冷媒温度下降，再被送入冷却设备内，如此反复循环，而使冷却设备的温度不断下降至所需求的温度。

冷媒必须具备以下几个条件：

（1）冰点低。

（2）热容量大。

（3）对设备的腐蚀性小。

（4）价格低廉。空气和水是最容易获得的冷媒，但很少利用空气作冷媒，因为它的热容量小。但利用空气冷却法时，空气作为冷媒却是具有许多优点，如速冷间用空气作冷媒，啤酒厂的酒花库，滤酒间等也有采用空气冷风机降温的。

水的热容量大，但水的凝固点高，在 0℃时结冰，是它的缺点，所以水只能使用在 0℃以上的冷却系统。

在 0℃以下的冷冻系统，采用盐类的水溶液（盐水）、有机物作为冷媒。常采用的盐水、有机物有氯化钠、氯化钙、酒精、乙二醇等。氯化钠价廉，但对金属的腐蚀性较大；氯化钙对金属的腐蚀性较小，味精厂常采用 $CaCl_2$ 作冷媒，NaCl 盐水用于－16～5℃的制冷系统中较适宜，$CaCl_2$ 盐水可用于－50～5℃的制冷系统中。为了减轻和防止盐水的腐蚀性，可在盐水中加入一定量的防腐剂，一般使用氢氧化钠和重铬酸钠，使盐水呈弱碱性（pH8.5）。采用乙醇、乙二醇作为冷媒可以避免腐蚀现象。纯酒精的凝固点为－117℃，当相对密度为 0.965 78 时，凝固点为－12.2℃；相对密度为 0.863 11 时，凝固点为－51.3℃。乙二醇的相对密度为 1.038 时，凝固点是－12.2℃；相对密度为 1.073 时，凝固点为－40℃。其缺点是挥发损失多。啤酒厂现广泛采用酒精（浓度为 15%～20%）作为冷媒。

三、制冷系统

目前人工制冷主要有四种方法，即相变制冷、气体膨胀制冷、涡流管制冷和热点制冷。每种制冷方式各有其特点，而且适用于生物工厂的制冷主要分为直接蒸发式（氨系统）和间接冷却式（盐水或乙醇-水系统）。

（一）直接蒸发制冷系统（蒸气压缩式制冷）

氨的直接蒸发制冷系统是氨气经压缩机压缩冷凝后，通过膨胀阀直接送至蒸发器或冷风机，使介质降温冷却。例如，ATP 针剂的升华干燥，啤酒厂酵母间、酒花库、露天发酵罐操作室和滤酒间的室温调节，果酒储酒间都可利用直接蒸发式冷却。

直接蒸发式系统的优点为：降温效率快，操作方便，耗电量小，效率高，应用广泛。缺点为：耗氨量大、无缝钢管用量大。

氨的直接蒸发制冷系统，按供液的方法不同又分为直接膨胀系统，重力式供液制冷系统（简称重力系统）和氨泵强制氨液循环系统（简称氨泵系统）。

（1）直接膨胀系统是氨液通过膨胀阀直接向蒸发器供给低压冷冻剂，这种系统没有氨液分离器设备。其优点：系统简单，适用于小型的冷冻间，如啤酒的发酵间等，缺点：是操作困难氨液容易吸入压缩机，造成湿冲程。

（2）重力系统是氨液经过膨胀阀后即进入位置高于蒸发器的氨液分离器，分离出来的氨气由顶部被压缩机吸入压缩，而氨液在分离器的底部借重力而送至调节站，然后再送至冷却排管或冷风机，进行降温冷却。氨液在蒸发排管内蒸发为饱和氨气，又进入氨液分离器，将夹带氨液分离后进入压缩机，如此反复借重力循环达到制冷目的。这种系统已被广泛利用。如单层冷库或发酵车间冷冻。

（3）氨泵系统：是氨液经过调节阀流至低压循环筒。循环筒的作用与氨液分离器相似。氨液由氨泵从循环筒送至蒸发排管，在排管中吸热蒸发，再回流至循环筒，这样，氨液由氨泵强制循环，以达到制冷目的。氨液的流量为实际蒸发量的 5 倍左右。氨泵系统适用于较大的制冷装置及大型冷库。

（二）间接制冷系统

间接制冷系统是利用直接蒸发式先将盐水池（或冷水池）的盐水（或冷水）冷却，然后用盐水离心泵将冷冻盐水（或冷水）送至降温设备降温。例如啤酒厂麦芽车间空调系统冷冻水生产、酿酒车间露天发酵罐冷却、啤酒过冷却、麦芽汁冷却、包装前冷却、味精厂等电点桶发酵液降温、柠檬酸厂结晶液降温等，都利用间接式冷却。间接制冷系统的优点是：耗氨量较少，无缝钢管耗量少，可预先冷却较大量的盐水或冷水，供冷冻系统使用，盐水系统的安装较容易，发生事故危险性小。缺点是：系统较为复杂，耗电量较大，盐水及管道的腐蚀性较大（啤酒厂利用乙醇-水载冷剂），维修费用大。

四、制冷系统设备

（一）制冷压缩机

体积型制冷压缩机有活塞式、滑片式和螺杆式。其中以活塞式制冷压缩机较多见。如图 17-10 是活塞式压缩机的工作原理图。压缩机中的进气活门装在活塞的顶部，利用曲轴连杆使活塞上下运动。当活塞向下运动时，装在安全板上的排气活门关闭，汽缸内的压力减小，其压力较吸气管中的压力为低，因此低压管中的氨气进入汽缸中。当活塞向上运动时，汽缸内的氨气被压缩，压力增大，顶开安全板上的排气阀门，氨气被压入高压管路中。为了使汽缸冷却，在汽缸外部设有水套，当压缩机运转时，用自来水进行冷却。

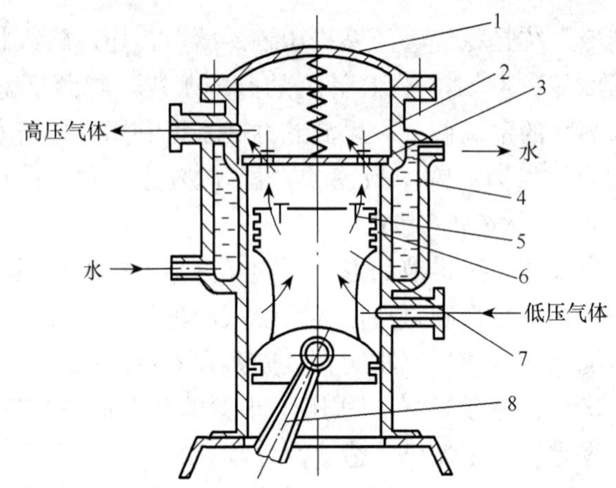

图 17-10　活塞式压缩机工作原理简图

1. 上盖；2. 排气阀；3. 样盖；4. 水套；
5. 吸气阀；6. 活塞环；7. 活塞；8. 连杆

压缩机在运转时，由于压缩机汽缸内存有余隙，对于中型及大型压缩机的余隙约 3%～8%，对小型压缩机约 5%～15%，吸气和排气时气阀中有阻力，汽缸壁与制冷剂之间发生热交换，压缩机运动部件发生摩擦，使得吸气阀、排气阀泄漏等，会使压缩机的实际产冷量遭受损失。通常用压缩机吸入的实际体积 V_P 与活塞理论体积 V_T 之比表示进气系数 λ。对于大型立式氨压缩机的 λ 如表 17-5 所示。

$$\lambda = \frac{V_P}{V_T} \tag{17-4}$$

表 17-5　立式氨压缩机的 λ 值

蒸发温度/℃	冷凝温度/℃				
	15	20	25	30	35
−5	0.915	0.899	0.882	0.862	0.841
−10	0.900	0.885	0.869	0.850	0.830
−15	0.882	0.867	0.851	0.832	0.812

由表 17-5 可知，大型立式氨压缩机 λ=0.81～0.92，且冷凝温度越低，λ 越大，而

蒸发温度越低，则λ越小。

新系列活塞式制冷压缩机按汽缸直径分为50、70、100、125、170mm五种基本系列，其中50、70、100三种系列可以做成半封闭式（压缩机的机体与电动机外壳连成一体，构成一封闭机壳）；100、125、170三种系列做成单机双级制冷压缩机；比较新的制冷压缩机有8AS-10型（双V型、8缸、单级、单作用）；6AW-10型（W型、6缸、单级、单作用）；8AS-17型（扇型、8缸、单作用、逆流）；8AS-12.5型（扇型、8缸、单级、逆流）等。

（二）冷凝器

冷凝器的作用是使高温、高压过热气体冷却，冷凝成高压液氨，并将热量传递给周围介质，冷凝器的型式很多，最常用的是立式冷凝器、卧式冷凝器、套管式冷凝器、外喷淋蛇管冷凝器、蒸发式冷凝器等。立式冷凝器结构如图17-11所示。

立式冷凝器系一钢板圆壳体，两端焊有管板各一块，壳体内部装有ϕ51mm×3mm或ϕ38mm×3mm的无缝钢管与管板固定。冷凝水自顶部进入配水箱（水分配管或分配器），经分水器沿着导向槽进入列管的边壁呈螺旋往下流，形成膜状分布在管内表面；可用河水冷却而不易堵塞，清洗列管方便，氨气则自壳体中上部引入，冷凝后从壳体下部引出。冷凝器上有氨气进口、氨液出口、安全阀、压力表、均压管、放油阀和混合气体出口等。传热系数$K=600\sim800W/(m^2\cdot℃)$，单位热负荷$q_F=3500\sim4000W/m^2$，单位面积冷却水用量$W_F=1.0\sim1.7m^3/(m^2\cdot h)$。立式冷凝器的优点：占地面积小，可安装在室外，冷却效率高，但用水量大。适用于水温较高、水质差而水源丰富的地区。

常用的立式冷凝器有LN-20、35、50、75、100、125、150、200、250m²冷凝面积。LNA-35～LNA-300m²冷凝面积。

卧式冷凝器由壳体及直径25～50mm的无缝钢管、管板和具有分水箱的端盖构成。传热系数$K=700\sim900W/(m^2\cdot℃)$，单位热负荷$q_F=3500\sim4500W/m^2$，单位面积冷却水用$W_F=0.5\sim0.9m^3/(m^2\cdot h)$。卧式冷凝器的优点：传热系数高，结构简单，冷却水用量少，占空间高度小，可安装于室内，管理操作方便。缺点是清洗水管较困难，只适用于水质较好的地区，造价较高。

卧式冷凝器冷凝面积最小为20m²，最大为300m²，型号为WN型。

喷淋蛇管冷凝器由盘管组成，盘管上装有V型分配槽，常装在露天或屋顶上，传热系数$K=600\sim800W/(m^2\cdot℃)$，单位热负荷$q_F=3000\sim3500W/m^2$，用水量$W_F=0.8\sim1.0m^3/(m^2\cdot h)$，这种冷凝器的优点是简单，用水量少，但占地面积大，使用较少。

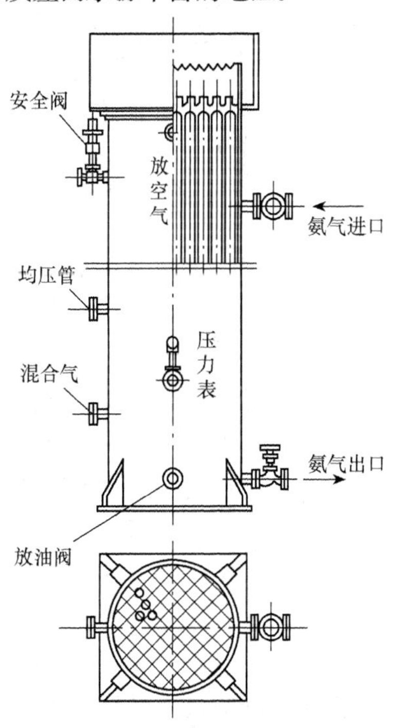

图17-11　立式冷凝器

螺旋板式冷凝器的传热系数 $K=950\sim1000\text{W}/(\text{m}^2\cdot℃)$，单位热负荷 $q_F=5200\sim7000\text{W}/\text{m}^2$，冷却水用量 $W_F=1.1\text{m}^3/(\text{m}^2\cdot\text{h})$。这种冷凝器结构紧凑，不易堵塞，但水的侧阻力较大，现已用于冷冻系统。

其他如蒸发式冷凝器、套管式冷凝器，在生物工厂使用较少，这里不再做介绍。但冷凝器的选择还需考虑水质、水温、水源、气候条件以及布置上的要求等。

（三）油氨分离器

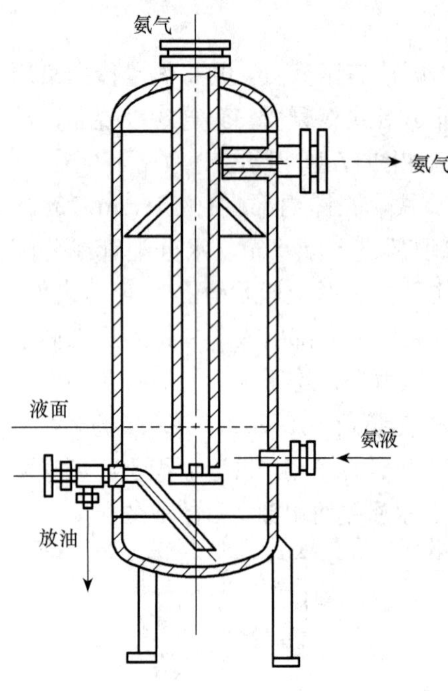

图 17-12　油氨分离器示意图

油氨分离器的作用是除去压缩后氨气中携带的油雾，以防止冷凝器及蒸发器内油分过多而影响传热效果。油氨分离器有洗涤式、填料式及离心式等几种。洗涤式是惯性型分离器，如图 17-12 所示，其原理是利用油氨相对的密度不同，在突然改变流速和方向时，由于油的相对密度较氨的大而下沉聚集在底部。填料式即充满金属丝的表面型分离器，而离心式即螺旋导向离心分离器。

通常在压缩机和油氨分离器之间的管路内氨气流速为 10～20m/s，而进入油氨分离器后的速度为 0.8～1.0m/s。一般油氨分离器的直径比高压进气管径大 4～5 倍。这种分离器有 YF-40、50、70、80、100、125、150、200 等多种，型号数字表示氨气进口管径。氨气经油氨分离器中的氨洗涤，其分离效率可达 95%。

（四）膨胀阀和蒸发器

1. 膨胀阀

膨胀阀又称节流阀，其作用是使高压氨液起节流作用，压力降低，使液氨由冷凝压力降低到所要求的蒸发压力，液氨吸热汽化，本身的温度降至需要的低温，再送入蒸发器，常用的手动的膨胀阀有针形阀（公称直径较小）和 V 型缺口阀（公称直径较大）两种。如图 17-13 所示。螺纹为细牙，阀门开启度变化较小，阀孔有一定结构和形状，一般开启度为 1/8～1/4 周，不超过一周。手动膨胀阀按公称直径的大小选用。

除膨胀阀外，还有截止阀、安全阀。截止阀的作用是开启或截止氨液、氨气及油的流动，设备检修时靠截止阀控制设备及管路，避免氨气漏出。安全阀主要安装在氨储液器、冷凝器上，当设备压力过大时，自动排出氨气，降低压力，保证设备及人身的安全。

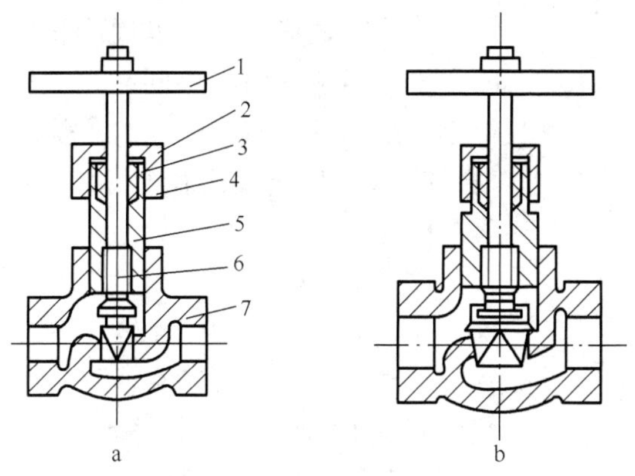

图 17-13　膨胀阀示意图

1. 手轮；2. 螺母；3. 套筒；4. 填料；5. 铁盖；6. 阀杆；7. 外壳

a. 针形阀门；b. V 型缺口阀门

2. 蒸发器

蒸发器是一种热交换器，在制冷过程中起着传递热量的作用。制冷剂在蒸发过程中吸收大量的热量，使被冷却的介质冷却。常用的蒸发器有立管式、卧式，另外还有冷却空气的蒸发器等。

立管式蒸发器包括直立式列管蒸发器及螺旋管式蒸发器（螺旋管冷水箱）两种。直立式列管蒸发器的外壳为一矩形水箱，内装有纵向排列的多组蒸发排管，每组排管有上下两根水平总管，中间焊有许多末端微弯的直立管，总管一端接有液体分离器。经冷凝器冷凝后的制冷剂通过节流阀或浮球阀减压后进入蒸发排管进行蒸发。为了维持蒸发正常进行，必须不断地抽出蒸发器内的蒸发气体，并维持稳定液面。浮球的作用是节流减压，同时自动调节蒸发器内的液面。如图 17-14 所示。

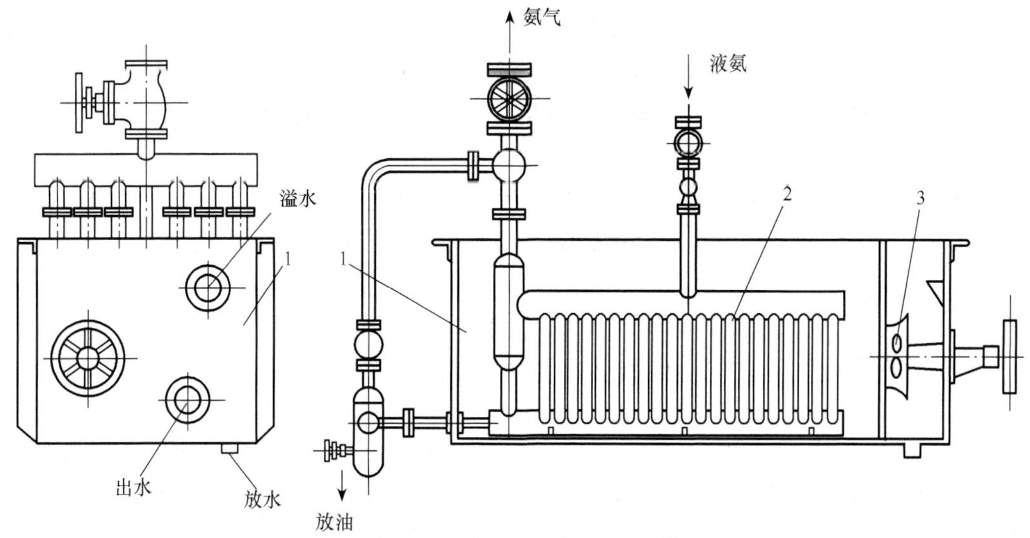

图 17-14　立式蒸发器

1. 盐水池；2. 蒸发器；3. 搅拌机

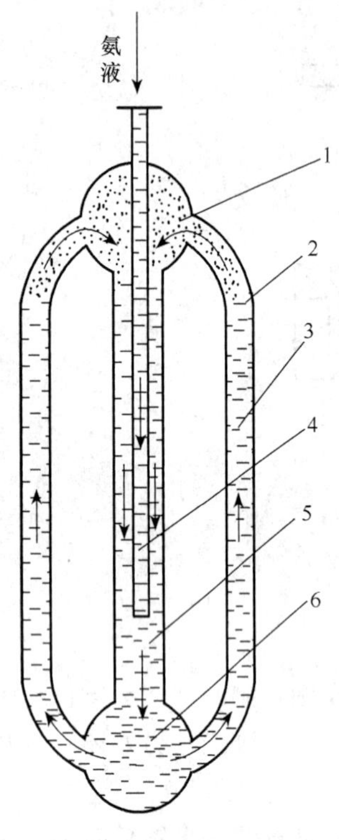

图 17-15　立管中氨的循环路线示意图
1. 上总管；2. 液面；3. 直立细管；4. 导液管；5. 直立粗管；6. 下总管

螺旋管式蒸发器是以螺旋管代替两总管之间的许多直立管。当蒸发面积相同时，其外壳比直立列管式蒸发器小，因而其结构比较紧凑。螺旋管式的型号有SR-30～SR-180 型，其蒸发面积有 30、48、72、90、144、180m^2 等多种规格。

立式蒸发器的型号有 LZ-20～LZ-30 其蒸发面积有 20、30、40、60、90、120、160、200、240、320m^2 等多种。整个蒸发器有进液总管、蒸发排管、氨液分离器、集油箱、水箱以及附件、阀门等，冷却表面积在 160m^2 以下的蒸发器的直立管有 31～38mm 的无缝钢管制造，冷却面积在 200m^2 以上的蒸发器，直立管用直径 51～57mm 的管子。传热系数 K=500～600W/(m^2·℃)，单位热负荷 q_F=2300～2900W/m^2。

立管中氨的循环路线如图 17-15 所示，液氨由上部一个直立导液管进入蒸发器，导液管插入直立粗管的下部，保证液体迅速进入下总管，而进入各直立短管中，直立管中液位几乎达到上总管。由于细管的相对传热面积大，汽化剧烈，保证制冷剂的循环，从而提高了蒸发器的传热效果。为了减少冷耗量，槽壁及底均应加以绝热层。

卧式壳管式蒸发器的结构与卧式壳管式冷凝器相似。其型号有 DWZ-20～DWZ-420 型。

（五）储氨罐

储氨罐在制冷系统中，位于冷凝器和蒸发器之间。储氨罐的作用是储存和供应制冷系统中的液氨（制冷剂），使系统各设备内有均衡的氨液量，以保证压缩机的正常运转。储氨罐可分为高压储氨罐、低压储氨罐和卧式储氨罐等。高压储氨罐与冷凝器的排液管、均压管连接。常用的卧式储氨罐装有液氨出口管、放空气管、安全阀、放油阀管、排污阀管、液位镜、压力表等。整个容器的容纳量，一般是采用每小时制冷剂循环量的 1/3～1/2，设备正常运转时，氨液的容纳量不应超过总容量的 80%，并且应当稳定。

（六）气液分离器

气液分离器的作用是维持压缩机的干冲程，同时将送入冷却管（蒸发器）液体内的气体分出，以提高制冷效率。一般气液分离器安装的位置较高，高出冷却排管（蒸发器）0.5～2.0m，最好高出 1～2m，这样液体的压力可以克服管路的阻力而畅流入冷却管中。而气体在冷却排管至气液分离器的运动速度为 8～12m/s，在气-液分离器内的运动速度为 0.5～0.8m/s。气液分离器分为立式和卧式两种，其构造如图 17-16、图 17-17所示。

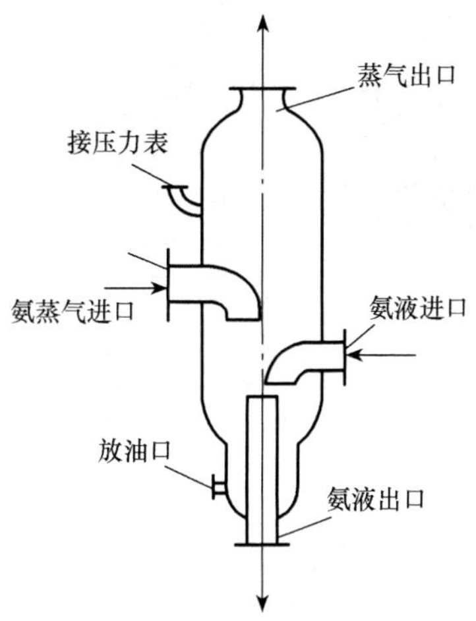

图 17-16　立式氨液分离器示意图

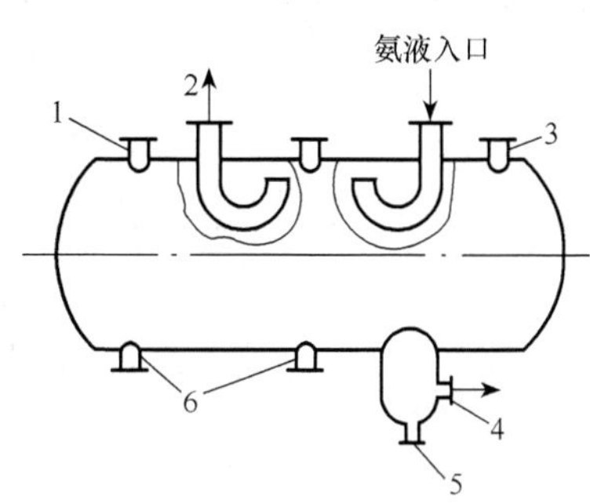

图 17-17　卧式氨液分离器示意图
1、6. 均压管；2. 排液回气管；
3. 接压力表；4. 放油管；5. 排液管

（七）水冷却装置

水冷却装置的作用是冷却由氨冷凝器排出的循环水。水冷却装置通常有三种形式：喷水池、自然通风冷却塔、机械通风冷却塔。如图 17-18 所示，为点波式机械通风填料冷却塔。塔体中部放置斜坡填料，上部安装旋转式布水器，塔顶有轴流风机，风机的轴部、尾部和接线盒用环氧树脂密封，避免电机受潮。

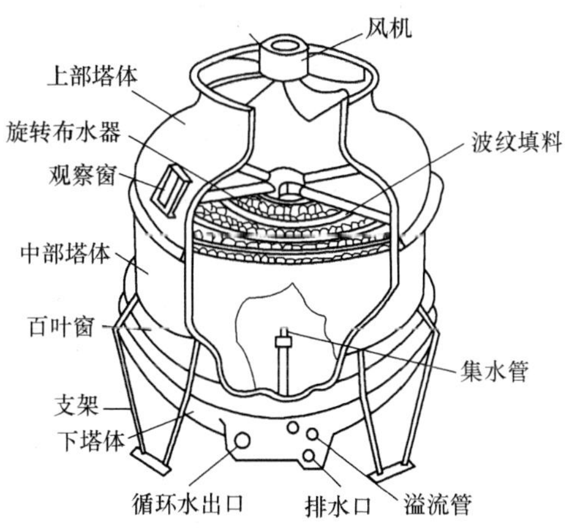

图 17-18　机械通风填料冷却塔示意图

思考与练习

1. 水处理系统中，常用的过滤形式有几种？各自有什么特点？
2. 试述电渗析法的工作原理。

3. 水的杀菌有哪几种方法？各有什么特点？
4. 试介绍应用于生物工厂的水处理系统，并指出各设备的作用。
5. 简要说明冷冻系统的制冷原理。
6. 试为某啤酒厂选择制冷系统，并指出各设备的作用。

主要参考文献

陈常贵，柴诚敬，姚玉英. 1996. 化工原理. 天津：天津大学出版社.

陈旭俊. 2002. 工业清洗剂及清洗技术. 北京：化学工业出版社.

高孔荣. 1991. 发酵设备. 北京：中国轻工业出版社.

管敦仪. 1982. 啤酒工业手册. 北京：轻工业出版社.

郭勇. 1994. 酶工程. 北京：中国轻工业出版社.

国家医药管理局上医药设计院. 1986. 化工工艺设计手册. 北京：轻工业出版社.

贺小贤. 2003. 生物工艺原理. 北京：化学工业出版社.

华南工学院，大连轻工学院，天津轻工学院，无锡轻工学院. 1988. 发酵工程与设备. 北京：中国轻工业出版社.

黎润钟，1991. 发酵工厂设备. 北京：中国轻工业出版社.

梁世中. 2002. 生物工程设备. 北京：中国轻工业出版社.

梁治齐. 1999. 实用清洗技术手册. 北京：化学工业出版社.

吴思方. 1995. 发酵工厂工艺设计概论. 北京：中国轻工业出版社.

徐清华. 2004. 生物工程设备. 北京：科学出版社.

姚汝华，赵继伦. 1998. 酒精发酵工艺学. 上海：华南理工大学出版社.

姚汝华. 1996. 微生物工程工艺原理. 上海：华南理工大学出版社.

于信令. 1995. 味精工业手册. 北京：中国轻工业出版社.

俞俊棠，唐孝宣. 1991. 生物工艺学. 上海：华东化工学院出版社.

中国轻工业总会. 1997. 轻工业技术装备手册. 北京：机械工业出版社.